U0790257

普通高等学校化工类专业系列教材
普通高等教育“十一五”国家级规划教材
科学出版社“十四五”普通高等教育本科规划教材

化 工 原 理

（下册）第四版

吴可君　何潮洪　魏凤玉　姚克俭　主编

科 学 出 版 社
北 京

内 容 简 介

本书由浙江大学、西安交通大学等8所院校的有关教师共同编写，作为浙江大学等院校的专业基础课教材。本书是在《化工原理》(第三版上、下册，科学出版社，2017年)教学实践的基础上修订再版的。本书重视基本概念，阐述力求严谨，且选配了一些典型的工程案例，以强化相关的实际应用与工程观念的培养。在内容上重点论述化学工程中单元操作的基本原理，并简明扼要地介绍了相关的传递过程基础。本书分上、下两册出版，上册包括绪论、流体力学基础、流体输送机械、机械分离与固体流态化、搅拌、热量传递基础、传热过程计算与换热器、蒸发8章；下册包括质量传递基础、气体吸收、蒸馏、气液传质设备、萃取、干燥、吸附与膜分离7章。部分章补充了自测练习题，供巩固练习。

本书可作为高等学校化工原理课程的教材，也可供化工部门从事研究、设计与生产的工程技术人员参考。

图书在版编目（CIP）数据

化工原理. 下册 / 吴可君等主编. — 4版. — 北京 : 科学出版社, 2025. 7. —（普通高等学校化工类专业系列教材）（普通高等教育“十一五”国家级规划教材）（科学出版社“十四五”普通高等教育本科规划教材）. ISBN 978-7-03-083107-1

Ⅰ. TQ02

中国国家版本馆 CIP 数据核字第 2025JQ3295 号

责任编辑：陈雅娴　丁　里 / 责任校对：杨　赛
责任印制：张　伟 / 封面设计：黄华斌

科学出版社 出版
北京东黄城根北街16号
邮政编码：100717
http://www.sciencep.com

北京九州迅驰传媒文化有限公司印刷
科学出版社发行　各地新华书店经销

*

2001年9月第 一 版　开本：787×1092　1/16
2007年8月第 二 版　印张：18 1/2
2017年8月第 三 版　字数：470 000
2025年7月第 四 版　2025年7月第二十八次印刷

定价：56.00元

（如有印装质量问题，我社负责调换）

总　序

近十几年是国内外工程教育研究与实践的一个快速发展期，尤其是国内工程教育改革，从教育部立项重大专项对工程教育进行专门研究与探索，到开展工程教育认证，再到 2016 年 6 月我国成为《华盛顿协议》正式成员，我国的工程教育正向国际化、多元化、产学研一体化推进。在工程教育改革的浪潮中，我国的化工高等教育取得了一系列显著的成果，从各级教学成果奖中化工类专业的获奖项目占比可见一斑。尽管如此，在当前国家推动创新驱动发展等一系列重大战略背景下，工程学科及相应行业对人才培养又提出更高要求，新一轮的“新工科”研究与实践活动已经启动，在此深化工程教育改革的良好契机下，每位化工人都应积极思考，我们的高等化工工程教育如何顺势推进专业改革，进一步提升人才培养质量。

专业教育改革成果很重要的一部分是要落实到课程教学中，而教材是课程教学的重要载体，因此，建设适应新形势的优秀教材也是教学改革的重要组成部分。为此，科学出版社联合教育部高等学校化工类专业教学指导委员会以及国内部分院校，组建了《普通高等学校化工类专业系列教材》编写委员会(以下简称“编委会”)，共同研讨新形势下专业教材建设改革。编委会成员均参与了所在院校近年来化工类专业的教学改革，对改革动向及发展趋势有很好的把握，同时经过多次编委会会议讨论，大家集各院校改革成果之所长，对建设突出工程案例特色的系列教材达成了共识。在教材中引入工程案例，目的是阐述学科的方法论，训练工程思维，搭建连接理论与实践的桥梁，这与工程教育改革要培养工程师的思想是一致的。

工程素养的培养是一项系统工程，需要学科内外基础知识和专业知识的系统搭建。为此，编委会对国内外高等学校化工类专业的教学体系进行了细致研究，确定了系列教材建设计划，统筹考虑化工类专业基础课程和核心专业课程的覆盖度。对专业基础课教材的确定，基本参照国内多数院校的课程设置，符合当前的教学实际，同时对各教材之间内容衔接的科学性、合理性和可行性进行了整体设计。对核心专业课教材的确定，在立足当前各院校教学实际的基础上，充分考虑了学科发展和国家战略及产业发展对专业人才培养的新需求，以发挥教材内容更新对新时期人才培养质量提升的支撑作用。

将工程案例引入课程和教材，是本系列教材的创新探索。这也是一项系统工程，因为实际工程复杂多变，而教学需要从复杂问题中抽离出其规律及本质，做到举一反三。如何让改编的案例既体现工程复杂性和系统性，又符合认知和教学规律，需要编写者解放思想、改变观念，既要突破已有教材设计思路和模式的束缚，又能谨慎下笔。对此，系列教材的编写者进行了有益的尝试。在不同分册中，读者将看到不同的案例编写模式。学科不断发展，工程案例也不断推陈出新。本系列教材在给任课教师提供课程教学素材的同时，更希望能给任课教师以启发，希望任课教师在组织课程教学过程中，积极尝试新的教学模式，不断积累案例教学经验，把提高化工类专业学生工程素养作为一项长期的使命。

教学改革需要一代代教师坚持不懈地努力，需要不断探索、总结和反思，希望本系列教材能够给各院校教师以借鉴和启迪，切实推动化工高等教育质量不断迈上新台阶。在针对化工类专业构建一套体系、内容和形式较为新颖的教材目标指引下，我们组建了一支强大的编委会队伍，为推进这项工作，大家群策群力，积极分享教育教学改革成功经验和前瞻性思考，在此我代表编委会对各位委员及参与各分册编写的所有教师致以衷心的感谢。同时，也希望以本系列教材建设为契机，以编委会为平台，加强化工类高等学校本科人才培养、师资培训、课程建设、教材及教学资源建设等交流与合作，携手共创化工的美好明天。

王静康
中国工程院院士
2017年7月

第四版前言

《化工原理》(上、下册)第三版在2017年出版后经过几年的使用，广大读者在给予肯定的同时，也提出了一些意见和建议，主要是部分例题偏理想化，与实际工程问题有一定的距离，工程案例也不够多，希望再版时能增补较多合适的工程案例，以更有利于学生工程观念的培养。为贯彻落实党的二十大报告的“深入实施人才强国战略”，努力培养造就更多卓越工程师，结合科学出版社“普通高等学校化工类专业系列教材”的建设，编者对第三版进行了修订，修订中突出化工原理在学生的化工业务素质、工程能力及创新思想培养体系中的重要地位，以服务国家高素质复合型工科人才培养需求。

为体现案例特色，第四版中保留了第三版每章开头以“引例”方式简介的典型工程案例，并在后续内容中增补了更多的工程案例(读者可扫描二维码观看)，以突出理论知识和工程实际的联系，更好地培养学生学以致用的能力。同时，为了更好地适应不同院校的教学要求，仍将部分难度较大、要求较高的内容作为选学内容(用小号字体进行编排)。为帮助学生巩固基础，部分章后补充了自测练习题，学生可通过手机自测。

为配合信息化教学，帮助读者更直观、深入地学习，针对案例及部分基础设备，书中配套了讲解动画，读者可扫描二维码观看。书中二维码链接的主要设备及原理素材资源由东方仿真科技(北京)有限公司提供技术支持。

本次修订，上册由何潮洪、刘永忠、吴可君、刘桂莲担任主编，姚克俭、郑育英、魏凤玉、南碎飞担任副主编；下册由吴可君、何潮洪、魏凤玉、姚克俭担任主编，黄国林、王成习、诸爱士、刘永忠、窦梅、伍钦担任副主编，并由浙江大学、西安交通大学、华南理工大学、合肥工业大学、浙江工业大学、浙江科技大学、东华理工大学和广东工业大学8所院校的有关教师共同编写。具体修订分工如下：绪论(浙江大学何潮洪)，第1章(浙江大学吴可君、窦梅、南碎飞)，第2章(浙江大学吴可君、窦梅、南碎飞)，第3章(广东工业大学郑育英、方岩雄)，第4章(浙江工业大学贠军贤、姚克俭)，第5章(西安交通大学刘永忠)，第6章(西安交通大学闫孝红、刘永忠)，第7章(西安交通大学刘桂莲)，附录(浙江大学窦梅、南碎飞)，第8章(浙江大学吴可君、华南理工大学伍钦)，第9章(合肥工业大学魏凤玉)，第10章(浙江大学王成习)，第11章(浙江工业大学姚克俭、沈绍传)，第12章(浙江科技大学诸爱士)，第13章(浙江大学吴可君、华南理工大学伍钦)，第14章(东华理工大学戴荧、邓慧宇、黄国林)。

编者虽尽了很大的努力，书中仍难免有不妥之处，恳请广大读者批评指正。对过去指出教材不足的读者，在此表示深切的谢意！

编　者

2025年1月

第三版前言

《化工原理》(上、下册)第二版在2007年出版后经过十年的使用，广大读者在给予肯定的同时，也提出了一些意见和建议，主要是部分例题偏理想化，与实际工程问题有一定的距离，希望再版时能有合适的工程案例，以更有利于学生工程观念的培养。为此，结合科学出版社“普通高等学校化工类专业系列教材”的建设，编者对第二版进行了修订。

为体现案例特色，第三版中在每章的开头以“引例”的方式简介了该章相关的典型工程案例，并在后续内容中编写了与该案例相关的重要例题，进而对其进行了求解、讨论，以突出理论知识和工程实际的联系，更好地培养学生学以致用的能力。此外，第三版中还新增了一章“搅拌”(第4章)。同时，为了更好地适应不同院校的教学要求，仍将部分难度较大、要求较高的内容作为选学内容(用小号字体编排)。

本次修订，上册由何潮洪、刘永忠、窦梅、冯霄担任主编，姚克俭、郑育英、刘桂莲、伍钦、魏凤玉、南碎飞担任副主编；下册由何潮洪、伍钦、魏凤玉、姚克俭担任主编，黄国林、王成习、诸爱士、刘永忠、窦梅、冯霄担任副主编，并由浙江大学、西安交通大学、华南理工大学、合肥工业大学、浙江工业大学、浙江科技学院、东华理工大学和广东工业大学8所院校的有关教师共同努力完成。具体修订分工如下：绪论(浙江大学何潮洪)，第1章(浙江大学窦梅、南碎飞)，第2章(浙江大学窦梅、南碎飞)，第3章(广东工业大学郑育英、方岩雄)，第4章(浙江工业大学贠军贤、姚克俭)，第5章(西安交通大学刘永忠)，第6章(西安交通大学闫孝红、刘永忠)，第7章(西安交通大学刘桂莲)，附录(浙江大学窦梅、南碎飞)，第8章(华南理工大学伍钦)，第9章(合肥工业大学魏凤玉)，第10章(浙江大学王成习)，第11章(浙江工业大学姚克俭、沈绍传)，第12章(浙江科技学院诸爱士)，第13章(华南理工大学伍钦)，第14章(东华理工大学戴荧、邓慧宇、黄国林)。

编者虽尽了很大的努力，书中仍难免有不妥之处，恳请广大读者批评指正。对过去指出教材不足的读者，在此表示深切的谢意！

编　者

2017年4月

第二版前言

本书第一版于 2001 年出版后，经过几年的使用，广大读者给予了肯定的评价，同时也提出了不少的意见和建议，主要是部分章节数学推导过多、难度偏大、内容不够精练，并存在一些印刷错误等。加之近几年的教学情况也有所变化，因此编者对第一版教材进行了修订。修订版被列入“普通高等教育‘十一五’国家级规划教材”建设。

此次修订对第一版发现的错误作了更正，不够确切或严密的提法作了修改，对某些内容尤其是第一、三、五、十三章作了较大的调整。为了更好地适应不同院校的教学要求，将部分难度较大、要求较高的内容调整为选学内容(用小号字体进行编排)，同时将原教材分成上、下两册出版。修订时，上册由何潮洪、冯霄主编，下册由冯霄、何潮洪主编，并由浙江大学、西安交通大学、浙江工业大学、西南石油大学、浙江科技学院和东华理工大学等 6 所院校的有关教师共同努力完成。具体修订分工如下：绪论(浙江大学何潮洪)，第 1 章(浙江大学窦梅、南碎飞)，第 2 章(西安交通大学李云)，第 3 章(浙江大学窦梅、南碎飞)，第 4 章(西安交通大学刘永忠)，第 5 章(西安交通大学冯霄)，第 6 章(西安交通大学王黎)，附录(浙江大学窦梅、南碎飞)，第 7 章(浙江大学何潮洪)，第 8 章(西南石油大学王兵)，第 9 章(浙江大学何潮洪、钱栋英)，第 10 章(填料塔：西南石油大学诸林；板式塔、塔设备的比较和选型：浙江工业大学姚克俭、俞晓梅)，第 11 章(浙江科技学院朱以勤、诸爱士)，第 12 章(浙江大学窦梅、南碎飞)，第 13 章(吸附：东华理工大学刘峙嵘、黄国林、邹丽霞；膜分离：浙江大学陈欢林)。

由于编者学识有限，书中难免有错误不妥之处，恳请广大读者批评指正。并在此对指出第一版教材不足的读者表示深切的谢意！

编　者

2007 年 5 月

第一版前言

本书是根据原化学工业部人事教育司面向21世纪化工原理教材的要求而编写的。

本书重点论述化学工程中单元操作的基本原理，并简明扼要地介绍了相关的动量、热量、质量传递过程基础。之所以这样安排，是考虑到单元操作和传递过程之间的紧密依赖关系，希望以传递机理来深化单元操作，也能使传递理论更好地联系实际。编写过程中，力求阐述清楚基本概念、基本理论和方法，同时注意引导学生从工程角度考虑问题。

本书由浙江大学何潮洪、西安交通大学冯霄主编，由浙江大学、西安交通大学、浙江工业大学、西南石油大学、杭州应用工程技术学院和华东地质学院等6所院校的有关教师共同编写而成。执笔分工如下：绪论(浙江大学何潮洪)，第一章(浙江大学南碎飞、窦梅)，第二章(西安交通大学李云)，第三章(浙江大学南碎飞、窦梅)，第四、五章(西安交通大学刘永忠)，第六章(西安交通大学王黎)，第七章(浙江大学何潮洪、吕秀阳)，第八章(西南石油学院王兵)，第九章(浙江大学钱栋英、施耀)，第十章(填料塔：西南石油学院诸林；板式塔、塔设备的比较和选型：浙江工业大学姚克俭、俞晓梅)，第十一章(浙江科技学院朱以勤、诸爱士)，第十二章(浙江大学南碎飞、窦梅；浙江工业大学田军、姚克俭)，第十三章(吸附：华东地质学院邹丽霞、黄国林；膜分离：浙江大学陈欢林)，附录(浙江大学南碎飞、窦梅)。

本书第一～六章及附录由冯霄、何潮洪统稿，第七～十三章由何潮洪、冯霄统稿。

由于编者学识有限，书中难免有错误和不妥之处，恳请读者批评指正，尽量指出其不足，以助日后之修订。

编　者

2001年5月

目　录

第 8 章 质量传递基础

引 例

盐酸是氯碱化工的主要产品之一，电解产物 Cl_2 与 H_2 反应生成 HCl 气体，再用水吸收即可得到 32%的盐酸产品。气体中的可溶组分溶解于溶剂的过程称为吸收，详见第 9 章。

盐酸工段是氯气平衡的工段之一，图 8-1 是产量为 12 万 t/a 电解烧碱工艺中产 3.5 万 t/a 盐酸的配套工艺流程，图 8-2 为盐酸的生产装置。

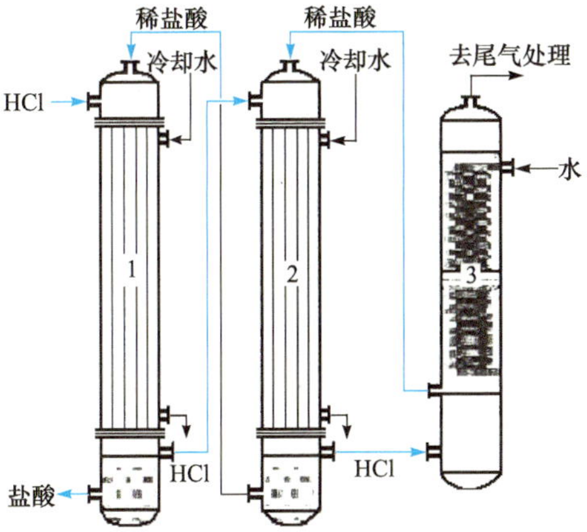

图 8-1 盐酸生产工艺

1. 第一级降膜式吸收塔；2. 第二级降膜式吸收塔；3. 填料塔

图 8-2 盐酸的生产装置

氯气和氢气在合成炉中反应生成的氯化氢气体，经合成炉上部用冷却水冷却到 40℃后进入三级串联吸收塔吸收。水吸收 HCl 气体为放热过程，且吸收产物——盐酸有腐蚀性。所以，一、二级吸收塔均采用降膜式石墨吸收塔。降膜式吸收塔与降膜式蒸发器类似，蒸发器是使溶液中挥发性物质在沸点下沿下降的液膜不断汽化，而吸收塔则是在操作温度下使气相中可溶物质沿下降的液膜不断被吸收进入液膜。对最后一级吸收，因为 HCl 气体的浓度很低，故第三级吸收单元采用填料塔(详见 8.5 节)。

为了及时移走气体 HCl 吸收过程中产生的溶解热，一、二级吸收须用冷却水间壁冷却，使吸收操作温度保持在 40℃以下。通过前两级吸收后 HCl 气体浓度已经很低，吸收过程溶解热很小，所以第三级吸收采用填料塔用水直接吸收，无需施以换热装置。

进入第一级吸收塔的吸收剂是来自第二级吸收塔的稀盐酸，稀盐酸浓度为 12.8%(质量分数)，温度为 40℃，进入降膜式吸收塔后沿管壁垂直下流，在管壁上形成液膜，与从合成炉冷却器出来的 HCl 气体并流向下并完成吸收操作，吸收后出塔盐酸浓度为 32%；未被吸收的 HCl

气体由第一级吸收塔塔底引出并从第二级降膜式吸收塔的顶部进入，与来自填料塔浓度为2.2%的稀盐酸并流吸收；经二级降膜吸收塔吸收后剩余HCl气体由塔底引出，并从填料塔底部进入后逆流而上与自上而下的液体在填料表面上进行吸收，进入填料塔的液相是纯水。吸收后的尾气送去尾气处理单元。

用水吸收HCl气体生成盐酸的过程是在浓度梯度作用下使HCl气体扩散到两相界面，溶解后再由界面扩散到液体主体的质量传递过程。本章主要讨论物质的扩散过程和质量传递基础，传质过程的单元操作及其计算在以后各章中详细讨论。

8.1 相组成的表示法

在传质过程中涉及的物系较复杂，为了分析与计算的方便，物质的组成需采用不同的表示方法，常用的有下列几种。

1. 质量分数和摩尔分数

质量分数是工业上最常用的组成表示法。均相混合物中某组分A的质量m_A占混合物总质量m的分数称为组分A的质量分数w_A：

$$w_A = \frac{m_A}{m}$$

显然，均相混合物中所有组分(A、B、…)的质量分数之和为1，即

$$w_A + w_B + \cdots = 1$$

均相混合物中某组分A的物质的量n_A占混合物总物质的量n的分数称为组分A的摩尔分数x_A：

$$x_A = \frac{n_A}{n}$$

同理，均相混合物中所有组分(A、B、…)的摩尔分数之和也为1，即

$$x_A + x_B + \cdots = 1$$

习惯上，液相中的摩尔分数用x表示，而气相中的摩尔分数则用y表示。

质量分数和摩尔分数可相互换算。若以1kg混合物为基准，如组分A、B、…的质量分别为w_A、w_B、…，则相应的物质的量分别为w_A/M_A、w_B/M_B、…，从而

$$x_A = \frac{w_A / M_A}{w_A / M_A + w_B / M_B + \cdots} \tag{8-1}$$

式中，M_A、M_B、…分别为A、B、…的相对分子质量。

类似地，若以1mol混合物为基准，可得

$$w_A = \frac{x_A M_A}{x_A M_A + x_B M_B + \cdots} \tag{8-2}$$

2. 质量比和摩尔比

单元操作(如吸收、解吸和干燥过程)计算中，有时用参照组分的质量比或摩尔比代表组成使得计算更方便。对于双组分物系，若以B为参照组分，则

质量比

$$\bar{w}=\frac{m_A}{m_B}=\frac{w_A}{w_B}$$

摩尔比

$$X_A=\frac{n_A}{n_B}$$

若为双组分物系，通常以目标产品表示浓度，并删去下标，故有

$$\bar{w}=\frac{w_A}{w_B}=\frac{w}{1-w} \tag{8-3}$$

$$X=\frac{x}{1-x} \tag{8-4}$$

为计算方便，一般将参照组分取为惰性物质，即在传质过程中量保持不变的物质。

3. 质量浓度和物质的量浓度

浓度的定义是单位体积中的物质量。物质量可用质量或物质的量(单位为 mol 或 kmol)来表示，相应地就有质量浓度或物质的量浓度(摩尔浓度)。记 V 为均相混合物的体积，单位为 m^3，则

组分 A 的质量浓度ρ_A

$$\rho_A=\frac{m_A}{V}\quad kg/m^3$$

混合物的总质量浓度ρ(混合物的密度)

$$\rho=\frac{m}{V}\quad kg/m^3$$

显然

$$\rho_A=w_A\rho \tag{8-5}$$

同理，组分 A 的物质的量浓度 c_A

$$c_A=\frac{n_A}{V}\quad kmol/m^3$$

混合物的总物质的量浓度(总摩尔浓度)C

$$C=\frac{n}{V}\quad kmol/m^3$$

且

$$c_A=Cx_A \tag{8-6}$$

质量浓度与物质的量浓度的关系为

$$c_A=\frac{\rho_A}{M_A} \tag{8-7}$$

如果混合物为理想气体，会给计算带来极大方便。设混合物的总压为 P，组分 A 的分压为 p_A。根据理想气体状态方程，组分 A 的物质的量浓度为

$$c_A=\frac{p_A}{RT} \tag{8-8}$$

式中，p_A 为分压，kPa；T 为热力学温度，K；R 为摩尔气体常量，8.314kJ/(kmol · K)。

气体混合物的总物质的量浓度为

$$C=\frac{P}{RT} \tag{8-8a}$$

因此，组分 A 的摩尔分数 y_A 为

$$y_A=\frac{n_A}{n}=\frac{p_A}{P} \tag{8-9}$$

气体组分 A 的质量浓度为

$$\rho_A=\frac{m_A}{V}=\frac{M_A n_A}{V}=\frac{M_A p_A}{RT} \tag{8-10}$$

例 8-1 实验测得在总压 1.013×10^5Pa 及温度 20℃下，1kg 水中含氨 0.01kg，此时液面上氨的平衡分压为 800Pa。求氨在气、液相中的摩尔分数和物质的量浓度。

解 以下标 A、B 分别表示组分氨及水。

氨在气相中的摩尔分数 y_A 为

$$y_A=\frac{800}{1.013\times10^5}=0.0079$$

氨在气相中的物质的量浓度 c_{AG} 为

$$c_{AG}=\frac{p_A}{RT}=\frac{800}{8314\times293}=3.28\times10^{-4}\ (\text{kmol/m}^3)$$

为求氨在液相中的组成，以 100kg 水为计算基准。摩尔分数 x_A 为

$$x_A=\frac{m_A/M_A}{m_A/M_A+m_B/M_B}=\frac{1/17}{1/17+100/18}=0.01048$$

氨在液相中的物质的量浓度 c_{AL} 则计算如下：由于氨水很稀，可设其密度与水相同，ρ=1000kg/m^3，其体积为 (100+1)/1000=0.101(m^3)，而氨的物质的量为 1/17kmol，故

$$c_{AL}=\frac{1/17}{0.101}=0.582\ (\text{kmol/m}^3)$$

8.2 扩散理论

流体内摩擦、导热及扩散现象可以用分子运动论来解释，并找出定量关系。例如，对于热传导过程，将热流通量与温度梯度关联起来，就是傅里叶定律，而牛顿黏性定律则是将剪切力与速度梯度相关联。大多数扩散源于扩散组分在浓度场中存在浓度差。例如，发生煤气泄漏时，可以在一定距离内闻到气味，这是泄漏源与该空间位置之间存在煤气浓度差，导致煤气扩散传递。传质过程的操作就是利用这种特性。例如，在吸收塔中，用水来吸收气体混合物中的 HCl 生产盐酸，就是因为气体混合物中的 HCl 浓度高于气相与液相交界面上 HCl 的浓度，在浓度差的作用下气相中的 HCl 扩散到相界面，再由相界面扩散到液体。通常，传质过程是分子扩散和对流扩散共同贡献的结果。

8.2.1 菲克定律

物质分子的传递过程也可以用类似于热传导和动量传递的方式将质量通量与浓度梯度进行关联。对于由 A 和 B 组成的双组分混合物，在浓度差的推动下，组分 A 在 z 方向上单位时间内垂直穿过单位面积的物质的量正比于它的浓度梯度，称为扩散通量，表示为

$$J_A = -D_{AB}\frac{dc_A}{dz} \tag{8-11}$$

式中，J_A 为扩散通量，$mol/(m^2 \cdot s)$；D_{AB} 为组分 A 在组分 B 中的扩散系数，m^2/s；c_A 为物质 A 的物质的量浓度，mol/m^3；z 为扩散距离，m。

式(8-11)称为菲克定律，适用于物质 A 的一维分子扩散。B 组分的分子扩散通量 J_B 也可以写成与式(8-11)相同形式的表达式

$$J_B = -D_{BA}\frac{dc_B}{dz} \tag{8-12}$$

式中，D_{BA} 为组分 B 在组分 A 中的扩散系数，m^2/s。

尽管多数情况下扩散是由浓度梯度所致，然而，压强梯度和温度梯度同样能引起扩散，由温度差引起的扩散称为热扩散；此外，对混合体系施以外力(如离心力)也能引起扩散，施以外力产生的扩散称为强制扩散。

就传递过程而言，最关心的是扩散通量或者传质通量的大小，传质通量除了与浓度梯度有关外，还与分子运动速度和选择的参考面有关。

1. 速度

单独分子的运动速度和分子集合的总体速度不同，单独分子的速度是分子热运动的随机速度；而总体速度指的是所有分子的随机速度在垂直于界面方向上速度分量的集合速度，表示为 u_d。对于由 A、B 两种物质组成的混合物，物质 A 和 B 的分子扩散速度分别为 u_{Ad}、u_{Bd}。在质量传递过程的研究和应用中，只有与所选定参考面的相对速度才有意义，而以地球为参考的绝对速度是没有意义的。

2. 传质通量

当物质分子穿过参考面(通常是相界面)传递物质时，参考面可以是移动的也可以是静止的。设参考面以速度 u_m 移动，则用速度表示的传质通量(传质速率)如下：

当参考面静止时，u_m=0，此时无宏观运动对传质通量的影响，所以垂直通过参考面的传质通量 N_A 等于分子扩散速度与物质的量浓度的乘积

$$N_A = c_A u_{Ad} \tag{8-13}$$

式中，N_A 为传质通量(传质速率)，$mol/(m^2 \cdot s)$。

当参考面以速度 u_m 移动时，界面的宏观运动与分子扩散同时影响传质通量，所以

$$N_A = c_A u_{Ad} + c_A u_m = c_A(u_{Ad} + u_m) \tag{8-14}$$

式(8-14)的第一项为分子扩散对传质通量的贡献，第二项为参考面运动对传质通量的贡献。把表示分子扩散的菲克定律代入式(8-14)得

$$N_A = c_A u_m - D_{AB}\frac{dc_A}{dz} \tag{8-15}$$

计算时，使用摩尔分数 y_A 表示浓度更为方便。若体系的总浓度和总传质通量分别用 C 和 N 表示，则它们之间的关系如下

$$y_A = \frac{c_A}{C}$$

$$Cu_{\mathrm{m}} = N$$

通过界面的总传质通量 N 等于各组分传质通量之和，对于双组分体系，$N=N_A+N_B$。将以上关系代入式(8-15)得

$$N_{\mathrm{A}} = y_{\mathrm{A}}N - CD_{\mathrm{AB}}\frac{\mathrm{d}y_{\mathrm{A}}}{\mathrm{d}z} \tag{8-16}$$

物质 B 的传质通量与物质 A 相似，可以表示为

$$N_{\mathrm{B}} = y_{\mathrm{B}}N - CD_{\mathrm{BA}}\frac{\mathrm{d}y_{\mathrm{B}}}{\mathrm{d}z} \tag{8-17}$$

式(8-16)和式(8-17)是一维稳态分子扩散的基本方程。传质通量的计算式则需根据具体扩散方式积分而得。

8.2.2 一维稳定分子扩散

尽管实际传质过程比较复杂，但经过合适的物理模型简化后，仍有不少传质问题可用一维稳定分子扩散来描述。

对无化学反应的一维稳定分子扩散，根据质量守恒定律，组分 A 及 B 的质量流量(流率)m_A、m_B 保持不变。因此，若扩散的截面积恒定，则组分 A 及 B 的传质通量 N_A、N_B 也保持不变。

1. 通过恒定截面积的等摩尔相互扩散

在由 A、B 所组成的混合物中，等摩尔相互扩散的意思是 A、B 两组分的传质方向相反而传质通量的大小相等，即

$$N_{\mathrm{A}} = -N_{\mathrm{B}} = \text{常数} \tag{8-18}$$

该情形有可能在蒸馏过程中遇到：如果两组分的摩尔潜热相等，则冷凝 1mol 难挥发组分所放出的热量将使 1mol 易挥发组分汽化，就会发生等摩尔相互扩散，通过界面的总传质通量 $N=0$。由式(8-16)得

$$N_{\mathrm{A}} = -CD_{\mathrm{AB}}\frac{\mathrm{d}y_{\mathrm{A}}}{\mathrm{d}z} \tag{8-19}$$

分离变量，并结合边界条件

$$z = z_1, \qquad y_{\mathrm{A}} = y_{\mathrm{A1}}$$
$$z = z_2, \qquad y_{\mathrm{A}} = y_{\mathrm{A2}}$$

得

$$N_{\mathrm{A}}\int_{z_1}^{z_2}\mathrm{d}z = -CD_{\mathrm{AB}}\int_{y_{\mathrm{A1}}}^{y_{\mathrm{A2}}}\mathrm{d}y_{\mathrm{A}}$$

即

$$N_{\mathrm{A}} = \frac{CD_{\mathrm{AB}}}{z_2 - z_1}(y_{\mathrm{A1}} - y_{\mathrm{A2}}) = \frac{D_{\mathrm{AB}}}{z_2 - z_1}(c_{\mathrm{A1}} - c_{\mathrm{A2}}) \tag{8-20}$$

对于理想气体，$c_{\mathrm{A}} = p_{\mathrm{A}} / RT$，有

$$N_{\mathrm{A}} = \frac{D_{\mathrm{AB}}}{RT(z_2 - z_1)}(p_{\mathrm{A1}} - p_{\mathrm{A2}}) \tag{8-21}$$

例 8-2　氨气(A)与氮气(B)在一等径管两端相互扩散，管子各处的温度均为 298K，总压均为 1.013×10^5Pa。在端点 1 处，$p_{A1}=1.013\times10^4$Pa；在端点 2 处，$p_{A2}=0.507\times10^4$Pa，点 1、2 间的距离为 0.1m。已知扩散系数 $D_{AB}=2.3\times10^{-5}\text{m}^2/\text{s}$。试求组分 A 的传质通量。

解　由于管中各处温度、压力均匀，因此若有 1mol A 从端点 1 扩散到端点 2，则必有 1mol B 从端点 2 扩散到端点 1，否则就不能维持总压恒定，即该题属于等摩尔反向扩散。

根据式(8-21)，得

$$N_A=\frac{D_{AB}(p_{A1}-p_{A2})}{RT(z_2-z_1)}=\frac{2.3\times10^{-5}\times(1.013\times10^4-0.507\times10^4)}{8314\times298\times(0.1-0)}=4.70\times10^{-7}\ [\text{kmol/(m}^2\cdot\text{s)}]$$

2. 通过恒定截面积的单向扩散

单向扩散是指组分 A 通过停滞(或不扩散)组分 B 的扩散，这在化工生产中经常遇到。例如，在吸收时，可简化为气、液相界面只容许气相中的溶质 A 通过而不让惰性气体 B 通过，也不让溶剂逆向通过，因此属于单向扩散。

由于 B 是停滞组分，所以 $N_B=0$，故 $N=N_A$，从而式(8-16)变为

$$N_A=-CD_{AB}\frac{\text{d}y_A}{\text{d}z}+y_AN_A$$

或

$$N_A=-\frac{CD_{AB}}{1-y_A}\frac{\text{d}y_A}{\text{d}z}\tag{8-22}$$

分离变量，并结合截面 1、2 上的边界条件($z=z_1$，$y_A=y_{A1}$；$z=z_2$，$y_A=y_{A2}$)得

$$N_A\int_{z_1}^{z_2}\text{d}z=-CD_{AB}\int_{y_{A1}}^{y_{A2}}\frac{\text{d}y_A}{1-y_A}$$

积分，得

$$N_A=\frac{CD_{AB}}{z_2-z_1}\ln\frac{1-y_{A2}}{1-y_{A1}}=\frac{CD_{AB}}{z_2-z_1}\ln\frac{y_{B2}}{y_{B1}}\tag{8-23}$$

引入截面 1、2 上 y_B 的对数平均值 y_{Bm}

$$y_{Bm}=\frac{y_{B2}-y_{B1}}{\ln(y_{B2}/y_{B1})}=\frac{y_{A1}-y_{A2}}{\ln(y_{B2}/y_{B1})}$$

则式(8-23)变成

$$N_A=\frac{CD_{AB}}{z_2-z_1}\frac{y_{A1}-y_{A2}}{y_{Bm}}\tag{8-24}$$

对理想气体，有

$$N_A=\frac{D_{AB}}{RT(z_2-z_1)}\frac{P}{p_{Bm}}(p_{A1}-p_{A2})\tag{8-25}$$

式中，$p_{Bm}=\dfrac{p_{B2}-p_{B1}}{\ln(p_{B2}/p_{B1})}$ 为截面 1、2 上 p_B 的对数平均值。

比较式(8-25)与式(8-21)，可知单向扩散时的传质通量比等摩尔反向扩散时多了一个因子 P/p_{Bm}，显然，其值大于 1，这表明在扩散两端条件相同的情况下，单向扩散时的传质通量要比等摩尔反向扩散时的大。其理由可分析如下：等摩尔反向扩散时，A 分子沿 z 向扩散后所留下的空位将由 B 代替，扩散不会引起“总体流动”；而单向扩散时，由于组分 B 不能通过界

面，组分 A 沿 z 向通过界面后留下空位，因而在流体主体与界面之间产生压力差使得流体主体混合物向界面“总体流动”。注意：这一流动是由分子扩散引起，而不是由于外力的驱动。正是这种与 A 分子扩散方向一致的流动促进了传质，使得单向扩散时的传质通量要比等摩尔反向扩散时的大。这如同顺水行舟，水流使船速加大，故称 P/p_{Bm} 为漂流因数。

混合气中 A 的分压 p_A 越高，P/p_{Bm} 就越大；反之，当 p_A 很低时，P/p_{Bm} 接近于 1，总体流动的影响就可忽略，单向扩散与等摩尔反向扩散也差别不大。

对液相中的单向扩散，若总浓度 C 能作为常数，同理有

$$N_A = \frac{D_{AB}}{z_2 - z_1}\frac{C}{c_{Bm}}(c_{A1} - c_{A2}) \tag{8-26}$$

对稀溶液，$C/c_{Bm} \approx 1$，则

$$N_A = \frac{D_{AB}}{z_2 - z_1}(c_{A1} - c_{A2}) \tag{8-27}$$

对遵循菲克定律的固体中的单向扩散，式(8-26)仍成立。鉴于固体中扩散组分 A 的浓度往往很低，故实际传质计算中可直接用式(8-27)。对气体在固体中的扩散，式(8-27)还可写成

$$N_A = \frac{D_{AB}S(p_{A1} - p_{A2})}{z_2 - z_1} = \frac{P_M(p_{A1} - p_{A2})}{z_2 - z_1} \tag{8-28}$$

式中，S、P_M 分别为气体在固体中的溶解度和渗透率。

例 8-3 总压为 1.013×10^5Pa 时，用水吸收温度为 40℃的 N_2-HCl 气相混合物中的 HCl(A)。气相主体含 HCl 25%(摩尔分数，下同)，设界面上 HCl 的分压为零。若 HCl 在气相中的扩散阻力相当于 2mm 厚的停滞气层，扩散系数 $D=1.888\times10^{-5}\text{m}^2/\text{s}$，求吸收的传质通量 N_A。又若气相主体中含 HCl 为 2.5%，则结果如何？

解 本题属单向扩散，可直接应用式(8-25)，其中

$$z_2 - z_1 = 0.002\text{m},\ D=1.888\times10^{-5}\text{m}^2/\text{s},\ T=313\text{K},\ P=1.013\times10^5\text{Pa}$$

$$p_{A1} = 0.25\times1.013\times10^5 = 0.253\times10^5\ (\text{Pa})$$

$$p_{B1} = (1-0.25)\times1.013\times10^5 = 0.760\times10^5\ (\text{Pa})$$

$$p_{A2} = 0 \qquad p_{B2} = 1.013\times10^5\ (\text{Pa})$$

$$p_{Bm} = \frac{p_{B2} - p_{B1}}{\ln(p_{B2}/p_{B1})} = \frac{1.013\times10^5 - 0.760\times10^5}{\ln(1.013/0.760)} = 0.880\times10^5\ (\text{Pa})$$

漂流因数

$$\frac{P}{p_{Bm}} = \frac{1.013\times10^5}{0.880\times10^5} = 1.15$$

$$N_A = \frac{D}{RT(z_2 - z_1)}\frac{P}{p_{Bm}}(p_{A1} - p_{A2})$$

$$= \frac{1.888\times10^{-5}}{8314\times313\times0.002}\times1.15\times(0.253\times10^5 - 0) = 1.055\times10^{-4}[\text{kmol}/(\text{m}^2\cdot\text{s})]$$

若气相主体中含 HCl 为 2.5%，则

$$p_{B1} = (1-0.025)\times1.013\times10^5 = 0.988\times10^5\ (\text{Pa}),\quad p_{B2} = 1.013\times10^5\ (\text{Pa})$$

$$p_{Bm} = \frac{1.013\times10^5 - 0.988\times10^5}{\ln(1.013/0.988)} = 1.000\times10^5\ (\text{Pa})$$

漂流因数

$$\frac{P}{p_{Bm}} = \frac{1.013\times10^5}{1.000\times10^5} = 1.013$$

$$N_A = \frac{1.888\times10^{-5}}{8314\times313\times0.002}\times1.013\times0.025\times1.013\times10^5 = 9.306\times10^{-6}[\text{kmol/(m}^2\cdot\text{s)}]$$

可见，在气相 HCl 浓度较高(如 25%)时，漂流因数较大，总体流动的影响要予以考虑；而浓度较低(如 2.5%)时，由于漂流因数接近于 1，总体流动的影响就可忽略。

3. 通过变截面的单向扩散

在某些扩散过程中，扩散截面是变化的。例如，液滴的汽化、液体中营养素向球状微生物的扩散等，均属此类。

图 8-3 为一半径 r_1 的小球在大范围静止气体(B)中扩散的情形。组分 A 在球表面上的分压为 p_{A1}，距球体相当远处的 $p_{A2}=0$。现考察组分 A 的径向传质通量 N_A。

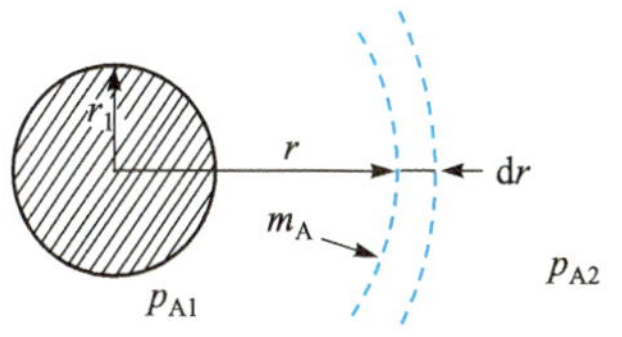

图 8-3 从球体向周围介质的扩散

显然，稳定扩散时其径向质量流量 m_A 不变，但由于扩散截面积 $4\pi r^2$ 随 r(距球心的距离)而变，因此 N_A 不是常数，$N_A = \dfrac{m_A}{4\pi r^2}$。

此时，式(8-22)仍成立，即

$$N_A = \frac{m_A}{4\pi r^2} = -\frac{CD_{AB}}{1-y_A}\frac{\text{d}y_A}{\text{d}r} \tag{8-29}$$

分离变量

$$\frac{m_A}{4\pi}\int_{r_1}^{r_2}\frac{1}{r^2}\text{d}r = -CD_{AB}\int_{y_{A1}}^{y_{A2}}\frac{\text{d}y_A}{1-y_A}$$

积分得

$$\frac{m_A}{4\pi}\left(\frac{1}{r_1}-\frac{1}{r_2}\right) = CD_{AB}\ln\frac{1-y_{A2}}{1-y_{A1}} = CD_{AB}\ln\frac{y_{B2}}{y_{B1}}$$

因为 $r_2 \gg r_1$，$1/r_2\approx0$。再引入对数平均值 y_{Bm} 及 $m_A=4\pi r^2 N_A$，有

$$N_A = \frac{CD_{AB}}{r^2/r_1}\frac{y_{A1}-y_{A2}}{y_{Bm}} \tag{8-30}$$

从而，球表面 $r=r_1$ 处的传质通量 N_{A1} 为

$$N_{A1} = \frac{CD_{AB}}{r_1}\frac{y_{A1}-y_{A2}}{y_{Bm}} = \frac{D_{AB}P}{RTr_1}\frac{p_{A1}-p_{A2}}{p_{Bm}} \tag{8-31}$$

例 8-4 一直径 25.4mm 的球形萘粒置于压力 1.013×10^5Pa、温度 318K 的大范围的静止空气中。已知 318K 下萘的蒸气压力为 74Pa，萘在空气中的扩散系数为 $6.92\times10^{-6}\text{m}^2/\text{s}$。试求萘球表面上萘的汽化速率，kmol/(m²·s)。

解 据题意，$D_{AB}=6.92\times10^{-6}\text{m}^2/\text{s}$，$r_1=0.0254/2=0.0127$m，$p_{A1}=74$Pa，$p_{A2}=0$，$p_{B1}=1.013\times10^5-74=1.012\times10^5$(Pa)，$p_{B2}=1.013\times10^5$Pa。

由于 p_{B1} 近似等于 p_{B2}，故

$$p_{Bm} = \frac{p_{B1}+p_{B2}}{2} = \frac{(1.012+1.013)\times10^5}{2} = 1.0125\times10^5\ (\text{Pa})$$

代入式(8-31)，得

$$N_{A1} = \frac{D_{AB}P}{RTr_1}\cdot\frac{p_{A1}-p_{A2}}{p_{Bm}} = \frac{6.92\times10^{-6}\times1.013\times10^5}{8314\times318\times0.0127}\times\frac{74-0}{1.0125\times10^5}$$
$$=1.53\times10^{-8}[\text{kmol/(m}^2\cdot\text{s)}]$$

8.3 扩 散 系 数

8.3.1 气体的扩散系数

理想气体双组分体系的相互扩散中，双组分体系 A+B 中两种物质的总物质的量浓度为

$$c_A + c_B = C = \frac{P}{RT} \tag{8-32}$$

式中，c_A、c_B分别为物质 A 和 B 的物质的量浓度，mol/m^3；C 为混合物的总物质的量浓度，mol/m^3；P 为总压，Pa；R 为摩尔气体常量，8.314kJ/(kmol · K)；T 为热力学温度，K。

温度和压力恒定时，对式(8-32)微分

$$\mathrm{d}c_A + \mathrm{d}c_B = \mathrm{d}C = 0 \tag{8-33}$$

结合式(8-11)和式(8-12)得

$$D_{AB} = D_{BA} \tag{8-34}$$

因此，理想气体的相互扩散可以省去扩散系数的下标，即以 D 表示。

根据气体分子运动论，理想气体扩散系数与分子平均速度 $\bar{u}$ 和平均自由程 λ 之间的关系表示为

$$D \cong \frac{1}{3}\bar{u}\lambda \tag{8-35}$$

因为理想气体的分子平均速度 $\bar{u} \propto T^{\frac{1}{2}}$，而平均自由程 $\lambda \propto \frac{T}{p}$。由式(8-35)可见，理想气体的扩散系数正比于热力学温度的 1.5 次方，与压强则成反比。许多实际气体扩散系数的计算关联式由此衍生。Chapman 和 Enskog 将气体的传递性质与分子相互作用力关联，后来 Hirschfelder 等基于 Chapman-Enskog 方法，使用 Lennard-Jones 6-12 位能函数进一步完善了非极性分子的扩散系数的计算，如下

$$D = \frac{1.858 \times 10^{-27} T^{1.5}}{P\sigma_{AB}^2 \Omega}\left(\frac{1}{M_A} + \frac{1}{M_B}\right)^{0.5} \tag{8-36}$$

式中，D 为扩散系数，m^2/s；T 为热力学温度，K；M 为摩尔质量，kg/kmol；P 为绝对压强，atm，1atm=1.01325 × 10^{5}Pa；σ_{AB} 为碰撞直径，m，可取两种分子碰撞直径的算术平均值，见式(8-37)；Ω 为碰撞积分，该参数随温度的变化不大。这些分子参数可通过分子动力学数据表查取，表 8-1 和表 8-2 是部分物质的分子参数。

$$\sigma_{AB} = \frac{\sigma_A + \sigma_B}{2} \tag{8-37}$$

两物质之间的能量参数

$$\frac{\varepsilon_{AB}}{k} = \left(\frac{\varepsilon_A}{k} \cdot \frac{\varepsilon_B}{k}\right)^{0.5} \tag{8-38}$$

表 8-1　碰撞直径和能量参数

分子式	化合物	$\sigma\times10^{10}$/m	(ε/k)/K	分子式	化合物	$\sigma\times10^{10}$/m	(ε/k)/K
CCl_4	四氯化碳	5.947	322.7	Cl_2	氯气	4.217	316.0
$CHCl_3$	氯仿	5.389	340.2	H_2	氢气	2.827	59.7
CH_3OH	甲醇	3.626	481.8	H_2O	水	2.641	809.1
CH_4	甲烷	3.758	148.6	H_2S	硫化氢	3.623	301.1
CO_2	二氧化碳	3.941	195.2	NH_3	氨气	2.900	558.3
C_2H_2	乙炔	4.033	231.8	N_2	氮气	3.798	71.4
C_2H_4	乙烯	4.163	224.7	O_2	氧气	3.467	106.7
C_2H_6	乙烷	4.443	215.7	SO_2	二氧化硫	4.112	335.4
C_2H_5OH	乙醇	4.530	362.6	HCl	氯化氢	3.339	344.7
C_6H_6	苯	5.349	412.3				

表 8-2　碰撞积分

kT/ε	Ω	kT/ε	Ω	kT/ε	Ω
0.50	2.066	1.25	1.296	1.75	1.128
0.60	1.877	1.30	1.273	1.80	1.116
0.70	1.729	1.35	1.253	1.85	1.105
0.80	1.612	1.40	1.233	1.90	1.094
0.90	1.517	1.45	1.215	1.95	1.084
1.00	1.439	1.50	1.198	2.00	1.075
1.05	1.406	1.55	1.182	2.10	1.057
1.10	1.375	1.60	1.167	2.20	1.041
1.15	1.346	1.65	1.153	2.30	1.026
1.20	1.320	1.70	1.140	2.40	1.012

例 8-5　含 HCl 50%的 HCl-N_2 混合气在管径为 15mm 的降膜式吸收塔中用水吸收其中的 HCl，气体在其中的速度为 1.05m/s，冷却水在间壁冷却使得吸收保持在 40℃下进行，常压操作，计算气膜的扩散系数。

解　N_2 密度为

$$\rho=\frac{PM}{RT}=\frac{101.33\times28}{8.314\times(273+40)}=1.09\ (\text{kg/m}^3)$$

查得 40℃时氮气黏度为

$$\mu=0.0184\text{cP}\qquad 1\text{cP}=10^{-3}\text{Pa}\cdot\text{s}$$

由表 8-1 查得

$$\sigma_A=3.339\times10^{-10}\text{m},\ \frac{\varepsilon_A}{k}=344.7\text{K},\ \sigma_B=3.798\times10^{-10}\text{m},\ \frac{\varepsilon_B}{k}=71.4\text{K}$$

$$\sigma_{AB}=\frac{\sigma_A+\sigma_B}{2}=3.5685\times10^{-10}\text{m},\ \frac{\varepsilon_{AB}}{k}=\left(\frac{\varepsilon_A}{k}\cdot\frac{\varepsilon_B}{k}\right)^{0.5}=(344.7\times71.4)^{0.5}=156.88\ (\text{K})$$

$$\frac{kT}{\varepsilon_{AB}}=\frac{273+40}{156.88}=1.995$$

由该值查表 8-2 得 Ω=1.075。

$\frac{1}{M_A}+\frac{1}{M_B}=\frac{1}{36.5}+\frac{1}{28}=0.0631$，代入式(8-36)得 HCl 的扩散系数

$$D=\frac{1.858\times10^{-27}T^{1.5}}{P\sigma_{AB}^2\Omega}\left(\frac{1}{M_A}+\frac{1}{M_B}\right)^{0.5}$$

$$=\frac{1.858\times10^{-27}\times(40+273)^{1.5}}{1\times(3.5685\times10^{-10})^2\times1.075}\times0.0631^{0.5}=1.888\times10^{-5}(\text{m}^2/\text{s})$$

气体的扩散系数有许多关联式，不作一一描述。总结发现：温度为 300～1000K 时，扩散系数随热力学温度的 1.5～1.8 次方增加。如果已知某温度的扩散系数，要求其他温度下的扩散系数，可以用 $T^{1.75}$ 外推；扩散系数与系统的压强成反比；低压状态下，扩散系数与体系的组成无关。关联式的重要意义在于压力不高的情况下，通过已知状态的扩散系数可以求取其他状态下的扩散系数，即

$$D_2=D_1\frac{P_1}{P_2}\left(\frac{T_2}{T_1}\right)^{1.75} \tag{8-39}$$

实际气体的扩散系数主要通过实验测定，表 8-3 是部分气体的扩散系数的实验值。

表 8-3 某些二元气体在常压(1.013×10^5Pa)下的扩散系数

系统	温度/K	扩散系数/($\times10^{-5}$m²/s)	系统	温度/K	扩散系数/($\times10^{-5}$m²/s)
H_2-空气	273	6.11	乙醇-空气	273	1.02
He-空气	317	7.56	正丁醇-空气	273	0.703
O_2-空气	273	1.78	苯-空气	298	0.962
Cl_2-空气	273	1.24	甲苯-空气	298	0.844
H_2O-空气	273	2.20	H_2-CO	273	6.51
	298	2.56	H_2-CO_2	273	5.50
	332	3.05	H_2-N_2	273	6.89
NH_3-空气	273	1.98		294	7.63
CO_2-空气	273	1.38	H_2-NH_3	298	7.83
	298	1.64	He-Ar	298	7.29
SO_2-空气	293	1.22	N_2-HCl	283	1.56
甲醇-空气	273	1.32			

例 8-6 容器内装有深度为 10cm 的乙醇液体，乙醇的温度为 298K，新鲜的常压空气从乙醇液面快速流过并将汽化的乙醇气体带走，在该状态下乙醇的密度为 800kg/m³，饱和蒸气压为 8.5kPa。容器内乙醇全部被空气带走的时间为多少?

解 从表 8-3 查到 273K 时，乙醇-空气体系的扩散系数 D=1.02×10^{-5}m²/s。当温度为 298K 时，由式(8-39)外推扩散系数为

$$D_2=D_1\frac{P_1}{P_2}\left(\frac{T_2}{T_1}\right)^{1.75}=1.02\times10^{-5}\times\left(\frac{298}{273}\right)^{1.75}=1.166\times10^{-5}\ (\text{m}^2/\text{s})$$

这是单向扩散。如果扩散面积为 A，则在 $d\tau$ 时间内乙醇蒸发使得液面下降的距离 dz 与乙醇传质通量 N_A 之间的质量衡算关系为

$$AN_A M_A d\tau = \rho_L A dz \tag{i}$$

式中，M_A 为乙醇的摩尔质量，kg/kmol；ρ_L 为液态乙醇的密度，kg/m^3。

将式(8-23)改用分压表示并结合式(i)得

$$N_A = \frac{DP}{zRT}\ln\frac{P-p_A}{P-p_{Ai}} = \frac{\rho_L}{M_A}\frac{dz}{d\tau} \tag{ii}$$

整理式(ii)，在 0 时刻 $z=z_0$ 到时间 τ 时 $z=z$ 积分

$$\int_{z_0}^{z} z dz = \frac{DPM_A}{RT\rho_L}\ln\frac{P-p_A}{P-p_{Ai}}\int_0^{\tau} d\tau$$

并积分上式得

$$z^2 - z_0^2 = \frac{2DPM_A}{RT\rho_L}\left(\ln\frac{P-p_A}{P-p_{Ai}}\right)\tau \tag{iii}$$

空气快速流过乙醇液面，所以 $p_A=0$；相界面上乙醇分压即为给定温度下的饱和蒸气压，即 $p_{Ai}=p^*$，因此

$$z^2 - z_0^2 = \frac{2DPM_A}{RT\rho_L}\left(\ln\frac{P}{P-p^*}\right)\tau \tag{iv}$$

将数据代入式(iv)得

$$\tau = \frac{RT\rho_L}{2DPM_A}\frac{z^2-z_0^2}{\ln\dfrac{P}{P-p^*}} = \frac{8.314\times298\times800}{2\times1.166\times10^{-5}\times101300\times46}\times\frac{0.1^2-0}{\ln\dfrac{101300}{101300-8500}} = 2081(s)$$

8.3.2 液体的扩散系数

尽管对液体的扩散理论有许多研究，但是至今为止液体扩散理论还很不完善。此外，液体扩散系数的实验数据也很缺乏。一般地，在液体中分子的密集程度要比气体中大得多，因此液体的扩散系数要比气体的小得多，小 4～5 个数量级。液体扩散系数的数量级为 $10^{-9}m^2/s$。表 8-4 为常见低浓度溶质在溶剂中的扩散系数

表 8-4 溶质在液体溶剂中的扩散系数(溶质浓度很低)

溶质	溶剂	温度/K	扩散系数 $/(\times10^{-9}\ m^2/s)$	溶质	溶剂	温度/K	扩散系数 $/(\times10^{-9}\ m^2/s)$
NH_3	水	285	1.64	乙酸	水	298	1.26
NH_3	水	288	1.77	丙酸	水	298	1.01
O_2	水	291	1.98	$HCl(9kmol/m^3)$	水	283	3.30
O_2	水	298	2.41	$HCl(2.5kmol/m^3)$	水	283	2.50
CO_2	水	298	2.00	苯甲酸	水	298	1.21
H_2	水	298	4.80	丙酮	水	298	1.28
甲醇	水	288	1.26	乙酸	苯	298	2.09
乙醇	水	283	0.84	尿素	乙醇	285	0.54
乙醇	水	298	1.24	水	乙醇	298	1.13
正丙醇	水	288	0.87	KCl	水	298	1.87
甲酸	水	298	1.52	KCl	1,2-乙二醇	298	0.119
乙酸	水	283	0.769				

对于很稀的小分子非电解质溶液(溶质 A+溶剂 B，溶质 A 的相对分子质量 M<400)的扩散系数，广泛应用的是 Wilke-Chang 提出的经验方程

$$D_{AB}=1.17\times10^{-16}\frac{(\psi_B M_B)^{0.5}T}{\mu V_A^{0.6}} \tag{8-40}$$

式中，D_{AB}为扩散系数，m²/s；T为热力学温度，K；μ为溶液的黏度，Pa · s；V_A为标准沸点下液体溶质的分子体积，m³/ kmol，标准沸点下的分子体积和原子体积见表 8-5；M_B为溶剂的摩尔质量，kg/kmol；ψ_B为溶剂的缔合参数。典型溶剂的缔合参数：水 2.6，甲醇 1.9，乙醇 1.5，其他由于氢键而产生缔合作用的极性分子都大于 1.0，苯、庚烷和其他非缔合溶剂的缔合参数为 1.0。

表 8-5 标准沸点下的分子体积和原子体积

分子	分子体积/($\times10^{-3}$m³/kmol)	分子	分子体积/($\times10^{-3}$m³/kmol)	原子	原子体积/[$\times10^{-3}$m³/(kmol · atom)]
空气	29.9	H_2S	32.9	C	14.8
Br_2	53.2	I_2	71.5	Cl	24.6
Cl_2	48.4	N_2	31.2	H	3.7
CO	30.7	NH_3	25.8	I	37.0
CO_2	34.0	NO	23.6	N	15.6
COS	51.5	N_2O	36.4	O	7.4
H_2	14.3	O_2	25.6	S	25.6
H_2O	18.9	SO_2	44.8	苯环	15.0

值得注意的是，物质在液相中的扩散不同于气相中的扩散，混合物各组分之间进行扩散时，各物质的扩散系数往往不同，即组分 A 通过 B 的扩散系数不等于组分 B 通过 A 的扩散系数。

例 8-7 用 Wilke-Chang 关联式计算 25℃下乙醇在水中的扩散系数，并将计算结果与实验数据进行比较。

解 查表 8-5 得标准沸点下的原子体积，并由查到的数据计算分子体积：

$$V_A(\text{乙醇})=2\times0.0148+6\times0.0037+0.0074=0.0592(\text{m}^3/\text{kmol})$$

水与有机物混合体系的缔合参数 ψ_B =2.6，使用 Wilke-Chang 关联式[式(8-40)]计算乙醇在水中的扩散系数，即

$$D=1.17\times10^{-16}\frac{(\psi_B M_B)^{0.5}T}{\mu V_A^{0.6}}$$

$$=1.17\times10^{-16}\times\frac{(2.6\times18)^{0.5}\times298}{10^{-3}\times0.0592^{0.6}}=1.30\times10^{-9}(\text{m}^2/\text{s})$$

与表 8-4 的实验数据比较，乙醇扩散系数的计算值与实验值之间的误差小于 5%。

8.4 对流传质及传质理论简介

传质过程多属物质由一个相转移到另一个相的过程，特别是在两流体相间的转移。其中最基本的是湍流主体与相界面之间的对流传质，如引例中气相 HCl 从气相主体到液膜界面的

传递，以及溶于水后从相界面到液体主体的传递。传质理论是为了说明这种过程的机理，预测传质速率的主要影响因素及其间的定量关系，从而对现有过程及设备的分析、新型高效设备的开发、适宜操作条件的选定等作出指导。

传质理论方面的研究远没有传热理论成熟，虽然提出了多种论点，使得该理论逐步建立起来，但还远没有达到完善的程度，故常用“模型”一词来表达某种理论，下面介绍已提出的几种传质模型。

8.4.1　膜模型

膜模型由惠特曼(Whitman)于 1923 年提出，是最早提出的模型。他假设，流体通过相界面时，流体与界面之间的传质阻力集中在相界面附近的滞流膜上。流体与界面之间进行质量传递时，流体与界面间存在浓度分布，如图 8-4 所示。图中浓度 y_A 和 x_A 分别表示物质 A 在气相和液相流体主体的浓度；浓度 y_{Ai} 和 x_{Ai} 分别表示气相和液相在相界面上的浓度。当气相流体从相界面流过时，形成厚度为 δ 的层流层，其内的流体浓度分布近似直线分布；在湍流核心区，浓度变化很小。为了简化模型，可将总传质阻力折算成某一厚度为 δ_e 的层流膜的阻力，并称为当量膜厚。液相与相界面之间的浓度分布与气相相似。这样，就将对流传质过程近似地看作通过距离 δ_e 的分子的扩散来计算，这种简化就称为膜模型(停滞膜模型)。

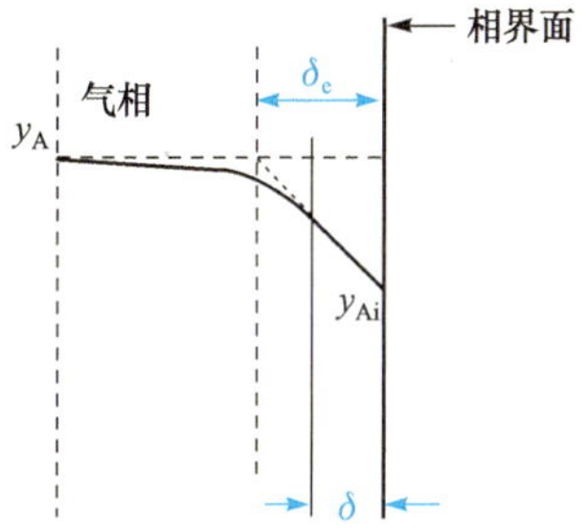

图 8-4　通过界面流体的浓度分布

穿过气相层流膜的单向传质速率由式(8-24)给出

$$N_A = \frac{D_G}{\delta_G}\frac{C}{(1-y_A)_m}(y_A - y_{Ai}) \tag{8-41}$$

用分压表示浓度时

$$N_A = \frac{D_G}{RT\delta_G}\frac{P}{p_{Bm}}(p_A - p_{Ai}) \tag{8-42}$$

液相与相界面的传质通量可由式(8-26)得到

$$N_A = \frac{D_L}{\delta_L}\frac{C}{c_{Bm}}(c_{Ai} - c_A) \tag{8-43}$$

一般的相际传质过程，相界面波动较大，甚至无确定的边界，故当量扩散距离 δ_e 很难确定。例如，在填料塔中用水吸收 HCl 气体，由于吸收过程是在填料表面进行，HCl 气体到达水面的扩散距离就难以确定。使用时，通常用容易测定的参数代替难以确定的参数。为此，将扩散系数、扩散距离等物理量组合起来用一个参数表示，称为传质系数 k。

如果浓度用摩尔分数表示，气相的传质系数则记为 k_y，由式(8-41)得

$$k_y = \frac{D_G}{\delta_G}\frac{C}{(1-y_A)_m} \tag{8-44}$$

式中，k_y 为气膜的传质系数(以摩尔分数差为推动力)，kmol/(m^2 · s)。

用分压表示浓度时，传质系数则用 k_G 表示，即

$$k_G = \frac{D_G}{RT\delta_G}\frac{P}{p_{Bm}} \tag{8-45}$$

式中，k_G为气膜的传质系数(以分压差为推动力)，kmol/(m^2 · s · Pa)。

通过液膜的传质系数 k_L，由式(8-43)得到

$$k_L = \frac{D_L}{\delta_L}\frac{C}{c_{Bm}} \tag{8-46}$$

式中，k_L为液膜的传质系数(以浓度差为推动力)，kmol/[m^2 · s · (kmol/m^3)]。

因此，传质中采用的传质推动力不同，传质系数也不同。引入传质系数后，通过两相的传质速率分别表示如下：

用摩尔分数表示时，气相传质速率由式(8-41)改写成

$$N_A = k_y(y_A - y_{Ai}) \tag{8-47}$$

式中，y_A、y_{Ai}为物质 A 分别在气体主体中的摩尔分数和相界面上的摩尔分数。

用分压表示浓度时，式(8-42)写成

$$N_A = k_G(p_A - p_{Ai}) \tag{8-48}$$

式中，p_A、p_{Ai} 分别为气体主体中 A 的分压和相界面上气相 A 的分压。

液相传质速率用物质的量浓度表示时，有

$$N_A = k_L(c_{Ai} - c_A) \tag{8-49}$$

式中，c_{Ai}、c_A分别为相界面上液体中 A 的浓度和液体主体中 A 的浓度。

相际间传质过程的计算通常使用双膜模型，其由膜模型发展起来，详见第 9 章。

8.4.2 溶质渗透模型和表面更新模型

Higbie(1935)指出，工业设备中的气液接触应是在短时间内两相的反复接触过程。例如，在填料塔中(见 8.5 节)，液体流过填料的交界处会发生混合，使浓度均匀化，故在流过每一个填料后，要重新在液膜内建立浓度梯度，而流过每一个填料的时间是相当短的，每次这样的接触时间为 0.01～1s。与在停滞膜模型中建立起稳定浓度梯度前的过渡时间相比，后者并不能忽略，因而应考虑为不稳定传质过程，即在液膜中有一个微元从相界面向液体主体逐步渗透的过程，“溶质渗透”即由此命名。

Higbie 认为在气液交界面处一微元与气体接触并进行一定时间的传质使其浓度达到 c_{Ai} 后，进入浓度为 c_A 的液体主体，其空间位置又被另一来自液体主体的新微元取代，如此周而复始地进行质量传递。根据传质理论，在界面处的瞬时传质通量为

$$N'_A = \sqrt{\frac{D}{\pi t}}(c_{Ai} - c_A) \tag{8-50}$$

式中，N'_A 为瞬时传质通量，mol/(m^2 · s)；D 为扩散系数，m^2/s；t 为时间，s；c_{Ai} 和 c_A 分别为溶质 A 在相界面和液体主体中的浓度，mol/m^3。

假定每一个微元在相界面上均与气体接触相同时间，为 τ，则平均传质通量为

$$N_A = (c_{Ai} - c_A)\frac{1}{\tau}\int_0^{\tau}\sqrt{\frac{D}{\pi t}}\mathrm{d}t$$

所以

$$N_A = \sqrt{\frac{4D}{\pi\tau}}(c_{Ai} - c_A) = k_L(c_{Ai} - c_A) \tag{8-51}$$

由式(8-51)可见，传质系数与扩散系数 D 的平方根成正比，与实验数据较符合。通常，气泡和液滴的接触时间是非常短的。

应补充说明两点：①溶质渗透模型是建立在停滞膜模型基础上的，它只是强调了两相初接触时的不稳定阶段；②溶质渗透模型原本是讨论界面至液相内的传质。

1951 年丹克沃茨(Danckwerts)对溶质渗透模型作了修改，重新提出不稳定分子扩散的基本论点，形成一类新的传质模型。

该新模型仍是讨论吸收过程中液相的传质，其重要发展是摒弃了停滞膜的概念，认为液体表面不断被湍流区移来的漩涡所更新，即液相中的湍流漩涡能直达界面。显然，湍流越强烈，表面更新的速率越快。

虽然渗透-更新模型原本是对吸收过程中的液相传质提出的，但也可用于液-固界面的传质及液-液界面的传质。近年来，渗透-更新模型又有不少新进展，其中包括三类模型之间的不同形式的结合。不过这些结合都有其局限性，尚待进一步完善。

由表面更新模型导出的表面传质系数 k_L 为

$$k_{\mathrm{L}}=\sqrt{Ds} \tag{8-52}$$

式中，s 为表面更新率，等于微元在界面停留时间的倒数，单位为 s^{-1}。

以上两个模型的共同点是其表面传质系数都与扩散系数 D 的平方根成正比，与实验数据较符合。

溶质渗透模型和表面更新模型是从瞬间的、微观的角度分析了传质的机理。表面传质系数与扩散系数的平方根成正比例的结论也较符合实际。应当注意的是，以上讨论作了很多的简化，忽略了影响传质过程的许多因素，事实上，对传质系数的影响因素除扩散系数外，还有流体的速度 u、黏度μ、密度ρ和几何参数 l 等。

因为影响传质系数的因素很多，采用解析法很难导出精度高的传质系数关联式。对于受到复杂因素影响的传质系数，使用与对流传热关联式相类似的量纲分析方法进行分析更可靠。此时除了雷诺数 Re 外，还将出现一些新的准数，为了加强记忆，将与传热相似的无量纲数介绍如下。

1. 普朗特数 Pr 与施密特数 Sc

普朗特(Prandtl)数表达式为

$$Pr=\frac{c_p\mu}{\lambda}$$

与此相似，表示物性对传质系数的影响，用施密特(Schmidt)数，即

$$Sc=\frac{\mu}{\rho D}$$

2. 努塞尔数 Nu 与舍伍德数 Sh

努塞尔(Nusselt)数表达式为

$$Nu=\frac{\alpha l}{\lambda}$$

与此相似，表示传质系数时，用舍伍德(Sherwood)数，即

$$Sh=\frac{kl}{D}$$

根据白金汉(Buckingham)π定理，可以将强制对流时影响传质系数的无量纲数表示为以下函数关系

$$Sh=f(Re,\ Sc) \tag{8-53}$$

与对流传热的形式相似，它们之间的具体表达式需通过实验确定。传质系数测定的实验装置通常用湿壁塔。

由于实际过程中传质设备的结构各式各样，要建立一个普适函数关联式来估算传质系数几乎不可能。下面简单介绍几种特定条件下的传质系数的关联式。

1. 管内流动传质

通过湿壁塔实验，可以得到大部分圆管内的传质实验数据。Gilliland 和 Sherwood(1934)通过 9 种液体蒸发到空气中的实验，得到以下经验关联式

$$Sh=\frac{kd}{D}\frac{p_{\mathrm{Bm}}}{P}=0.023Re^{0.83}Sc^{0.44} \tag{8-54}$$

式中，k 为传质系数，m/s；D 为蒸气在气体中的扩散系数，m^2/s；Sc 为蒸气的施密特数；Re 为气体的雷诺数；d 为直径，m；p_{Bm} 为流体主体和界面之间携带气分压的对数均值。

式(8-54)适用范围为：$0.6<Sc<2.5$，$2000<Re<35000$，压强为 0.1～3atm。后来 Linton 和 Sherwood(1950)根据苯甲酸、肉桂酸和β-萘酚-水体系实验，将式(8-54)修改为

$$Sh=\frac{kd}{D}\frac{p_{\mathrm{Bm}}}{P}=0.023Re^{0.83}Sc^{1/3} \tag{8-55}$$

其适用范围为：$0.6<Sc<2500$，$2000<Re<70000$。

例 8-8 按例 8-5 给定的条件计算气膜的传质系数。

解 将例 8-5 的计算结果代入相关准数，有

$$Sc=\frac{\mu}{\rho D}=\frac{0.0184\times10^{-3}}{1.09\times1.888\times10^{-5}}=0.894\text{，}\quad Re=\frac{\rho ud}{\mu}=\frac{1.09\times1.05\times0.015}{0.0184\times10^{-3}}=933$$

由式(8-54)得

$$Sh=\frac{kd}{D}\frac{p_{\mathrm{Bm}}}{P}=0.023Re^{0.83}Sc^{0.44}=0.023\times933^{0.83}\times0.894^{0.44}=6.4$$

所以传质系数为

$$k=6.4\frac{P}{p_{\mathrm{Bm}}}\frac{D}{d}=6.4\times\frac{1}{0.5}\times\frac{1.888\times10^{-5}}{0.015}=0.0161\ (\mathrm{m/s})$$

2. 流体在填料床中的传质

对于球形填料，可用式(8-56)计算

$$Sh=1.17Re^{0.585}Sc^{1/3} \tag{8-56}$$

当填料为球形或者近似球形，孔隙率为 40%～45%时，可以用式(8-56)计算传质系数。若为空心圆柱形填料，如拉西环，则孔隙率可以更大，而且 Sh 和 Re 表达式中的特性尺寸用空心柱的直径。

3. 流体在微通道的传质

微结构设备的传质能力相较于传统传质设备具有明显的优势。微通道内气/液两相流传质系数也可以采用经典的 $Sh\text{-}Re_{\mathrm{g}}^{\alpha}Re_{\mathrm{l}}^{\beta}Sc^{\gamma}$ 形式表示，其中气泡流传质系数模型为

$$Sh=9.6Re_{\mathrm{g}}^{0.33}Re_{\mathrm{l}}^{0.50}Sc^{0.33} \tag{8-57}$$

气柱流的传质系数模型为

$$Sh=358Re_{\mathrm{l}}^{0.16}Sc^{0.33} \tag{8-58}$$

式中，Re_{g} 表示气相雷诺数；Re_{l} 表示液相雷诺数。

8.5 传质设备简介

工业上，质量传递过程需要的场所由传质设备提供。例如，引例中 HCl 在降膜式吸收塔中被水吸收，水在管壁面形成液膜以增大液体与气态 HCl 之间的接触表面，提高 HCl 进入液膜的传质速率。

传质过程所应用的设备有多种类型，其主要功能是给传质的两相(或多相)提供良好的接触机会，包括增大相界面面积和增强湍动程度，并尽力使两相在接触后分离完全。现以通用性特别广泛的两类塔式设备(塔器)为例，针对气液两相传质情形，简要介绍传质设备的操作原理。

8.5.1　填料塔

填料塔如图 8-5(a)所示。在圆筒形的塔体(壳)内放置专用的填料作为接触元件，其功能是为相际质量传递提供尽可能大的接触表面。这些填料可分为散堆填料和整形(规整)填料：散堆填料如图 8-5(b)所示，图中有各种结构形式、由各种材料制成的填料，散堆填料可以随意填充入塔体内；整形填料如图 8-5(c)所示，这种填料的大小与塔径相适应。无论是哪一种填料，其作用都是为进行质量传递的两相提供传质的场所，不同种类的填料只是为传质过程提供不同的传质面积、孔隙率和压降等。

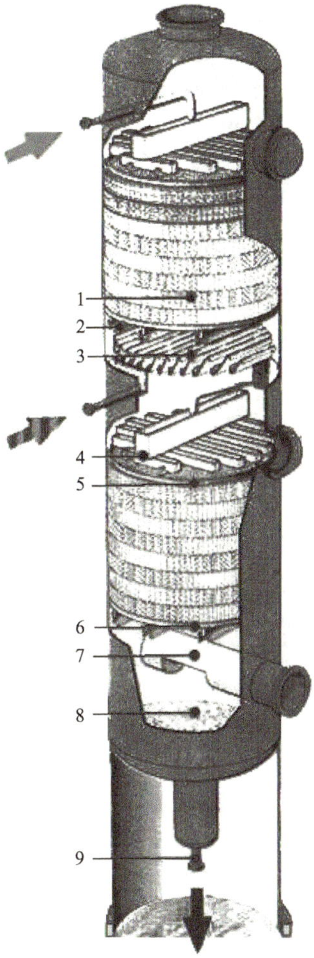

(a) 填料塔

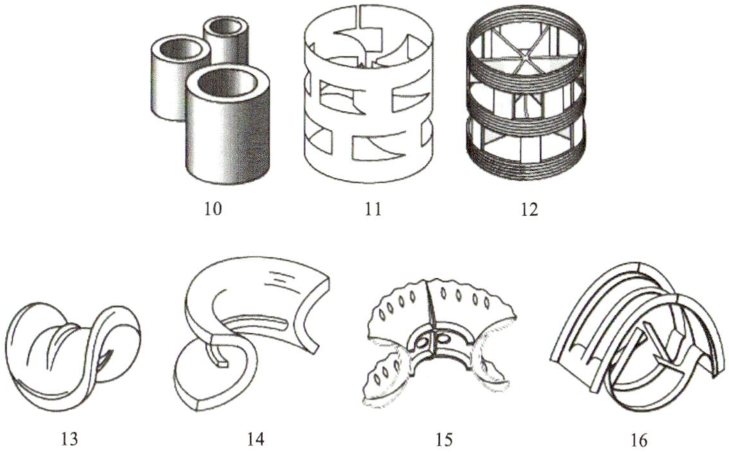

(b) 散堆填料

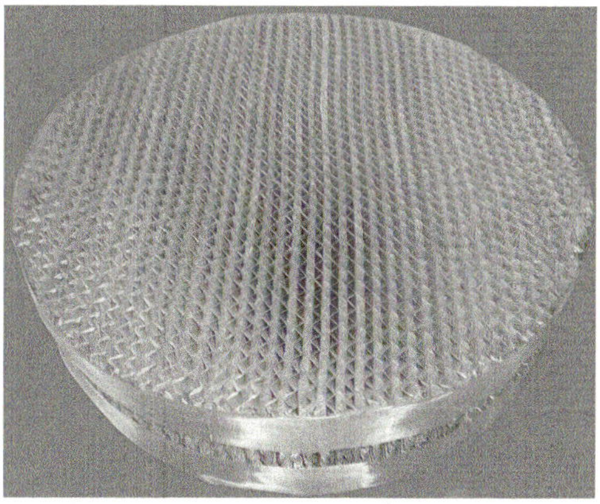

(c) 整形填料(波纹)

图 8-5　填料塔及填料

1. 填料；2. 支承架；3. 液体收集器；4. 液体分布器；5. 填料压板；6. 支承板；7. 气管；8. 塔底；9. 液体管；10. 拉西环；11，12. 鲍尔环；13～16. 鞍形环

从塔顶流下的液体沿着填料表面分布成大面积的液膜，并使从塔底上升的气流增强湍动，从而提供良好的相际接触条件。在塔底设有液体的出口、气体的入口和填料的支承结构；在塔

顶则有气体的出口、液体的入口以及液体的分布装置，通常还设有除沫装置(图中未表示出来)以除去气流中所夹带的雾沫。在填料塔内气液两相沿着塔高连续地接触、传质，故两相的浓度也沿塔高连续变化。具有这种特点的设备称为连续接触式传质设备。

8.5.2 板式塔

填料塔的相际接触是在填料表面，板式塔的相际传质过程则是在塔板上完成，如图 8-6 所示。图 8-6(a)为板式塔的整体结构。为了保证相际传质过程能够稳定高效地在塔板上完成，两层塔板之间必须由塔板、溢流堰和降液管等构成，如图 8-6(b)所示。相际传质过程是在塔板上的相际传质区域进行，相际传质区域可以采用不同的构件，构件的作用是使两相通过该区域时能够达到良好的相际接触、质量传递和分离。塔板上最简单的构件是筛孔，如果是气液两相

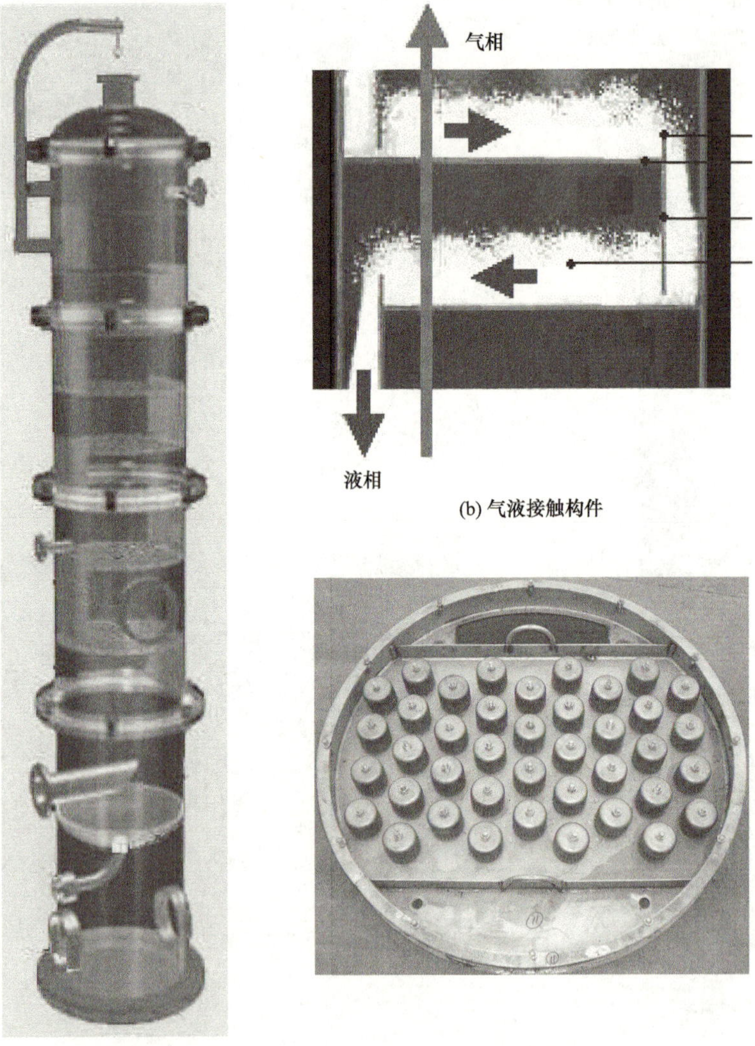

(b) 气液接触构件

(a) 塔体

(c) 泡罩塔板

图 8-6 板式塔及塔板结构

1. 溢流堰；2. 塔板；3. 降液管；4. 鼓泡区

进行分离操作，气体由下而上穿过筛孔并鼓泡通过水平流过塔板的液相，进行质量交换。完成传质之后液体通过溢流堰溢流进入降液管到达下一块塔板，继续进行传质过程。为了提高相间传质效率和操作性能，塔板上的构件可能是泡罩[图 8-6(c)]或浮阀等。

降膜式吸收塔、填料塔和板式塔都是传质设备，其单元操作、计算及设备结构留待以后章节描述。

8.5.3　旋转填充床

旋转填充床是一种新型的强化传递的设备，与传统填料塔相比，加速度可达到 $10g$～$1000g$，传质单元高度可以降低 1～3 个数量级。旋转填充床包括在壳体中安装由转子和填料组成的转动部件，壳体及上盖开有液体进出口及气体进出口，液体进口设有延伸到转子中心空腔中的液体分布器，其中转动部件中填料可以采用金属丝网和泡沫填料等，如图 8-7 所示。在气液两相逆流接触操作时，气相经进口管切向引入旋转填充床外腔，在气体压力的作用下，气体从转子的外缘进入填料区，然后从转子中心的气体出口管引出。液体则由液体进口管引入转子内腔，经液体分布器喷淋到转子内缘上。液体进入填料区后，由于受到高速旋转的填料的作用，切向速度迅速增加，旋转填充床产生的离心力将其推向转子外缘。在此过程中，液体被填料分散成液滴、液膜和液丝，并与气相充分接触，提高相界面面积和界面更新速率，使相间传质过程得到强化。

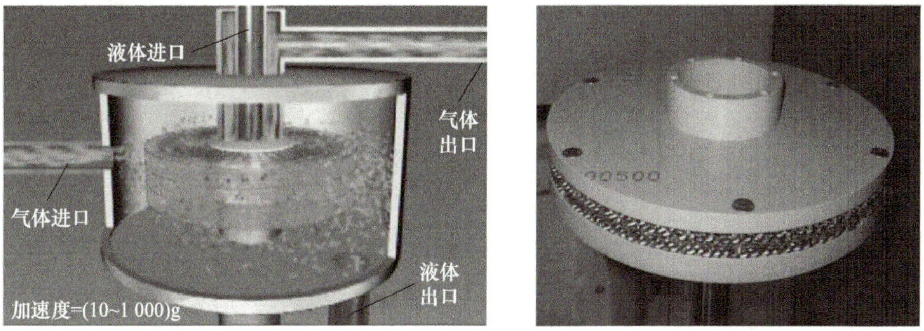

(a) 旋转填充床结构示意　　(b) 转动部件(填料和转子)

图 8-7　旋转填充床及内部结构

案例　新型传质设备——旋流板塔

本章主要符号说明

符　号	意　义	单　位
c	物质的量浓度	$kmol/m^3$
D	扩散系数	m^2/s
J	扩散通量	$kmol/(m^2 \cdot s)$
k	传质系数	m/s
k_G	以气相分压差为推动力的传质系数	$kmol/(m^2 \cdot s \cdot Pa)$
k_L	以液相浓度差为推动力的传质系数	m/s

k_y	以气相摩尔分数差为推动力的传质系数	kmol/(m² · s)
M	摩尔质量	kg/kmol
m	质量或质量流量或摩尔流量	kg，kg/s，kmol/s
N	传质通量	kmol/(m² · s)
n	物质的量	kmol
p、P	压力	Pa
P_M	渗透率	m³ 溶质(标准状态)/(s · m² · atm/m)
R	摩尔气体常量	kJ/(kmol · K)
S	溶解度	m³ 溶质(标准状态)/(m³ 固体 · atm)
T	温度	K
u	流速	m/s
w	质量分数	
$\bar{w}$	质量比	
X、Y	摩尔比(Y 常代表气相)	
x、y	摩尔分数(y 常代表气相)	
z	沿传递方向的距离	m
δ	厚度(特别指膜厚)	m
δ_e	当量膜厚	m
μ	黏度	N · s/m²
ρ	密度，质量浓度	kg/m³
下标		
A、B	组分 A、B	
i	某一组分	
G	气相	
L	液相	
m	平均	

参考文献

冯霄, 何潮洪. 2007. 化工原理(下册). 2 版. 北京: 科学出版社

骆广生, 吕阳成, 王凯, 等. 2020. 微化工技术. 北京: 化学工业出版社

伍钦, 钟理, 邹华生, 等. 2005. 传质与分离工程. 广州: 华南理工大学出版社

Hines A L, Maddox R N. 1985. Mass Transfer Fundamentals and Applications. London: Prentice-Hall

习　　题

习题答案

1. 1atm、25℃时，相同物质的量的纯 H_2 和纯 Cl_2 通过扩散混合均匀后，送至合成炉，扩散距离为 25mm，扩散系数为 $5.25 \times 10^{-5} m^2/s$，计算扩散通量。

2. 两个大容器 A 和 B 用内径 24.4mm、长 0.61m 的管子连接，见习题 2 附图。系统的总压为 101.3kPa，温度为 25℃。两容器含均匀的 NH_3 和 N_2 混合物，在容器 A 和 B 中 NH_3 的分压分别是 20kPa 和 6.67kPa。在 25℃和 101.3kPa 条件下，NH_3-N_2 的扩散系数是 $2.30 \times 10^{-5} m^2/s$，假定只是 NH_3 通过连接管向静止的 N_2 层扩散。

(1) 从容器 A 到 B，NH_3 的扩散通量为多少？

(2) 在离容器 A 出口的 0.305m 截面处，NH_3 的分压为多少？

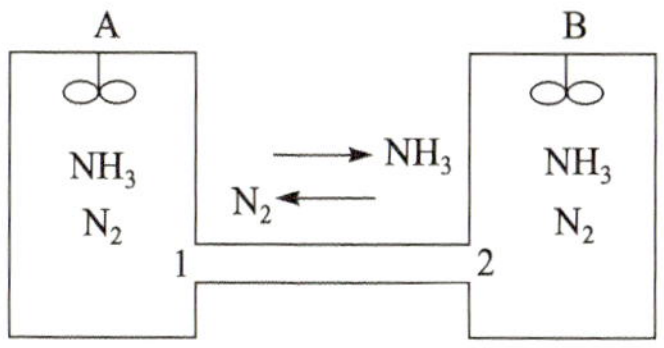

习题 2 附图

3. 在大气压和 0℃下，CO_2 通过 N_2 向另一方向扩散。已知在扩散路径上 A 点的摩尔分数为 0.2，到 3m 处的 B 点摩尔分数为 0.02。扩散系数 D 为 0.144cm^2/s。气相作为整体是静止的，即 N_2 以相同的速率与 CO_2 反方向扩散。

(1) 设想一块平板在 N_2 和 CO_2 扩散路径之间的 A 点以多大的速度移动才能使 N_2 通过平板的摩尔通量为 0？

(2) 在(1)的条件下 CO_2 通过平板的摩尔通量为多少？

4. 计算常压、25℃时 H_2 和 Cl_2 间的扩散系数。

5. 氢气和氮气在合成炉合成氯化氢后送到吸收塔的气体主要由 HCl(A)和 N_2(B)组成，求 40℃时扩散系数。

6. 计算苯在 2atm、100℃时通过空气的扩散系数；通过表 8-3 查取苯-空气的扩散系数并用式(8-39)外推到 2atm、100℃时，扩散系数为多少？忽略温度对 Ω 的影响时用式(8-36)外推到该压力和温度，扩散系数又为多少？

7. 在直径 2in(1in=25.4mm)的湿壁塔内将液体蒸发到 1atm、40℃、流速为 3.25m/s 的空气中。计算：

(1) 水-空气的传质系数为多少？

(2) 乙醇-空气的传质系数为多少？(在空气中水和乙醇的扩散系数分别为 $2.88\times10^{-5}m^2/s$、$1.45\times10^{-5}m^2/s$)

自测练习题

第9章 气体吸收

引 例

在合成氨生产过程中，煤经气化和 CO 变换后得到变换气，常见的变换气组成见表 9-1，其中除含有对氨合成有用的 H_2 外，同时还含有 CO_2、CO、H_2S 等对氨合成有害的杂质组分，必须除去。低温甲醇洗是目前煤化工项目普遍采用的脱硫脱碳工艺，其主要的工艺流程如图 9-1 所示。

表 9-1 某厂变换气的组成及流量

组分	H_2	CO_2	N_2	CO	H_2S	其他	合计
摩尔分数/%	53.0	46.0	0.29	0.4	0.21	0.1	100
流量/(Nm^3/h)	58300	50600	319	440	231	110	110000

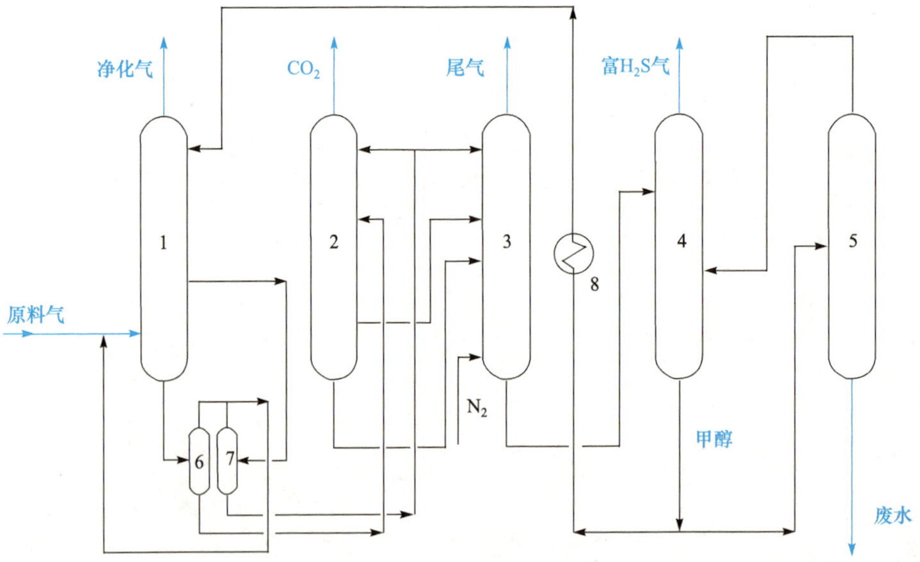

图 9-1 低温甲醇洗脱硫脱碳工艺流程示意图

1. 吸收塔；2. CO_2 解吸塔；3. H_2S 浓缩塔；4. 甲醇热再生塔；5. 甲醇-水分离塔；6，7. 闪蒸罐；8. 换热器

原料气中的硫化物在吸收塔 1 的下塔(脱硫段)中脱除，CO_2 在吸收塔的上塔(脱碳段)中脱除，净化气由塔顶引出；吸收了 H_2S 和 CO_2 的甲醇富液经闪蒸罐 6、7 减压闪蒸解吸后，进入 CO_2 解吸塔 2 中低压解吸，在塔顶得到纯净的 CO_2 气体；解吸后的甲醇溶液在 H_2S 浓缩塔 3 中进一步用 N_2 气提解吸 CO_2 以提高液相 H_2S 浓度，尾气放空；进一步解吸后的甲醇溶液在热再生塔 4 中进行热再生，塔底得到贫甲醇，换热降温后送往低温甲醇吸收塔 1 循环使用；

热再生塔顶得到 H_2S 浓度较高的气体，送至硫回收系统；部分贫甲醇送往甲醇-水分离塔 5 用于脱除甲醇中的水分。

与上述工艺流程对应的实际工业生产装置如图 9-2 所示，图中圆柱形的高设备称为塔，其中右边第 1 个塔为 H_2S 浓缩塔，第 2 个为 CO_2 解吸塔，第 3 个为甲醇热再生塔，第 4 个为吸收塔，第 5 个为甲醇-水分离塔。

合成氨装置合成与冷冻工段

图 9-2　某合成氨厂脱碳生产装置

该过程设计时需要解决的问题有吸收剂用量的确定、吸收塔类型选择、塔的主要尺寸及附属设备等。解决这些问题需要掌握吸收传质的基本原理、气体在液相中的溶解度、吸收塔的物料和热量衡算、所需塔板数或填料层高度的计算方法以及操作条件变化对过程的影响规律等。另外，如表 9-1 所示，吸收塔所处理的多为含有两种以上组分的多组分混合气体，在某些情况下如何将多元物系转换成二元物系以使实际工程问题简化也是需要论述的重点。本章将结合生产实例，详细论述上述各知识点的具体内容。

9.1　概　　述

9.1.1　气体吸收在工业生产中的应用

利用气体混合物中各组分在液体溶剂中的溶解度不同而达到分离的过程称为吸收。其在工业生产中的应用主要有以下几种：

(1) 除去气体中的有害成分，使气体净化。大致可分为两类：①清除后续加工时所不允许存在的杂质，使原料气净化，如引例中脱除合成氨原料气中的 CO_2 和 H_2S；②除去工业放空尾气中的有害物以免污染环境，如燃煤锅炉烟气、冶炼废气等脱 SO_2，硝酸尾气脱除 NO_x(氮氧化物)，磷酸生产中除去气态氟化物(HF)以及液氯生产时弛放气中脱除氯气等。

(2) 将气体混合物中的有用组分回收或直接用于制取产品。例如，用洗油从煤气中回收粗苯(苯、甲苯、二甲苯等)；用水吸收 HCl、NO_2 制取 31%的工业盐酸和 50%～60%的硝酸；用水或甲醛水溶液吸收甲醛制取福尔马林溶液等。

混合气体中，能够溶解于液体的组分称为吸收质或溶质；不能溶解的组分称为惰性气体；吸收操作所用的溶剂称为吸收剂；溶有溶质的溶液称为吸收液或简称溶液；排出的气体称为吸收尾气，其主要成分是惰性气体，还含有残余的溶质。

9.1.2 吸收流程和吸收剂的选择

吸收通常在使气液密切接触的塔设备(图 9-2)中进行，除少部分直接获得液体产品的吸收操作外(如第 8 章盐酸的生产)，一般的吸收过程都要求对吸收后的溶液进行解吸(脱吸)使溶剂再生循环使用，同时也回收有价值的溶质。由引例中甲醇脱除变换气中的 H_2S 和 CO_2 的工艺可见，采用吸收操作实现气体混合物的分离必须解决以下问题：

(1) 选择合适的溶剂，使其能选择性地溶解某个(或某些)被分离组分。

(2) 提供适当的传质设备以实现气、液两相的接触，使被分离组分得以自气相转移至液相。

(3) 溶剂的再生，即脱除溶解于其中的溶质以便循环使用。

总之，一个完整的吸收分离过程一般包括吸收和溶剂的再生两部分。因此，吸收剂是影响吸收操作的重要因素，而且流程的选定也与所用的溶剂有关。选择溶剂时应考虑以下几点：

(1) 溶剂应对溶质有较大的溶解度，或者说在一定的温度和浓度下，溶质的平衡分压要低。这样，吸收推动力大、吸收速率快，可减少溶剂的用量，所需设备的尺寸也小。

(2) 溶剂对混合气体中其他组分的溶解度要小，即对分离组分的选择性好。例如，–40℃时，H_2S 在甲醇中的溶解度约比 CO_2 大 6 倍，CO_2 在甲醇中的溶解度比 H_2、CO 至少要大 100 倍。这样甲醇就有可能选择性地从原料气中脱除 H_2S 和 CO_2，而再生时先解吸回收 CO_2，再解吸 H_2S，如引例中所示。

(3) 溶质在溶剂中的溶解度应对温度的变化比较敏感，即在低温下溶解度要大、平衡分压要小，随着温度的升高，溶解度应迅速下降，平衡分压应迅速上升。这样，被吸收的组分容易解吸，溶剂再生方便。

(4) 溶剂的蒸气压要低，以减少溶剂在吸收和再生过程中的挥发损失。

除此以外，溶剂还应满足：腐蚀性小，以减少对设备的腐蚀损坏；黏度低，以利于传质和输送；比热容小，使再生的耗热量小；发泡性低，以实现塔内良好的气、液接触和塔顶的气、液分离；化学稳定性好，以免使用过程中发生分解变质等；价廉、易得、无毒、不易燃烧等经济和安全条件。

实际很难找到一个能够满足以上所有要求的吸收剂，往往要结合实际情况综合权衡才能确定合适的吸收流程和吸收剂。

9.1.3 吸收的分类

气体混合物中各组分因在溶剂中物理溶解度的不同而被分离的吸收操作，称为物理吸收，如用甲醇吸收 CO_2 和 H_2S，用水吸收 SO_2、CO_2 等；若在吸收过程中伴有明显的化学反应称为化学吸收，如用氨水吸收 CO_2 制碳酸氢铵，炼油工业中用乙醇胺脱 CO_2 和 H_2S，采用有机二胺脱除工业废气中的 SO_2 等。

吸收过程中，若混合气体中只有一种组分在吸收剂中有一定的溶解度，其余组分的溶解度可以忽略，这样的吸收过程称为单组分吸收。如果有两种或更多的组分能溶解于吸收剂中，这样的过程就称为多组分吸收。

当气体溶解于液体时，通常有溶解热产生；化学吸收时，还要放出反应热，因此随着吸收过程的进行液相温度要逐渐升高。例如，引例中吸收塔的脱碳段，CO_2 溶解于甲醇中会大量放热，吸收液温升可达 20～30℃，这样的吸收称为非等温吸收。若热效应很小，或被吸收的组分浓度很低，且吸收剂的用量较大，则温度的变化不显著，此时吸收过程可认为是等温吸收。另外，如用换热设备及时移走吸收过程中所产生的热，也可以达到等温吸收。

综上所述，吸收过程按照是否发生化学反应、溶解的组分数、热效应等划分为不同的吸收类型。本章以低浓度单组分的等温物理吸收为重点讨论内容。在此基础上，再对解吸和其他条件下的吸收过程，如高浓度气体吸收、非等温吸收、多组分吸收及化学吸收进行简单介绍。

9.2 吸收相平衡

9.2.1 气-液相平衡关系

在一定的温度下，气体混合物与溶剂 S 相接触时，将发生溶质气体(A)向液相的转移，使得溶液中溶质的浓度 c_A 增加。充分接触后的气液两相，液相中溶质达到饱和时浓度最大，之后浓度不再变化。此时瞬间进入液相的溶质分子数与从液相逸出的溶质分子数恰好相等，在宏观上过程就像停止一样，这种状态称为相际动平衡，简称相平衡或平衡。平衡状态下气相中的溶质分压称为平衡分压 p_A^*(或饱和分压)，液相中的溶质浓度称为平衡浓度 c_A^*(或饱和浓度)，简称溶解度。

对于单组分物理吸收的物系，组分数 c=3(溶质 A、惰性气体 B、溶剂 S)，相数 Φ=2(气、液)，根据相律，自由度数 F 应为

$$F = c - \Phi + 2 = 3 - 2 + 2 = 3$$

即在温度、总压和气、液组成四个变量中，有三个是自变量，另一个是它们的函数，故可将溶解度 c_A^*表达为温度 t、总压 P 和气相组成的函数。因此，在一定的操作温度和压力下，溶质在液相中的溶解度由其气相中的组成决定。在总压不很高的情况下，可以认为气体在液体中的溶解度只取决于该气体的分压 p_A，而与总压无关。于是，c_A^*与 p_A 的函数关系可写成

$$c_A^* = f(p_A) \tag{9-1}$$

当然，也可以选择液相的浓度 c_A 作自变量，这时，在一定温度下的气相平衡分压 p_A^*是 c_A 的函数：

$$p_A^* = f(c_A) \tag{9-2}$$

对某一物系的气-液平衡关系一般可通过实验进行测定。图 9-3 示出了四种气体在 20℃下与其水

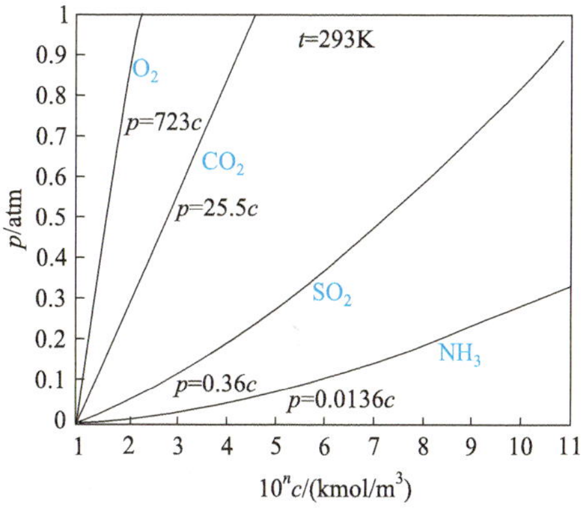

图 9-3 几种气体在水中的溶解度曲线

图中横坐标 $10^n c$ 中的 n 值如下：

气体	O_2	CO_2	SO_2	NH_3
n	3	2	1	0

溶液的 c-p 平衡关系。由图可知，在同样的温度和分压下，不同气体的溶解度可以有很大的差别。溶解度很小的气体(如 O_2、CO_2)称为难溶气体；溶解度很大的气体(如 NH_3)称为易溶气体；而介乎于其间的(如 SO_2)为溶解度适中的气体。

一般加压和降温可以提高气体的溶解度，故加压和降温对吸收操作有利；反之，升温和减压则有利于脱吸过程。

9.2.2 亨利定律

当总压不太高(通常指总压小于 0.5MPa)时，一定温度下，稀溶液上方气相中溶质 A 的平衡分压与溶质在液相中的浓度关系可用通过原点的直线表示(图 9-3)，即气、液相浓度成正比，其表达式为

$$p_A^* = Ex_A \tag{9-3}$$

式中，p_A^*为溶质在气相中的平衡分压，kPa；x_A 为溶质在液相中的摩尔分数；E 为亨利系数，单位与压力单位相同。

式(9-3)称为亨利定律，是一经验定律。若溶质在液相中的浓度用物质的量浓度 c 表示，则亨利定律可表示成

$$p_A^* = \frac{c_A}{H} \tag{9-4}$$

式中，p_A^*为溶质在气相中的平衡分压，kPa；c_A 为溶质在溶液中的物质的量浓度，kmol/m^3；H 为溶解度系数，kmol/(m^3·kPa)[或 kmol/(m^3·atm)]。

若溶质在液相和气相中的浓度分别用摩尔分数 x_A 及 y_A 表示，则亨利定律可表示成

$$y_A^* = mx_A \tag{9-5}$$

式中，x_A 为液相中溶质的摩尔分数；y_A^*为与该液相成平衡的气相中溶质的摩尔分数；m 为相平衡常数，无量纲。

在亨利定律适用的范围内，E、H、m 是温度的函数，其数值随物系的特性与温度而异，可由实验测定，常见物系的亨利系数可从有关手册中查得。表 9-2 列出了若干气体溶于水的亨利系数。

同种溶剂中，E、m 值越小，H 值越大，气体的溶解度越大。比较式(9-3)～式(9-5)，可得出三个系数 E、H、m 之间的关系为

$$m = \frac{E}{P} \tag{9-6}$$

$$E = \frac{C}{H} \tag{9-7}$$

式中，P 为总压，kPa；C 为溶液的总摩尔浓度，kmol(A+S)/m^3。

$$C = \frac{\rho_L}{M_L} \tag{9-8}$$

式中，ρ_L 为混合液的平均密度，kg/m^3；M_L 为混合液的平均分子量，kg/kmol。

对于稀溶液，式(9-8)可近似为 $C = \rho_s / M_s$，其中 ρ_s、M_s 分别为溶剂的密度和摩尔质量。将此式代入式(9-7)中可得

$$E \approx \frac{\rho_s}{HM_s} \tag{9-9}$$

显然，若溶质在液相和气相中的浓度分别用摩尔比 X 及 Y 表示时，若物系满足亨利定律，则在 X-Y 坐标系中其平衡关系为曲线。但是，当溶液浓度很低时，平衡关系在 Y-X 图中也可以近似地表示成一条通过原点的直线，直线斜率仍为相平衡常数 m。

当溶液浓度较高超出亨利定律所适用的范围时，平衡关系用曲线表示，如图 9-3 中 NH_3 和 SO_2 的平衡线。

表 9-2 几种气体溶于水的亨利系数

气体	温度/℃															
	0	5	10	15	20	25	30	35	40	45	50	60	70	80	90	100
	$E\times10^{-3}$/MPa															
H_2	5.87	6.16	6.44	6.70	6.92	7.16	7.38	7.52	7.61	7.70	7.75	7.75	7.71	7.65	7.61	7.55
N_2	5.36	6.05	6.77	7.48	8.14	8.76	9.36	9.98	10.5	11.0	11.4	12.2	12.7	12.8	12.8	12.8
空气	4.38	4.94	5.56	6.15	6.73	7.29	7.81	8.34	8.81	9.23	9.58	10.2	10.6	10.8	10.9	10.8
CO	3.57	4.01	4.48	4.95	5.43	5.87	6.28	6.68	7.05	7.38	7.71	8.32	8.56	8.56	8.57	8.57
O_2	2.58	2.95	3.31	3.69	4.06	4.44	4.81	5.14	5.42	5.70	5.96	6.37	6.72	6.96	7.08	7.10
CH_4	2.27	2.62	3.01	3.41	3.81	4.18	4.55	4.92	5.27	5.58	5.85	6.34	6.75	6.91	7.01	7.10
NO	1.71	1.96	1.96	2.45	2.67	2.91	3.14	3.35	3.57	3.77	3.95	4.23	4.34	4.54	4.58	4.60
C_2H_6	1.27	1.91	1.57	2.90	2.66	3.06	3.47	3.88	4.28	4.69	5.07	5.72	6.31	6.70	6.96	7.01
	$E\times10^{-2}$/MPa															
C_2H_4	5.59	6.61	7.78	9.07	10.3	11.5	12.9	—	—	—	—	—	—	—	—	—
N_2O	—	1.19	1.43	1.68	2.01	2.28	2.62	3.06	—	—	—	—	—	—	—	—
CO_2	0.737	0.887	1.05	1.24	1.44	1.66	1.88	2.12	2.36	2.60	2.87	3.45	—	—	—	—
C_2H_2	0.729	0.85	0.97	1.09	1.23	1.35	1.48	—	—	—	—	—	—	—	—	—
Cl_2	0.271	0.334	0.399	0.461	0.537	0.604	0.67	0.739	0.80	0.86	0.90	0.97	0.99	0.97	0.96	—
H_2S	0.271	0.319	0.372	0.418	0.489	0.552	0.617	0.685	0.755	0.825	0.895	1.04	1.21	1.37	1.46	1.062
	E/MPa															
Br_2	2.16	2.79	3.71	4.72	6.01	7.47	9.17	11.04	13.47	16.0	19.4	25.4	32.5	40.9	—	—
SO_2	1.67	2.02	2.45	2.94	3.55	4.13	4.85	5.67	6.60	7.63	8.71	11.1	13.9	17.0	20.1	—

利用相平衡关系可以判别传质进行的方向，计算传质进行的推动力，见例 9-1。

例 9-1 设在 3.2MPa、−15℃下，使含 CO_2 为 75%、H_2 为 25%(摩尔分数)的混合气与含 CO_2 摩尔分数为 10%的甲醇溶液接触，问：CO_2 会发生吸收还是解吸？以摩尔分数差表示的推动力为多大？若要改变传质方向可采取哪些措施？已知此条件下 CO_2 在 H_2-CO_2-CH_3OH 体系中的相平衡常数约为 1.71。

解 要判别是吸收还是解吸，可以比较 y_A 与 y_A^* 或 x_A 与 x_A^*

以气相组成判断传质的方向 $y_A^* = mx_A = 1.71\times0.1 = 0.171 < y_A$

类似地，以液相组成判断传质的方向 $x_A^* = y_A/m = 0.75/1.71 = 0.438 > x_A$

故进行的是吸收。

以摩尔分数差表示的气相传质推动力为 $\Delta y = y_A - y_A^* = 0.75 - 0.171 = 0.579$

以摩尔分数差表示的液相传质推动力为 $\Delta x = x_A^* - x_A = 0.438 - 0.1 = 0.338$

若要改变传质方向(变吸收为解吸)，可以采取的措施如下：减小气相中溶质的分压或浓度；降低总压或提高温度，以提高与液相相平衡的摩尔分数 y_A^*。

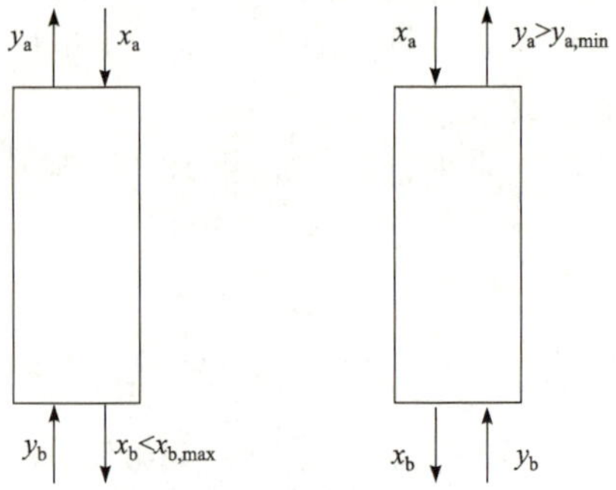

图 9-4 吸收过程的极限

另外，利用相平衡关系，还可以计算出吸收塔的气相和液相的极限浓度。如图 9-4 所示，组成为 y_b 的混合气体从塔底进入吸收塔，当吸收剂用量减少或吸收塔增高时，出塔的吸收液浓度 x_b 将增大。但即使塔很高、吸收剂用量很小的情况下，x_b 也不会无限增大，其最高浓度是与进塔的气体浓度达平衡，即 $x_{b,max}=x_b^*$。类似地，当吸收塔很高或吸收剂的用量很大时，出塔的气体浓度 y_a 也不会无限降低，其最低浓度是与进塔的液体浓度达平衡，即 $y_{a,min}=y_a^*$。

9.3 传质速率方程

9.3.1 双膜模型

8.4.1 中讨论了单一相中的传质问题。气体吸收是溶质先从气相主体扩散到气液相界面，再从相界面扩散到液相主体的相际传质过程。相际间的传质速率计算采用 Whitman 的双膜模型，又称有效膜模型。其主要论点如下：

(1) 气、液两相间存在着稳定的相界面。

(2) 界面两侧分别存在着一个很薄的停滞膜——气膜和液膜，溶质以分子扩散的方式通过膜；膜外是湍流区，其传质阻力可以忽略不计。

(3) 一般情况下穿过相界面的传质阻力可以忽略，或气、液达到了相平衡。

由膜模型，对单组分吸收，式(8-48)气膜中的传质速率可表示为

$$N_A=k_G(p-p_i) \tag{9-10}$$

令

$$k_y=k_G P \tag{9-11}$$

$$N_A=k_y(y-y_i) \tag{9-12}$$

式中，y、y_i 分别为气相主体中及相界面上的溶质摩尔分数，无量纲；k_y 为以气相摩尔分数差为推动力的分传质系数，kmol/(m^2 · s · Δy)(这里Δy 是无量纲的，用于表示 k_y 是基于单位气相摩尔分数之差，Δy 常常不写出)。

同理，由膜模型理论，式(8-49)液膜中的传质速率可表示为

$$N_A=k_L(c_i-c) \tag{9-13}$$

令

$$k_x=k_L C \tag{9-14}$$

$$N_A=k_x(x_i-x) \tag{9-15}$$

式中，x、x_i 分别为液相主体中及相界面上的溶质摩尔分数，无量纲；k_x 为以液相摩尔分数差为推动力的分传质系数，kmol/(m^2 · s · Δx)(这里Δx 是无量纲的，用于表示 k_x 是基于单位液相摩尔分数之差，Δx 常常不写出)。

双膜模型参数 δ_G、δ_L 很难测定，因此很难用式(8-45)、式(8-46)直接计算 k_G、k_L；式(8-45)、式(8-46)还表明，传质速率 N_A 与扩散系数 D 成正比，但实验表明 N_A 与 D 的 1/2～2/3 次方成正比，说明膜模型与实际有偏差。但由于双膜模型简单直观，目前仍得到广泛应用，下面章节的讨论也采用该模型。

9.3.2 相际传质速率方程

1. 总传质速率方程

气体吸收是把气相中的溶质传递到液相的过程，即相际间的传质。它是由气相与界面的对流传质、界面上溶质组分的溶解、界面与液相的对流传质三个步骤串联而成(见图 9-5)。

对于稳定的吸收过程，式(9-12)和式(9-15)所代表的气相和液相传质速率相等，即

$$N_A = k_y(y-y_i) = k_x(x_i - x) \tag{9-16}$$

类似于传热过程，将气、液两相间的传质速率写成推动力与阻力之比的形式，得

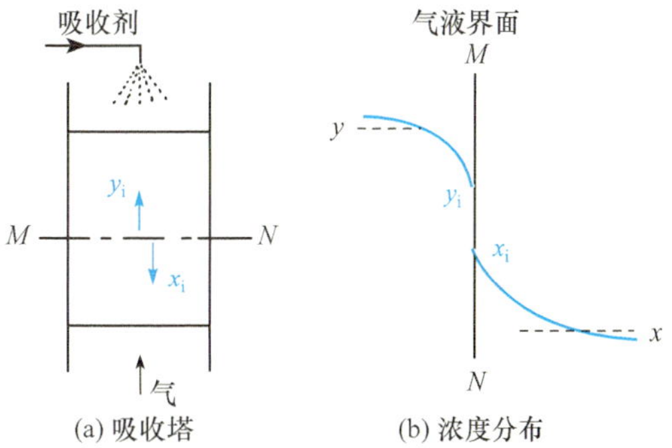

图 9-5 相际传质示意图

$$N_A = \frac{y-y_i}{\dfrac{1}{k_y}} = \frac{x_i - x}{\dfrac{1}{k_x}} \tag{9-17}$$

由于相界面上的组成 y_i、x_i、p_i、c_i很难测定，故上式很难直接应用。利用双膜模型，假设界面处气、液两相呈平衡状态。设稀溶液符合亨利定律，则有

$$y_i = mx_i,\ y^* = mx,\ x^* = y/m \tag{9-18}$$

式中，y^*为与液相组成 x 成平衡的气相组成；x^*为与气相组成 y 成平衡的液相组成。

为消去界面组成，将式(9-17)最右端的分子、分母乘以 m，并根据比例定律及式(9-18)得到

$$N_A = \frac{y-y_i}{\dfrac{1}{k_y}} = \frac{(x_i - x)m}{\dfrac{m}{k_x}} = \frac{(y-y_i)+(x_i-x)m}{\dfrac{1}{k_y}+\dfrac{m}{k_x}} = \frac{y-y^*}{\dfrac{1}{k_y}+\dfrac{m}{k_x}} \tag{9-19}$$

令

$$\frac{1}{K_y} = \frac{1}{k_y} + \frac{m}{k_x} \tag{9-20}$$

式中，K_y称为以气相摩尔分数差$(y-y^*)$为总传质推动力的总传质系数，kmol/(m^2 · s · Δy)。于是传质速率方程式又可表示为

$$N_A = K_y(y-y^*) \tag{9-21}$$

该式称为以气相摩尔分数差$(y-y^*)$为总传质推动力的总传质速率方程。

为消去界面组成，也可将式(9-17)中间一项的分子、分母均除以 m，得

$$N_A = \frac{(y-y_i)/m}{\dfrac{1}{mk_y}} = \frac{x_i - x}{\dfrac{1}{k_x}} = \frac{x^*-x}{\dfrac{1}{mk_y}+\dfrac{1}{k_x}} \tag{9-22}$$

令

$$\frac{1}{K_x} = \frac{1}{k_x} + \frac{1}{mk_y} \tag{9-23}$$

式中，K_x 称为以液相摩尔分数差(x^*-x)为总传质推动力的总传质系数，kmol/(m^2 · s · Δx)。则式(9-22)可写成

$$N_A = K_x(x^*-x) \tag{9-24}$$

该式称为以液相摩尔分数差为总传质推动力的总传质速率方程。比较式(9-20)、式(9-23)可知

$$K_x = mK_y \tag{9-25}$$

当气相和液相浓度采用分压 p、物质的摩尔浓度 c 时，传质速率方程式中的传质系数与推动力自然也不同，可采用类似的推导方式，得出不同的推动力所对应的不同传质系数和传质速率方程，见表 9-3。

表 9-3 传质速率方程的各种形式

相平衡方程	$y=mx$	$c^*=Hp$	备注
传质速率方程	$N_A=k_y(y-y_i)$ $=k_x(x_i-x)$ $=K_y(y-y^*)$ $=K_x(x^*-x)$	$N_A=k_G(p-p_i)$ $=k_L(c_i-c)$ $=K_G(p-p^*)$ $=K_L(c^*-c)$	$k_y=Pk_G$ $k_x=Ck_L$ $K_y=PK_G$ $K_x=CK_L$
总传质系数	$\frac{1}{K_y}=\frac{1}{k_y}+\frac{m}{k_x}$ $\frac{1}{K_x}=\frac{1}{k_x}+\frac{1}{k_y m}$	$\frac{1}{K_G}=\frac{1}{k_G}+\frac{1}{Hk_L}$ $\frac{1}{K_L}=\frac{H}{k_G}+\frac{1}{k_L}$	$K_x=mK_y$ $K_G=HK_L$

必须指出的是，当相平衡关系不符合亨利定律、m 随浓度变化时，K_y、K_x 不再是常数，往往不能采用总传质速率方程式计算传质速率。但若在实际应用范围内相平衡关系能近似用直线 $y=mx+b$ 表示，则可证明式(9-19)～式(9-25)仍然成立。

2. 界面组成的求取

当相平衡关系不能用直线表示时，只能采用分传质速率方程式进行计算，此时必须先确定界面组成。在图 9-6 中，点 P 代表某截面上的气、液相组成(x，y)，点 I 代表同一截面上的界面组成(x_i，y_i)。由双膜模型，界面组成点 I 必在平衡线上，同时还必须满足式(9-16)，即

$$\frac{y-y_i}{x-x_i}=-\frac{k_x}{k_y} \tag{9-26}$$

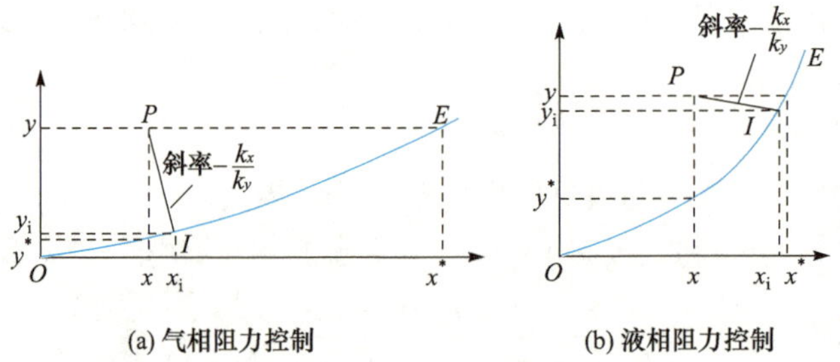

图 9-6 界面组成及两相中的传质示意图

因此，将气、液相平衡关系与式(9-26)联立可求解出界面组成 x_i 与 y_i。在用作图法求解时，可从气、液两相的实际组成点 P 出发，作斜率为 $-k_x/k_y$ 的一条直线，此直线与平衡线的交点 I 即为所求的界面组成(x_i，y_i)。

3. 传质阻力分析

与传热类似，总传质系数表达式(9-20)、式(9-23)的物理意义为：总传质阻力=气膜阻力+

液膜阻力，即总传质阻力 $1/K_y$ 或 $1/K_x$ 不仅与 k_x、k_y 有关，还与相平衡常数 m 有关。一般情况下，气、液相传质分系数 k_x 或 k_y 的变化范围不大，但不同气体的溶解度相差很大(见图 9-3 和表 9-2)，且随温度的变化也相当大。因此，决定总阻力大小的主要因素是 m。

(1) 当 $1/k_y \gg m/k_x$ 时，则有 $K_y \approx k_y$，此时的传质阻力集中于气相，称为气相阻力控制(也称气膜控制)。对溶解度很大的易溶体系，m 很小，如图 9-6(a)所示，相平衡曲线 OE 较平坦，以气相摩尔分数差表示的分传质推动力$(y-y_i)$接近总推动力$(y-y^*)$，此时宜选用气相总传质速率方程式[常用式(9-21)]进行传质速率的计算。例如，用水吸收 NH_3、HCl 等气体属此类情况。

(2) 当 $1/k_x \gg 1/mk_y$ 时，则有 $K_x \approx k_x$，此时的传质阻力集中于液相，称为液相阻力控制(也称液膜控制)。对溶质溶解度很小的难溶体系，m 很大，如图 9-6(b)所示，相平衡曲线 OE 很陡，以液相摩尔分数差表示的分传质推动力(x_i-x)接近于总传质推动力(x^*-x)，此时宜选用液相总传质速数方程式[常用式(9-24)]进行传质速率的计算。例如，用水吸收 CO_2、O_2 等气体基本上属于液相阻力控制的吸收过程。

(3) 实际吸收过程的阻力在气相和液相中各占一定的比例，且受气液两相的流动状况、接触表面的几何形状、流体的物理化学性质、气液两相间的平衡关系等诸多因素的影响。此时，宜选用不含 m 的传质速率方程式[如式(9-12)或式(9-15)]进行传质速率的计算。

通常，气、液两相的分传质系数与其流速的 0.7 次方成正比，即 $k_y \propto G^{0.7}$，$k_x \propto L^{0.7}$。因此，受气相传质阻力控制的吸收操作如增加气体流量(流率)，可降低气相阻力而有效地加快吸收过程。或者说，当实验发现吸收过程的总传质系数主要受气相流量的影响，则该过程必为气相阻力控制；反之，若发现总传质系数主要受液相流量的影响，则为液相阻力控制。

例 9-2 在吸收塔内用清水吸收空气中的 SO_2，操作条件为常压、30℃，此时相平衡常数 m=26.7。在塔内某一截面上测得气相中 SO_2 的分压为 31mmHg，液相中的 SO_2 浓度为 0.05kmol/m³，气相分传质系数 k_G=1.5kmol/(m²·h·atm)，液相分传质系数 k_L=0.39m/h，溶液密度近似同温度下水的密度。试求在塔内该截面上：

(1) 总传质系数 K_y 和 K_x；

(2) 气、液界面上浓度 c_i(kmol/m³)和 p_i(atm)；

(3) 分析该过程的传质阻力。

解 (1) 总传质系数 K_y 和 K_x。

当溶液的浓度较小时，溶液的总摩尔浓度 C 为

$$C = \frac{\rho_L}{M_L} \approx \frac{\rho_S}{M_S} = \frac{998.2}{18.02} = 55.4(\text{kmol/m}^3)$$

$$H = \frac{C}{E} = \frac{C}{mP} \approx \frac{55.4}{26.7 \times 1} = 2.075\left(\frac{\text{kmol}}{\text{m}^3 \cdot \text{atm}}\right)$$

由表 9-3 得

$$\frac{1}{K_G} = \frac{1}{k_G} + \frac{1}{Hk_G} = \frac{1}{1.5} + \frac{1}{2.075 \times 0.39}$$

$$K_G = 0.5256\text{kmol}/(\text{m}^2 \cdot \text{atm} \cdot \text{h})$$

$$K_L = K_G / H = 0.5256 / 2.075 = 0.2533(\text{m}/\text{h})$$

$$K_y = K_G P = 0.5256 \times 1 = 0.5256[\text{kmol}/(\text{m}^2 \cdot \text{h})]$$

$$K_x = K_L C = 0.2533 \times 55.6 = 14.08[\text{kmol}/(\text{m}^2 \cdot \text{h})]$$

(2) 气、液界面上两相的浓度。

联立以下两式

$$k_G(p - p_i) = k_L(c_i - c)$$

$$p = c_i / H$$

求出界面上两相的含量为

$$c_i = \frac{p + c\dfrac{k_L}{k_G}}{\dfrac{1}{H} + \dfrac{k_L}{k_G}} = \frac{\dfrac{31}{760} + 0.05 \times \dfrac{0.39}{1.5}}{\dfrac{1}{2.075} + \dfrac{0.39}{1.5}} = 0.0725(\text{kmol}/\text{m}^3)$$

$$p_i = 0.0725 / 2.075 = 0.0349(\text{atm})$$

可见：界面气相浓度 p_i 低于气相主体浓度(p=0.0408)，而界面液相浓度 c_i 高于液相主体浓度(c=0.05)，SO_2 由气相传递至液相。

(3) 传质阻力分析。

以压差表示传质推动力，气相阻力所占的比例为 $\frac{1/k_G}{1/K_G} = 0.5256/1.5 = 0.350$，可见用水吸收 SO_2 的传质阻力是由气相和液相阻力共同决定的。由上也可看出 $K_G \neq k_G, K_L \neq k_L$。

9.4 吸收(或解吸)塔计算

工业上通常使用的气、液传质设备为板式塔和填料塔。两者的主要区别在于，板式塔内气、液逐级接触，填料塔内气、液连续接触。本节以填料塔为主分析和讨论吸收过程的计算。

当已给定吸收任务(气体处理量，气体混合物的初、终浓度)，选定溶剂，并得知相平衡关系后，吸收塔的主要计算项目有溶剂的用量(或循环量)、吸收剂的出塔浓度、所需填料塔填料层高度或板式塔的塔板数和塔径(其计算详见第 11 章)。

9.4.1 物料衡算和操作线方程

1. 全塔物料衡算

稳定操作的逆流吸收塔内气、液流量(以通过单位塔截面的摩尔流量计)和组成如图 9-7 所示，其中以下标 a 代表塔顶，下标 b 代表塔底。A、B、S 分别代表溶质、惰性气体和溶剂。令 G_a、G_b 分别为出塔、入塔气体的流量，单位为 kmol(A+B)/(m^2 · s)；L_a、L_b 分别为入塔、出塔液体的流量，单位为 kmol(A+S)/(m^2 · s)；G、L 分别为通过塔某截面的气、液流量，单位为 kmol/(m^2 · s)；y_a、y_b 分别为出塔、入塔气体的组成(摩尔分数)，即 kmol A/kmol(A+B)；x_a、x_b 分别为入塔、出塔液体的组成(摩尔分数)，即 kmol A/kmol(A+S)；x、y 分别为塔某截面处的气、液组成(摩尔分数，设截面上各处的组成相同)，分别为 kmol A/kmol(A+S)、kmol A/kmol(A+B)。

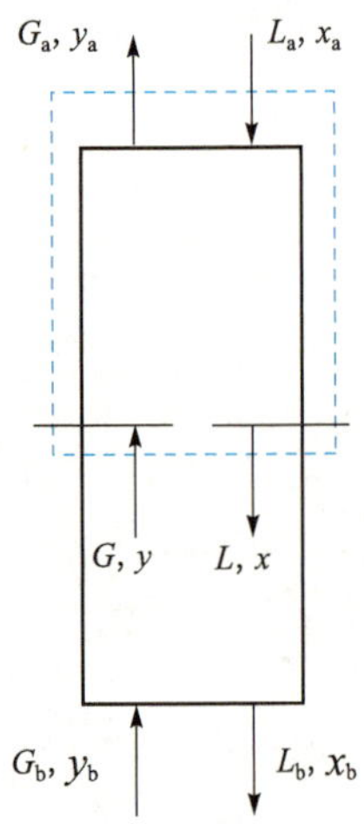

图 9-7 逆流吸收塔气、液流量及组成

当气体由下向上通过吸收塔时，因溶质 A 不断被吸收，则气相摩尔分数 y 及流量 G 都不断减小；同理，液体在塔内往下流时，由于吸收了溶质，其摩尔分数 x 和流量 L 都逐渐增大。假设惰性组分 B 不溶解、溶剂 S 不挥发，则在整个传质过程中，气体中 B 的流量 G_B 和液体中 S 的流量 L_S 是不变的，且有

$$G_B = G(1-y) = \text{常数}, L_S = L(1-x) = \text{常数} \tag{9-27}$$

与此相应，气、液相组成应采用摩尔比表示

$$Y = \frac{y}{1-y}, X = \frac{x}{1-x} \tag{9-28}$$

对图 9-7 所示的吸收过程作全塔物料衡算，有

$$G_B(Y_b - Y_a) = L_S(X_b - X_a) \tag{9-29}$$

式(9-29)中有 6 个变量，其中 G_b、Y_b 及 Y_a、X_a 通常是已知的，如再知吸收剂的用量 L_S，则可计算出出塔液体的组成 X_b(或规定 X_b，计算 L_S)。

2. 操作线方程及操作线

为确定吸收塔内任一塔截面上相互接触的气、液组成间的关系，可对吸收塔顶与任一截面间(图 9-7 中虚线所示的范围)作物料衡算如下：

$$G_B(Y - Y_a) = L_S(X - X_a) \tag{9-30}$$

整理得

$$Y = \frac{L_S}{G_B}X + (Y_a - \frac{L_S}{G_B}X_a) \tag{9-31}$$

同理，也可对塔底与任一截面间作物料衡算，得

$$G_B(Y_b - Y) = L_S(X_b - X) \tag{9-32}$$

整理得

$$Y = \frac{L_S}{G_B}X + (Y_b - \frac{L_S}{G_B}X_b) \tag{9-33}$$

式(9-31)及式(9-33)称为逆流吸收塔的操作线方程，它表明在 X-Y 坐标系中塔内任一横截面上的气相组成 Y 与液相组成 X 之间呈直线关系，其斜率为 L_S/G_B，且此直线应通过塔底 $B(X_b, Y_b)$及塔顶 $A(X_a, Y_a)$两点，如图 9-8 所示。直线 AB 上任一点 P 代表着塔内相应截面上的气、液组成，称 P 点为操作点。直线 AB 实质上是由操作点组成，故称为操作线。

操作线上任一点 $P(X, Y)$沿垂直方向至平衡线 OE 的距离 PQ 为以气相摩尔比之差表示的总推动力$(Y-Y^*)$；P 至 OE 的水平距离 PR 则代表以液相摩尔比之差表示的总推动力(X^*-X)。从图 9-8 可知，操作线离开平衡线越远，则气相(或液相)总推动力越大，反之亦然。从图 9-8 还可知，当进行吸收操作时，在塔内任一横截面上，溶质在气相中的实际浓度 Y 总是高于与其接触的液相平衡浓度 Y^*，所以吸收操作线总是位于平衡线的上方。反之，如果操作线位于平衡线下方，则进行解吸过程。

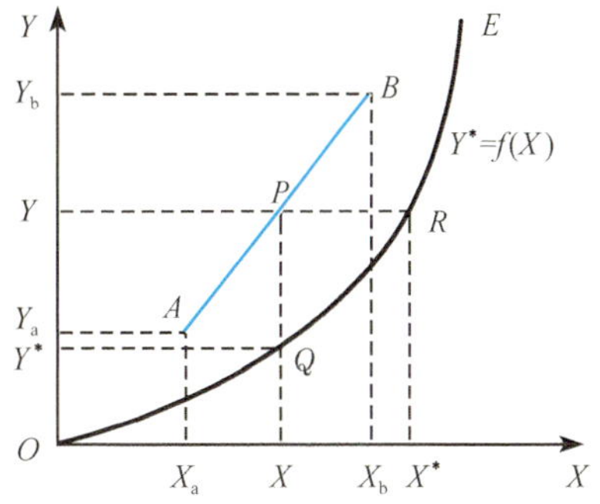

图 9-8　逆流吸收塔的操作线及传质推动力

吸收塔内的气、液两相流动方式，原则上可为逆流也可为并流。与传热过程类似，在进、出塔的气、液相浓度一定的条件下，逆流方式可获得较大的平均推动力，故吸收塔通常都采用逆流操作。类似地，对于气、液并流的吸收操作，也可用物料衡算求得吸收塔的操作线方程及操作线。

若将操作线方程式(9-33)中的气、液相浓度换算成常用的摩尔分数，得

$$\frac{y}{1-y}=\frac{L_S}{G_B}\frac{x}{1-x}+\left(Y_b-\frac{L_S}{G_B}X_b\right) \tag{9-34}$$

可见，在直角坐标系 x-y 中，操作线不是一条直线，但仍通过 A、B 两点。

9.4.2 吸收剂用量的确定

吸收塔设计时，由吸收任务和要求可以确定 G_B、Y_b、Y_a，由工艺条件可知 X_a，因此图 9-8 中表示塔顶状态的点 $A(X_a, Y_a)$是固定的，而表示塔底状态的点 $B(X_b, Y_b)$则因吸收剂用量 L_S 不同，即随液气比 L_S/G_B 的变化，在 $Y=Y_b$ 的水平线上移动。

从图 9-9 可知，若吸收剂用量 L_S 减少，则 B 点向右移动靠近平衡线，吸收操作的推动力减小，但出塔液体浓度增大。当吸收剂用量减少到操作线刚好与平衡线相交于点 C 时，塔底的气液两相达到平衡，即出塔液体达到饱和($X_b=X_b^*$)，此时过程的推动力为零，要实现指定的分离要求就需无限大的相际传质面积，即设备费无限大。显然，这是理论上吸收液所能达到的最高浓度，此时的液气比称为最小液气比，以$(L_S/G_B)_{min}$表示；相应的吸收剂用量为最小吸收剂用量，用$(L_S)_{min}$表示。图 9-9 中的最小液气比可按式(9-35)计算

$$\left(\frac{L_S}{G_B}\right)_{min}=\frac{Y_b-Y_a}{X_b^*-X_a} \tag{9-35}$$

或

$$(L_S)_{min}=G_B\frac{Y_b-Y_a}{X_b^*-X_a} \tag{9-36}$$

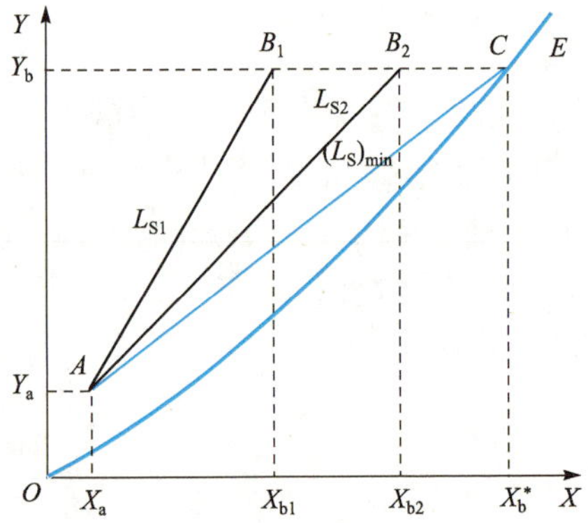

图 9-9 吸收剂用量对操作线的影响及最小液气比

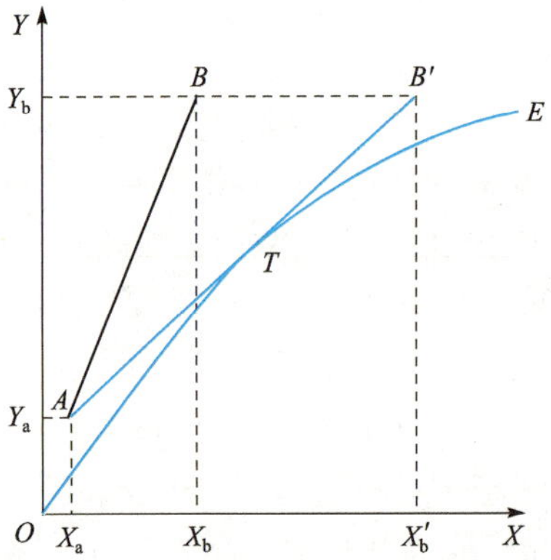

图 9-10 特殊平衡线下的最小液气比

特别地，如果平衡曲线呈现如图 9-10 中所示的形状，则计算最小液气比时应过点 A 作平衡曲线的切线，找到水平线 $Y=Y_b$ 与此切线的交点 B'，按式(9-37)计算

$$\left(\frac{L_S}{G_B}\right)_{min}=\frac{Y_b-Y_a}{X_b'-X_a} \tag{9-37}$$

或

$$(L_S)_{min}=G_B\frac{Y_b-Y_a}{X_b'-X_a} \tag{9-38}$$

显然，若增大吸收剂用量，B 点将向左移动，即操作线远离平衡线，过程进行的推动力增大，传质速率加快，所需的填料层高度降低，设备费下降，但溶剂的消耗、输送、回收等操作费用增大。因此，吸收剂用量实际上应根据操作费用和设备费用作经济权衡来决定。根据实际经验，一般情况下吸收剂用量取为最小用量的 1.1～2.0 倍较适宜，即

$$\frac{L_S}{G_B} = (1.1 \sim 2.0)\left(\frac{L_S}{G_B}\right)_{\min} \tag{9-39}$$

或

$$L_S = (1.1 \sim 2.0)(L_S)_{\min} \tag{9-40}$$

9.4.3　低浓度气体吸收时的填料层高度

多数工业吸收操作都是将气体中少量溶质组分加以回收或除去。当进塔混合气中的溶质浓度不高(如小于 10%)时，通常称为低浓度气体吸收。计算此类吸收问题时可作如下假设而不致引入显著误差：

(1) 因被吸收的溶质量很少，流经全塔的气、液相流量 G 和 L 可视为常量。

(2) 因吸收量少，由溶解热而引起的液体温度的升高并不显著，故可认为吸收是等温的。

(3) 因气、液两相在塔内的流量几乎不变，全塔的流动状况相同，分传质系数 k_x、k_y 在全塔可视为常数。

因此，对于低浓度气体吸收，可近似地用混合气体与液体的流量 G、L 代替惰性组分的流量 G_B、L_S，并以摩尔分数 y、x 代替摩尔比 Y、X，从而将式(9-30)写成

$$G(y - y_a) = L(x - x_a) \tag{9-41}$$

或

$$y = \frac{L}{G}x + \left(y_a - \frac{L}{G}x_a\right) \tag{9-42}$$

操作线方程式(9-33)变为

$$y = \frac{L}{G}x + \left(y_b - \frac{L}{G}x_b\right) \tag{9-43}$$

相应地，计算最小吸收剂用量的式(9-36)也可写成

$$L_{\min} = G\frac{y_b - y_a}{x_b^* - x_a} \tag{9-44}$$

若平衡关系符合亨利定律，则 $x_b^* = y_b/m$。

1. 填料层高度的计算式

从图 9-8 可见，通常填料塔内任一截面上的传质推动力是不相同的，导致塔内各截面上的吸收速率也各不相同。为此，计算填料层高度时，应在微元填料层内列出传质速率方程和物料衡算式，然后积分得到填料层高度。

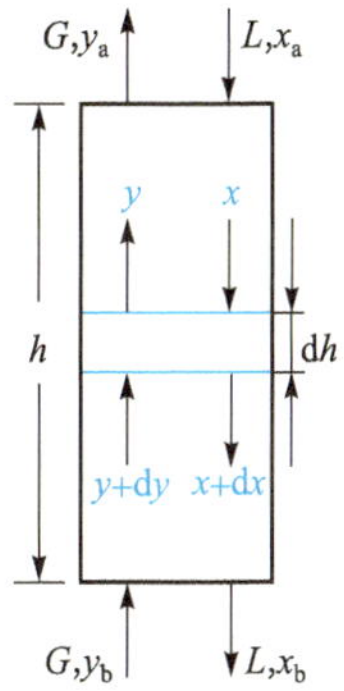

图 9-11　填料层高度示意图

如图 9-11 所示，设填料塔的横截面积为 Ω(m^2)，单位体积填料层所提供的有效传质面积(有效比表面积)为 a (m^2/m^3)。在填料塔内取一微元填料层 dh，对此微元填料层作溶质 A 的衡算可知，单位时间内由气相转入液相的溶质量 dm_A=气相中溶质的减少量=液相中溶质的增加量，即

$$\mathrm{d}m_A = \Omega G\mathrm{d}y = \Omega L\mathrm{d}x \tag{9-45}$$

在填料层 dh 中，因气、液相中溶质的组成变化均很小，传质速率 N_A 可视为一定值，则

$$\mathrm{d}m_A = N_A\mathrm{d}A = N_A a\Omega\mathrm{d}h \tag{9-46}$$

由式(9-45)和式(9-46)得

$$dh = \frac{G\mathrm{d}y}{N_A a} = \frac{L\mathrm{d}x}{N_A a} \tag{9-47}$$

若将总传质速率方程式(9-21)、式(9-23)代入式(9-47)中，并从塔顶到塔底积分，可得

$$h = \int_{y_a}^{y_b} \frac{G\mathrm{d}y}{K_y(y - y^*)a} \tag{9-48}$$

$$h = \int_{x_a}^{x_b} \frac{L\mathrm{d}x}{K_x(x^* - x)a} \tag{9-49}$$

对于稳定的低浓度气体吸收过程，G、L 及 k_x、k_y、a 皆不随时间和塔高而变，若在操作范围内平衡线斜率变化不大，由式(9-20)和式(9-23)可知，总传质系数 K_y、K_x 在全塔范围内也可视为常数，则 G、L、K_y、K_x 及 a 皆可从积分符号中提出，式(9-48)和式(9-49)可简化为

$$h = \frac{G}{K_y a}\int_{y_a}^{y_b} \frac{\mathrm{d}y}{y - y^*}, \quad h = \frac{L}{K_x a}\int_{x_a}^{x_b} \frac{\mathrm{d}x}{x^* - x} \tag{9-50}$$

需要指出的是，有效比表面积 a 是指填料表面被流动的液体膜层所覆盖的面积，它总是小于填料的比表面积。a 值不仅与填料的材质、形状、尺寸及充填状况有关，而且受流体物性及流动状况的影响，其值很难直接测定，故常将 a 与传质系数的乘积视为一体，作为一个完整的物理量来看待，这个乘积称为“体积传质系数”。例如，$K_y a$ 及 $K_x a$ 分别称为气相总体积传质系数及液相总体积传质系数，单位为 kmol/(m^3 · s)。

若选用气、液相摩尔分数差作为分传质推动力来计算传质速率 N_A[(式(9-12)和式(9-15)]，同理可得

$$h = \frac{G}{k_y a}\int_{y_a}^{y_b} \frac{\mathrm{d}y}{y - y_i}, \quad h = \frac{L}{k_x a}\int_{x_a}^{x_b} \frac{\mathrm{d}x}{x_i - x} \tag{9-51}$$

2. 传质单元数与传质单元高度

式(9-50)中，若令

$$N_{OG} = \int_{y_a}^{y_b} \frac{\mathrm{d}y}{y - y^*} \tag{9-52}$$

$$H_{OG} = \frac{G}{K_y a} \tag{9-53}$$

则以气相摩尔分数差为总传质推动力的填料层高度计算式可写成

$$h = N_{OG} H_{OG} \tag{9-54}$$

式中，N_{OG} 为以 y-y^*为推动力的气相总传质单元数，为无量纲量；H_{OG} 为气相总传质单元高度，具有长度量纲，单位为 m。

同理，若将传质单元的概念应用于以液相摩尔分数差作为总传质推动力的情形，令

$$N_{OL} = \int_{x_a}^{x_b} \frac{\mathrm{d}x}{x^* - x} \tag{9-55}$$

$$H_{OL} = \frac{L}{K_x a} \tag{9-56}$$

可得

$$h = N_{OL} H_{OL} \tag{9-57}$$

式中，N_{OL}、H_{OL} 分别称为以 x^*-x 为推动力的液相总传质单元数及液相总传质单元高度。

另外，若将以不同传质推动力表示的传质速率 N_A 代入式(9-47)并进行积分，可得类似的填料层高度计算式。由总传质系数与分传质系数之间的关系，可导出总传质单元高度与分传质单元高度间的关系式，这些计算式一并列入表 9-4 中。

表 9-4 传质单元高度与传质单元数

填料层高度计算式	传质单元数	传质单元高度	相互关系
$h = N_{OG} H_{OG}$	气相总传质单元数 $N_{OG} = \int_{y_a}^{y_b} \frac{dy}{y - y^*}$	气相总传质单元高度 $H_{OG} = \frac{G}{K_y a}$	由式(9-20)和式(9-23)可得
$h = N_{OL} H_{OL}$	液相总传质单元数 $N_{OL} = \int_{x_a}^{x_b} \frac{dx}{x^* - x}$	液相总传质单元高度 $H_{OL} = \frac{L}{K_x a}$	$H_{OG} = H_G + \frac{mG}{L} H_L$
$h = H_G N_G$	气相传质单元数 $N_G = \int_{y_a}^{y_b} \frac{dy}{y - y_i}$	气相传质单元高度 $H_G = \frac{G}{k_y a}$	$H_{OL} = H_L + \frac{L}{mG} H_G$
$h = H_L N_L$	液相传质单元数 $N_L = \int_{x_a}^{x_b} \frac{dx}{x_i - x}$	液相传质单元高度 $H_L = \frac{L}{k_x a}$	$H_{OG} = \frac{mG}{L} H_{OL}$

下面讨论 N_{OG}、H_{OG} 的物理意义。假定某吸收过程所需的填料层高度恰好等于气相总传质单元高度，即 $h=H_{OG}$，此时

$$N_{OG} = \int_{y_2}^{y_1} \frac{dy}{y - y^*} = 1$$

根据积分中值定理，有

$$N_{OG} = \int_{y_2}^{y_1} \frac{dy}{y - y^*} = \frac{y_1 - y_2}{(y - y^*)_m} = 1$$

其中下标 m 代表平均，$(y - y^*)_m$ 可看成气相平均传质推动力，得

$$y_1 - y_2 = (y - y^*)_m \tag{9-58}$$

显然，如果气体流经一段填料层后的浓度变化恰好等于此段填料层内的气相平均传质推动力，那么这段填料层的高度就是一个气相总传质单元的高度。传质单元高度在文献中常称为 HTU(height of a transfer unit)。显然，气相总传质单元数即为这些传质单元的数目。

需要指出，将填料层高度写成传质单元高度与传质单元数的乘积，只是变量的分离和合并，并无实质性的变化。但是这样处理的优点是，传质单元数 $N_{OG}(N_{OL})$只与物质的相平衡及进、出口的浓度条件有关，反映了吸收过程的难易程度，与设备的型式和设备中的操作条件(如流速)等无关。这样，在作出设备型式的选择之前即可先计算 $N_{OG}(N_{OL})$。如果 $N_{OG}(N_{OL})$的数值太大，表明吸收剂性能太差，或表明分离要求过高。$H_{OG}(H_{OL})$则与设备型式及设备中的操作条件(如流速)有关，表示了完成一个传质单元所需的塔高，是吸收设备效能高低的反映，而与气液进出口的浓度无关。显然，$H_{OG}(H_{OL})$越小，达到同样吸收要求所需的填料层高度越小，传

质效果越佳。考虑到通常气膜控制时 $K_ya \approx k_ya \propto G^{0.7}$，液膜控制时 $K_xa \approx k_xa \propto L^{0.7}$，因而 H_{OG}(或 H_{OL})与流量 G(或 L)约成 0.3 次方的关系，其受流量的影响较传质系数小，故传质单元高度的数值变化不像传质系数那样大。常用吸收设备的传质单元高度为 0.15～1.5m，具体数值可由实验测定或通过相关文献查得。

3. 传质单元数的计算

1) 对数平均推动力法

在吸收操作所涉及的浓度范围内，若相平衡关系符合直线方程 $y^*=mx+b$，此时，如图 9-12 所示，传质推动力 $\Delta y=y-y^*$ 和 $\Delta x=x^*-x$ 分别随 y 和 x 呈线性变化，则有

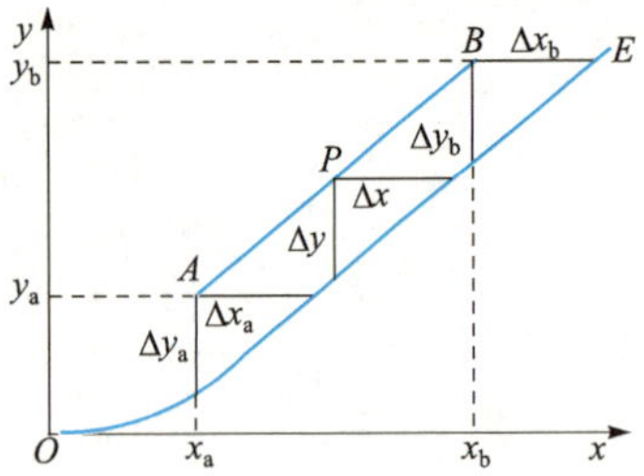

图 9-12　对数平均推动力法求传质单元数

$$\frac{\mathrm{d}(\Delta y)}{\mathrm{d}y}=\frac{\Delta y_b-\Delta y_a}{y_b-y_a} \tag{9-59}$$

$$\frac{\mathrm{d}(\Delta x)}{\mathrm{d}x}=\frac{\Delta x_b-\Delta x_a}{x_b-x_a} \tag{9-60}$$

式中，$\Delta y_b=y_b-y_b^*$ 为塔底气相总传质推动力；$\Delta y_a=y_a-y_a^*$ 为塔顶气相总传质推动力；$\Delta x_b=x_b^*-x_b$ 为塔底液相总传质推动力；$\Delta x_a=x_a^*-x_a$ 为塔顶液相总传质推动力。

将式(9-59) 代入式(9-52)中，有

$$N_{OG}=\int_{y_a}^{y_b}\frac{\mathrm{d}y}{y-y^*}=\int_{y_a}^{y_b}\frac{\mathrm{d}y}{\Delta y}=\frac{y_b-y_a}{\Delta y_b-\Delta y_a}\int_{\Delta y_a}^{\Delta y_b}\frac{\mathrm{d}(\Delta y)}{\Delta y}=\frac{y_b-y_a}{\dfrac{(\Delta y_b-\Delta y_a)}{\ln(\Delta y_b/\Delta y_a)}}$$

令

$$\Delta y_m=\frac{\Delta y_b-\Delta y_a}{\ln\dfrac{\Delta y_b}{\Delta y_a}} \tag{9-61}$$

$$N_{OG}=\frac{y_b-y_a}{\Delta y_m} \tag{9-62}$$

式中，Δy_m 代表塔顶、塔底推动力的平均值，称为气相对数平均传质推动力。

用同样的方法，将式(9-60)代入式(9-55)可得

$$N_{OL}=\frac{x_b-x_a}{\dfrac{\Delta x_b-\Delta x_a}{\ln\dfrac{\Delta x_b}{\Delta x_a}}}=\frac{x_b-x_a}{\Delta x_m}$$

$$\Delta x_m=\frac{\Delta x_b-\Delta x_a}{\ln\dfrac{\Delta x_b}{\Delta x_a}} \tag{9-63}$$

式中，Δx_m 称为液相对数平均传质推动力。同理有

$$N_G=\frac{y_b-y_a}{\Delta y_{im}} \tag{9-64}$$

$$N_L=\frac{x_b-x_a}{\Delta x_{im}} \tag{9-65}$$

式中，Δy_{im} 为塔顶$\Delta y_{ia}=y_a-y_{ia}$ 与塔底$\Delta y_{ib}=y_b-y_{ib}$ 两气相推动力的对数平均值；Δx_{im} 为塔顶$\Delta x_{ia}=x_{ia}-x_a$ 与塔底$\Delta x_{ib}=x_{ib}-x_b$ 两液相推动力的对数平均值。

2) 吸收因数法

对数平均推动力法外，也可将相平衡关系与操作线方程代入$\int_{y_a}^{y_b}\frac{dy}{y-y^*}$中，直接积分求取传质单元数。若相平衡关系服从亨利定律 $y^*=mx$，根据逆流吸收操作线方程式(9-41)，有

$$x=x_a+\frac{G}{L}(y-y_a) \tag{9-66}$$

$$y^*=mx=mx_a+\frac{mG}{L}(y-y_a) \tag{9-67}$$

将以上两式代入式(9-52)中得

$$N_{OG}=\int_{y_a}^{y_b}\frac{dy}{y-mx}=\int_{y_a}^{y_b}\frac{dy}{y-m\left[x_a+\frac{G}{L}(y-y_a)\right]}$$

$$=\int_{y_a}^{y_b}\frac{dy}{(1-\frac{mG}{L})y+(\frac{mG}{L}y_a-mx_a)}$$

积分整理可得

$$N_{OG}=\frac{1}{1-\frac{mG}{L}}\ln\left[(1-\frac{mG}{L})\frac{y_b-mx_a}{y_a-mx_a}+\frac{mG}{L}\right] \tag{9-68a}$$

令 $A=L/mG$，称为吸收因数，其几何意义为操作线斜率 L/G 与平衡线斜率 m 之比，反映了吸收过程推动力的大小；$S=mG/L$，为平衡线斜率 m 与操作线斜率 L/G 之比，称为脱吸因数，是吸收因数的倒数，则

$$N_{OG}=\frac{1}{1-S}\ln\left[(1-S)\frac{y_b-mx_a}{y_a-mx_a}+S\right] \tag{9-68b}$$

式(9-68)实际上由 N_{OG} 、$\frac{1}{A}$(或S)、$\frac{y_b-mx_a}{y_a-mx_a}$三个数群构成，可将其关系用如图 9-13 所示的曲线表示。图中横坐标$(y_b-mx_a)/(y_a-mx_a)$表示吸收的要求或吸收的程度。对于一定的 S 值，当气、液两相的进塔组成 y_b、x_a 一定时，若要求吸收率高，则 y_a 值小，相应的$(y_b-mx_a)/(y_a-mx_a)$值大，则 N_{OG} 的值也大，即所需的填料层高度高。图中的参变量脱吸因数 S 值越大，说明吸收过程的难度越大，在相同的吸收任务下，即$(y_b-mx_a)/(y-mx_a)$一定时，要求的 N_{OG} 值也就越大。另外，图 9-13 只有在$(y_b-mx_a)/(y_a-mx_a)>20$ 及 $s\leqslant 0.80$ 范围内读数较准确。与对数平均推动力法相比，吸收因数法的计算式中少了变量 x_b，较适用于操作型计算。

同理也可以推出以液相浓度差为总传质推动力的传质单元数表达式：

$$N_{OL}=\frac{1}{1-A}\ln\left[(1-A)\frac{y_b-mx_a}{y_b-mx_b}+A\right] \tag{9-69}$$

只要将图 9-13 中的 S、$(y_b-mx_a)/(y_a-mx_a)$和 N_{OG} 分别替换为 A、$(y_b-mx_a)/(y_b-mx_b)$和 N_{OL} 即可。

当平衡关系不满足亨利定律，但可近似地以直线 $y=mx+b$ 表示时，则式(9-68)、式(9-69)变成

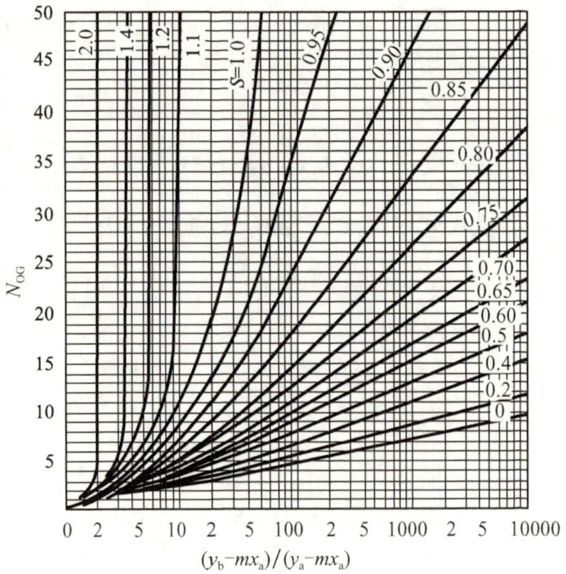

图 9-13 N_{OG}与$(y_b-mx_a)/(y_a-mx_a)$关系曲线

$$N_{OG}=\frac{1}{1-S}\ln\left[(1-S)\frac{y_b-y_a^*}{y_a-y_a^*}+S\right] \tag{9-70}$$

$$N_{OL}=\frac{1}{1-A}\ln\left[(1-A)\frac{y_b-y_a^*}{y_b-y_b^*}+A\right] \tag{9-71}$$

式中，$y_a^*=mx_a+b$。

3) 其他计算方法

当平衡线为曲线时，显然上述对数平均推动力法和吸收因数法已不能适用。此时，可采用图解积分计算。仍以气相总传质单元数为例，在操作线 AB 和平衡线 OE 之间作垂直线，对每一个 y 求出对应的 $\frac{1}{y-y^*}$，然后作 $\frac{1}{y-y^*}$ 对 y 的曲线 $A'B'$，如图 9-14 所示，曲线下的面积即为积分值 $\int_{y_a}^{y_b}\frac{dy}{y-y^*}$。除图解法外，还可采用数值积分计算传质单元数，随着电子计算技术的发展及相关工程计算软件(如 MATLAB 等)的开发和利用，已变得易于实现并得到广泛的应用。

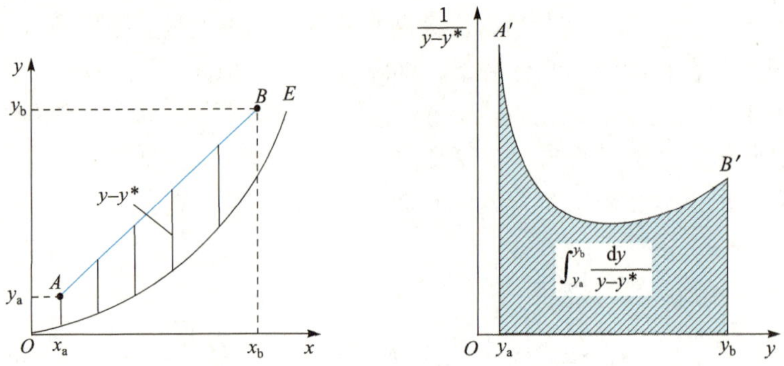

图 9-14 图解积分法求 $\int_{y_a}^{y_b}\frac{dy}{y-y^*}$

9.4.4 填料塔的设计型计算和操作型分析

填料吸收塔的计算问题可分为设计型和操作型两类，两类问题均可通过联立全塔物料衡算式、填料层高度计算式及相平衡关系式求解。

1. 填料塔的设计型计算

设计型计算的特点是给定进塔混合气的流量 G 和气体的浓度 y_b、相平衡关系及分离要求，计算达到指定的分离要求所需要的填料层高度。在给定的分离条件下，要完成设计型计算尚需解决以下几方面的问题：

(1) 为计算塔高，必须确定传质系数。

(2) 气、液流向的选择。气、液两相在填料吸收塔内可做逆流流动也可做并流流动，在两相进、出口浓度相同的情况下，逆流时的对数平均传质推动力大于并流(类似对数平均传热推动力情形)。为使吸收过程具有最大的传质推动力，一般吸收总是采用逆流操作。

(3) 吸收剂进口浓度的确定。吸收剂进口浓度较高时，吸收过程的推动力减小，吸收塔设备费用增加；若选择较低的进口浓度，则吸收剂的再生要求高，再生设备费用及再生操作费用高。因此，吸收剂进口浓度的选择通常是一个经济权衡的问题。

(4) 吸收剂用量的确定。吸收剂用量的确定实际上也是操作费用和设备费用的经济权衡，结合经验由式(9-40)可确定。

吸收操作中，表征吸收分离要求通常以吸收率η表示，其定义为

$$\eta=\frac{G_B(Y_b-Y_a)}{G_BY_b}\times 100\%=\frac{Y_b-Y_a}{Y_b}\times 100\% \tag{9-72}$$

对于低浓度气体吸收，有

$$\eta=\frac{y_b-y_a}{y_b}=1-\frac{y_a}{y_b} \tag{9-73}$$

例 9-3 用平均相对分子质量为 240 的洗油从苯蒸气与空气的混合物中回收苯，要求苯的回收率为 99%。入塔气中含苯 2.5%(体积分数)，气体流量为 800Nm^3/h。塔顶进入的洗油中含苯 0.02% (摩尔分数)，洗油的耗用量为最小耗用量的 1.35 倍。在操作条件下，系统的气、液平衡关系为 y=0.36x，总传质系数 K_ya=0.015kmol/(m^3 · s)。已知塔径为 1.0m，吸收剂的用量为多少？所需塔高为多少？

解 含苯 2.5%的煤气吸收可视为低浓度气体吸收。

吸收塔出口煤气中含苯为

$$y_a=(1-\eta)y_b=(1-0.99)\times 0.025=0.00025$$

最小液气比

$$\left(\frac{L}{G}\right)_{\min}=\frac{y_b-y_a}{x_b^*-x_a}=\frac{0.025-0.00025}{0.025/0.36-0.0002}=0.357$$

气相流量

$$G=\frac{800/3600}{22.4\Omega}=\frac{800}{22.4\times 0.785\times 1^2\times 3600}=0.0126\left[\text{kmol/(m}^2\cdot\text{s)}\right]$$

液相流量

$$L=1.35L_{\min}=1.35\times 0.0126\times 0.357=0.00607\left[\text{kmol/(m}^2\cdot\text{s)}\right]$$

$$=0.00607\times 240\times 0.785\times 1^2\times 3600=4116.9(\text{kg/h})$$

现分别用两种方法计算填料层高度。

1) 对数平均推动力法

根据全塔物料衡算可确定出塔液浓度

$$x_b = \frac{G}{L}(y_b - y_a) + x_a = \frac{0.0126}{0.00607} \times (0.025 - 0.00025) + 0.0002 = 0.05158$$

塔顶推动力

$$\Delta y_a = y_a - y_a^* = y_a - m x_a = 0.00025 - 0.36 \times 0.0002 = 1.78 \times 10^{-4}$$

塔底推动力

$$\Delta y_b = y_b - y_b^* = y_b - m x_b = 0.025 - 0.36 \times 0.05158 = 0.00643$$

全塔平均推动力

$$\Delta y_m = \frac{\Delta y_b - \Delta y_a}{\ln \dfrac{\Delta y_b}{\Delta y_a}} = \frac{0.00643 - 1.78 \times 10^{-4}}{\ln \dfrac{0.00643}{1.78 \times 10^{-4}}} = 0.00174$$

气相总传质单元数

$$N_{OG} = \frac{y_b - y_a}{\Delta y_m} = \frac{0.025 - 0.00025}{0.00174} = 14.2$$

气相总传质单元高度

$$H_{OG} = \frac{G}{K_y a} = \frac{0.0126}{0.015} = 0.84(\text{m})$$

所需填料层高度 $h = H_{OG} N_{OG} = 0.84 \times 14.2 = 11.93(\text{m})$

2) 吸收因数法

脱吸因数

$$S = \frac{mG}{L} = \frac{0.36 \times 0.0126}{0.00607} = 0.747$$

由式(9-70)计算气相总传质单元数

$$\begin{aligned} N_{OG} &= \frac{1}{1-S} \ln\left[(1-S)\frac{y_b - m x_a}{y_a - m x_a} + S\right] \\ &= \frac{1}{1-0.747} \ln[(1-0.747) \times \frac{0.025 - 0.36 \times 0.0002}{0.00025 - 0.36 \times 0.0002} + 0.747] \\ &= 14.2 \end{aligned}$$

所需填料层高度 $h = H_{OG} N_{OG} = 0.84 \times 14.2 = 11.93(\text{m})$

两种计算方法的结果很接近。

2. 填料塔的操作型计算

吸收操作型计算的特点是已知填料层高度 h 及其他相关尺寸，计算的基本类型有两类：

(1) 校核现有的塔设备对指定的生产任务是否适用。例如，已知 T、P、h、G、L、x_a、y_b，校核 y_a 是否满足要求。

(2) 当吸收塔的某一操作条件改变时，吸收结果的变化情况或为达到指定的生产任务应采取的调节措施。例如，对给定的吸收塔，若气体处理量增加(其余条件不变)，分析 y_a、x_b 的变化趋势或此时应采取什么措施才有可能使 y_a 保持不变。

例 9-4 在填料层为 6m 的塔内用清水吸收含氨 5%(体积分数)的气体混合物(余为惰性气体)，混合气体流量为 0.025kmol/(m² · s)，入口清水流量为 0.024kmol/(m² · s)。操作条件下相平衡关系为 $y=0.8x$，总传质系数 $K_y a$ 为 0.06kmol/(m³ · s)。试计算：

(1) 若希望氨的吸收率不低于 99%，问该塔能否满足要求？

(2) 该塔的实际吸收率为多少？

解 (1) 要核算一个填料塔是否能完成吸收任务，只要求出完成该任务所需的填料层高度 $h_{需}$，与现有的填料层高度 h 比较，若 $h_{需}<h$，则该塔能满足要求。

因混合气中溶质含量低，可视为低浓气体吸收。据题意，y_b=0.05，吸收率 η=99%

$$y_a=(1-\eta)y_b=(1-0.99)\times0.05=5\times10^{-4}$$

脱吸因数

$$S=\frac{mG}{L}=\frac{0.8\times0.025}{0.024}=0.833$$

气相总传质单元数为

$$N_{OG}=\frac{1}{1-S}\ln\left[(1-S)\frac{y_b-mx_a}{y_a-mx_a}+S\right]$$

$$=\frac{1}{1-0.833}\ln\left[(1-0.833)\times\frac{0.05}{5\times10^{-4}}+0.833\right]=17.15$$

$$H_{OG}=\frac{G}{K_ya}=\frac{0.025}{0.06}=0.417(\text{m})$$

$$h_{需}=H_{OG}N_{OG}=0.417\times17.15=7.15(\text{m})>h=6(\text{m})$$

故该塔不能满足要求，或为了达到吸收率为 99%的要求，需要将塔高增加到 7.15m。

(2) 要确定吸收塔的实际吸收率，关键是确定出塔气的浓度。已知填料层高度 h、气相总传质单元高度 H_{OG}，则可确定气相总传质单元数 N_{OG}。而 N_{OG} 是与进出塔的气、液浓度和相平衡常数有关的，在本题的相平衡条件下，可采用对数平均推动力法和吸收因数法计算出塔气相组成。

$$h=H_{OG}N_{OG}$$

$$N_{OG}=\frac{h}{H_{OG}}=\frac{6}{0.417}=14.39$$

(i) 对数平均推动力法。

$$N_{OG}=\frac{y_b-y_a}{\Delta y_m}=\frac{y_b-y_a}{\dfrac{(y_b-mx_b)-(y_a-mx_a)}{\ln\dfrac{y_b-mx_b}{y_a-mx_a}}}=14.39$$

即

$$\frac{0.05-y_a}{\dfrac{(0.05-0.8x_b)-(y_a-0)}{\ln\dfrac{0.05-0.8x_b}{y_a}}}=14.39$$

再由全塔物料衡算式有 $G(y_b-y_a)=L(x_b-x_a)$

即

$$0.025(0.05-y_a)=0.024x_b$$

联解以上两个方程，可求得

$$y_a=8.16\times10^{-4}$$

$$\eta=\frac{y_b-y_a}{y_b}\times100\%=\frac{0.05-8.16\times10^{-4}}{0.05}\times100\%=98.4\%$$

(ii) 吸收因数法。

已知进塔液浓度 x_a=0，代入式(9-68b)，可得

$$14.39=\frac{1}{1-0.833}\ln\left[(1-0.833)\frac{0.05}{y_a}+0.833\right]$$

得

$$y_a = 8.17\times10^{-4}$$

$$\eta = \frac{y_b - y_a}{y_b}\times100\% = \frac{0.05 - 8.17\times10^{-4}}{0.05}\times100\% = 98.4\%$$

思考 此题如果按摩尔比浓度进行计算，结果又如何？如何理解该结果？

从上两例可知，吸收因数法和对数平均推动力法均可应用于填料塔的设计型计算和操作型计算。对数平均推动力法形式简明、直观，但要求知道塔顶、塔底四个气、液组成，在操作型计算中往往会涉及非线性方程的求解，计算较复杂，故对数平均推动力法较适用于设计型计算。吸收因数法仅涉及气体的进、出塔组成和入塔液浓度，故较多用于填料塔的操作型计算。

例 9-5 接例 9-4，若要求氨的吸收率不低于 99%，拟采用(1)增大清水量的方法，是否可行？如可行，清水的用量必须增大多少？(2)保持清水量不变，将吸收塔的压力提高，能否满足要求？如可行，压力必须增大多少？并对两种方案进行比较。

解 (1)首先分析增大 L 的方法是否可行。水吸收氨属于气膜控制，$K_ya \approx k_ya \propto G^{0.7}$，$L$ 增大后，由于 G 不变，故 K_ya 近似不变，从而 $H_{OG}(=G/K_ya)$不变，又有填料层高度 h 不变，所以 $N_{OG}(=h/H_{OG})$不变。但 L 增大将使 $S(=mG/L)$下降，从图 9-13 可知，N_{OG} 不变、S 下降将使$(y_b-mx_a)/(y_a-mx_a)$增加，故必有 y_a 下降，即吸收率$\eta(=1-y_a/y_b)$增加，所以增大 L 的方法可行。现计算 L 的增大量。

根据上述分析，H_{OG}不变，所以 $N_{OG}=h/H_{OG}=6/0.417=14.39$，从而

$$14.39 = \frac{1}{1-S'}\ln\left[(1-S')\times\frac{0.05}{5\times10^{-4}} + S'\right]$$

$$S' = 1 - \frac{1}{14.39}\times\ln(100 - 99S')$$

试差法解得 $S' = 0.784$，得

$$L' = \frac{mG}{S'} = \frac{0.8\times0.025}{0.784} = 0.0255\left[\text{kmol}/(\text{m}^2\cdot\text{s})\right]$$

$$\frac{L'}{L} = \frac{0.0255}{0.024} = 1.063$$

即吸收剂用量需增大 6.3%。

(2) 因保持 L/G 不变，将操作压力提高后，由于 $K_ya = K_GaP \propto P$，气相总传质单元高度 $H_{OG}(=G/K_ya \propto P^{-1})$将变小，$N_{OG}$将增大。又 $m = E/P$ 下降，使 S 下降。从图 9-13 可知，N_{OG}变大、S 下降将使$(y_b-mx_a)/(y_a-mx_a)$增加，故必有 y_a 下降，即吸收率η 增加，所以增大 P 的方法是可行的。现计算 P 的增大量。

设原工况

$$h = H_{OG}N_{OG}$$

新工况

$$h = H'_{OG}N'_{OG}$$

$$m' = \frac{P}{P'}m,\quad S' = \frac{m'}{m}S = \frac{P}{P'}S$$

$$H_{OG} = \frac{G}{K_ya} = \frac{G}{K_GaP}$$

故

$$\frac{H'_{OG}}{H_{OG}} = \frac{P}{P'}$$

由 $h = H_{OG}N_{OG} = H'_{OG}N'_{OG}$ 得

$$N'_{OG} = \frac{H_{OG}}{H'_{OG}}N_{OG} = \frac{P'}{P}N_{OG} = \frac{S}{S'}N_{OG}$$

而

$$N'_{OG} = \frac{1}{1-S'}\ln\left[(1-S')\frac{y_b - mx_a}{y'_a - mx_a} + S'\right]$$

从而有

$$\frac{S}{S'}N_{OG} = \frac{1}{1-S'}\ln\left[(1-S')\frac{0.05}{0.0005} + S'\right]$$

将 S=0.833，N_{OG}=14.39 代入上式，试差法得 $S' = 0.797$，则

$$P' = \frac{S}{S'}P = \frac{0.833}{0.797}P = 1.045P$$

即操作压力需增大 4.5%。

讨论 若要提高吸收率，可以采取增加填料层高度(由例 9-4 可知)、加大吸收剂用量、提高压力或更换填料等方法来实现，这几种方法的特点比较见表 9-5。

表 9-5 提高吸收率方法比较

改造方案	特点	应注意的工程问题
增加填料层高度	(1) 吸收剂用量不变，操作费变化不大 (2) 在原塔上加高，施工难度加大 (3) 工程造价较高	(1) 吸收塔增高后，安装的空间高度是否允许 (2) 吸收塔增高后，原来的基础负荷能否满足要求，需进行校核
增加吸收剂用量	(1) 吸收剂用量增加，操作费增加 (2) 易于实施	(1) 如果原吸收剂输送泵流量等不能满足要求，需更换或增加输送泵； (2) 解吸塔负荷加大，解吸是否满足要求，需要核算 (3) 吸收剂用量太大时，可能会液泛
增加吸收塔压力	(1) 压力升高，操作费增加 (2) 易于实施	(1) 提高压力等级后，原吸收塔的强度能否满足要求，需进行校核 (2) 如果原气体输送设备压力不能满足要求，需更换或增加气体压缩设备
更换比表面积大、传质效果好的新型填料	(1) 设备费增加 (2) 易于实施	(1) 新填料的压降可能增大，吸收塔的处理能力可能下降，故需对吸收塔的处理能力能否满足要求进行校核 (2) 新填料材质要满足防腐等要求

案例　一个失败工程案例的启示——吸收塔的设计与操作调节

9.4.5 高浓度气体吸收时填料层高度的计算

当入塔气体的溶质含量较高(如超过 10%)，对低浓度气体吸收的简化处理方法显然不再适用，此时物料衡算式应采用式(9-30)、式(9-32)或式(9-35)，而且除应考虑气、液相流量随塔高的变化对物料衡算的影响外，还需考虑它对传质系数的影响。

高浓度气体吸收时(这里的讨论仍只限于等温吸收)，按膜模型理论，气相分传质系数 k_y 可表示为

$$k_y = \frac{D_G}{RT\delta_G}\frac{P}{(1-y)_m} = k'_y\frac{1}{(1-y)_m} \tag{9-74}$$

式中，k'_y 为等分子反向扩散的传质系数，其值与气相浓度 y 无关。低浓度气体吸收实验所得的传质分系数即为 k'_y，高浓度气体吸收时，气相分传质系数应考虑漂流因数 $1/(1-y)_m$ 的影响，而且 k_y 随 G 变化，在全塔不再为一常数。

同理，若液相浓度较高，则液相分传质系数 k_x 也与液相浓度 x 有关。但在许多场合下，高浓度气体吸收的溶液浓度并不一定很高，同时在液相中，浓度对分传质系数的影响较复杂，各种影响因素中，漂流因数往往不是主要的。因此，高浓度气体吸收时，k_x 常近似看成与浓度 x 无关，再考虑到液体沿塔下流时流量不会有明显的变化，从而 k_x 仍可作为常数。

综上所述，可知高浓气体吸收的计算要比低浓度的复杂得多。为考虑传质系数变化的影响，常选用气相传质速率方程 $N_A=k_y(y-y_i)$作为计算的基础。由于高浓度气体吸收时气体流量 G 为变量，对微分填料层高度 dh 的物料衡算为

$$k_y a(y-y_i)\mathrm{d}h=\mathrm{d}(Gy) \tag{9-75}$$

又 $G_B=G(1-y)$，所以

$$\mathrm{d}(Gy)=\mathrm{d}\left(\frac{G_B y}{1-y}\right)=G_B\mathrm{d}\left(\frac{y}{1-y}\right)=G_B\frac{\mathrm{d}y}{(1-y)^2}=\frac{G\mathrm{d}y}{1-y} \tag{9-76}$$

将式(9-76)代入式(9-75)中，整理得

$$\mathrm{d}h=\frac{G\mathrm{d}y}{k_y a(y-y_i)(1-y)} \tag{9-77}$$

从塔顶到塔底积分，得

$$h=\int_{y_a}^{y_b}\frac{G\mathrm{d}y}{k_y a(y-y_i)(1-y)} \tag{9-78}$$

结合式(9-74)，有

$$h=\int_{y_a}^{y_b}\frac{(1-y)_m G\mathrm{d}y}{k'_y a(y-y_i)(1-y)} \tag{9-79}$$

式(9-79)中，数群 $G/k'_y a$ 沿塔高变化不大(约与 $G^{0.3}$ 成正比)，可取塔顶、塔底的平均值作为常数。于是，式(9-79)可写成

$$h=\frac{G}{k'_y a}\int_{y_a}^{y_b}\frac{(1-y)_m\mathrm{d}y}{(y-y_i)(1-y)} \tag{9-80}$$

或

$$h=H_{G,C}N_{G,C} \tag{9-81}$$

式中

$$H_{G,C}=\frac{G}{k'_y a} \tag{9-82}$$

$$N_{G,C}=\int_{y_a}^{y_b}\frac{(1-y)_m}{(y-y_i)(1-y)}\mathrm{d}y \tag{9-83}$$

$H_{G,C}$、$N_{G,C}$ 分别称为高浓度气体吸收的气相传质单元高度和气相传质单元数。式(9-83)积分项中，$(1-y)_m$ 一般可用算术平均值代替对数平均值

$$(1-y)_m=(1-y+1-y_i)/2=(1-y)+(y-y_i)/2$$

故

$$N_{G,C}=\int_{y_a}^{y_b}\frac{(1-y)+(y-y_i)/2}{(y-y_i)(1-y)}\mathrm{d}y$$

即

$$N_{G,C}=\int_{y_a}^{y_b}\frac{\mathrm{d}y}{y-y_i}+\frac{1}{2}\ln\frac{1-y_a}{1-y_b} \tag{9-84}$$

式中右边第二项表示气体浓度较高时漂流因数的影响。

例 9-6 在常温、常压填料吸收塔内，用清水逆流吸收含 SO_2 25%(摩尔分数，下同)的 SO_2-空气混合气，出塔气 SO_2 的含量要求为 1.0%，气相中惰性气流量为 6.53×10^{-3}kmol/(m$^2\cdot$s)，入塔清水流量为 0.28kmol/(m$^2\cdot$s)。

操作条件下相平衡关系可表示为$y=93.13x^{1.21}$，传质系数关联式为$k'_x a=1.62L^{0.32}$，$k'_y a=1.57G^{0.7}L^{0.25}$ [(式中气、液相流量的单位均为 kmol/(m² · s)，体积传质系数单位为 kmol/(m³ · s)]。计算完成吸收任务所需的填料层高度。

解 气体入塔浓度较高，应视为高浓度气体的吸收，由式(9-81)

$$h=H_{G,C}N_{G,C}$$

据题意，塔顶、塔底的气、液流量分别为

$$G_a=\frac{G_B}{1-y_a}=\frac{6.53\times10^{-3}}{1-0.01}=0.00659\left[\text{kmol}/(\text{m}^2\cdot\text{s})\right]$$

$$L_a=0.28\left[\text{kmol}/(\text{m}^2\cdot\text{s})\right]$$

$$G_b=\frac{G_B}{1-y_b}=\frac{6.53\times10^{-3}}{1-0.25}=0.00871\left[\text{kmol}/(\text{m}^2\cdot\text{s})\right]$$

$$X_b=\frac{G_B}{L_S}(Y_b-Y_a)+X_a=\frac{6.53\times10^{-3}}{0.28}\times\left(\frac{0.25}{1-0.25}-\frac{0.01}{1-0.01}\right)=0.00754$$

$$L_b=L_S(1+X_b)=0.28\times(1+0.00754)=0.282\left[\text{kmol}/(\text{m}^2\cdot\text{s})\right]$$

$H_{G,C}$采用近似计算法

塔底

$$(H_{G,C})_b=\frac{G_b}{(k'_y a)_b}=\frac{0.00871}{1.57\times0.00871^{0.7}\times0.282^{0.25}}=0.211(\text{m})$$

塔顶

$$(H_{G,C})_a=\frac{G_a}{(k'_y a)_a}=\frac{0.00659}{1.57\times0.00659^{0.7}\times0.32^{0.25}}=0.188(\text{m})$$

平均值

$$H_{G,C}=\frac{(H_{G,C})_a+(H_{G,C})_b}{2}=0.200(\text{m})$$

传质单元数$N_{G,C}$可由式(9-84)近似计算

$$N_{G,C}=\int_{y_a}^{y_b}\frac{\mathrm{d}y}{y-y_i}+\frac{1}{2}\ln\frac{1-y_a}{1-y_b}$$

式中的定积分采用以下方法求解。首先将气相浓度在 0.01～0.25 的变化范围内均分成 12 份，见表 9-6 的第 2 列。对给定的y，根据物料衡算关系$G_B(Y-Y_a)=L_S(X-X_a)$可求得x，同时可计算对应点的气、液相流量G、L和传质系数$k'_x a$、$k'_y a$，将这些数值列入表 9-6 的 3～7 列中。

表 9-6 例 9-6 计算结果数据汇总

序号	y	x	G	L	$k'_y a$	$k'_x a$	x_i	y_i	$1/(y-y_i)$
1	0.01	0	0.00659	0.280	0.0340	1.078	0.000258	0.00186	122.9
2	0.03	0.000485	0.00673	0.280	0.0345	1.078	0.000865	0.01842	86.3
3	0.05	0.000991	0.00687	0.280	0.0350	1.078	0.00149	0.03527	67.9
4	0.07	0.00152	0.00702	0.280	0.0355	1.078	0.00210	0.05354	60.8
5	0.09	0.00207	0.00718	0.281	0.0359	1.079	0.00270	0.07259	57.4
6	0.11	0.00264	0.00734	0.281	0.0364	1.079	0.00330	0.09252	57.2
7	0.13	0.00324	0.00751	0.281	0.0369	1.079	0.00390	0.11316	59.4
8	0.15	0.00386	0.00768	0.281	0.0374	1.079	0.00450	0.13456	64.8
9	0.17	0.00450	0.00787	0.281	0.0379	1.079	0.00510	0.15651	74.1

续表

序号	y	x	G	L	$k'_y a$	$k'_x a$	x_i	y_i	$1/(y-y_i)$
10	0.19	0.00521	0.00806	0.281	0.0384	1.079	0.00569	0.1791	91.7
11	0.21	0.00593	0.00827	0.281	0.0389	1.080	0.00629	0.20215	127.4
12	0.23	0.00669	0.00848	0.281	0.0394	1.080	0.00689	0.22573	234.1
13	0.25	0.00748	0.00871	0.282	0.0399	1.080	0.00749	0.24977	4400.1

由传质速率方程可知

$$N_A = k_y a(y - y_i) = k_x a(x_i - x)$$

$$(y - y_i) - \frac{k_x a}{k_y a}(x_i - x) = 0$$

通常高浓度气体吸收时，液相浓度往往不高，故液相漂流因数的影响常可忽略，可取 $k'_x a = k_x a$；结合式(9-74)有 $k'_y a = k_y a(1-y)_m$，将上式整理为

$$\frac{y - y_i}{1 - \dfrac{y + y_i}{2}} - \frac{k'_x a}{k'_y a}(x_i - x) = 0$$

又

$$y_i = 93.13 x_i^{1.21}$$

结合上两式可求出 y_i 及 x_i，然后可计算出 $1/(y-y_i)$，结果列入表 9-6 的 8～10 列中。再数值积分得

$$\int_{y_a}^{y_b} \frac{dy}{y - y_i} = 64.85$$

$$\frac{1}{2}\ln\frac{1-y_a}{1-y_b} = \frac{1}{2}\ln\frac{1-0.01}{1-0.25} = 0.139$$

$$N_{G,C} = 64.85 + 0.139 = 64.989$$

$$h = H_{G,C} N_{G,C} = 0.200 \times 64.989 = 13.0(\text{m})$$

由以上计算结果可知，在式(9-84)中代表高浓度影响的项 $\dfrac{1}{2}\ln\dfrac{1-y_a}{1-y_b}$ 值很小，与 $N_{G,C}$ 相比可以忽略。

9.4.6 塔板数

吸收操作除用填料塔外，也可采用板式塔。板式塔主要特点为气、液两相的接触是在塔板上进行的，故组成沿着塔高呈阶跃式而不是连续式的变化。为计算板式塔完成吸收任务所需的塔板数，要应用物料衡算和气、液平衡两关系，其常用方法是图解法。现对低浓度气体在板式塔内的吸收进行分析。

1. 梯级图解法求理论塔板数

如图 9-15 所示，板式塔的塔板数由上向下数，共有 N 层，离开各层塔板的液、气组成以 x_1、y_1，x_2、y_2，…，x_N、y_N 表示。塔顶的出塔气体组成 y_a 即为离开第一层的 y_1，而进塔液体的组成 x_a 相当于第零层板流下的 x_0；塔底的离塔液体组成 x_b 即为离开第 N 层的 x_N，进塔气体组成 y_b 相当于自第 N+1 层板上升的 y_{N+1}。

在塔设备内任意取一截面 A-A'，设其位置落在第 n–1 与 n 块板间，对 A-A'与塔顶、塔底作溶质物料衡算，可得到操作线方程如下：

$$y_n = \frac{L}{G}x_{n-1} + (y_a - \frac{L}{G}x_a) \tag{9-85}$$

$$y_n = \frac{L}{G}x_{n-1} + (y_b - \frac{L}{G}x_b) \tag{9-86}$$

式(9-85)和式(9-86)代表板式塔内任一层塔板下降的液相组成与其相邻下一层塔板上升的气相组成的关系。因此，图 9-15 中虚线所示第一层板下截面上的液、气组成 x_1、y_2 以及第二层板下的液气组成 x_2、y_3 等，都在图 9-16 所示的操作线 *AB* 上，如点 $P_1(x_1, y_2)$、$P_2(x_2, y_3)$、…所代表。

在板式吸收塔计算中，常引用"理论塔板"的概念，其定义是：气、液两相在这种塔板上相遇时，因接触良好、传质充分，以致两相在离开塔板时已达到平衡。因此，代表离开各层理论板气、液组成的点 $E_1(x_1, y_1)$、$E_2(x_2, y_2)$、…、$E_N(x_N, y_N)$都在图 9-16 所示的平衡线 *OE* 上。

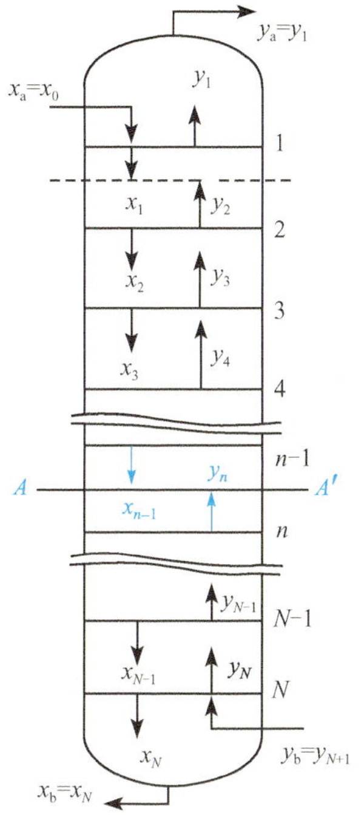

图 9-15 板式吸收塔示意图

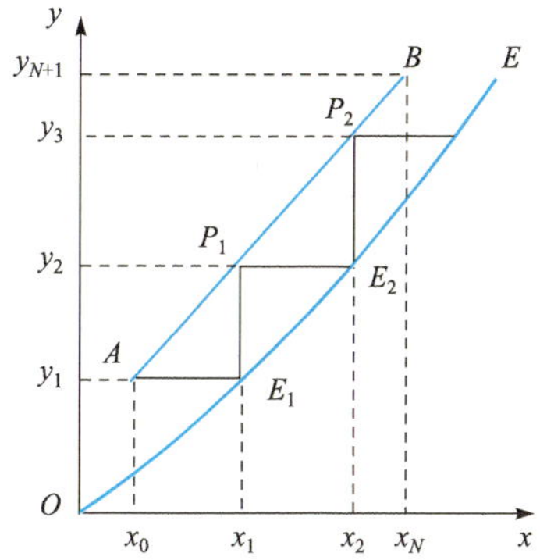

图 9-16 图解法求理论塔板数示意图

根据以上两关系，就可用图解法逐板求出离开各层理论塔板的气、液组成和吸收所需的理论塔板数。如图 9-16 中所示：从操作线的端点 *A* 出发，作水平线与平衡线 *OE* 相交于点 E_1，则点 E_1 表示离开第一层理论塔板的液、气组成(x_1, y_1)；再从点 E_1 作垂线交 *AB* 于点 $P_1(x_1, y_2)$，则 P_1 为操作线上的一点，其纵坐标 y_2 代表离开第二层理论塔板的气体组成；依次，在 *AB* 与 *OE* 之间作梯级，直到越过点 *B* 为止，所得的梯级数即为所需的理论塔板数，不足一个梯级的按比例求取。

上述图解法以曲线代替方程，以画梯级代替计算，其实质为交替应用物料衡算和气、液平衡两关系。

2. 解析法求理论塔板数

当平衡关系符合 $y^*=mx$ 且操作线为直线时，可用克列姆塞尔(Kremeser)等提出的解析方法求理论板数。

由于离开任一层理论塔板的液、气组成(x_1，y_1)，…，(x_N，y_N)符合相平衡式，故有

$$y_1 = mx_1, \cdots, y_N = mx_N \tag{9-87}$$

对图 9-16 第一层板下的截面至塔顶作物料衡算，根据式(9-85)，有

$$y_2 = y_a + \frac{L}{G}(x_1 - x_a)$$

将式(9-87)代入，且对塔顶有 $y_1=y_a$，故

$$\begin{aligned} y_2 &= y_a + \frac{L}{G}(\frac{y_a}{m} - x_a) = y_a + Ay_a - (\frac{L}{mG})mx_a \\ &= (A+1)y_a - Amx_a \end{aligned}$$

式中，A 为吸收因数。

同理可得

$$\begin{aligned} y_3 &= y_a + \frac{L}{G}(\frac{y_2}{m} - x_a) = y_a + Ay_2 - Amx_a \\ &= y_a + A\left[(A+1)y_a - Amx_a\right] - Amx_a \\ &= (A^2 + A + 1)y_a - (A^2 + A)mx_a \end{aligned}$$

一直类推到第 N 层理论板之下(塔底)，得

$$y_{N+1} = \left(A^N + A^{N-1} + \cdots + A + 1\right)y_a - \left(A^N + A^{N-1} + \cdots + A\right)mx_a \tag{9-88}$$

即
$$y_{N+1} = \frac{A^{N+1} - 1}{A - 1}y_a - \frac{A^{N+1} - 1}{A - 1}mx_a + mx_a \qquad (A\neq 1)$$

以进入塔底的气体组成 y_b 代替 y_{N+1}，得

$$\frac{y_b - mx_a}{y_a - mx_a} = \frac{A^{N+1} - 1}{A - 1} \qquad (A\neq 1) \tag{9-89}$$

此式可在理论板数 N 及吸收因数 A 为已知的情况下，计算塔顶、塔底的组成之一。当 A=1 时，由式(9-88)可知

$$\frac{y_b - mx_a}{y_a - mx_a} = N + 1$$

式(9-89)也可改写成理论塔板数的计算式：

$$N = \frac{1}{\ln A}\ln\left[(1 - S)(\frac{y_b - mx_a}{y_a - mx_a}) + S\right] \tag{9-90}$$

将式(9-90)与式(9-68b)比较，可得出在操作线、平衡线都是直线时，理论塔板数与气相总传质单元数的关系为

$$\frac{N}{N_{OG}} = \frac{A - 1}{A\ln A} = \frac{S - 1}{\ln S} \tag{9-91}$$

对板式吸收塔而言，塔板上的实际传质情况远不如理论塔板完善，故所需的实际塔板数 N_e 较理论塔板数 N 为多，常用塔板效率来衡量这种差别。定义全塔板效率或总板效率 E_0 为

$$E_0 = \frac{N}{N_e} \tag{9-92}$$

E_0包括了传质动力学因数，其值与物系和塔板结构、操作条件有关。板式吸收塔的全塔板效率可由实验测定或由经验关联图确定，通常吸收塔的E_0范围为10%～50%。

例 9-7 引例甲醇吸收塔1中的下端为脱硫段，采用上端下来的部分富含CO_2的甲醇溶液作为吸收剂，其中含甲醇70.5%(摩尔分数，下同)、CO_2 29.1%、H_2等其他组分为0.4%，流量为2720.5kmol/h。要求将原料气中的硫含量由0.21%脱至0.1ppm以下，原料气流量为110000 N · m^3/h(标准状态)。已知操作温度为−15℃，压力为3.2MPa，计算该脱硫段所需的理论塔板数。又工厂吸收塔脱硫段的实际塔板数为52，求总板效率。由文献估算出操作条件下H_2S在H_2-CO_2-H_2S-CH_3OH体系的相平衡常数约为0.354。

解 由于低温甲醇吸收体系涉及的组分数多，在低温、高压下操作时各组分分子间的性质差异较大，为非理想物系。已知操作条件下，甲醇对H_2S的溶解度远大于CO_2，且混合气中CO_2浓度又很高，可近视认为CO_2含量在脱硫段基本保持不变；甲醇对H_2、N_2、CO等的溶解度非常小，几乎不吸收；少量的H_2S溶解于甲醇中无明显的放热现象，因此可将脱硫段简化为低浓度单组分等温吸收，除了H_2S外，其他组分视作惰性组分。

已知y_b=0.21%，$y_a \leqslant 0.1\times10^{-6}$，$x_a$=0，首先将原料气流量折算为摩尔流量

$$G=\frac{110000}{22.4}=4910.7(\text{kmol}/\text{h})$$

$$S=\frac{mG}{L}=\frac{0.354\times4910.7}{2720.5}=0.639$$

$$A=1/S=1.565$$

所需的理论塔板数为

$$N=\frac{1}{\ln A}\ln\left[(1-S)(\frac{y_b-mx_a}{y_a-mx_a})+S\right]$$

$$=\frac{1}{\ln1.565}\ln\left[(1-0.639)\times\frac{0.0021}{0.1\times10^{-6}}+0.639\right]=19.9$$

故总板效率

$$E_0=\frac{N}{N_e}=\frac{19.9}{52}=0.382$$

讨论 低温高压甲醇吸收为多组分、非等温物理吸收，物系为非理想物系，工程上必须采用专门的工艺包进行设计计算。若采用大型通用流程模拟软件Aspen Plus中的RadFrac模块，选择SR-POLAR方法模拟计算得到本例所需的理论塔板数为17，出口气体和液体温升约为4.6℃，CO_2吸收率约为2.8%，H_2、N_2等的吸收可以忽略；若采用专门的工艺包计算，得到该过程温升约为0.5℃，CO_2、H_2、N_2几乎都没有吸收，所需的塔板数为52。由本例可知，采用单组分、等温吸收的简捷法计算理论塔板数虽然与用模拟仿真软件和专用工艺包计算有一定的偏差，但由于计算过程简单，常常用于工程设计的初步计算。

9.4.7 解吸

为了实现溶剂再生、回收溶质，把溶液中的气体溶质释放出来的过程称为解吸或脱吸，其传质方向与吸收相反，为吸收的逆过程。如用分压表示气相中溶质的含量，解吸时的传质推动力为p^*-p。通过减小气相中溶质的分压p，或增大溶液的平衡分压p^*来增大解吸传质推动力。因此，工业上常采用减压、升温、惰性气体气提等方法使溶剂再生。若溶质为可凝性蒸气，且其冷凝液与水不互溶，此时可直接通入水蒸气汽提，水蒸气既作为惰性气体，又作为加热介质，在解吸塔顶设有冷凝器，将蒸气冷凝，该法的缺点是能耗高。若溶质溶于水，

则还需应用精馏法分离(精馏原理详见第 10 章)。

实际工业生产中，往往同时采用几种方法进行解吸。例如，引例中根据各组分在甲醇中溶解度的差异，首先采用两级闪蒸将少量难溶的 H_2、CO 等先释放出来，再通过减压方法回收得到 CO_2 产品气，通入惰性气体(氮气)气提进一步解吸 CO_2，最后通过精馏法再生解吸 H_2S、CO_2 等。

当采用气(汽)提法进行解吸时，其主要计算内容包括解吸气用量及解吸塔高的确定。以逆流解吸为例，流程见示意图 9-17(a)，待解吸的吸收液流量 L、解吸前后的溶质摩尔分数 x_b、x_a 及解吸气流入塔内的溶质摩尔分数 y'_a (一般为零)等已作规定。计算方法与吸收相同，只是解吸过程的推动力与吸收推动力相反，因而解吸过程的操作线总是位于平衡线的下方，如图 9-17(b)所示。当解吸气用量 G' 减小时，出口气体浓度 y'_b 必增大，操作线上的 A 点向平衡线靠拢，其极限位置为 A' 点。此时解吸气出口摩尔分数与吸收剂进口摩尔分数达平衡，解吸操作线斜率 L/G' 最大而气液比 G'/L 最小，即

$$(G')_{\min} = L\frac{x_b - x_a}{y'_b - y'_a} \tag{9-93}$$

式中，y'_a、y'_b 为进、出解吸塔解吸气体中溶质的摩尔分数；x_b、x_a 为进、出解吸塔的液相浓度。

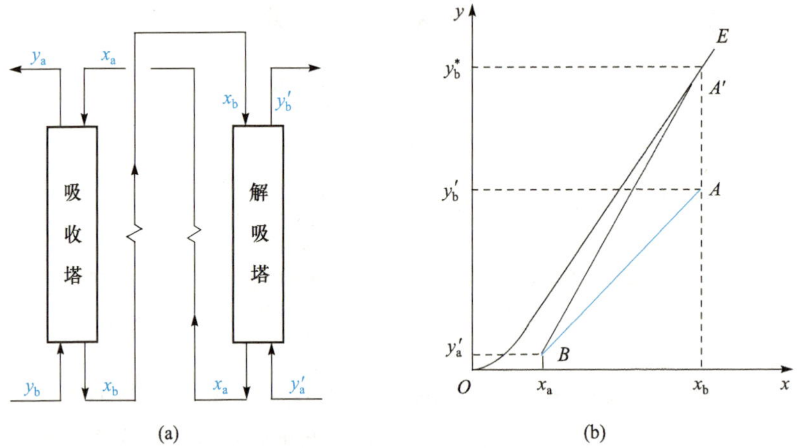

图 9-17 吸收-解吸工艺流程(a)和最小气液比(b)

当平衡线和操作线都为直线时，可以用吸收时导出气相总传质单元数 N_{OG} 同样的方法[式(9-68b)]，导出解吸时液相总传质单元数 N_{OL} 的计算式：

$$N_{OL} = \frac{1}{1-A}\ln\left[(1-A)\frac{x_b - y'_a/m}{x_a - y'_a/m} + A\right] \tag{9-94}$$

式(9-94)和式(9-68b)的基本结构是一样的，只是以 N_{OL} 代替 N_{OG}，以吸收因数 A 代替脱吸因数 S，以液相的脱吸程度 $\frac{x_b - y'_a/m}{x_a - y'_a/m}$ 代替气相的吸收程度 $\frac{y_b - mx_a}{y_a - mx_a}$。所以只要作上述替换，则在吸收计算中用来求 N_{OG} 的图 9-13 也可用于求算脱吸过程的液相总传质单元数 N_{OL}。

例 9-8 如图 9-17 所示的解吸塔，其填料层高 10m，入塔解吸液流量 L=200kmol/h，x_b=0.07，用 y'_a=0，G=420kmol/h 的惰性气体解吸时，得 y'_b=0.032。已知平衡关系为 y=0.5x，解吸过程为气膜控制，$k_y a \propto G^{0.7}$。

现因生产要求，希望液体处理量增大 20%，而解吸率不变，拟把惰性气体量也加大 20%，问能否满足要求？此时 x_a' 为多少？

解 原工况：

$$L(x_b - x_a) = G(y_b' - y_a')$$

$$x_a = x_b - \frac{G}{L}(y_b' - y_a') = 0.07 - \frac{420}{200} \times 0.032 = 0.0028$$

塔底推动力

$$\Delta x_a = x_a - x_a^* = x_a - y_a'/m = 0.0028 - 0 = 0.0028$$

塔顶推动力

$$\Delta x_b = x_b - x_b^* = x_b - y_b'/m = 0.07 - 0.032/0.5 = 0.006$$

全塔平均推动力

$$\Delta x_m = \frac{\Delta x_b - \Delta x_a}{\ln\dfrac{\Delta x_b}{\Delta x_a}} = \frac{0.006 - 0.0028}{\ln\dfrac{0.006}{0.0028}} = 0.0042$$

液相总传质单元数

$$N_{OL} = \frac{x_b - x_a}{\Delta x_m} = \frac{0.07 - 0.0028}{0.0042} = 16$$

液相总传质单元高度

$$H_{OL} = \frac{h}{N_{OL}} = \frac{10}{16} = 0.625(\text{m})$$

新工况：

$$L' = 1.2 \times 200 = 240(\text{kmol/h}) \qquad G' = 1.2 \times 420 = 504(\text{kmol/h})$$

解吸属于气膜控制，$K_y a \approx k_y a \propto G^{0.7}$，$H_{OG} \approx \dfrac{G}{K_y a} \approx G^{0.3}$。由表 9-4 知 $H_{OL} = \dfrac{L}{mG} H_{OG}$，则

$$\frac{H_{OL}'}{H_{OL}} = \frac{L'G}{LG'} \times \frac{H_{OG}'}{H_{OG}} = \frac{L'}{L} \times \left(\frac{G}{G'}\right)^{0.7}$$

$$H_{OL}' = \frac{L'}{L} \times \left(\frac{G}{G'}\right)^{0.7} \times H_{OL} = 1.2 \times 1.2^{-0.7} \times 0.625 = 0.660$$

$$N_{OL}' = h / H_{OL}' = 10/0.660 = 15.15$$

由式(9-94)，采用吸收因素法求出塔液相浓度 x_a'

$$A' = \frac{L'}{mG'} = \frac{240}{0.5 \times 504} = 0.952$$

$$N_{OL}' = \frac{1}{1 - A'} \ln\left[(1 - A')\frac{x_b - y_a'/m}{x_a - y_a'/m} + A'\right]$$

$$15.15 = \frac{1}{1 - 0.952} \ln\left[(1 - 0.952)\frac{0.07}{x_a'} + 0.952\right]$$

$$x_a' = 0.0030 > 0.0028$$

即不能满足要求。如果希望解吸率不下降，惰性气体增大量要大于 20%。

9.5 其他类型吸收

9.5.1 多组分吸收

多组分吸收是指气体混合物中有几个组分同时被吸收的过程。例如，引例中吸收塔 1 的脱硫段，甲醇除

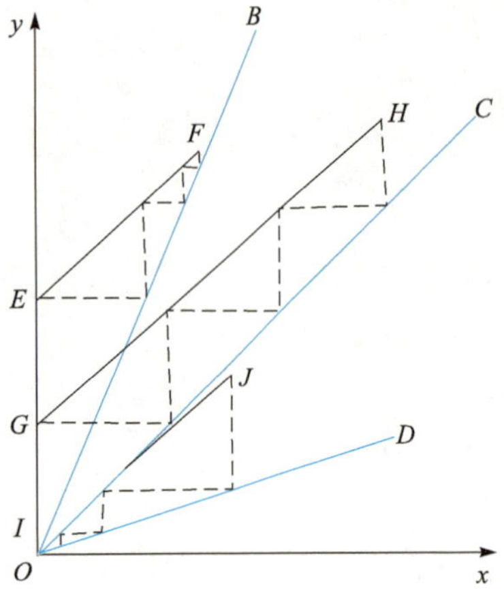

图 9-18 多组分吸收中的平衡线和操作线

吸收变换气中的 H_2S 外，同时会吸收 CO、CO_2 和 H_2，实际上为多组分吸收。

设混合气体中有三个溶质组分 B、C、D，其在溶剂中的溶解度虽然不同，但都符合亨利定律，则在 x-y 图中的平衡线可用通过原点的直线表示，如图 9-18 中的直线 OB、OC、OD 所示。三条平衡线的斜率 m_B、m_C、m_D 之间的关系为 $m_B>m_C>m_D$，表明 B 最难溶，而 C 为最易溶组分。

在进、出塔的气体或液体中，各个组分的浓度互不相同而各有一物料衡算式，但这些衡算式在同一截面上的液气比是相同的。若进塔气体中各个组分的浓度都不高(如都低于 10%)，液气比沿塔高的变化可以忽略，则这些组分的操作线就是相互平行的直线，如图 9-18 所示的 EF、GH 及 IJ。参照式(9-42)，任一组分 j 的操作线可以写成

$$y_j = \frac{L}{G}x_j + \left(y_{ja} - \frac{L}{G}x_{ja}\right) \tag{9-95}$$

式中，y_{ja}、x_{ja} 为组分 j 在塔顶气体、液体中的摩尔分数；y_j、x_j 为组分 j 在某一截面处气体、液体中的摩尔分数。

多组分吸收计算的计算原则：根据工艺要求，使其中某个指定的组分(称为关键组分，如 C)达到规定的分离要求，再计算其他组分被吸收的程度，由此可以得知出塔气体和液体的组成。为使关键组分达到吸收要求，可将它作为单组分吸收，如前述定出其液气比和理论塔板数。

图 9-18 中示出为使关键组分 C 达指定要求，由点 H 示出的塔底组成 y_H 降到点 G 的组成 y_G，在选定的液气比(通常是使其吸收因数 A_C 近于 1)及入塔组成 x_a=0 的条件下，需要三块理论塔板。比 C 难溶的组分 B，其吸收因数 $A_B=L/(m_BG)$ 明显小于 1，操作线 EF 与平衡线 OB 在代表塔底气、液组成的点 F 处趋近，这里的梯级跨度最短，即经过一层理论塔板的组成变化最小，说明吸收主要在塔顶进行；而且，同样经过三层理论塔板之后的吸收率 η_B 比 C 组分的吸收率 η_C 要小。相反，比 C 易溶的组分 D，其吸收因数 $A_D=L/(m_DG)$ 明显大于 1，操作线 IJ 与平衡线 OD 在塔顶处趋近，吸收主要在塔底进行；同样经过三层理论塔板之后的吸收率 η_D 显然较 η_C 要大。多组分吸收的具体计算可以参考相关的专著。

9.5.2 化学吸收

化学吸收是指在吸收剂 S 中加入活性物质 B，溶质气体 A 溶于 S 后，即与 B 发生化学反应，这是一种传质与反应同时进行的过程，其优点为：①化学反应使得吸收的选择性提高；②化学反应减少了液相中的溶质浓度，降低了溶质的平衡分压，使气、液相的传质推动力均增加，加快了吸收速率，降低了传质设备的容积，也使吸收率提高；③化学反应增加了溶质在液相中的溶解度，减少了吸收剂用量。因此，工业生产中化学吸收应用较广。例如，用碱液或胺类液体吸收工业废气中的 CO_2、H_2S，用水吸收 NO_2 制硝酸等，都属于化学吸收。

对于进行液相反应的化学吸收，气相传质与物理吸收相同，液相传质速率方程也可表达为与物理吸收类似的形式

$$N_A = k_x'(x_i - x) = k_y(y - y_i) \tag{9-96}$$

式中，k_x' 为化学吸收时的液相分传质系数，通常将其表示为物理吸收时 k_x 的某一倍数，即

$$E = \frac{k_x'}{k_x} \tag{9-97}$$

式中，E 称为化学吸收的增强因子。若能确定增强因子的大小，则可采用类似于物理吸收的方法进行吸收计算。因此，增强因子是化学吸收中的重点研究对象。

当吸收为液膜控制时，由于液相反应能够显著地减小液膜传质阻力，从而减小总阻力，显然化学吸收对难溶、吸收容量小的物系优点很明显；当吸收为气膜控制时，液膜阻力的降低对总阻力的影响不大，因此化

学吸收对易吸收、吸收容量大的物系优点就不明显。当然，化学吸收的优点不是绝对的。由于化学结合力使吸收容易进行，解吸就要困难，需要消耗的能量就要高；如果反应不可逆，反应剂就不能循环使用(如用 NaOH 吸收 SO_2)；有时化学反应还使得吸收液的黏度加大、温度升高、对设备的腐蚀变大，这些都不利于工业生产。因此，选择化学吸收时需多方面综合考虑。

案 例 化学吸收法脱除 CO_2 与碳中和

9.5.3 非等温吸收

吸收过程中总会产生溶解热，特别是伴有化学反应时常会释放大量的反应热，使体系的温度上升。只有当气体的浓度不高、液气比大，又没有显著放热效应时，吸收过程才能近似地作为等温吸收看待。例如，引例中用低温甲醇吸收 CO_2 时，由于大量的溶解热使塔内温升超过 20℃，此时就不能简化成等温吸收来计算。

吸收过程中的热效应将引起温度变化，其对吸收过程的影响主要有如下两方面：①影响气-液平衡关系。温度升高使平衡分压增大，平衡线向上移动，吸收推动力变小，不利于吸收的进行，因而非等温吸收将比等温吸收需要更大的液气比，或较高的填料层，或较多的理论塔板；②影响吸收速率。由于温度对气相分传质系数 k_G 和液相分传质系数 k_L 的影响各不相同，因此对吸收速率的影响很复杂。一般地，温度升高，气相分传质系数 k_G 下降，所以对于气膜控制的吸收系统，宜在尽可能低的温度下进行操作。但由于温度升高增大了组分在液相中的扩散系数，降低了液体的黏度，因而液相分传质系数增大。一般地，温度对液相分传质系数的影响要比对气相分传质系数的影响大。对化学吸收过程，热效应导致温度升高可增加吸收剂与溶质的化学反应速率，故对某些液膜控制的吸收过程(如热碳酸钾吸收 CO_2)，较高的液相吸收温度有利于吸收速率的提高。此外，温度上升还增大了溶剂的蒸气压及汽化量，溶剂损失量增加。

当吸收塔进行非等温吸收操作时，其传质单元数或理论塔板数的计算与等温吸收并无原则性的区别。不同之处在于，非等温吸收操作时需先根据塔中操作的实际情况，即塔内浓度与温度的变化关系确定两相的实际平衡曲线，由此确定吸收操作的液气比和吸收操作线。当平衡曲线和操作线确定后，前述等温吸收的计算方法可直接应用于非等温吸收。

本章主要符号说明

符 号	意 义	单 位
A	吸收因数 $A=L/mG$	
a	单位体积填料层所提供的有效传质面积	m^2/m^3
C	总物质的量浓度	$kmol/m^3$
c_i	液相界面上溶质的量浓度	$kmol/m^3$
c_L	液相主体中溶质的量浓度	$kmol/m^3$
E_0	总板效率	
G	混合气通过塔截面的气相流量	$kmol/(m^2 \cdot s)$
H	溶解度系数	$kmol/(m^3 \cdot kPa)$
h	填料层高度	m
H_G	气相分传质单元高度	m
H_L	液相分传质单元高度	m
H_{OG}	气相总传质单元高度	m

H_{OL}	液相总传质单元高度	m
K_G	以气相分压差为推动力的总传质系数	$kmol/(m^2 \cdot s \cdot \Delta p)$
k_G	以气相分压差为推动力的分传质系数	$kmol/(m^2 \cdot s \cdot \Delta p)$
K_L	以液相物质的量浓度差为推动力的总传质系数	$kmol/[m^2 \cdot s \cdot (kmol/m^3)]$即 m/s
k_L	以液相物质的量浓度差为推动力的分传质系数	m/s
K_x	以液相摩尔分数差为推动力的总传质系数	$kmol/(m^2 \cdot s \cdot \Delta x)$
k_x	以液相摩尔分数差为推动力的分传质系数	$kmol/(m^2 \cdot s \cdot \Delta x)$
$K_x a$	液相总体积传质系数	$kmol/(m^3 \cdot s)$
$k_x a$	液相分体积传质系数	$kmol/(m^3 \cdot s)$
K_y	以气相摩尔分数差为推动力的总传质系数	$kmol/(m^2 \cdot s \cdot \Delta y)$
k_y	以气相摩尔分数差为推动力的分传质系数	$kmol/(m^2 \cdot s \cdot \Delta y)$
$K_y a$	气相总体积传质系数	$kmol/(m^3 \cdot s)$
$k_y a$	气相分体积传质系数	$kmol/(m^3 \cdot s)$
L	溶液通过塔截面的液相流量	$kmol/(m^2 \cdot s)$
$(L_S)_{min}$	最小吸收剂用量	$kmol/(m^2 \cdot s)$
$(L_S/G_B)_{min}$	最小液气比	
m	相平衡常数	
N	理论塔板数	
N_A	传质速率	$kmol/(m^2 \cdot s)$
N_e	实际塔板数	
N_G	以$(y-y_i)$为推动力的气相分传质单元数	
N_L	以(x_i-x)为推动力的液相分传质单元数	
N_{OG}	以$(y-y^*)$为推动力的气相总传质单元数	
N_{OL}	以(x^*-x)为推动力的液相总传质单元数	
P	总压	kPa 等
p	分压	kPa 等
p_G	气相主体中溶质的分压	kPa 等
S	脱吸因数 $S=mG/L$	
X	溶液中溶质与溶剂的摩尔比	
x	液相中溶质的摩尔分数	
Y	混合气中溶质与惰性组分的摩尔比	
y	混合气中溶质的摩尔分数	
Ω	填料塔的横截面积	m^2

Δy_m	平均传质推动力
η	吸收率
下标	
a	吸收塔顶或解吸塔底
B	惰性气体
b	吸收塔底或解吸塔顶
G	气相
i	气液界面
L	液相
S	溶剂
上标	
*	平衡状态

参考文献

陈洪钫. 1995. 化工分离过程. 北京: 化学工业出版社
陈敏恒, 从德滋, 方图南. 2000. 化工原理(下册). 3 版. 北京: 化学工业出版社
何潮洪, 窦梅, 钱栋英. 1998. 化工原理操作型问题的分析. 北京: 化学工业出版社
化学工程手册编辑委员会. 1991. 化学工程手册(第三卷). 北京: 化学工业出版社
皮银安. 1998. 低温甲醇洗相平衡模型和气液平衡计算(2). 湖南化工, 28(1): 15-18
谭天恩, 窦梅, 等. 2013. 化工原理(下册). 4 版. 北京: 化学工业出版社
伍钦, 钟理, 夏清, 等. 2013. 化学工程单元操作(Unit Operations of Chemical Engineering)(英文改编版). 北京: 化学工业出版社
谢苗诺娃 T A, 列伊捷斯 И Л. 1982. 工艺气体的净化. 北京: 化学工业出版社

习　题

习题答案

1. 在逆流操作的吸收塔中，若其他操作条件不变而系统的温度增加(设温度对 Sc 的影响可忽略)，则塔的气相总传质单元高度 H_{OG}、气体的出口浓度 y_a 和液体的出口浓度 x_b 将如何变化?

2. 实验测得在 101.3kPa、20℃下，100g 水中含 NH_3 1g，液面上氨的平衡分压为 800Pa。若在此浓度范围内相平衡关系符合亨利定律，试求 H、E、m。

3. 利用低温甲醇洗技术脱除天然气中的 CO_2。在总压 4.0MPa、温度−32.8℃下，含 CO_2 5%(体积分数，余为惰性组分)的气体混合物与含 CO_2 为 10.0g/L 的甲醇溶液相遇，试问:

(1) 将发生吸收还是解吸?

(2) 以分压差表示的推动力为多少?

(3) 若气体与该甲醇溶液逆流接触，混合气中 CO_2 的含量最低可能降到多少?

已知操作条件下相平衡常数 m=1.304，溶液的密度可近似取 950kg/m^3。

4. 已知在总压 101.3kPa 和温度 293K 下，用水吸收空气中的氨，若气、液相分传质系数分别为 $k_G=5\times10^{-6}$kmol/(m$^2\cdot$s$\cdot$kPa)，$k_L=1.3\times10^{-4}$m/s。在塔某一截面上测得氨的气相浓度为 3.5%(体积分数)，液相摩尔分数为 0.9%，求试求在塔内该截面上:

(1) 气-液相界面上两相的摩尔分数;

(2) 总传质系数 K_y 和 K_x。

5. 接习题 4，求传质速率和气相阻力在总阻力中的比例。

6. 根据以下三个双塔吸收流程，在 y-x 图上定性地绘出各流程的操作线和平衡线，并标出两塔对应的进、出口浓度。

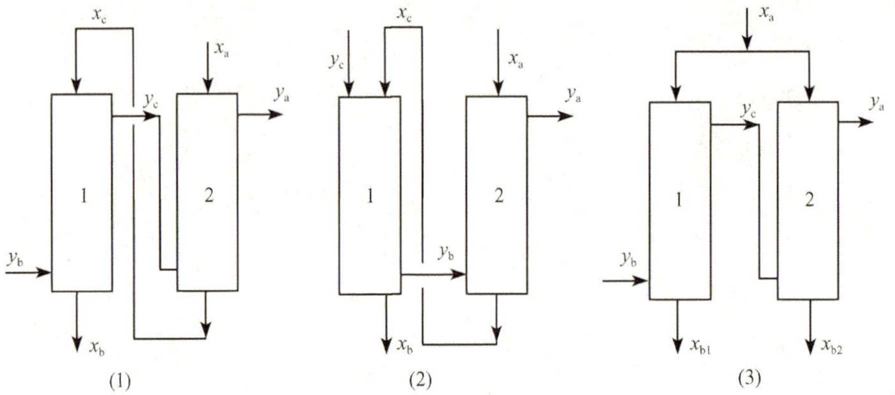

习题 6 附图

7. 在吸收塔内用清水吸收空气混合物中的丙酮，混合气含丙酮 6%(体积分数)，处理量为 2240m^3/h(标准状态)，要求吸收率为 98.5%，操作条件下气-液平衡关系为 $y=1.68x$。试计算：

(1) 丙酮的吸收量(kg/h)；

(2) 水用量为 3200kg/h 的出塔液浓度及以气相摩尔分数差表示的塔顶、塔底的总传质推动力；

(3) 若溶液出口浓度为 0.0205(摩尔分数)，所需用水量为最小用量的多少倍？

8. 在填料吸收塔内，用清水吸收混合气中的 NH_3(余为惰性组分)，要求吸收率为 99.5%。已知进塔气浓度 y_b=0.05(摩尔分数)，混合气的处理量为 100kmol/h，操作条件下的气-液平衡关系为 y=0.755x，适宜的吸收剂用量为最小用量的 1.5 倍。试求：

(1) 若采用逆流操作，吸收剂用量和出塔液浓度；

(2) 若采用并流操作，吸收剂用量和出塔液的浓度。

9. 习题 7 中，若吸收塔的直径为 1.0m，逆流操作条件下测得的气相总体积传质系数为 K_ya=314kmol/(m^3 · h · Δy)，试求所需的填料层高度。

10. 在一逆流操作的吸收塔内，用清水吸收氨-空气混合气中的氨。混合气的流量为 0.025kmol/s，y_b=0.02，y_a=0.001(均为摩尔分数)。吸收塔的操作压力为 101.3kPa，温度为 293K，在操作浓度范围内，氨水系统的平衡线方程为 y=1.2x，总传质系数 K_ya 为 0.0522kmol/(m^2 · s)，塔径为 1m，实际液气比为最小液气比的 1.2 倍。所需塔高为多少？

11. 用清水作吸收剂，逆流吸收空气中的 SO_2。进塔气体混合物含 SO_2 2.5%(摩尔分数)，流量为 536.8kg/(m^2 · h)，水流量为 14656kg/(m^2 · h)。塔内操作条件为 1atm、20℃，要求吸收率为 95%。已知操作条件下 SO_2 与水的气-液平衡关系可近似为 $y=30.5x$，传质单元高度的关联式如下：

气相传质单元高度：$H_G = 2.63G^{0.32}L^{-0.51}(\dfrac{\mu_G}{\rho_G D_G})^{0.5}$,m

液相传质单元高度：$H_L = 3.88\times10^{-4}(\dfrac{L}{\mu_L})^{0.22}(\dfrac{\mu_L}{\rho_L D_L})^{0.5}$,m

式中，G、L 分别为气、液流量(kg/m^2 · h)；μ_G、μ_L 分别为气、液黏度(Pa · s)；D_G、D_L 分别为 SO_2 在气、液相中的扩散系数(m^2/s)；ρ_G、ρ_L 分别为气、液相密度(kg/m^3)。试计算实际液体流量为最小液体流量的倍数及填料层的高度。

12. 一逆流吸收塔用液体溶剂吸收混合气中的溶质 A，已知 A 在气、液两相中的平衡关系为 y=1.0x，气、液的进塔浓度分别为 y_b=0.1，x_a=0.01(均为摩尔分数)，试求：

(1) 当吸收率为 80%时的最小液气比$(L/G)_{min}$；

(2) A 的最大吸收率可达多少？(提示：分别按 $L/G=m$，$L/G<m$，$L/G>m$ 讨论)

13. 在填料层高为 11m 的塔内用纯吸收剂吸收混合气中的溶质。混合气中溶质的浓度为 4%(体积分数)，混合气入塔流量为 0.04kmol/(m^2 · s)，吸收剂的流量为 0.046kmol/(m^2 · s)。已知操作条件下相平衡关系为 y=0.8x，气相总体积传质系数为 K_ya=0.32$G^{0.7}$kmol/(m^3 · s)[式中 G 为气相流量，单位为 kmol/(m^2 · s)]。若要求吸收率在 98%以上，能否满足要求？

14. 混合气中 CO_2 的体积分数为 10%，其余为空气。在 30℃、2MPa 下用水吸收，使 CO_2 的体积分数降到 0.5%，水溶液出口组成为 6×10^{-4}。混合气处理量为 2240m^3/h(标准状态)，塔径为 1.5m，亨利系数 E=200MPa，液相总传质系数 K_La=50kmol/(m^2 · h · kmol/m^3)。求每小时用水量及填料层高度。

15. 在填料层高为 10.5m 的塔内，用清水吸收混合气中的可溶组分(溶质)，入塔气含溶质 8%(体积分数)，流量为 0.015kmol/(m^2 · s)，清水流量为 0.543kmol/(m^2 · s)，气、液相的体积分传质系数分别为：k_ya=0.02kmol/(m^3 · s)，k_xa=0.833kmol/(m^3 · s)，操作条件下的相平衡关系为 y=33x+0.00198。求：

(1) 气相中溶质的吸收率为多少？

(2) 若气相中溶质的初始含量上升为 9%，则溶质的吸收率又为多少？

16. 在一填料逆流吸收塔中用清水吸收空气中的氨来测量传质单元高度和传质系数。已知，填料层高度为 4.5m，操作压力为常压。测得进塔气体中含氨为 2%(摩尔分数，下同)，出塔气体中含氨 0.22%，气体流量为 20kmol/(m^2 · h)，进口清水流量为 50kmol/(m^2 · h)，相平衡关系为 y=0.9x。计算测得的传质单元高度和传质系数。

17. 习题 10 中如需用一塔板数为 19 的板式塔才能完成吸收任务，则该塔的总板效率为多少？

18. 在内径为 800mm、填料层高为 3.5m 的常压吸收塔内，用清水吸收混合气中的组分 A。已知入塔的气体流量为 1200m^3/h(标准状态)，含 A 5%(体积分数)，清水用量为 2850kg/h，溶质 A 的吸收率为 90%，操作条件下的亨利系数为 150kPa，可视为气膜控制过程，且 $k_ya \propto G^{0.7}$。试求：

(1) 该塔的气相总传质单元数和气相总传质单元高度；

(2) 若使该塔的吸收率提高到 95%，所需的溶剂量 kg/h；

(3) 若入塔气量增加 10%，气、液的进口浓度不变，其吸收率变为多少？

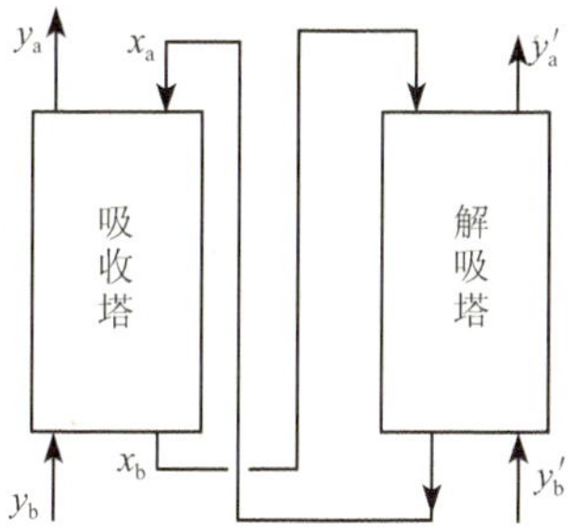

习题 19 附图

19. 如附图所示一双塔流程，在吸收塔中，用含溶质 A 0.7%(摩尔分数，下同)的吸收液吸收混合气中的溶质，入塔气体含 A 2%，操作条件下平衡关系为 y=0.13x，液气比 L/G=0.18，气相总传质单元高度 H_{OG}=0.6m，吸收率为 95%。另一具有相同填料层高度的塔内进行的是水蒸气解吸，操作条件下的平衡关系为 y=3.2x，气液比 G'/L=0.37，试计算：

(1) 吸收塔出塔液体的摩尔分数；

(2) 吸收塔填料层高度；

(3) 解吸塔的气相总传质单元高度。

20. 引例中从吸收塔 1 脱碳段排出的吸收液一部分作为脱硫段的吸收剂，另一部分先去闪蒸罐脱除 H_2、N_2 等溶解度较小的组分[闪蒸后的溶液中含甲醇 71.4%(摩尔分数，下同)、CO_2 28.4%(余为 H_2、N_2 等)]，然后再进入 CO_2 解吸塔 2 中，在−52℃、0.27MPa 下闪蒸，要求释放气中的 CO_2 含量不低于 99.5%，求溶液经脱吸后能达到的最低浓度及 CO_2 的最高吸收率。已知 CO_2 在甲醇中的溶解度与温度、压力的关系为 $m=9.1298\mathrm{e}^{0.0343t}/P$，式中，$t$ 为系统温度(℃)，P 为总压(MPa)。

21. 在绝压为 0.2MPa 的填料塔内进行逆流吸收操作。已知入口气体的摩尔流量为 100kmol/h、浓度为 0.08，要求吸收塔的回收率为 95%。进入系统纯溶剂的摩尔流量为 100kmol/h、浓度为 0.01，操作条件下的气液相平衡关系为 y=0.1x。试求：(1)气相总传质单元数 N_{OG}；(2)若系统回收率不变，将吸收塔底溶液部分循环使用，如附图所示，循环溶液量按 L_R=0.4L，且进入系统的新鲜吸收剂量不变，试计算此时的气相总传质单元数，并与无循环时相比，哪个大？为什么？

22. 如附图所示，一填料塔内装两段填料，高度分别为 3m 和 4m。拟用于吸收 CCl_4-空气混合物中的 CCl_4，CCl_4 的含量为 5%(体积分数)，混合气体的处理量为 0.043kmol/(m^2 · s)，要求吸收率为 90%。有两股吸收液入塔：第一股为含 CCl_4 1%(摩尔分数)的煤油，流量为 0.005kmol/(m² · s)，从塔顶送入；第二股为含 CCl_4 5%(摩尔分数)的煤油，流量也为 0.005kmol/(m² · s)，从两段填料间加入。在操作范围内平衡关系为 $y=0.13x$，已知吸收过程为气膜控制，$k_y a$=0.0367kmol/(m³ · s)，问该塔能否满足要求？

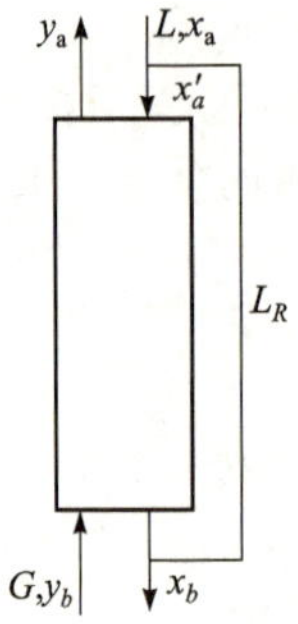

习题 21 附图

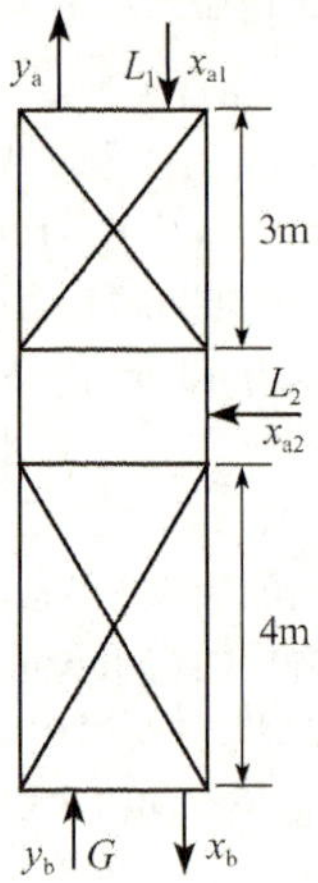

习题 22 附图

自测练习题

第10章 蒸 馏

引 例

苯乙烯是重要的化工原料，广泛用于生产合成树脂、合成橡胶、染料和农药等化学品，近几年全球苯乙烯生产能力每年都超过 3000 万 t。目前工业上主要采用乙苯催化脱氢法生产苯乙烯，获得的脱氢液体需进行分离提纯，其分离精制部分的工艺流程如图 10-1 所示。

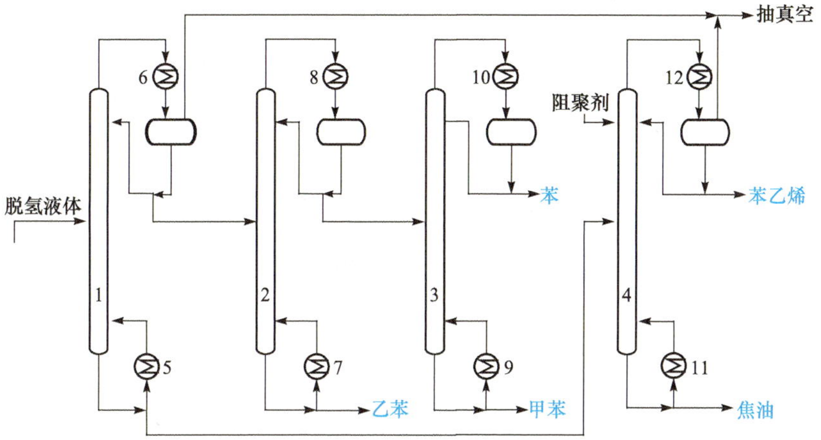

图 10-1 乙苯脱氢生产苯乙烯的精馏工艺流程

1.粗苯乙烯塔；2.乙苯回收塔；3.苯-甲苯精馏塔；4.精苯乙烯塔；5,7,9,11.再沸器；6,8,10,12.冷凝器

含苯乙烯 50%～70%(质量分数)的脱氢液体在粗苯乙烯塔 1 中经过分离操作，塔顶得到以乙苯为主的混合液，塔底得到以苯乙烯为主的混合液。以乙苯为主的混合液再依次经过乙苯回收塔 2、苯-甲苯精馏塔 3 的分离作用，得到纯度较高的乙苯、甲苯和苯产品。以苯乙烯为主的混合液经过精苯乙烯塔 4, 从塔顶得到纯度较高的苯乙烯产品。

图 10-2 苯乙烯工业生产装置

由于各产品的流量(流率)和纯度要求不同，所需分离设备的大小也不一样。图 10-2 中高低不一的圆柱形塔器即表示这些设备的相对大小，统称为蒸馏塔。图中除主体塔器外，还包括许多复杂的管线及其他单元设备，它们共同组成了整个乙苯脱氢和产品精制的生产工艺设备。年产 20 万 t 苯乙烯精制装置得到的各主要产品流量和组成大致如表 10-1 所示。

表 10-1 苯乙烯分离和精制物料组成(质量分数)

产品	流量/(kg/h)	非芳烃	苯	甲苯	乙苯	苯乙烯	α-甲基苯乙烯	焦油
脱氢液体	44400	0.0007	0.0105	0.0235	0.390	0.571	0.001	0.0033
乙苯产品	17510	0	0	0.0017	0.9874	0.0109	0	0
苯产品	492	0.0631	0.9267	0.0101	0	0	0	0
甲苯产品	1034	0	0.0099	0.9755	0.0146	0	0	0
苯乙烯产品	25020	0	0	0	0.0004	0.9993	0.0003	0

蒸馏塔在工业生产中被普遍使用，对于从事化工的工程技术人员来说，需要了解其基本原理、设计计算方法和常规操作现象，因此有必要对这一分离过程进行学习和研究。

10.1 概　述

蒸馏是化工生产中常用的分离方法之一，由于技术成熟可靠，其应用范围很广，如早期酿酒行业中饮料酒的简单蒸馏，近代石油炼制行业中原油的分馏，现代制药行业医药中间体的精密精馏等。

蒸馏是利用混合物中各组分挥发性的差异实现分离目的的单元操作过程。当液体混合物被加热而部分气化或气体混合物被冷却而部分冷凝时，易挥发组分(轻组分)会在气相中富集，难挥发组分(重组分)则在液相中富集，将气、液两相分开即可使混合物达到一定程度的分离，此过程为单级蒸馏过程。以单级蒸馏为基础的分离方式包括简单蒸馏和平衡蒸馏，两者能够达到的分离程度一般不高。

加热和冷却操作也可通过其他方式实现，如可用温度较高的二元饱和蒸气去加热温度较低的二元饱和液体，在液体被加热部分，轻组分会气化进入气相，在蒸气被冷却部分，重组分会冷凝进入液相，从而得到新的气液两相，此过程也可视为单级蒸馏过程。这种过程如被逐级依次连续执行，就是通常所说的精馏过程。通过这种方式轻组分将在气相中不断被增浓，在液相中不断被减浓，实现混合物的高程度分离。

精馏操作根据所处理的物系和使用条件的不同，通常有以下几种类型：

(1) 当分离物系仅含有轻、重两个组分时，则为二元精馏；若含有三个及三个以上的组分就为多组分精馏。工业中所遇到的多为多组分精馏过程，为了计算方便有时可简化成二元精馏进行处理，二元精馏是多组分精馏的基础。

(2) 当被分离的物料一次性投入加热釜内，精馏一段时间达到分离目标后即结束时，称为间歇精馏；若将物料连续不断地投入到精馏塔内，分别从塔顶和塔底获得所需产品，则为连续精馏。间歇精馏工艺过程简单、操作灵活方便，适用于小批量多组分混合物的分离；连续精馏由于产品质量稳定、分离效率较高，特别适合大规模生产过程。

(3) 根据精馏塔顶操作压力的不同可分为常压、减压和加压精馏。由于物质的沸点随压力而变化，通过改变操作压力可方便地调节精馏过程的加热和冷却温度，便于选择加热和冷却介质或用于过程集成节能。

此外，对于一些特殊的分离物系，如常压下沸点很高的有机物系，可采用水蒸气蒸馏降低系统的操作温度；沸点相近的或含有恒沸物的物系，可采用恒沸精馏或萃取精馏提高分离的程度；存在化学反应的物系，可通过反应精馏提高反应的转化率或增进分离效率；等等。

开发完整的精馏生产工艺所涉及的内容很多，相关工作包括确定精馏工艺和塔设备设计参数、确定仪表类型和控制方案、选择辅助设备等。就其中的精馏塔而言，需要了解其基本操作原理和设计计算方法。本章将从蒸馏的热力学问题、常见的蒸馏方式、精馏过程的物料和热量平衡、精馏塔的设计计算以及操作因素变化对过程的影响等方面阐述精馏过程，通过对具体生产实例进行分析和计算，使读者能够掌握这类单元操作的规律和基本计算方法。

10.2 蒸馏过程的热力学基础

蒸馏过程所能达到的分离程度与气、液两相的接触时间有关，若两相接触时间很长，气、液将达到相平衡状态。分析和研究实际蒸馏操作与相平衡状态间的差距，是开发蒸馏过程一般采用的方法，因此气-液相平衡是蒸馏的理论基础。

气-液相平衡与多种因素有关，其自由度数可根据相律确定：

$$f = c - \Phi + 2 \tag{10-1}$$

式中，c 为组分数；Φ为相数。对于二元物系的气-液相平衡，$c=2$，$\Phi=2$，所以 $f=2$，即体系有两个独立变量。当压力 p 一定时，温度 t、液相组成 x 及气相组成 y 中只有一个是独立的，即 t-x、t-y 和 y-x 之间存在一定的关系。

10.2.1 理想物系的气-液相平衡

对于由轻组分 A 与重组分 B 组成的二元混合溶液，若同种分子之间与不同分子之间的相互作用力相同，即 $f_{AA}=f_{BB}=f_{AB}$，且各组分分子具有相似的形状和体积，则称该溶液为理想溶液。在理想溶液中，一个组分的加入对另一组分的蒸气压只起稀释作用，并不产生其他影响。

对于二元系统，如果气体为理想气体混合物，液体为理想溶液，则称该体系为理想物系。理想物系可用拉乌尔(Raoult)定律表示气相分压 p_i 与液相组成 x_i 之间的关系：

$$p_i = p_i^{\mathrm{s}} x_i\,,\quad i = \mathrm{A,B} \tag{10-2}$$

式中，p_i^{s} 为纯液体 i 的饱和蒸气压，与温度有关，可从工具书中查取或通过实验测定，也可用安托因(Antoine)方程进行估算：

$$\ln p_i^{\mathrm{s}} = A_i - \frac{B_i}{T + C_i} \tag{10-3}$$

式中，A_i、B_i 和 C_i 为组分 i 的安托因常数，不随温度和压力而变；T 为系统的热力学温度，K。

对于二元理想物系，气相的总压可看成是 A、B 的分压之和，为方便计，A 组成中可略去下标 A，有

$$P = p_{\mathrm{A}} + p_{\mathrm{B}} = p_{\mathrm{A}}^{\mathrm{s}} x + p_{\mathrm{B}}^{\mathrm{s}}(1 - x) \tag{10-4}$$

$$x = \frac{P - p_{\mathrm{B}}^{\mathrm{s}}}{p_{\mathrm{A}}^{\mathrm{s}} - p_{\mathrm{B}}^{\mathrm{s}}} \tag{10-5}$$

根据式(10-2)又可得

$$y = p_{\mathrm{A}}/P = p_{\mathrm{A}}^{\mathrm{s}} x/P \tag{10-6}$$

由式(10-5)和式(10-6)即可计算二元理想物系在恒定压力下的 t-x,y 关系，并据此可绘出 t-x,y 相图。

10.2.2 蒸气压和挥发度

蒸馏分离的依据是不同组分的挥发性要有差异，描述一个组分挥发难易程度的物理量是挥发度。对于纯组分液体，将某一温度下的饱和蒸气压 p^s 定义为挥发度 ν；对于由轻组分 A 与重组分 B 组成的二元混合液体，组分 i 的挥发度定义为

$$\nu_i = p_i/x_i \tag{10-7}$$

式中，p_i 为 i 组分在气相中的平衡分压；x_i 为 i 组分在液相中的摩尔分数。习惯上将轻组分 A 与重组分 B 的挥发度之比定义为 A 对 B 的相对挥发度，即

$$\alpha = \frac{\nu_A}{\nu_B} = \frac{p_A/x_A}{p_B/x_B} \tag{10-8}$$

若气相的总压 P 不是很高(P<1MPa)，气相符合道尔顿分压定律：

$$p_i = Py_i\,, \qquad i = \mathrm{A},\mathrm{B} \tag{10-9}$$

式中，y_i 表示 i 组分在气相中的摩尔分数。将式(10-9)代入式(10-8)并消去 P 有

$$\alpha = \frac{y_A/x_A}{y_B/x_B} \tag{10-10}$$

如省略下标，即 $x_A = x, x_B = 1 - x, y_A = y, y_B = 1 - y$，代入式(10-10)可得

$$y = \frac{\alpha x}{1 + (\alpha - 1)x} \tag{10-11}$$

式(10-11)称为二元物系的气-液相平衡方程。显然 α 越大，表示轻、重组分在两相中分配的差异越大，就越容易分离。当 $\alpha = 1$ 时，有 $y = x$，说明气、液两相的组成完全相同，不能通过蒸馏方式进行分离。

根据挥发度的定义和拉乌尔定律，对于二元理想物系，显然有

$$\nu_i = p_i/x_i = p_i^s \tag{10-12}$$

$$\alpha = p_A^s/p_B^s \tag{10-13}$$

即理想物系各组分的挥发度等于其饱和蒸气压，相对挥发度等于两组分的饱和蒸气压之比。

例 10-1 在引例图 10-1 所示的乙苯脱氢生产苯乙烯的精馏工艺中，已知苯-甲苯精馏塔的原料流量为 17.47kmol/h，其中含苯为 34.2%(摩尔分数，下同)，含甲苯为 62.9%，含非芳烃等低沸物约为 2%，含乙苯等高沸物约为 0.9%。苯(A)和甲苯(B)的饱和蒸气压(mmHg)可用如下形式的安托因方程计算(温度 T 的单位为 K)：

$$\ln p_A^s = 15.9008 - \frac{2788.51}{T - 52.36} \tag{i}$$

$$\ln p_B^s = 16.0137 - \frac{3096.52}{T - 53.67} \tag{ii}$$

(1) 若将苯-甲苯物系按理想物系处理，试求在总压 101.3kPa 下，苯-甲苯物系的气-液相平衡数据及相对挥发度，并作出 t-x,y 相图和 y-x 相图；

(2) 如果原料按苯-甲苯二元物系处理，当分别被加热至饱和液体和饱和蒸气状态时，试确定其温度。

解 (1) 气-液相平衡计算。

将 $p_A^s = 760\text{mmHg}$ 、 $p_B^s = 760\text{mmHg}$ 分别代入式(i)、(ii)中得苯和甲苯在101.3kPa下的沸点分别为80.1℃和110.6℃，在80.1～110.6℃之间任取几个温度代入式(i)和式(ii)求其饱和蒸气压，根据式(10-5)和式(10-6)计算对应的 x 与 y，然后根据式(10-13)计算相对挥发度 α 。

例如以 t=88℃为例，根据式(i)和式(ii)可得 $p_A^s = 963.3\ \text{mmHg}=128.4\text{kPa}$， $p_B^s = 381.1\ \text{mmHg}=50.8\text{kPa}$。

$$x = \frac{P - p_B^s}{p_A^s - p_B^s} = \frac{101.3 - 50.8}{128.4 - 50.8} = 0.651$$

$$y = p_A^s x / P = \frac{128.4 \times 0.651}{101.3} = 0.825$$

$$\alpha = \frac{p_A^s}{p_B^s} = \frac{128.4}{50.8} = 2.53$$

同理在其他温度下，也可计算相应的 x、y 和 α，将所得结果列于表10-2中。

表10-2　苯(A)和甲苯(B)的饱和蒸气压与温度的关系及压力101.3kPa下的 t-x,y 数据

t/℃	80.1	84	88	92	96	100	104	108	110.6
p_A^s/kPa	101.3	114.2	128.4	144.1	161.3	180.0	200.3	222.4	237.9
p_B^s/kPa	38.9	44.4	50.8	57.8	65.6	74.2	83.6	94.0	101.3
x	1	0.815	0.651	0.504	0.373	0.257	0.152	0.057	0
y	1	0.919	0.825	0.717	0.594	0.456	0.300	0.125	0
α	2.60	2.57	2.53	2.49	2.46	2.43	2.40	2.37	2.35

从表中结果可见，当温度增加时两组分的饱和蒸气压均显著增大，但其比值变化不大。因此，按理想物系处理的相对挥发度可近似看成常数。例如，在压力101.3kPa下全浓度范围内，苯对甲苯的相对挥发度可取其平均值为2.48。

根据表10-2中的数据，可作出 t-x,y 相图和 y-x 相图，如图10-3所示。

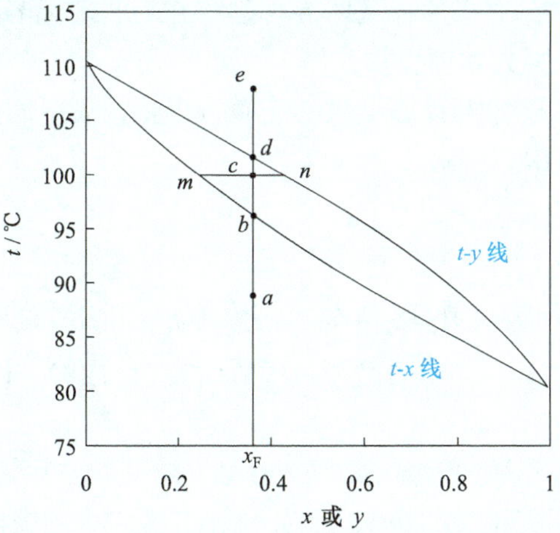

(a) t-x,y 相图

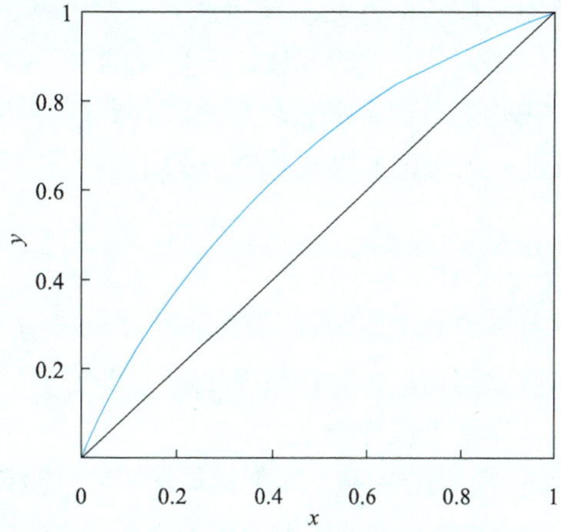

(b) y-x 相图

图10-3　苯-甲苯体系在101.3kPa下的 t-x,y 相图和 y-x 相图

(2) 温度计算。

当近似按苯-甲苯二元物系处理时，苯在二元混合物进料中的摩尔分数变为

$$x_F = \frac{0.342}{0.342+0.629} = 0.352$$

在 t-x, y 图的横坐标上找出 $x_F = 0.352$ 的点，沿该点作竖直线分别交 t-x 线和 t-y 线于 b、d 两点，则 b 点对应的纵坐标即为加热到饱和液体时的温度，t_b=96.5℃。也可通过如下试差计算得到：假设 t=96.5℃，则根据式(i)有 $p_A^s = 1227\text{mmHg}$ ，$p_B^s = 500.0\text{mmHg}$ ，则 $x = \frac{P - p_B^s}{p_A^s - p_B^s} = \frac{760-500.0}{1227-500.0} = 0.358$ ，可见与 x_F 十分接近，说明假设的温度基本正确。

d 点对应的纵坐标即为加热到饱和蒸气时的温度，t_d=102.6℃。也可通过如下露点计算得到：假设 t =102.6℃，则根据式 (i) 有 $p_A^s = 1450\text{mmHg}$ ，$p_B^s = 601.6\text{mmHg}$ ，所以 $x = \frac{P - p_B^s}{p_A^s - p_B^s} = \frac{760-601.6}{1450-601.6} = 0.187$ ，$y = p_A^s x/P = 1450 \times 0.187/760 = 0.357$，所得的 y 值与 x_F 接近，说明假设的温度基本正确。

此外，利用 t-y, x 相图还可判断物系所处的状态。例如，在图 10-3(a)中，t-x 线为饱和液相线，t-y 线为饱和气相线，以 t-x 线和 t-y 线为边界将整个区域分成三部分：t-x 线以下的区域为液相区，如 a 点代表过冷液体；t-x 线与 t-y 线之间的区域为气、液混合区，如 c 点表示气、液两相同时存在且互相平衡，平衡的液、气相状态点分别为 m 点和 n 点，由过 c 点的水平线分别与 t-x 线与 t-y 线相交得到；t-y 线以上的区域为气相区，如 e 点代表过热蒸气。t-x 线上的点 b 表示液体达到饱和状态并开始沸腾产生第一个气泡，b 点对应的温度称为泡点温度，t-x 线也称为泡点线。而 t-y 线上的点 d 表示液体刚好完全气化，蒸气达到饱和状态，也可认为是过热蒸气冷却达到饱和并开始产生第一滴液体，因此 d 点对应的温度称为露点温度，t-y 线也称为露点线。与纯物质不同，两元混合物开始气化或冷凝的温度不同，一般 $t_d > t_b$，且在气化过程中温度不断升高。

在图 10-3(b)所示的 y-x 相图中，任一点的 x、y 值代表了同一温度下平衡的液、气两相组成的关系。若与对角线(y =x)进行比较，可看出相对挥发度越大，平衡曲线与对角线间的距离就越远。显然两者的偏离程度越远，表示达到气-液相平衡时两相组成的差异就越大，也就越有利于蒸馏分离。

10.2.3 非理想物系的气-液相平衡及恒沸现象

在真实液体混合物中，同种分子与异种分子之间的相互作用力一般并不相等，不同分子的结构与性质也存在差异，且分子大小也不相同，对于这种液体混合物常称为非理想溶液。如果气相也为非理想气体，所形成的气、液体系则为非理想物系。

在非理想物系中，真实的气相分压与拉乌尔定律的计算结果不一致，根据两者之间差异的情况一般可把非理想溶液分为正偏差溶液和负偏差溶液。

1. 正偏差溶液

若异种分子间的吸引力 f_{AB} 小于同种分子间的吸引力 f_{AA} 和 f_{BB}，溶液中轻、重组分的平衡分压就比用拉乌尔定律计算的高，即有 $p_i > p_i^s x_i\ (i = \text{A}, \text{B})$。例如，甲醇-水、苯-丙酮、丙酮-甲醇等均属于该种类型。

对于正偏差溶液，通常又包含一般正偏差溶液和最大正偏差溶液。在某一温度下，当实际的气相总压在全浓度范围内均介于两个纯组分的饱和蒸气压之间时，即 $p_B^s < (p_A + p_B) < p_A^s$ ，则为一般正偏差溶液，如甲醇-水、苯-丙酮系统；当实际的气相总压在某一浓度范围内比易挥发组分的饱和蒸气压(p_A^s)还大，出现极大值时，即构成最大正偏差溶液。最大正偏差溶液在总压一定时则存在最低恒沸点，如乙醇-水、丙酮-甲醇等系统。图 10-4 为 101.3kPa 下乙醇-水系统的 t-x, y 相图和 y-x 相图，当乙醇的摩尔分数 x = 0.894 时，表现为泡点最低，出现最低恒沸物。

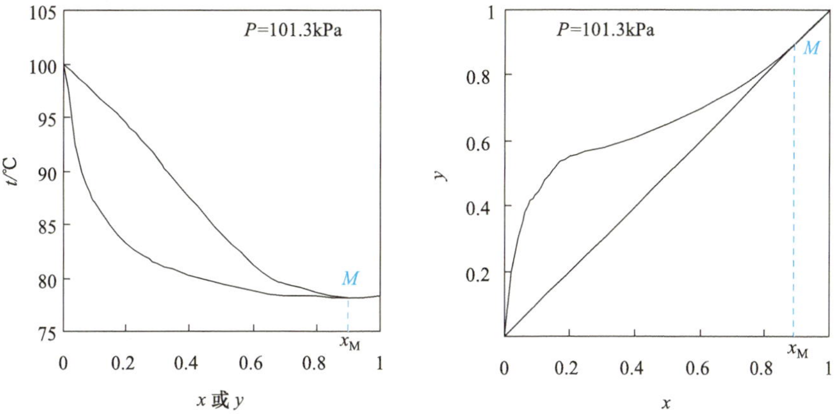

(a) t-x, y相图 (b) y-x相图

图 10-4 乙醇-水体系的 t-x, y 相图和 y-x 相图

2. 负偏差溶液

若异种分子间的吸引力 f_{AB} 大于同种分子间的吸引力 f_{AA} 和 f_{BB}，溶液中轻、重组分的平衡分压比用拉乌尔定律计算的低，即有 $p_i < p_i^s x_i\ (i = \mathrm{A}, \mathrm{B})$。例如，水-甲酸、氯仿-乙醚等属于该种类型。

对于负偏差溶液，同样又包含一般负偏差溶液和最大负偏差溶液。在某一温度下，当实际的气相总压在全浓度范围内均介于两个纯组分的饱和蒸气压之间时，即 $p_B^s < (p_A + p_B) < p_A^s$，则为一般负偏差溶液，如氯仿-乙醚系统；当实际的气相总压在某一浓度范围内比难挥发组分的饱和蒸气压(p_B^s)还小，出现极小值时，即构成最大负偏差溶液。最大负偏差溶液则在总压一定时存在最高恒沸点，如氯仿-丙酮、水-甲酸等系统。图 10-5 为 101.3kPa 下水-甲酸系统的 t-x, y 相图和 y-x 相图，当水的摩尔分数 $x = 0.427$ 时，表现为泡点最高，出现最高恒沸物。

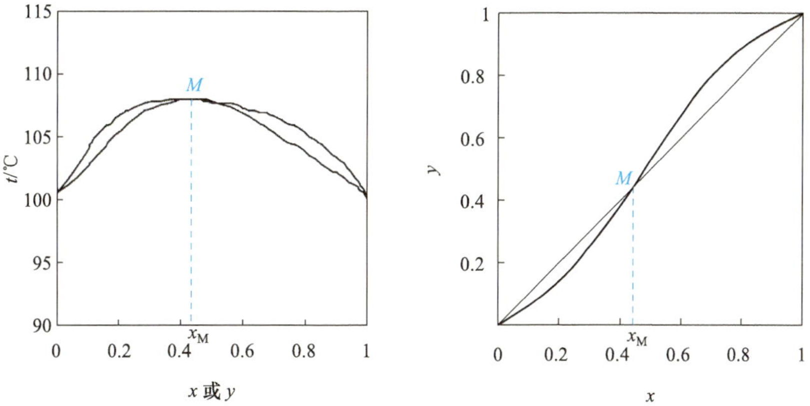

(a) t-x, y相图 (b) y-x相图

图 10-5 水-甲酸体系的 t-x,y 相图和 y-x 相图

对于非理想物系，可用下式表述气-液相平衡关系：

$$\hat{\varphi}_i^{\mathrm{V}} P y_i = \gamma_i f_i^0 x_i \tag{10-14}$$

式中，$\hat{\varphi}_i^{\mathrm{V}}$ 为气相中 i 组分的逸度系数；γ_i 和 f_i^0 分别为液相中 i 组分的活度系数和标准态逸度。这些参数均是对非理想性的修正，在化工热力学中已有详细阐述。当压力不高时(小于 500kPa)，气相可近似看成理想气体，即 $\hat{\varphi}_i^{\mathrm{V}} \approx 1$，$f_i^0 \approx p_i^{\mathrm{s}}$，气-液相平衡关系可化简为

$$y_i P = \gamma_i p_i^{\mathrm{s}} x_i \tag{10-15}$$

式(10-15)是大多数蒸馏过程可采用的气-液相平衡关系式，与拉乌尔定律相比，只是增加了一个液相活度系数。表 10-3 是在压力 100kPa 下丙酮-甲醇体系实测的气-液相平衡数据，可根据实测数据计算出相对挥发度和活度系数。

表 10-3　丙酮-甲醇物系在总压 100kPa 下的气-液相平衡数据及活度系数

x	0.058	0.078	0.136	0.167	0.229	0.363	0.398	0.584	0.746	0.917
y	0.118	0.153	0.252	0.295	0.381	0.501	0.526	0.653	0.759	0.907
t	62.4	61.9	60.5	59.9	58.6	57.1	56.8	55.6	55.1	55.4
α	2.17	2.14	2.14	2.09	2.07	1.76	1.68	1.34	1.07	0.88
γ_1	1.64	1.57	1.50	1.55	1.31	1.33	1.29	1.14	1.06	1.02
γ_2	1.01	1.02	1.03	1.03	1.02	1.07	1.09	1.22	1.42	1.64

从表中结果可以看出，丙酮对甲醇的相对挥发度随组成有明显的变化。在丙酮含量较低时，$\alpha > 1$，说明丙酮更易挥发；而在丙酮含量很高，如 $x = 0.917$ 时，$\alpha < 1$，甲醇的挥发性却高于丙酮；根据文献结果，当丙酮摩尔组成为 $x = 0.802$ 时，有 $\alpha = 1$，此时丙酮和甲醇的挥发性趋于一致，即形成最低恒沸物。

此外，丙酮-甲醇物系在低浓区和高浓区时，两组分的活度系数相差较大，与理想溶液的偏离也较大。这个现象对精馏过程的模拟计算有重要影响，特别针对高纯度物系的分离，有时需要单独建立高浓区和低浓区活度系数的变化关系，才能得到可靠的计算结果。

10.3　蒸馏方式

用蒸馏方法分离轻、重组分所能达到的分离程度，除取决于被分离物系的相平衡关系外，还与所采用的蒸馏方式有关。蒸馏过程按操作方式进行分类，可分为简单蒸馏、平衡蒸馏和精馏，下面对它们分别进行介绍。

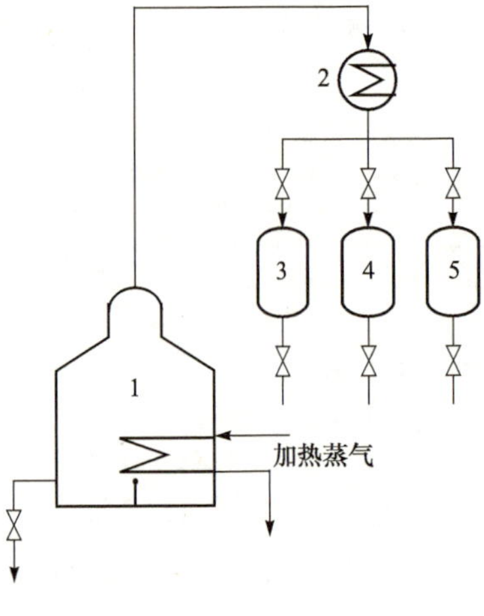

图 10-6　简单蒸馏流程简图
1.蒸馏釜；2.冷凝器；3～5.产品罐

10.3.1　简单蒸馏

简单蒸馏的基本流程如图 10-6 所示。原料分批次投入蒸馏釜中，通过加热蒸汽加热，液体部分气化进入冷凝器冷凝，分别根据冷凝液的组成送入各产品罐中。简单蒸馏是最早采用的一种蒸馏类型，如酿酒行业从发酵醪液中提取饮用酒即采用该种蒸馏方式。

在简单蒸馏过程中，随着轻组分不断地被蒸出，蒸馏釜内的轻组分含量将逐渐降低，釜内温度不断升高。因此，简单蒸馏过程是一个不稳定的操作过程。由于在蒸馏过程中釜内液相的组成时刻在变化，根据相平衡关系，蒸出的气相组成也在随时间而变。当气相中轻组分的含量降低到某一规定数值时，即需要结

束蒸馏操作。

简单蒸馏的计算需借助物料衡算关系和相平衡关系。假设任一时刻τ的釜液量为 W(物质的量)，轻组分含量为x(摩尔分数，下同)，与之平衡的气相组成为y。经微分时间段 $d\tau$后，假设蒸出的物料量为 dW，则对轻组分进行物料衡算有

$$ydW = d(Wx) = Wdx + xdW$$

即

$$\frac{dx}{y-x} = \frac{dW}{W} \tag{10-16}$$

假设釜液的初始量及组成分别为 W_1 和 x_1，蒸馏结束时剩下的釜液量和组成为 W_2 和 x_2，则对式(10-16)进行积分可得

$$\int_{x_2}^{x_1} \frac{dx}{y-x} = \ln\frac{W_1}{W_2} \tag{10-17}$$

当系统可看成理想物系时，α可视为常数，将相平衡关系代入式(10-17)可得

$$\ln\frac{W_1}{W_2} = \frac{1}{\alpha-1}\ln\left[\frac{x_1(1-x_2)}{x_2(1-x_1)}\right] + \ln\frac{1-x_2}{1-x_1}$$

即有

$$\ln\frac{W_1 x_1}{W_2 x_2} = \alpha\ln\frac{W_1(1-x_1)}{W_2(1-x_2)} \tag{10-18}$$

当相平衡关系近似可用直线 $y = mx + b$ 表示时，最终积分结果为

$$\ln\frac{W_1}{W_2} = \frac{1}{m-1}\ln\frac{(m-1)x_1 + b}{(m-1)x_2 + b} \tag{10-19}$$

由于简单蒸馏为不稳定操作，可根据某段时间内的初始和结束物料量和组成计算获得的产品量 D 及平均组成 $\overline{x}_D$：

$$D = W_1 - W_2 \tag{10-20}$$

$$\overline{x}_D = \frac{W_1 x_1 - W_2 x_2}{W_1 - W_2} \tag{10-21}$$

10.3.2　平衡蒸馏

将液体混合物首先通过加压和加热操作，再通过节流阀的减压作用将液体部分气化得到平衡的气、液两相，这一过程称为平衡蒸馏，如图 10-7 所示。

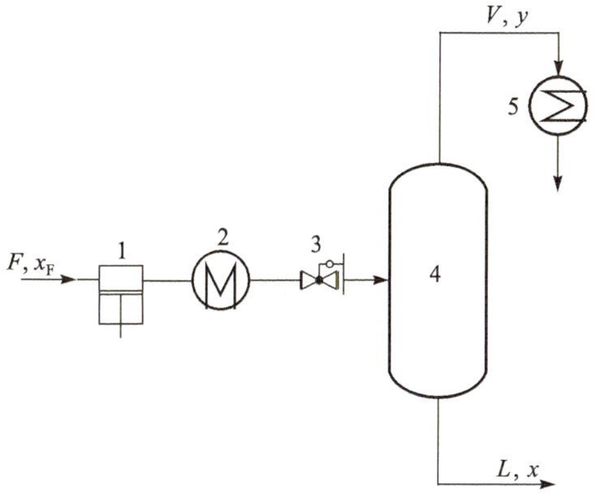

图 10-7　平衡蒸馏流程简图

1.泵；2.加热器；3.节流阀；4.分离器；5.冷凝器

平衡蒸馏又称闪蒸，在减压后的分离器内，由于压力降低，液体呈过热状态，将自动进行气化降温达到饱和状态。气化需要的潜热来自于液体温度下降所放出的显热，平衡蒸馏前液体的温度越高，所释放的气相量就越多。

平衡蒸馏的计算也要借助物料衡算关系和相平衡关系。若已知原料的流量和轻组分含量分别为 F、x_F，闪蒸后得到气相和液相流量分别为 V 和 L，根据物料平衡：

$$\begin{cases} F = L + V \\ Fx_{\mathrm{F}} = Lx + Vy \end{cases} \tag{10-22}$$

假定液相流量占总物料流量的分率为 q，则根据式(10-22)可得

$$y = \frac{q}{q-1}x - \frac{x_{\mathrm{F}}}{q-1} \tag{10-23}$$

由于 y 和 x 还满足相平衡关系，因此可联立式(10-23)与相平衡方程求解 y 和 x。

例 10-2 在例 10-1 给出的苯-甲苯待分离物系中，已知总物质的量为 34kmol，含苯为 35.2%(摩尔分数，下同)，在 101.3kPa 下进行蒸馏分离，假设蒸馏过程中相对挥发度为 2.44。

(1) 若进行简单蒸馏，试计算当残液组成降为 25.6%时釜液的温度及馏出液的量和平均组成。

(2) 若进行平衡蒸馏，试计算当液相组成为 25.6%时得到的气相流量和组成。

解 (1) 简单蒸馏。

当釜液组成降至 25.6%时，釜液的温度就是此浓度液体的泡点温度或与之成平衡气相的露点温度，因此可通过泡点或露点计算获得。当 $x_2 = 0.256$ 时，直接从表 10-2 中可见 t_2=100.0℃(也可按例 10-1 方法假设温度进行泡点计算得到)。

蒸馏开始时，釜液中苯和甲苯的量为

$$W_1x_1 = 34 \times 0.352 = 11.97(\text{kmol})$$

$$W_1(1-x_1) = 34 \times (1-0.352) = 22.03(\text{kmol})$$

蒸馏结束时，釜液中苯和甲苯的量分别为 $0.256W_2$、$0.744W_2$，代入式(10-18)得

$$\ln\frac{11.97}{0.256W_2} = 2.44\ln\frac{22.03}{0.744W_2}$$

所以

$$W_2 = 21.56\text{kmol}$$

根据物料衡算可求馏出液量 D 和平均组成 $\bar{x}_{\mathrm{D}}$ 分别为

$$D = W_1 - W_2 = 34 - 21.56 = 12.44(\text{kmol})$$

$$\bar{x}_{\mathrm{D}} = \frac{W_1x_1 - W_2x_2}{W_1 - W_2} = \frac{11.97 - 0.256 \times 21.56}{12.44} = 0.519$$

(2) 平衡蒸馏。

平衡蒸馏时由于 $x = 0.256$，根据相平衡关系可计算气相组成为

$$y = \frac{\alpha x}{1+(\alpha-1)x} = \frac{2.44 \times 0.256}{1+1.44 \times 0.256} = 0.456$$

代入式(10-23)中可计算液相分率 q

$$0.456 = \frac{0.256q}{q-1} - \frac{0.352}{q-1}$$

$$q = 0.52$$

因此气相流量为

$$V = F(1-q) = 34 \times (1-0.52) = 16.3(\text{kmol})$$

两种蒸馏方式相比较可见，在原料组成一定且液相摩尔分数也相同时，平衡蒸馏得到的气相组成小于简单蒸馏的馏出液组成，说明简单蒸馏的分离效果较好一些。

10.3.3 精馏

不管是简单蒸馏还是平衡蒸馏，分离过程只经过一级气-液相平衡，轻、重组分达到的分离程度十分有限，只适用于对产品纯度要求不高的粗略分离。为了提高分离程度获得高纯物质，必须设计一种高效的多级蒸馏过程。

1. 接触级蒸馏和平衡级

如果让温度较高的二元饱和蒸汽和温度较低的二元饱和液体在一个单元内进行密切接触，两相就会自发地向其平衡态方向转化，这种气、液接触传质的分离过程称为“接触级蒸馏”。一个接触级可以是一块开孔的塔板，也可以是一小段具有空隙的填料。如果气、液两相接触足够充分，离开该接触级的新的气、液两相达到相平衡状态，则称这个单元为一个平衡接触级，简称平衡级。图 10-8 和图 10-9 分别表示进出一个平衡级物流及组成的变化情况。

图 10-8　平衡级蒸馏示意图

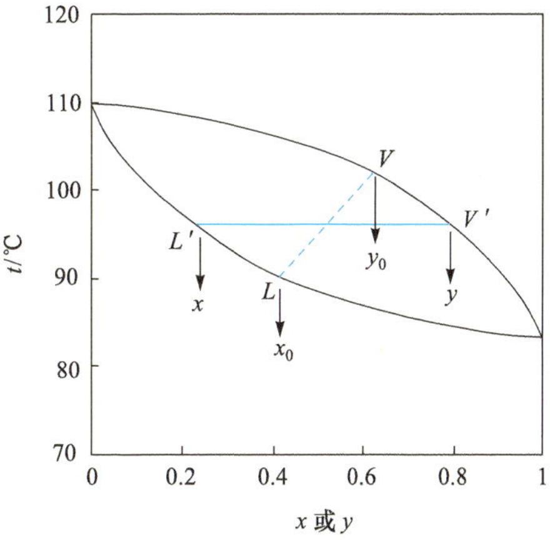

图 10-9　平衡级蒸馏组成变化示意图

由图 10-9 可见，饱和气相 V 与饱和液相 L 在平衡级内充分接触传质后，得到具有相同温度的新的气相 V' 和液相 L'，新的气相组成 $y > y_0$，新的液相组成 $x < x_0$，显然与进入的气、液两相相比，离开的气相中轻组分得到了增浓，液相中轻组分得到了减浓，气、液两相获得了一定程度的分离效果。

由于大多传质单元无法做到使气、液两相接触足够充分，过程要受传质速率控制，离开的新的气、液两相一般不能达到相平衡状态，这种单元可看成是具有一定效率的接触级。关于级效率的定义将在本章后面内容中再详细讨论。

2. 精馏原理

单个接触级的分离作用是有限的，为了提高分离程度，生产上常将多个接触级进行串联操作，精馏塔就是具有这样结构的一个分离设备，如图 10-10 所示。依靠在塔内自上而下设置多级塔板或多段填料构成多个串联的接触级，在塔顶和塔底分别提供初始的液相和气相，液体依靠重力、气体依靠升力，使每一个接触级均能实现气液两相的逆流接触。塔顶的液相来源于塔顶设置的冷凝器，离开塔顶的蒸气经冷凝冷却成液体，一部分回流到塔顶的第一接触级，剩余的部分被抽出作为塔顶馏出液产品；塔底的气相来源于塔底设置的再沸器，塔底流入再沸器的液体被加热并部分气化返回到最下部的一个接触级，剩余的液体从塔底被采出作为釜液产品。待分离的原料从塔中某一接触级加入，其中的气体随塔内气相向上流动，液体随塔内液相向下流动。

精馏塔中，进料位置以上的塔段称为精馏段，塔顶用轻组分含量很高的液体逐级向下洗涤气相中的重组分，使沿塔向上气相中的轻组分逐级增浓。类似于第 9 章的气体吸收操作，塔顶的回流液即为初始洗涤剂。重组分被洗涤到液相中时会同时有部分轻组分进入气相，近似遵从等摩尔相互扩散原理，这与吸收操作的单向扩散过程有所不同。

进料位置以下的塔段称为提馏段，塔底用重组分含量很高的蒸气逐级向上汽提液相中的轻组分，使沿塔向下液相中的轻组分逐级减浓。来自于塔底再沸器的蒸气即为初始的汽提气，提馏段也是近似按照等摩尔相互扩散原理进行逐级置换汽提。

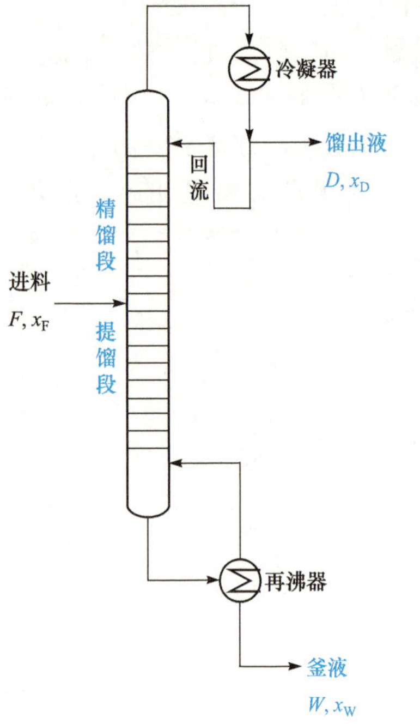

图 10-10 连续精馏装置流程简图

根据被分离物系及需要分离程度的不同，精馏塔所需要的塔板数量或填料高度也各不相同。一般来说，轻、重组分的相对挥发度越小，分离程度要求越高，所需要的塔板数就越多或填料层就越高；反之，需要的塔板数就越少或填料高度就越低。原料的进料组成不同，适宜的进料位置也不同。原料中轻组分含量越多，进料位置就越高；反之，进料位置就越低。进料状态(如气相进料或液相进料)不同也对需要的塔板数或填料层高度有较大的影响，这将在 10.4.3 节中进行分析。

在精馏的各级塔板上或填料内，除进行轻、重组分的传质过程外，同时还存在传热过程。对于塔底上升的气相，由于其浓度接近纯的重组分，温度最高。逐级向上，气相对与之接触的液体进行加热，通过传热、传质过程，气相中轻组分含量将逐渐增加，温度也相应逐级下降，直至塔顶温度达到最低。

10.4 二元连续精馏的分析和计算

生产中的精馏过程包括二元精馏和多组分精馏，将两个组分通过多级分离分别在塔顶和塔底获得接近纯组分产品的过程即为二元精馏。对有些多组分精馏过程，如果仅需考虑其中两个含量较多组分的分离，其他组分的含量很少，且这两个组分的挥发度相邻时也可简单视为二元精馏。如果主要的两个组分不是挥发度相邻的组分或其他组分的含量较大，这时就不能简化为二元精馏，应根据常规的多组分精馏方法进行计算。

二元精馏是多组分精馏的基础，本节重点从二元精馏入手阐述其基本计算方法，通过运用物料平衡、相平衡和热量平衡等相关知识解决精馏设计中的关键问题。

10.4.1 精馏过程的简化

生产中碰到的精馏过程千差万别，如原料、组成及产品纯度各异，流量、温度和压力高低不同，设备的结构、大小不一，等等。要想将这些因素联系起来，需要掌握物系的热力学性质、精馏过程中各变量之间的关系以及精馏变量对塔设备大小的影响等，这就需要建立一些数学方程，其中过程计算所需的基本方程包括物料衡算方程(M 方程)、相平衡方程(E 方程)、组成加和方程(S 方程)和焓衡算方程(H 方程)，即 MESH 方程。对于二元精馏，将这些方程进行适当简化有助于清晰地阐述精馏过程并快速有效地进行过程设计。

1. 理论塔板假定

在精馏塔设计中，不管是采用塔板还是填料作为精馏过程的主体结构，相应的传质和传热过程都十分复杂，很难通过建立简单的数学方程来准确求解需要的塔板数或填料层高度。为避免这一困难，引入了理论塔板的概念。理论塔板等同于前面所说的平衡级，由于平衡级的定义是气、液充分接触达到相平衡，显然理论塔板就是一个虚拟的理想化的塔板，可以是由一个或多个塔板共同构成一块理论塔板，也可以是由一定高度的填料层构成一块理论塔板。

作理论塔板假定后，精馏塔设计时就可以根据分离要求确定需要的理论塔板数。理论塔板的计算可在设计计算的前期避开实际塔板或填料计算的复杂性，仅仅根据在选定的操作条件下通过相平衡方程和物料衡算方程来确定，只是到了装置结构设计阶段再单独考虑理论塔板和具体设备间的换算关系。

2. 恒摩尔流假定

在二元精馏过程的非严格计算中，可假设轻、重组分的摩尔气化潜热相等。由于精馏过程的级内传质现象是轻组分向气相气化而重组分向液相冷凝，根据焓衡算方程，当轻、重组分的摩尔气化潜热相等，在与外界没有热交换时，可认为在每一级内有多少摩尔量的轻组分被气化就同时有相同摩尔量的重组分被冷凝。即通过级内传质后气、液两相的总摩尔流量不发生变化，只是组成发生了改变，这就是恒摩尔流假定。

作恒摩尔流假定后，就避开了级间焓平衡的计算，级间物料平衡也被大大简化。实践表明，恒摩尔流假定对接近理想物系的精馏结果影响十分有限，即使针对非理想性较强物系的精馏过程，也对主要参数的计算影响不大。

对于二元精馏，通过理论塔板假定和恒摩尔流假定，计算时仅需要 M 方程和 E 方程。

10.4.2 全塔物料衡算及操作线方程

1. 全塔物料衡算

将精馏塔各级的 M 方程进行加和即可得到全塔物料衡算方程，包括总物料衡算方程和组分物料衡算方程

$$\begin{cases} F = D + W \\ Fx_F = Dx_D + Wx_W \end{cases} \tag{10-24}$$

式中，F、D 和 W 分别为原料、馏出液和釜液的摩尔流量(kmol/s)；x_F、x_D 和 x_W 分别为原料、馏出液和釜液中轻组分的摩尔分数。

在精馏设计中，有时还规定组分回收率。轻组分回收率指馏出液中轻组分的回收量占原料中轻组分量的百分数，重组分回收率指釜液中重组分的回收量占原料中重组分量的百分数，即

$$\eta_D = \frac{Dx_D}{Fx_F} \times 100\% \tag{10-25}$$

$$\eta_W = \frac{W(1-x_W)}{F(1-x_F)} \times 100\% \tag{10-26}$$

2. 精馏段操作线方程

作了理论塔板假定后，可将精馏塔从塔顶回流处向下看成是由一系列理论塔板组成，如图 10-11 所示。其中离开第 n 级理论塔板气、液两相的组成分别为 y_n、x_n，两者满足相平衡关系。若离开塔顶的气相进入冷凝器后全部冷凝成液体，则称这种冷凝器为全凝器，显然从

全凝器得到的液相组成 x_D 与塔顶气相组成 y_1 相等。冷凝后液体的一部分作为馏出液 D，另一部分作为回流液 L，两者的比值通常定义为回流比，即 $R=L/D$。假设冷凝后的液体为饱和液体，塔顶的气相流量为 V_1，对冷凝器进行总物料衡算，有

$$V_1=L+D=(R+1)D \tag{10-27}$$

对图 10-11 所示的虚线框内进行物料衡算可得精馏段内任意第 n 和第 n+1 块理论塔板间流量及组成的关系

$$\begin{cases}V_{n+1}=L_n+D\\V_{n+1}y_{n+1}=L_nx_n+Dx_D\end{cases} \tag{10-28}$$

对精馏段内作恒摩尔流假定，即有 $V_1=V_2=\cdots=V_{n+1}=V$，$L_1=L_2=\cdots=L_n=L$，所以根据式(10-28)有

$$y_{n+1}=\frac{L}{V}x_n+\frac{D}{V}x_D \tag{10-29}$$

结合回流比的定义有

$$y_{n+1}=\frac{R}{R+1}x_n+\frac{x_D}{R+1} \tag{10-30}$$

该式表示了任意相邻两块理论塔板间上升的气相组成与下降的液相组成之间的关系，称为精馏段的操作线方程，通常可省略下标写成

$$y=\frac{R}{R+1}x+\frac{x_D}{R+1} \tag{10-31}$$

从式(10-31)可以看出，如操作时回流比保持不变，精馏段的操作线方程即为一斜率小于 1 的线性方程，该操作线的一个端点为 $a(x_D, x_D)$，如图 10-12 所示。

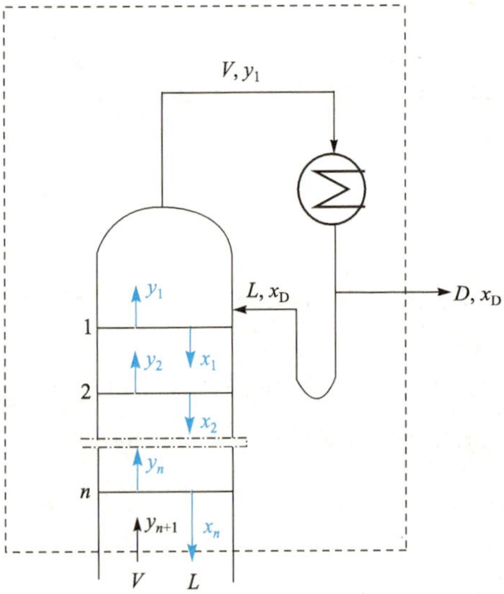

图 10-11 精馏段操作情况的分析

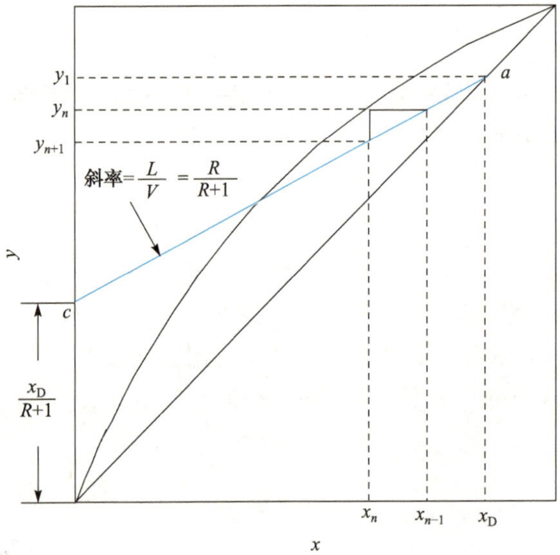

图 10-12 精馏段的操作线

若对精馏段的任一理论塔板 n 的进、出物料进行物料衡算，显然可得

$$\frac{L}{V}=\frac{y_n-y_{n+1}}{x_{n-1}-x_n} \tag{10-32}$$

该式说明精馏段内的液气流量之比(液气比)表示气相轻组分的增浓程度与液相轻组分的减浓

程度之比，若回流比增大，则有 L/V 增加，精馏段的操作线向对角线靠近。当精馏段的平衡线不变时，在同样的液相轻组分减浓程度下，气相轻组分的增浓程度将增大，使塔板的分离能力提高。因此，提高精馏段内的液气比有利于精馏段内轻、重组分的分离。

3. 提馏段操作线方程

对进料位置以下的提馏段，同样可依据理论塔板假定和恒摩尔流假定两个基本条件对图 10-13 所示的虚线框内的系统进行物料衡算

$$\begin{cases} L' = V' + W \\ L'x_m = V'y_{m+1} + Wx_W \end{cases} \tag{10-33}$$

即有

$$y_{m+1} = \frac{L'}{V'}x_m - \frac{Wx_W}{V'} \tag{10-34}$$

将 $V' = L' - W$ 代入式(10-34)可得

$$y_{m+1} = \frac{L'}{L'-W}x_m - \frac{Wx_W}{L'-W} \tag{10-35}$$

上式称为提馏段的操作线方程，去掉下标后变为

$$y = \frac{L'}{L'-W}x - \frac{Wx_W}{L'-W} \tag{10-36}$$

同样提馏段的操作线(图 10-14)也是一条直线，直线的斜率大于 1，其中一个端点为 $b(x_W, y_W)$。与精馏段相同，对提馏段的任一理论塔板 m 的进、出物料进行物料衡算，有

$$\frac{V'}{L'} = \frac{x_{m-1} - x_m}{y_m - y_{m+1}} \tag{10-37}$$

该式说明提馏段内的气液流量之比(釜液气化率)表示液相轻组分的减浓程度与气相轻组分的增浓程度之比，若气化率增大，则 L'/V' 减小，提馏段的操作线向对角线靠近。当提馏段的平衡线不变时，在同样的气相轻组分增浓程度下，液相轻组分的减浓程度将增大，使塔板的分离能力提高。因此，增大釜液气化率有利于提馏段内轻、重组分的分离。

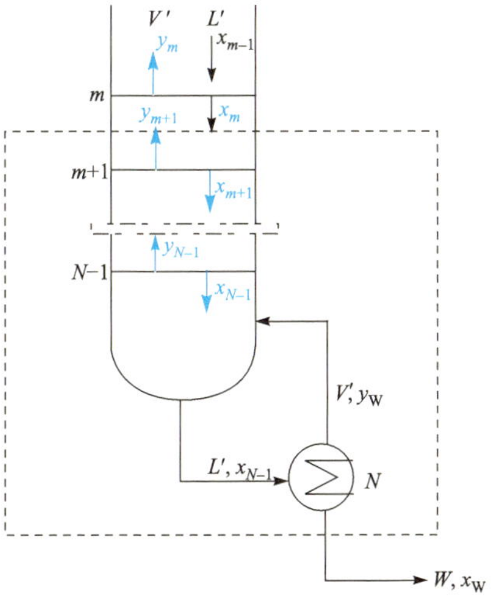

图 10-13 提馏段操作情况的分析

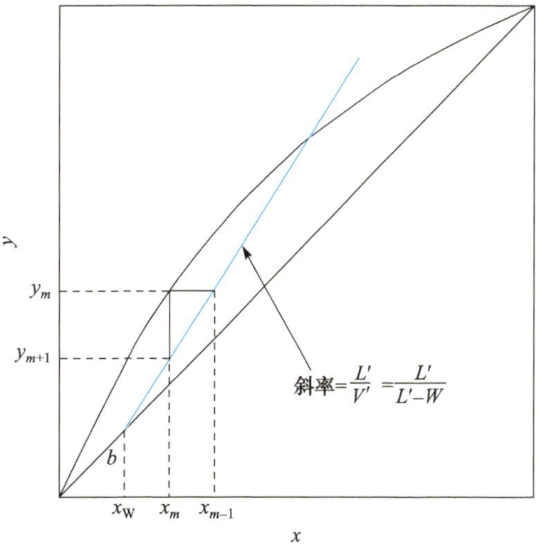

图 10-14 提馏段的操作线

10.4.3 进料状态及进料线方程

1. 进料热状况参数 q

作恒摩尔流假定后，得到了精馏段的气、液流量 V、L 和提馏段的气、液流量 V'、L'。受进料的影响，V 和 V'、L 和 L' 一般并不相同，两者相差多少与进料量和进料热状况有关。进料热状况通常有五种：过冷液体、饱和液体、气液混合物、饱和气体和过热气体。

以气液混合物进料为例，若定义进料中液相所占的摩尔分数为热状况参数，用 q 表示，则$(1-q)$为进料中气相所占的摩尔分数。图 10-15 代表进料板附近的物流关系，对虚线框内区域进行物料和热量衡算可得

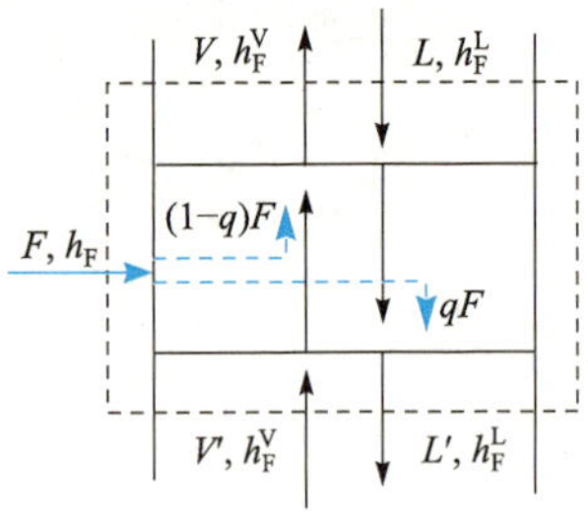

图 10-15 加料板附近的物流关系示意图

$$\begin{cases} F + L + V' = L' + V \\ Fh_F + Lh_F^L + V'h_F^V = L'h_F^L + Vh_F^V \end{cases} \tag{10-38}$$

式中，h_F、h_F^L 和 h_F^V 分别为原料的摩尔焓及在原料组成下饱和液体和饱和气体的摩尔焓(忽略温度、组成的轻微变化对焓的影响)。

根据式(10-38)有

$$\frac{L'-L}{F} = \frac{h_F^V - h_F}{h_F^V - h_F^L} \tag{10-39}$$

所以

$$q = \frac{h_F^V - h_F}{h_F^V - h_F^L} = \frac{\text{每千摩尔进料从进料状态变为饱和气体所需热量}}{\text{进料的千摩尔气化潜热}} \tag{10-40}$$

根据式(10-38)和式(10-39)可得

$$\begin{cases} L' = L + qF \\ V' = V + (q-1)F \end{cases} \tag{10-41}$$

从式(10-41)可见，只要知道进料流量 F 和进料的 q 值，即可方便地根据精馏段的液、气流量计算提馏段的液、气流量。

2. 不同进料状况下 q 值的计算

对于气液混合物进料，进料的 q 值根据定义显然很容易确定，其取值范围为 $0<q<1$；如果为饱和液体或饱和气体进料，则分别有 $q=1$ 和 $q=0$；如果为过冷液体或过热气体进料，原料加入塔内后液、气两相将发生如图 10-16 所示的流量变化。

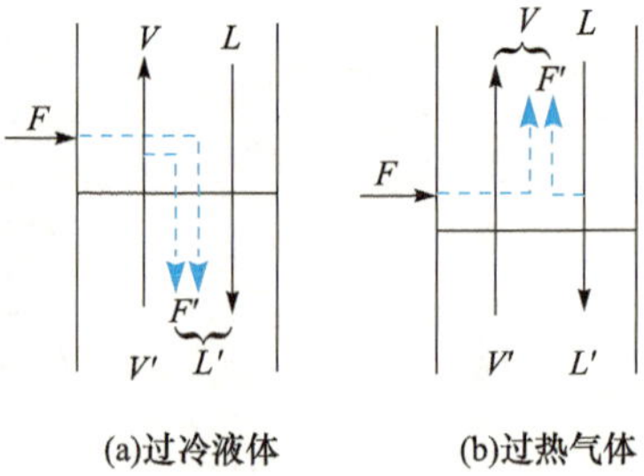

图 10-16 不同进料状态下塔内气、液相流量

对于过冷液体进料，由于进料温度低于其泡点，即 $t_F<t_b$，当其变为饱和液体时需要塔内部分蒸气冷凝提供热量，冷凝的这部分蒸气将变为饱和液体，相当于增加了液体进料的流量，即 $F'>F$，根据 q 值定义显然有 $q>1$；同样对于过热气体进料，由于进料温度高于其露点，即 $t_F>t_d$，当其变为饱

和气体时需要放出部分热量，这部分热量将使塔内液体部分气化变成饱和气体，相当于增加了气体进料的流量，即 $F'>F$ ，根据 q 值定义显然有 $q<0$ 。

过冷液体进料和过热气体进料的 q 值根据定义式(10-40)可分别计算如下：

过冷液体($t_F<t_b$)

$$q=\frac{h_F^V-h_F}{h_F^V-h_F^L}=\frac{(h_F^V-h_F^L)+(h_F^L-h_F)}{h_F^V-h_F^L}=1+\frac{\bar{c}_p^L(t_b-t_F)}{r_F} \tag{10-42}$$

过热气体($t_F>t_d$)

$$q=\frac{h_F^V-h_F}{h_F^V-h_F^L}=\frac{h_F^V-\left[h_F^V+\bar{c}_p^V\left(t_F-t_d\right)\right]}{h_F^V-h_F^L}=-\frac{\bar{c}_p^V\left(t_F-t_d\right)}{r_F} \tag{10-43}$$

式中，$\bar{c}_p^L$ 为从过冷液体状态(t_F)加热至饱和液体(t_b)时的平均比热容；$\bar{c}_p^V$ 为从过热状态(t_F)冷却至饱和蒸气(t_d)时的平均比热容；r_F 为进料组成下的摩尔气化潜热。

因此，对于通常的五种进料状态，其进料的热状况参数都可看作进料中饱和液体所占的摩尔分数。其 q 的大小与一定进料组成下的进料温度之间的关系见表 10-4。

表 10-4 不同进料状态下的 q 值与进料温度的关系

进料状态	过冷液体	饱和液体	气液混合物	饱和气体	过热气体
进料温度	$t_F<t_b$	$t_F=t_b$	$t_b<t_F<t_d$	$t_F=t_d$	$t_F>t_d$
q	$q>1$	$q=1$	$0<q<1$	$q=0$	$q<0$

3. q 线方程

对于常规的连续精馏塔，精馏段和提馏段的操作线方程如前所述为

$$Vy=Lx+Dx_D \tag{10-44}$$

$$V'y=L'x-Wx_W \tag{10-45}$$

两式相减可得 $(V'-V)y=(L'-L)x-(Dx_D+Wx_W)$

将式(10-41)和式(10-24)代入上式并整理可得

$$y=\frac{q}{q-1}x-\frac{x_F}{q-1} \tag{10-46}$$

式(10-46)也是一条直线，它的一个端点为 $f(x_F,x_F)$，如图 10-17 所示。该直线表示精馏段与提馏段交点的轨迹方程，也称为进料线方程(q 线方程)。

进料线方程与 q 和 x_F 有关，当回流比 R 和 x_D 一定时，精馏段的操作线确定，进料线方程不同将影响到进料点 d 的位置，从而影响到提馏段的操作线，如图 10-17 所示；同样，当提馏段液、气流量之比和 x_W 一定时，提馏段的操作线确定，进料线方程不同将影响到精馏段的操作线。

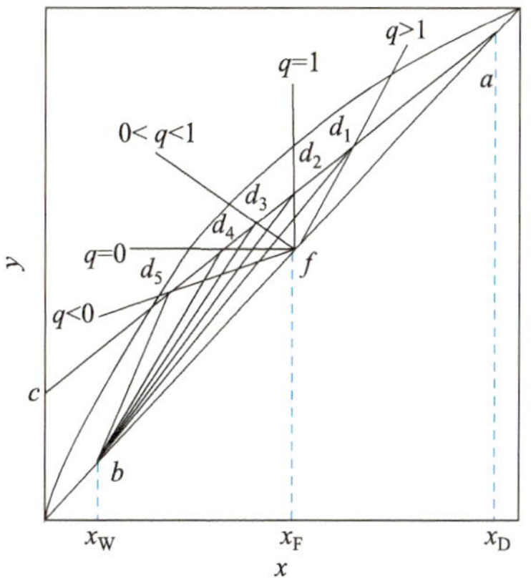

图 10-17 不同进料热状况对 q 线及提馏段操作线的影响

例 10-3 在图 10-1 所示的苯乙烯精馏工艺中，已知苯-甲苯精馏塔的原料流量为 17.47kmol/h，其中含苯为34.2%(摩尔分数，下同)，含甲苯为62.9%，含非芳烃等低沸物约为2%，含乙苯等高沸物约为0.9%。在101.3kPa下进行精馏分离，要求塔顶馏出液含苯不低于 99.2%(以苯-甲苯计，下同)，釜液含苯不超过 1.2%。假设过程可按苯-甲苯二元物系精馏处理。若为泡点回流，回流比取 2.6。试求：

(1) 仅考虑苯-甲苯二元物系的进、出物料的摩尔流量及组成。

(2) 60℃冷液进料和 120℃过热蒸气进料时的 q 值。

(3) 60℃冷液进料时的精馏段和提馏段操作线方程。

解 (1) 全塔物料衡算。

按苯-甲苯二元物系处理，原料的摩尔流量和组成重新计算如下：

$$F = 17.47\times 0.342 + 17.47\times 0.629 = 5.97 + 10.99 = 17.0(\text{kmol/h})$$

$$x_F = \frac{0.342}{0.342+0.629} = 0.352$$

再根据全塔物料平衡 $\begin{cases} F = D + W \\ Fx_F = Dx_D + Wx_W \end{cases}$，可得

$$\begin{cases} 17.0 = D + W \\ 17\times 0.352 = 0.992D + 0.012W \end{cases}$$

所以有

$$\begin{cases} D = 5.90\text{kmol/h} \\ W = 11.10\text{kmol/h} \end{cases}$$

(2) 进料 q 值计算。

① 60℃冷液进料的 q 值。根据例 10-1 计算得到的苯-甲苯二元物系在进料组成下的泡点和露点温度分别为 96.5℃和 102.6℃。在平均温度为(60+96.5)/2=78.3℃时，查得苯的比热容为 146kJ/(kmol · ℃)，甲苯的比热容为 174kJ/(kmol · ℃)。又查得 96.5℃下苯的摩尔气化潜热为 29780kJ/kmol，甲苯的摩尔气化潜热为 33970kJ/kmol。于是 q 值可按如下过程计算：

$$\overline{c}_p^{\text{L}} = 0.352\times 146 + (1-0.352)\times 174 = 164[\text{kJ/(kmol}\cdot℃)]$$

$$r_F = 0.352\times 29780 + (1-0.352)\times 33970 = 32500(\text{kJ/kmol})$$

$$q = 1 + \frac{\overline{c}_p^{\text{L}}(t_b - t_F)}{r_F} = 1 + \frac{164\times(96.5-60)}{32500} = 1.18$$

② 120℃过热蒸气进料的 q 值。在平均温度(102.6+120)/2=111.3℃时，查得苯蒸气的比热容为 108kJ/(kmol · ℃)，甲苯蒸气的比热容为 135kJ/(kmol · ℃)。于是 q 值可按如下过程计算：

$$\overline{c}_p^{\text{V}} = 0.352\times 108 + (1-0.352)\times 135 = 125.5[\text{kJ/(kmol}\cdot℃)]$$

$$q = -\frac{\overline{c}_p^{\text{V}}(t_F - t_d)}{r_F} = -\frac{125.5\times(120-102.6)}{32500} = -0.067$$

(3) 操作线方程。

① 精馏段操作线方程。由于 R=2.6，x_D=0.992，根据式(10-31)可计算精馏段操作线方程：

$$y = \frac{R}{R+1}x + \frac{x_D}{R+1} = \frac{2.6}{2.6+1}x + \frac{0.992}{2.6+1} = 0.722x + 0.276$$

② 提馏段操作线方程。根据 60℃冷液进料时的 q 值可计算 q 线方程：

$$y = \frac{q}{q-1}x - \frac{x_F}{q-1} = \frac{1.18}{1.18-1}x - \frac{0.352}{1.18-1} = 6.56x - 1.96$$

联立精馏段操作线方程和 q 线方程：

$$\begin{cases} y = 0.722x + 0.276 \\ y = 6.56x - 1.96 \end{cases}$$

可得其交点 d 的坐标为

$$\begin{cases} x_d = 0.383 \\ y_d = 0.553 \end{cases}$$

将 d 点与 b 点 $\begin{cases} x_W = 0.012 \\ y_W = 0.012 \end{cases}$ 以直线相连即得到提馏段操作线方程：

$$y = 1.46x - 0.0055$$

当然提馏段操作性方程也可根据物料平衡计算出 L'、V' 和 W，再用式(10-34)计算，结果完全相同。

10.4.4 精馏塔的设计型计算

在精馏的计算中，有一类问题是已知原料的进料条件，需要根据规定的分离任务设计一座精馏塔并确定合适的操作条件，这类问题属设计型问题。对于设计型问题，规定的分离任务一般是轻、重组分的回收率和对产品的纯度要求。需选择的操作条件通常包括操作压力、进料状态、馏出液和釜液流量、塔顶回流比等。根据这些操作条件，就可确定精馏塔的主要设备参数如塔高(塔板数或填料层高度)、塔径及适宜的进料位置等。

1. 理论塔板数的计算

理论塔板数是决定塔高的关键参数。对于二元混合物系，当操作压力一定时，相平衡关系即可确定。在规定的分离任务 x_D 和 x_W 一定的条件下，当选定回流比时，根据进料的热状况参数和恒摩尔流假定可确定精馏段和提馏段的操作线。根据操作线方程和平衡线方程，可采用逐板计算方法确定理论塔板数，如图 10-18 所示。具体计算过程如下：

(1) 首先根据选定的 R 和设计要求的 x_D 按式(10-31)确定精馏段的操作线方程。

(2) 根据进料组成 x_F 和进料温度计算进料的 q 值，按式(10-46)写出 q 线方程。

(3) 联立 q 线方程与精馏段的操作线方程，确定交点 $d(x_d, y_d)$。

(4)将代表釜液组成要求的点 $b(x_W, x_W)$与点 d 用直线相连确定提馏段操作线方程。

(5) 若塔顶为全凝器，从塔顶(也可从塔底)开始进行逐板计算，具体顺序为

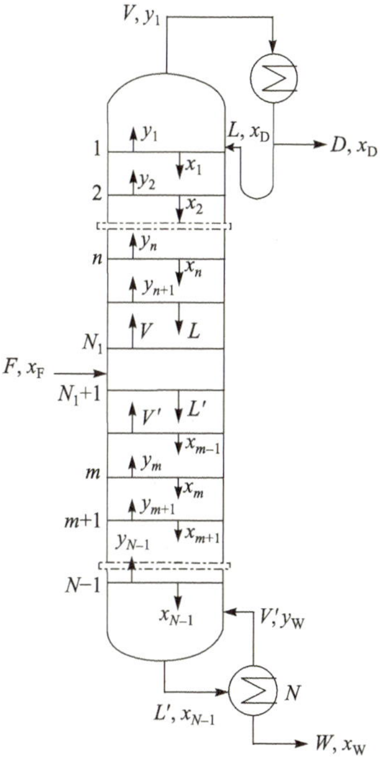

图 10-18　精馏塔的逐板计算

$$y_1 = x_D \xrightarrow{\text{相平衡}} x_1 \xrightarrow{\text{精馏段操作线}} y_2 \xrightarrow{\text{相平衡}} x_2 \xrightarrow{\text{精馏段操作线}} \cdots \xrightarrow{\text{相平衡}} x_{N_1+1} \leqslant x_d$$

当计算到 $x_{N_1+1} \leqslant x_d$ 时，表明精馏段计算已经结束，此时精馏段共有 N_1 块理论塔板，进料板位置为第(N_1+1)块塔板。

(6) 从 x_{N_1+1} 出发继续向下进行逐板计算，此时操作线方程应改为提馏段，具体顺序为

$$x_{N_1+1} \xrightarrow{\text{提馏段操作线}} y_{N_1+2} \xrightarrow{\text{相平衡}} x_{N_1+2} \xrightarrow{\text{提馏段操作线}} \cdots \xrightarrow{\text{相平衡}} x_N \leqslant x_W$$

当计算到 $x_N \leqslant x_W$ 时，表明提馏段计算已经结束，此时精馏塔共需理论塔板数为 N。由于塔釜再沸器相当于1块理论塔板，所以塔内的理论塔板数为(N–1)块。

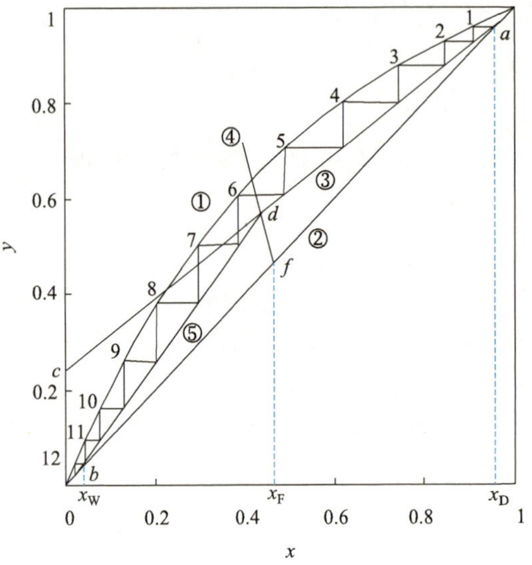

图 10-19 M-T 法确定理论塔板数

上述逐级计算的过程也可用图解法代替。图解法又称麦卡勃-蒂列(McCabe-Thiele)法，简称M-T法，是将逐级计算中的相平衡线、q 线、精馏段和提馏段操作线绘制在 y-x 图上。逐板计算过程按在图中按画梯级的方式进行，如图10-19所示，具体步骤如下：

(1) 根据操作压力将待分离物系的气-液相平衡数据标绘在 y-x 图上得到相平衡线①，同时画出对角线②作为辅助线。

(2) 以 R 和 x_D 计算 $y_c=x_D/(R+1)$，在 y 轴上确定点 c $(0, y_c)$，在对角线上找到点 a (x_D, x_D)，连接 a、c 作出精馏段操作线③。

(3) 在对角线上找到 f 点(x_F, x_F)，以 f 点为端点按斜率 $q/(q-1)$ 作出 q 线④。

(4) 找到 q 线与精馏段操作线的交点 $d(x_d, y_d)$ 以及对角线上的点 $b(x_W, x_W)$，连接点 d、b 作出提馏段操作线⑤。

(5) 从点 a 开始在平衡线①和精馏段操作线③之间依次画水平线和竖直线，当梯级跨过点 d 时，就改在平衡线①和提馏段操作线⑤之间画阶梯，直至梯级跨过点 b 为止。

通过上述方法所画的总阶梯数就是全塔所需的理论塔板数(包含再沸器)，跨过点 d 的那块板就是进料板，其上的阶梯数为精馏段的理论塔板数。

例 10-4 在例10-3中，如果原料液进料的温度为60℃，设计时取回流比为2.6，相对挥发度为2.48，其他进、出料条件均相同，即以苯-甲苯二元物系考虑，进料流量为17.0kmol/h，其中含苯为35.2%(摩尔分数，下同)，塔顶馏出液含苯不低于99.2%，釜液含苯不超过1.2%。试分别用逐板计算法和McCabe-Thiele法确定在101.3kPa下精馏塔所需的理论塔板数。

解 (1)逐板计算确定理论塔板数。

根据例10-3计算得到的操作线方程为

精馏段 $$y = 0.722x + 0.276 \tag{i}$$

提馏段 $$y = 1.46x - 0.0055 \tag{ii}$$

根据相对挥发度得到相平衡方程为

$$y = \frac{2.48x}{1 + 1.48x} \tag{iii}$$

从塔顶开始，对于全凝器有 $y_1 = x_D = 0.992$，逐板交替利用相平衡方程和操作线方程得

$$y_1 = 0.992 \xrightarrow{\text{(iii)}} x_1 = 0.980 \xrightarrow{\text{(i)}} y_2 = 0.984 \xrightarrow{\text{(iii)}} x_2 = 0.961 \xrightarrow{\text{(i)}} y_3 = 0.970 \cdots$$

如此逐级向下计算，当计算到 $x_j<x_d(0.383)$时，精馏段计算结束，此后换成提馏段操作线再逐级向下计算，直至计算到 $x_j<x_W(0.012)$时结束，各步计算结果见表10-5。

表 10-5 苯-甲苯精馏塔各塔板气、液组成的计算(摩尔分数)

精馏段			提馏段		
理论塔板	y_i	x_i	理论塔板	y_i	x_i
1	$0.992=x_D$	0.980	11	0.504	0.291
2	0.984	0.961	12	0.419	0.225
3	0.970	0.929	13	0.323	0.161
4	0.947	0.878	14	0.230	0.108
5	0.910	0.803	15	0.151	0.0669
6	0.856	0.706	16	0.0922	0.0393
7	0.785	0.596	17	0.0519	0.0216
8	0.706	0.492	18	0.0260	$0.0106<x_W$
9	0.631	0.408			
10	0.571	$0.349<x_d$			

计算表明精馏段共需 9 块理论塔板，全塔共需 18 块理论塔板(包括塔釜)。

(2) M-T 法确定理论塔板数。

根据表 10-5 中的相平衡数据绘出 y-x 相图，将上面计算得到的进料线方程及精馏段、提馏段操作线方程标绘在相图中，用图 10-20 所示的 M-T 图解求梯级的方法确定理论塔板数。

作图表明全塔共需 19 块理论塔板(包括塔釜)，精馏段 9.3 块，在第 10 块塔板进料。该结果与逐板计算略有不同，主要是由于逐板计算法中采用了平均的相对挥发度数据。

(3) 与严格计算的比较。

采用 Aspen Plus 对该过程进行模拟计算，原料流量为 17.47kmol/h，温度为 60℃，设定该过程为 19 块理论塔板(精馏段 9 块)，操作压力为 101.3kPa(绝对压力)，回流比为 2.6。相平衡模型以 Wilson 方程计算液相活度系数，气相按理想气体处理。模拟计算结果见表 10-6。

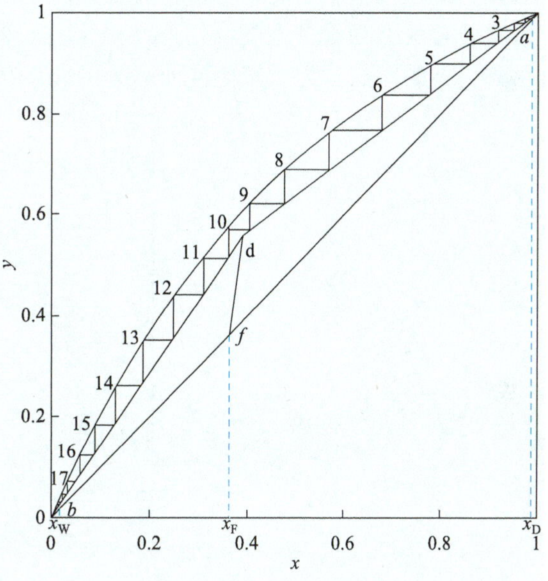

图 10-20 M-T 法求理论塔板数

表 10-6 苯-甲苯精馏塔模拟计算结果(摩尔分数)

	流量/(kmol/h)	非芳烃	苯	甲苯	乙苯
塔原料	17.47	0.0203	0.3421	0.6294	0.0082
塔馏出液	6.255	0.0566	0.9374	0.0060	—
塔釜液	11.22	—	0.0102	0.9770	0.0128

根据表 10-6 中的结果，仅考虑苯-甲苯二元物系，馏出液的摩尔组成为 0.9936 (不考虑其他组分)，釜液摩尔组成为 0.0103(不考虑其他组分)，均与设计要求的 x_D (0.992)、x_W (0.012)相差不大，说明本例中按二元理想物系进行处理，以逐板计算和图解法确定的理论塔板数均是合理的。

2. 进料区域和最佳进料位置

在上述求全塔所需的理论塔板数时，将跨过点 d 的梯级定为进料板。进料板也可以设在其他位置，如对于图 10-21 和图 10-22(以饱和液体进料为例)所示的分别将进料板上移至第 5 块或下移到第 9 块的两种设计类型。但不管设定在何处进料，因精馏段操作线、q 线未变，故提馏段操作线也不会改变。换言之，只改变进料位置不会对平衡线和操作线产生影响，进料位置的改变仅仅影响到作阶梯时从何处开始改用提馏段操作线。只要同时跨越精馏段和提馏段操作线的阶梯就是进料板，它不一定刚好跨过点 d。但与跨过点 d 相比，进料位置上移和下移需要的总理论塔板数均增多。因此，通常称跨越点 d 的进料板为最佳进料板，按最佳进料板设计的精馏塔需要的理论塔板数最少。

精馏塔设计时虽然进料位置可以在点 g 和点 h 之间自由选择，但越靠近点 g 和点 h，原料液与塔内的组成差异越大，进料处的传质推动力越小，需要的理论塔板数就越多。当进料位置处于点 g 和点 h 时，所需要的理论塔板就会无限多。需要说明的是，精馏塔在设计时一般选择在最佳位置处进料，但操作时的进料状态和操作条件可能会与设计时不同，实际的最佳进料位置就会与设备上的进料点不相符，如果偏离较远，可能无论怎样调整操作参数都无法得到合格的产品。为了避免这种情况出现，在设计时需要预留多个进料点供操作时选用。

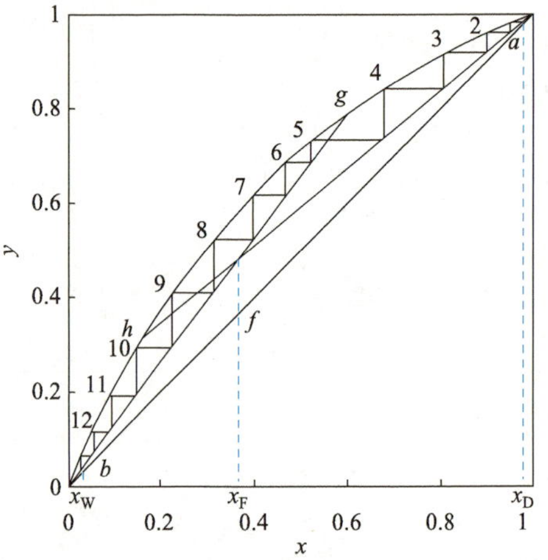

图 10-21　非最佳进料位置时的图解法(进料位置上移)

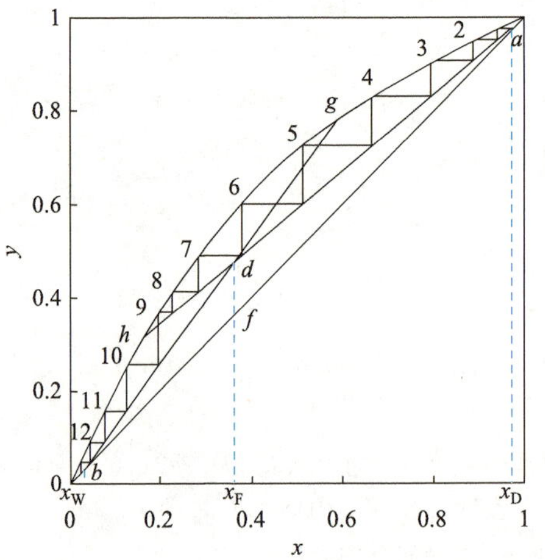

图 10-22　非最佳进料位置时的图解法(进料位置下移)

3. 回流比的选择和最少理论塔板数

前面关于理论塔板数的计算事先给定了回流比的大小，回流比是影响理论塔板数多少的关键操作参数。

精馏塔设计时若增大回流比，精馏段操作线的斜率将增加，提馏段操作线的斜率将减小。当表示塔顶和塔底产品组成的 $a(x_D, x_D)$、$b(x_W, x_W)$两点不变时，精馏段和提馏段的操作线均将向对角线靠近而远离平衡线，全塔所需的理论塔板数减小，有利于降低精馏塔的塔高。但增大回流比将导致冷凝器和再沸器的热负荷增加，塔内气、液流量增加致使塔径增大。

反之减小回流比，在 $a(x_D, x_D)$、$b(x_W, x_W)$两点不变时，精馏段和提馏段的操作线的交点 d 将沿 q 线逐渐向平衡线靠近直至到达 e 点，此时对应的回流比即为最小回流比，记为 R_{min}，如图 10-23 所示。此时若从点 a 开始在平衡线和操作线之间画阶梯，将永远也越不过点 e，这说明所需要的理论塔板数 $N = \infty$。在最小回流比下，进料板附近的塔板不再有分离作用，即无论有多少块塔板，这里的组成都一样，常称该区域为“恒浓区”或“夹紧区”，点 e 又称为“夹紧点”。

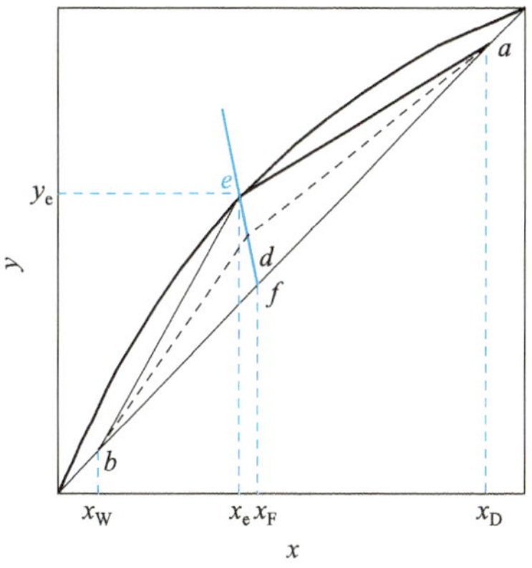

图 10-23 最小回流比的分析

最小回流比可根据 a、e 两点的坐标进行计算：

$$\frac{R_{min}}{R_{min}+1}=\frac{x_D-y_e}{x_D-x_e} \tag{10-47}$$

即有

$$R_{min}=\frac{x_D-y_e}{y_e-x_e} \tag{10-48}$$

对于某些特殊非理想物系，在点 d 和点 e 重合之前操作线就与平衡线相交，如图 10-24 所示，这时最小回流比为操作线与平衡线相切时对应的回流比(图中的切点为 g)。作出最小回流比时的操作线，求出操作线与 q 线交点 d 的坐标(x_d, y_d)，即可按下式计算 R_{min}：

$$R_{min}=\frac{x_D-y_d}{y_d-x_d} \tag{10-49}$$

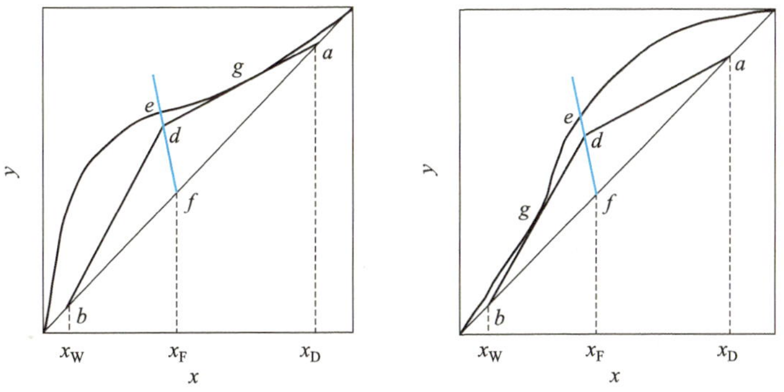

图 10-24 特殊体系的最小回流比

如果精馏物系为理想物系，图 10-23 中的 e 点坐标可通过解析法确定。当泡点进料($q=1$)时，q 线方程为 $x=x_F$，e 点坐标为 $\left[x_F,\dfrac{\alpha x_F}{1+(\alpha-1)x_F}\right]$，可求得最小回流比为

$$(R_{min})_{q=1}=\frac{1}{\alpha-1}\left[\frac{x_D}{x_F}-\frac{\alpha(1-x_D)}{1-x_F}\right] \tag{10-50}$$

同样，若为露点进料($q=0$)，q 线方程为 $y=x_F$，e 点坐标为 $\left[\dfrac{x_F}{\alpha-(\alpha-1)x_F},x_F\right]$，可求得最小回流比为

$$(R_{min})_{q=0}=\frac{1}{\alpha-1}\left(\frac{\alpha x_D}{x_F}-\frac{1-x_D}{1-x_F}\right)-1 \tag{10-51}$$

任意 q 值时的最小回流比可通过下式进行近似计算：

$$R_{min}=q(R_{min})_{q=1}+(1-q)(R_{min})_{q=0} \tag{10-52}$$

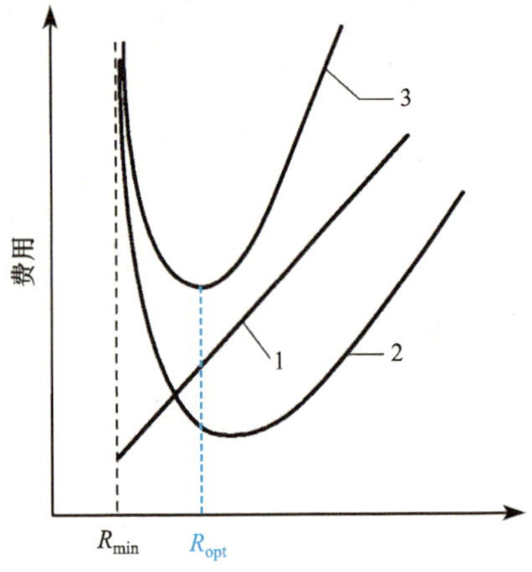

图 10-25 回流比对精馏费用的影响
1.操作费；2.设备费；3.总费用

由于精馏塔的理论塔板数不可能无限多，因而为保证分离要求也不能在最小回流比下操作。实际采用的回流比一般大于最小回流比，具体数值应根据对精馏过程进行经济核算决定。在经济核算时需考虑设备费和操作费两种：设备费包括设备的投资、折旧和维修费，它主要与塔径、塔板数、冷凝器和再沸器的大小有关；操作费主要取决于冷凝器的冷却水用量、再沸器的加热蒸汽消耗量以及泵动力消耗等。图 10-25 表示了回流比对精馏费用的影响，曲线 1 说明随着 R 的增大，冷凝器和再沸器的热负荷相应增大，所以操作费也随之增大。曲线 2 说明当 $R=R_{min}$ 时，因完成分离要求所需的理论塔板数 $N=\infty$，所以相应的设备费为无穷大；当 R 稍稍增大时，N 即急剧减少，设备费也快速降低；而当 R 增大到一定程度后，R 对 N 的影响已不再显著，此时塔径、冷凝器、再沸器的增大又占主导，所以设备费又会增加。曲线 3 表示设备费和操作费按一定权重加权后的总费用，在某一回流比范围内存在极小值点，因此，精馏设计时应选择适宜的回流比 R_{opt} 才能使过程最经济。

由于在设计过程中往往难以获取完整、准确的数据进行经济核算，所以适宜的回流比可根据经验选取，通常 $R=(1.1\sim2.0)R_{min}$，对难分离或分离要求较高的物系，回流比还可取得更大些。

在图 10-23 所示的二元精馏过程中，增大回流比，将使精馏段和提馏段操作线的交点 d 沿 q 线向对角线移动，当回流比增加至无穷大时，d 点将与对角线上的 f 点重合。此时精馏过程的操作线与对角线重合，操作线偏离平衡线最远，此时为完成规定的分离任务所需要的理论塔板数最少，即从 a 点向下在平衡线和操作线间画梯级将使理论塔板数达到最小，计作 N_{min}。

这种回流比增至无穷大时的操作称为全回流操作，此时塔顶产品 $D=0$，如图 10-26 所示。由于操作线与对角线重合，可方便地采用如

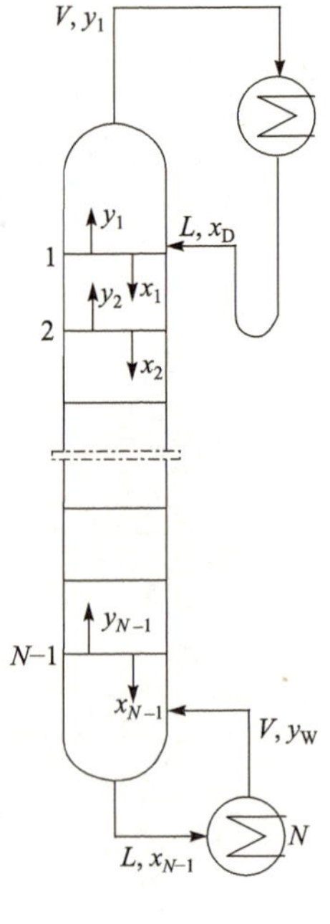

图 10-26 全回流流程

下方法确定最少理论塔板数。

假设两元混合物为 A 和 B，其中 A 为易挥发组分。在任意一块理论板 n 上，存在如下关系：

相平衡方程 $(y_A/y_B)_n=\alpha_n(x_A/x_B)_n$

操作线方程 $(y_A)_{n+1}=(x_A)_n$，$(y_B)_{n+1}=(x_B)_n$

从塔顶开始交替应用平衡线和操作线方程进行逐板计算，依次得到

第 1 块塔板 $(y_A/y_B)_1=\alpha_1(x_A/x_B)_1=\alpha_1(y_A/y_B)_2$

第 2 块塔板 $(y_A/y_B)_2=\alpha_2(x_A/x_B)_2=\alpha_2(y_A/y_B)_3$

两式相结合有

$$(y_A/y_B)_1=\alpha_1\alpha_2(x_A/x_B)_2$$

将上述过程一直进行下去，直至第 N 块塔板，有

$$(y_A/y_B)_1=\alpha_1\alpha_2\cdots\alpha_N(x_A/x_B)_N \tag{10-53}$$

在塔顶全凝器上满足 $(y_A)_1=(x_A)_D$，$(y_B)_1=(x_B)_D$；在塔底再沸器(第 N 块理论塔板)上满足 $(x_A)_N=(x_A)_W$，$(x_B)_N=(x_B)_W$。

若物系是理想物系，则沿塔相对挥发度差别不大，可作为一个常数处理。通常相对挥发度可取塔顶和塔底的几何平均值，即 $\bar{\alpha}=\sqrt{\alpha_D\alpha_W}$，于是式(10-53)可简化为

$$\left(\frac{x_A}{x_B}\right)_D=\bar{\alpha}^N\left(\frac{x_A}{x_B}\right)_W \tag{10-54}$$

由式(10-54)求得的理论塔板数 N 就是在分离要求 x_D、x_W 下的最少理论塔板数 N_{min}

$$N_{min}=\lg\left[\left(\frac{x_A}{x_B}\right)_D\left(\frac{x_B}{x_A}\right)_W\right]\Big/\lg\bar{\alpha} \tag{10-55}$$

式(10-55)称为芬斯克(Fenske)方程，用它可估算精馏塔在某分离要求下的最少理论塔板数，其中的 N_{min} 包含精馏塔釜。

若逐板计算至进料位置，令 $\bar{\alpha}_1=\sqrt{\alpha_D\alpha_F}$，可得到精馏段所需的最少理论塔板数 N_{min1}

$$N_{min1}=\lg\left[\left(\frac{x_A}{x_B}\right)_D\left(\frac{x_B}{x_A}\right)_F\right]\Big/\lg\bar{\alpha}_1 \tag{10-56}$$

需说明的是，由于没有产品的采出，全回流操作不具备生产意义，但因其操作稳定，分离能力高，因而常在精馏塔开停工、调试和实验室研究时采用。

4. 捷算法确定理论塔板数

精馏塔设计时回流比和所需的理论塔板数之间存在某种关系。吉利兰(Gilliland)考察了多种不同物系在不同精馏条件下的操作结果，归纳出了以 $X\left(=\dfrac{R-R_{min}}{R+1}\right)$ 为横坐标，$Y\left(=\dfrac{N-N_{min}}{N+1}\right)$ 为纵坐标时的 X-Y 关系，称为吉利兰关联图。

吉利兰关联图也可近似用如下的数学式表示：

$$Y = 0.75\left(1 - X^{0.5668}\right) \tag{10-57}$$

式中，X 的取值范围为 0.08～0.6。根据 Y 值可求得所需的理论塔板数 N(包含塔釜)。

研究表明，精馏段和全塔的理论塔板数之比 N_1/N 近似满足：

$$\frac{N_1}{N} = \frac{N_{\min 1}}{N_{\min}} \tag{10-58}$$

上述利用吉利兰关系式及芬斯克方程进行计算的方法简称为理论塔板数的捷算法。捷算法只是一种近似的方法，对接近理想物系的适用性较好，对非理想性较强的物系只能大致说明所需的总理论塔板数和进料位置，但捷算法对精馏设计的初步估算十分有用。

例 10-5 对于引例图 10-1 中的粗苯乙烯塔，操作压力为 13.3kPa(绝对压力)，已知原料的流量为 425.8kmol/h，进料中含乙苯 38.3%(摩尔分数，下同)，含苯乙烯为 57.1%，其余为 4.2%的苯和甲苯等低沸物(甲苯与苯的摩尔量比为 1.9∶1)、0.4%的α-甲基苯乙烯等高沸物。乙苯-苯乙烯物系在总压 13.3kPa 下实测的 x-y 关系如表 10-7 所示。如果进料温度为 60℃，现要求塔顶物料含乙苯为 99%(以乙苯-苯乙烯计，下同)以上，塔釜物料含乙苯不超过 0.05%，设计时选取回流比为最小值的 1.2 倍。

(1) 试计算塔顶馏出液和塔底釜液的流量；

(2) 采用捷算法确定理论塔板数和进料板位置。

表 10-7 乙苯-苯乙烯物系在总压 13.3kPa 下的 t-x,y 关系(乙苯为轻组分)

x	0.042	0.133	0.185	0.315	0.418	0.506	0.610	0.7405	0.8498	0.9357
y	0.0588	0.174	0.2375	0.380	0.4875	0.585	0.6815	0.795	0.882	0.9505
t	81.8	80.9	80.4	79.3	78.4	77.6	76.6	75.6	74.9	74.4
α	1.42	1.37	1.37	1.33	1.32	1.38	1.37	1.36	1.32	1.32

解 (1) 馏出液和釜液流量的计算。

本例的分离过程实际为多组分精馏，由于低沸物和高沸物含量均较低，计算时可视为乙苯-苯乙烯的二元精馏过程。重新计算二元精馏的原料流量和组成如下：

$$F = 425.8\times0.383 + 425.8\times0.571 = 406.2(\text{kmol/h})$$

$$x_F = \frac{0.383}{0.383+0.571} = 0.402$$

根据全塔物料平衡 $\begin{cases} F = D + W \\ Fx_F = Dx_D + Wx_W \end{cases}$，可得

$$\begin{cases} 406.2 = D + W \\ 406.2\times0.402 = 0.99D + 0.0005W \end{cases}$$

即

$$\begin{cases} D = 164.8\text{kmol/h} \\ W = 241.4\text{kmol/h} \end{cases}$$

需说明的是，由于馏出液中还含有苯和甲苯等低沸物，实际塔顶总产品约为

$$D' = D + 425.8\times0.042 = 164.8 + 17.9 = 182.7\left(\text{kmol/h}\right)$$

由于釜液中还含有高沸物α-甲基苯乙烯，则实际塔底总产品约为

$$W' = W + 425.8\times0.004 = 241.4 + 1.7 = 243.1\left(\text{kmol/h}\right)$$

(2) 捷算法确定理论塔板数。

① 进料 q 值的计算。

查表10-7，通过内插可知在 $x_F = 0.402$ 时的泡点温度为 78.5℃，露点温度为 79.1℃。平均温度为(60+78.5)/2=69.3(℃)时，查得乙苯和苯乙烯的比热容分别为201kJ/(kmol · ℃)和187kJ/(kmol · ℃)。又查得78.5℃下乙苯和苯乙烯的气化潜热分别为39330kJ/kmol和40530kJ/kmol。

$$\overline{c}_p^{\mathrm{L}} = 0.402\times 201+(1-0.402)\times 187 = 193[\mathrm{kJ/(kmol\cdot ℃)}]$$

$$r_\mathrm{F} = 0.402\times 39330+(1-0.402)\times 40530 = 40048(\mathrm{kJ/kmol})$$

$$q = 1+\frac{\overline{c}_p^{\mathrm{L}}(t_\mathrm{b}-t_\mathrm{F})}{r_\mathrm{F}} = 1+\frac{193\times(78.5-60)}{40048} = 1.09$$

② 最小回流比与回流比。

查表10-7可知，在进料位置附近相对挥发度 $\alpha \approx 1.32$，因此相平衡曲线和 q 线方程分别可写成

$$y = \frac{\alpha x}{1+(\alpha-1)x} = \frac{1.32x}{1+0.32x}$$

$$y = \frac{q}{q-1}x-\frac{x_\mathrm{F}}{q-1} = \frac{1.09}{1.09-1}x-\frac{0.402}{1.09-1} = 12.1x-4.47$$

两式联立求解可得 $x_\mathrm{e} = 0.409$，$y_\mathrm{e} = 0.477$。所以根据最小回流比的计算关系，有

$$R_{\min} = \frac{x_\mathrm{D}-y_\mathrm{e}}{y_\mathrm{e}-x_\mathrm{e}} = \frac{0.99-0.477}{0.477-0.409} = 7.54$$

$$R = 1.2R_{\min} = 1.2\times 7.54 = 9.05$$

③ 最少理论塔板数。

取 $\bar{\alpha} = \sqrt{\alpha_\mathrm{D}\alpha_\mathrm{W}} = \sqrt{1.32\times 1.42} = 1.37$，$\bar{\alpha}_1 = \sqrt{\alpha_\mathrm{D}\alpha_\mathrm{F}} = \sqrt{1.32\times 1.32} = 1.32$，根据芬斯克方程，有

$$N_{\min} = \lg\left[\left(\frac{x_\mathrm{A}}{x_\mathrm{B}}\right)_\mathrm{D}\left(\frac{x_\mathrm{B}}{x_\mathrm{A}}\right)_\mathrm{W}\right]\Big/\lg\bar{\alpha} = \frac{\lg\left[\dfrac{0.99}{1-0.99}\times\dfrac{1-0.0005}{0.0005}\right]}{\lg 1.37} = 38.7$$

$$N_{\min 1} = \lg\left[\left(\frac{x_\mathrm{A}}{x_\mathrm{B}}\right)_\mathrm{D}\left(\frac{x_\mathrm{B}}{x_\mathrm{A}}\right)_\mathrm{F}\right]\Big/\lg\bar{\alpha}_1 = \frac{\lg\left[\dfrac{0.99}{1-0.99}\times\dfrac{1-0.402}{0.402}\right]}{\lg 1.32} = 18.0$$

④ 理论塔板数的计算。

由于

$$X = \frac{R-R_{\min}}{R+1} = \frac{9.05-7.54}{9.05+1} = 0.150$$

所以

$$Y = 0.75\left(1-X^{0.5668}\right) = 0.75\left(1-0.150^{0.5668}\right) = 0.494$$

根据

$$Y = \frac{N-N_{\min}}{N+1} = \frac{N-38.7}{N+1} = 0.494$$

所以

$$N = 77.5\ (\text{包括塔釜})$$

$$N_1 = \frac{N_{\min 1}}{N_{\min}}N = \frac{18.0}{38.7}\times 77.5 = 36.0$$

即总共需要的理论塔板数约为78块，进料板位置可设在从塔顶向下计算的第37块处。

(3) 与严格计算的比较。

采用 Aspen Plus 对该过程进行模拟计算，设定过程为 78 块理论塔板(精馏段为 36 块)，操作压力为 13.3kPa(绝对压力)，回流比为 9.05。相平衡模型以 Wilson 方程计算液相活度系数，气相按理想气体处理。模拟计算结果见表 10-8。

表 10-8 粗苯乙烯塔模拟计算结果(摩尔分数)

	流量/(kmol/h)	苯	甲苯	乙苯	苯乙烯	α-甲基苯乙烯
塔原料	425.8	0.0146	0.0273	0.383	0.571	0.0044
塔馏出液	182.5	0.0340	0.0636	0.8931	0.0093	—
塔釜液	243.3	—	—	0.00057	0.9917	0.0077

根据表 10-8 中的结果，仅考虑乙苯-苯乙烯二元物系，得到的馏出液的摩尔组成为 0.9897(不考虑其他组分)，釜液摩尔组成为 0.00057(不考虑其他组分)，与产品组成设计要求十分接近，说明按捷算法确定理论塔板数是适宜的。

本例中忽略了其他组分的影响，只有在其他组分含量很少且与乙苯、苯乙烯相比是低沸物或是高沸物时才合适。否则，需按照 10.6 节中常规的多组分系统的处理方法进行计算。

5. 平衡线为直线时的理论板数

在设计精馏塔时，可能需要对某一浓度区域进行精确计算，如针对接近塔釜、塔顶或进料位置处的局部位置。在这些区域内传质推动力很小，浓度变化范围较窄，作图法很难准确估算理论塔板数。由于范围较小，相平衡曲线可近似看成直线，此时可用解析的方法建立理论塔板数与操作参数和物系性质之间的关系。

如在任一浓度范围(x_b, x_a)内相平衡用如下直线表示

$$y^* = mx + c \tag{10-59}$$

此时操作线也是直线，以精馏段为例可写为

$$y = y_a + \frac{L}{V}(x - x_a) \tag{10-60}$$

对如图 10-27 所示进行解析计算，令 $S = mV/L$，$y_a^* = mx_a + c$，可得浓度变化与理论板数 N 的关系为

$$\frac{y_b - y_a}{y_b - y_a^*} = \frac{S^N - 1}{S^{N+1} - 1} \tag{10-61}$$

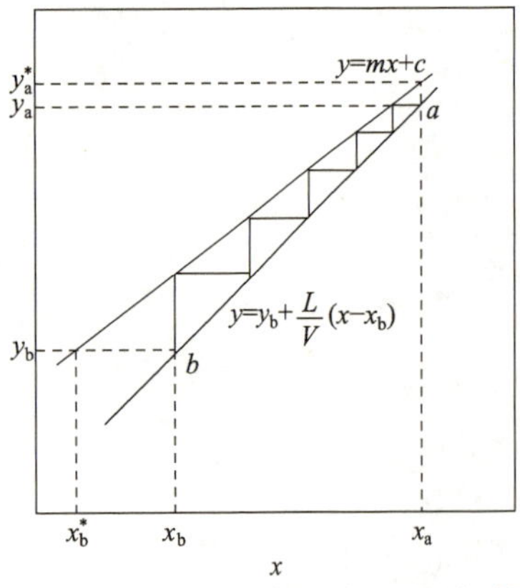

图 10-27 平衡线为直线时的理论板数

同样对于提馏段，浓度变化与理论板数 M 的关系为

$$\frac{x_a - x_b}{x_a - x_b^*} = \frac{S^{M+1} - S}{S^{M+1} - 1} \tag{10-62}$$

式中，$S = mV'/L'$，$x_b^* = y_b/m - c/m$。

上述两式中的 S 通常称为汽提因子，包含了操作变量(L/V 或 L'/V')和物系性质(m)两者共同对分离过程的影响。对于精馏段某一区间，式(10-61)等式左端表示实际的气相浓度变化与理论上能够达到的最大浓度变化之比，它与 S 和 N 有关。当 S 不变时，等式右端随 N 的增加而增大；

当 N 不变时，等式右端随 S 的增大而减小，说明 S 越大对精馏段的分离越不利。

同样对于提馏段某一区间，式(10-62)等式左端表示实际的液相浓度变化与理论上能够达到的最大浓度变化之比。当 S 不变时，等式右端随 M 的增加而增大；当 M 不变时，等式右端也随 S 的增加而增大，说明 S 越大对提馏段的分离越有利。

例 10-6 对于例 10-4 中苯-甲苯物系精馏塔的设计问题，已知苯的摩尔分数在区间(0,0.07)内相平衡关系可近似按 $y = 2.21x$ 表示，提馏段的操作线方程仍为 $y = 1.46x-0.0055$。试计算在接近塔底处浓度区间(0.012, 0.067)范围内需要多少块理论板。

解 根据式(10-59)和(10-60)可知 $m = 2.21, c = 0$, $L'/V' = 1.46$, $x_b = 0.012, x_a = 0.067$, 所以 $y_b - \frac{L'}{V'}x_b = -0.0055$，可得

$$y_b = 0.01202\ ,\quad x_b^* = 0.01202/2.21 = 0.00544$$

$$S = \frac{mV'}{L'} = \frac{2.21}{1.46} = 1.514$$

代入式(10-62)可得

$$\frac{S^{M+1} - S}{S^{M+1} - 1} = \frac{0.067 - 0.012}{0.067 - 0.00544} = 0.8934$$

将 S=1.514 代入上式可得 $M = 3.2$

该范围内需要的理论塔板数为 3.2 块。

6. 塔板效率与实际塔板数

在实际操作的精馏塔板上，由于气、液两相的接触时间有限，故离开塔板的气、液两相通常达不到相平衡。因此，气相或液相经过一块实际塔板的组成变化与视为理论塔板时组成的变化有一定差异，一般可用单板效率表示这种差异。

例如，针对图 10-28 所示的一块实际塔板，以气相浓度变化表示的单板效率为

$$E_{mV} = \frac{y_n - y_{n+1}}{y_n^* - y_{n+1}} \tag{10-63}$$

式中，y_n^* 表示与 x_n 成平衡的气相组成；$\left(y_n^* - y_{n+1}\right)$ 表示经过第 n 块塔板后气相的理论增富程度；$\left(y_n - y_{n+1}\right)$ 表示经过第 n 块塔板后气相的实际增富程度；E_{mV} 为以气相组成变化表示的单板效率，也称气相默弗里(Murphree)板效。同样，若以液相组成的变化来表示板效，则可定义液相默弗里板效 E_{mL}

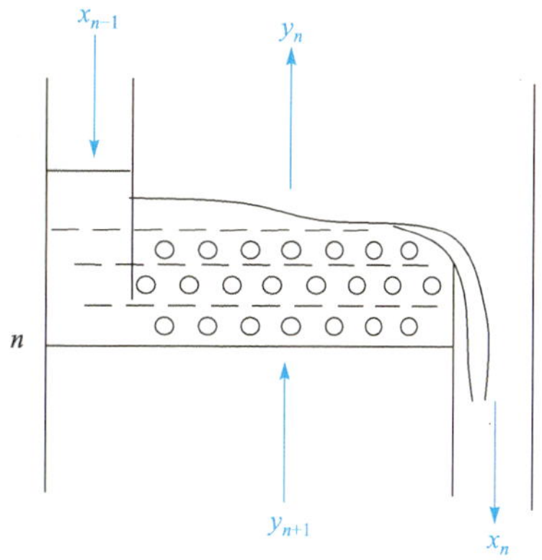

图 10-28 实际塔板上的气、液组成的变化

$$E_{mL} = \frac{x_{n-1} - x_n}{x_{n-1} - x_n^*} \tag{10-64}$$

式中，x_n^* 表示与 y_n 成平衡的液相组成；$\left(x_{n-1} - x_n^*\right)$ 表示经过第 n 块塔板后液相的理论减富程度；$\left(x_{n-1} - x_n\right)$ 表示经过第 n 块塔板后液相的实际减富程度。

单板效率可通过实验测定，其数值一般小于 1。通常 E_{mV} 和 E_{mL} 并不相等，针对不同的塔板，由于物性和操作条件的不同，各板的单板效率也不一样。另外，式(10-63)和式(10-64)是

假设塔板上的气、液两相均为全混状态时得到的，事实上对于一些大型的工业塔板，塔板上的液相和气相均存在浓度分布，各点效率也不相同。实验测定的一般为某个特殊点的点效率，单板效率需通过点效率结合塔板上的流动情况进行计算。此时单板效率则为某一传质阶段的综合结果，可能会导致个别组分单板效率大于 1 的情况出现。

除单板效率外，工程中还常用全塔效率或称总板效率 E_0 来描述塔板上传质的程度

$$E_0 = \frac{N}{N_e} \tag{10-65}$$

在设计精馏塔时，如果已知理论塔板数和总板效率，可方便地通过式(10-65)计算实际塔板数 N_e。

需说明的是，单板效率与总板效率来源于不同的概念，即使每块塔板的单板效率都相等，通常也并不等于总板效率。单板效率主要反映了单独一层塔板上传质的优劣，根据单板效率的大小可考察不同板型的传质效果，以便为塔板的选型提供依据。总板效率反映了整座塔的平均传质效果(多数为 0.5～0.7)，目的是便于从理论塔板数得到实际塔板数。

塔板效率反映了精馏塔内传质效果的优劣。实际上，在板式塔中是将所有影响传质过程的动力学因素全部归结到塔板效率上，因此塔板效率对板式塔的设计和操作都很重要。影响塔板效率的因素很多，可概括为以下三大类：

(1) 物性参数，反映的是物性的影响，如气液两相的密度、组成、黏度、表面张力、相对挥发度和扩散系数等。

(2) 结构参数，反映的是塔板结构的影响，如塔板型式、板间距、板上开孔和排列情况等。

(3) 操作参数，反映的是操作条件的影响，如气液相的流速、流动模式、温度和压力等。

目前从理论上计算塔板效率十分困难，设计中通常采用实测数据或经验数据，当缺乏这些数据时也可根据某些经验关系进行估算。

7. 填料层高度的计算

当采用填料塔进行精馏操作时，由于填料具有一定的比表面和空隙，液体将在空隙内沿填料的表面向下流动，气体则穿过填料的空隙向上流动。气、液两相将在填料的表面进行接触传质，显然传质效果的优劣与填料所能提供的有效表面积有关。

与板式塔不同，填料塔内气、液两相的组成是连续变化的。如果取一段填料作为一个单元，测得离开这个单元的气、液两相组成满足相平衡关系，则可将这个单元看作一块理论塔板，而这个单元内包含的填料层高度就称为等板高度(height equivalent of a theoretical plate，HETP)。如果已知等板高度和所需的理论塔板数，即可按下式计算填料的装填高度：

$$h = \mathrm{HETP} \cdot N \tag{10-66}$$

等板高度与塔板效率一样包含了众多传质动力学因素。等板高度越小，填料层的传质分离效果越好。等板高度的影响因素也包括物性参数、结构参数和操作参数等，由于难以准确估计，设计时要尽可能使用相同或相近条件下的实测数据。当缺乏数据时也可采用经验关联式估算。

10.4.5 精馏塔的热量衡算及节能

精馏过程是靠气、液接触传热、传质进行的分离过程，依靠塔底再沸器提供的上升蒸气和塔顶冷凝器提供的回流液体在逐级塔板上进行接触分离。再沸器需要加入热量，再通过冷

凝器将热量移出，完整的精馏过程设计需要对精馏塔进行热量衡算。

1. 精馏塔的热量衡算

1) 冷凝器的热负荷

冷凝器的热负荷主要取决于馏出液量 D 和回流比 R，对于全凝器，假设进入冷凝器的气相流量为 V_0，温度为 t_1，经冷凝并冷却后温度为 t_0，外回流量为 L_0，对图 10-29 中虚线范围作热量衡算，可得

$$Q_C = V_0 r_0 + V_0 \overline{c}_p^{L}(t_1 - t_0) \tag{10-67}$$

式中，$V_0 = L_0 + D = (R_0 + 1)D$；$R_0$ 为外回流比；$\overline{c}_p^{L}$ 为冷凝液的平均比热容；r_0 为气相的冷凝潜热。

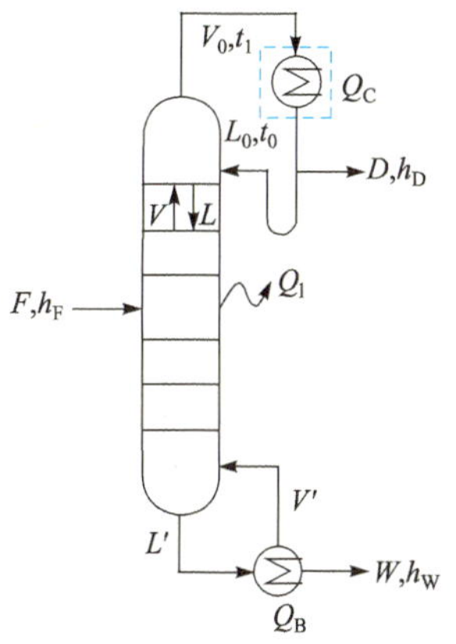

图 10-29 精馏装置的热量衡算

2) 冷液回流的影响

图 10-29 也是一种冷液回流流程，根据塔内精馏段的实际液体流量 L 与外回流量 L_0 的关系可对虚线框内的物料进行热量衡算，得

$$L = \left[1 + \frac{\overline{c}_p^{L}(t_1 - t_0)}{r_0}\right] L_0 \tag{10-68}$$

式(10-68)说明塔内回流量 L 大于外回流量 L_0，原因是冷液回流入塔变成饱和液体需要吸收热量，这部分热量通过塔内部分蒸气冷凝得到，冷凝的这部分蒸气变成饱和液体增大了实际回流量。

同样，塔内的实际回流比 R 也将大于外回流比 R_0，可按下式计算：

$$R = \left[1 + \frac{\overline{c}_p^{L}(t_1 - t_0)}{r_0}\right] R_0 \tag{10-69}$$

3) 再沸器的热负荷

对图 10-29 所示的精馏装置进行全塔热量衡算，可得

$$Q_B = Dh_D + Wh_W - Fh_F + Q_C + Q_l \tag{10-70}$$

式中，Q_B 和 Q_C 分别为再沸器和冷凝器的热负荷；h_F、h_D 和 h_W 分别代表进料、馏出液和釜液的摩尔焓；Q_l 为装置的热损失。

如果进、出料均为液体，考虑到显热在整个装置总热负荷中所占比例较小，则有

$$Fh_F \approx Dh_D + Wh_W \tag{10-71}$$

在一般的工业装置中，由于精馏塔均有完善的保温措施，精馏过程的热损失常可忽略不计，即 $Q_l \approx 0$，所以式(10-70)可简化为

$$Q_B \approx Q_C \tag{10-72}$$

式(10-72)在大多数进、出料均为液体的精馏过程中被普遍采用，该式说明再沸器加入的热量近似等于冷凝器移走的热量。

2. 精馏过程的节能

精馏过程是一个不可逆过程，不可逆的因素包括流体沿塔板流动造成的压力损失、冷凝

器和再沸器的传热温差损失、温度不同物流间的传热和混合、浓度不同物流的混合及不平衡物流间的传质等。精馏过程的操作线与平衡线间距离的大小反映了塔内传热和传质的不可逆程度，操作线越靠近平衡线，精馏过程的不可逆损失就越小，反之不可逆损失就越大。精馏过程的节能主要应从减小过程的不可逆程度入手，生产中通常有以下几种节能的措施。

1) 减小回流比

当分离要求一定时，减小回流比将使精馏段、提馏段的操作线向平衡线靠近，如图 10-23 所示。此时，不可逆损失减小，过程的能耗降低。但回流比的减小意味着需增加理论塔板数，即塔的压力降一般要增大，同时设备投资上升。因此，对回流比的选择要综合考虑加以权衡，确定最佳回流比。

2) 原料预热

当 x_F、x_D、x_W 和 R 一定时，对原料进行加热，即减小原料的 q 值，将使提馏段操作线向平衡线靠近，不可逆损失减小，如图 10-17 所示。与减小回流比类似，从设计角度看，此时需要的理论塔板数将增加；从精馏操作看，塔板的分离能力降低。

但原料预热可使塔底上升的蒸气流量 V' 降低，即能减小再沸器的热负荷。因此，原料预热是通过利用品位较低的热量部分代替塔底高品位热量的消耗，从热力学第二定律来看是有益的节能措施。

至于原料预热到何种程度，需根据低品位热源状况、精馏分离的要求和所需的理论塔板数进行综合考虑。这在精馏塔设计时就要确定，即需要选择适宜的进料热状况。

3) 增设中间换热器

普通精馏过程的冷凝器一般设置在塔顶，再沸器设置在塔底。若在进料位置以下某处将塔内的部分液相物料抽出加热气化后再返回塔内，即为增设中间再沸器；若在进料位置之上某处将塔内的部分气相物料抽出冷凝液化后再返回塔内，即为增设中间冷凝器。带中间换热器的精馏流程如图 10-30 所示。

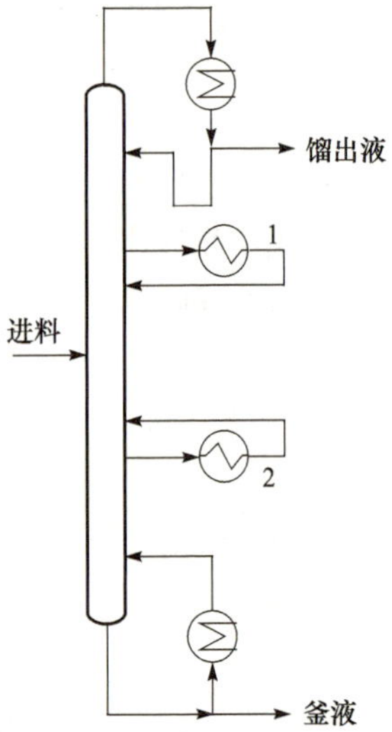

图 10-30　增设中间换热器的精馏流程

1.中间冷凝器；2.中间再沸器

设置中间换热器后，精馏段和提馏段部分的操作线向平衡线靠近，如图 10-31 实线所示，不可逆损失减小。同时，将整个过程的能耗 Q 分为两部分：一部分通过塔底再沸器提供(Q_1)，另一部分则由中间再沸器提供(Q_2)。由于中间再沸器的气化温度小于塔底气化温度，有利于选用温度较低的加热剂；而中间冷凝器的冷凝温度又高于塔顶冷凝温度，有利于选用温度较高的冷却剂，这些均有助于降低功耗。

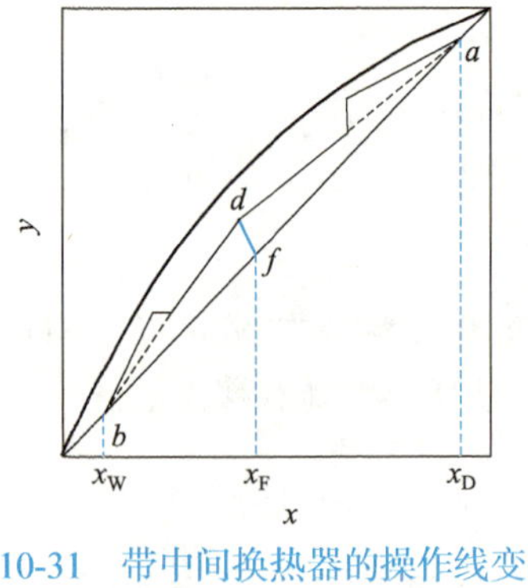

图 10-31　带中间换热器的操作线变化

4) 采用预分离和热耦精馏

预分离和热耦精馏主要用于包含两两分离的多组分精馏过程，如对于一个含有 A、B 和 C 的三组分精馏过程，常规的分离方法是首先将低沸物 A 或高沸物 C 先从体系中分离出，再进行剩余物料的二元精馏分离过程(图 10-49)。

但当低沸物 A 被从塔顶分离出时，塔底的 B 和 C 的混合程度加深，这对以分离为目的的精馏过程显然是不利的。为了优化分离过程，可采用如图 10-32(a)所示的 Petlyuk 塔热耦合工艺，后来进一步演变成如图 10-32(b)所示的隔壁塔工艺。在 Petlyuk 塔热耦合工艺中存在一个预分塔和一个主塔，预分塔顶和塔底分别得到 AB 和 BC 混合物，再进入主塔中分别从塔顶、塔中和塔底得到 A、B 和 C 各组分。在隔壁塔中，精馏塔的中间段设置中心竖直隔板，隔板的左侧相当于预分塔，隔板的右侧连同上、下段相当于主塔，与 Petlyuk 塔等效。

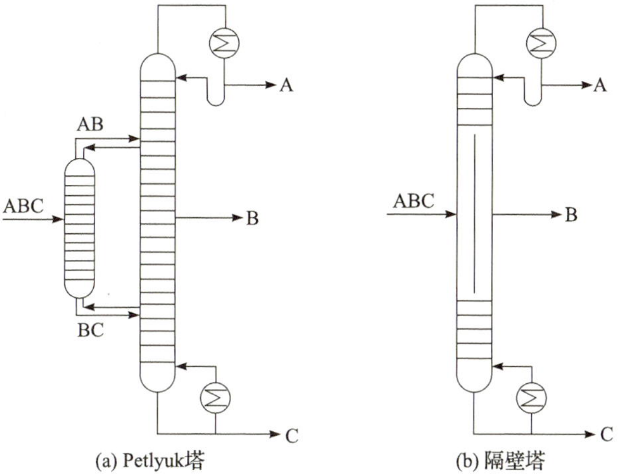

图 10-32　热耦合精馏工艺

热耦精馏可根据需要对不同塔器进行耦合，减小过程的不可逆程度，实现最佳的分离目标，但由于系统复杂，对操作控制的要求也较高。

除以上几种类型外，常用的节能方法还有釜液和塔顶蒸气的余热利用、采用多股进料和侧线出料以及采用多效精馏或热泵精馏等方式。此外，精馏节能问题有时还需要考虑与其他过程相结合，如精馏与萃取的集成、精馏与反应的耦合、精馏与膜分离组合使用等。随着社会的发展，精馏节能工艺的开发还需要考虑环境的因素，从源头开始重新设计绿色环保的精馏工艺，如对于制药企业常用溶剂乙腈的提纯问题，可采用环境友好的绿色精馏技术代替传统分离工艺。

案例　乙腈提纯的绿色节能精馏工艺

10.4.6　二元连续精馏的其他流程

本章引例中关于苯乙烯物系的分离是典型的常规精馏工艺，每个塔都包含完整的精馏段、提馏段、冷凝器、再沸器等，且均从塔顶和塔底获得产品。工业上还有一些精馏过程与苯乙烯分离工艺不同，根据物系的特点，精馏塔可能仅具有部分功能或满足更复杂的分离需求，如图 10-33 所示的食用酒精精馏工艺就是一个这样的分离系统。

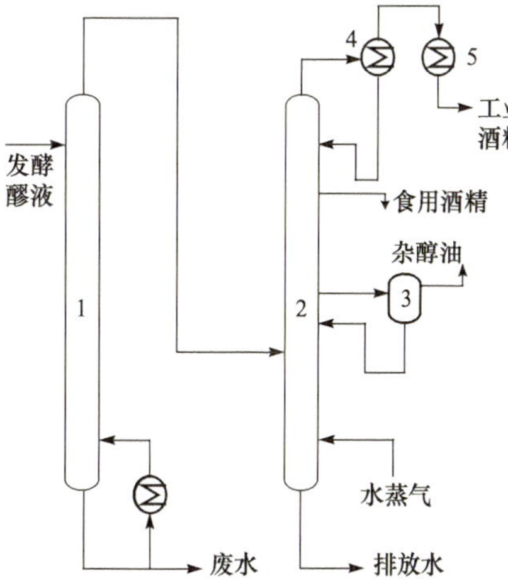

图 10-33　食用酒精精馏工艺流程

1.粗馏塔；2.精馏塔；3.分相罐；4.分凝器；5.冷凝器

该工艺中粗馏塔的原料液直接从塔顶加入，该塔没有精馏段仅包含提馏段，也称乙醇回收塔。塔顶不设冷凝器，蒸出的气相直接送入精馏塔。在精馏塔中，塔底不设再沸器，水蒸气作为加热剂直接从塔底引入。塔顶蒸气先经第一级冷却器部分冷凝，得到气、液两相，液相全部回流入塔顶，气相再经第二级冷却器全部冷凝为液体，即为含甲醇、乙醛等低沸物较多的工业酒精。第一级冷却器也称分凝器，离开分凝器的气、液两相接近相平衡。食用酒精产品从精馏塔上部的某块塔板上通过侧线方式采出。

由于原料中还包含微量的异丁醇、异戊醇等杂醇类物质，这部分杂醇油在精馏塔内某处将被富集，也通过侧线方式从塔内抽出，在分相罐内加水分层后从系统排出。

该流程中包含以下几个特殊的精馏方式：回收塔工艺、直接蒸汽加热、分凝器工艺和侧线采出等。

1. 回收塔流程

回收塔流程的目的在于回收稀溶液中的轻组分。该种流程从塔顶蒸出的气体可直接冷凝作为塔顶产品，也可以冷凝后部分回流、部分作为塔顶产品。对图 10-34(a)所示的回收塔，若进料为饱和液体，则塔内的气、液相负荷满足 $L'=F$ ， $V'=D$ ，所以提馏段操作线方程可写成

$$y=\frac{F}{D}x-\frac{Wx_W}{D} \tag{10-73}$$

它是过点 $d(x_F, x_D)$和点 $b(x_W, x_W)$的直线，如图 10-34(b)中的实线 db 所示。

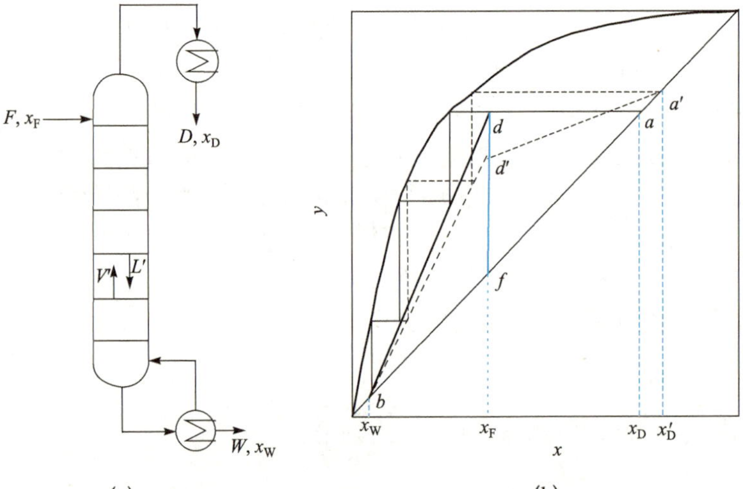

图 10-34 回收塔流程(a)及操作线(b)

如果采用有回流的回收塔，在保持釜液组成和理论塔板数不变时，由于 $L'=RD+F$ ， $V'=D(R+1)$ ，因此提馏段操作线的斜率为

$$\frac{L'}{V'}=\frac{RD+F}{(R+1)D}<\frac{RF+F}{(R+1)D}=\frac{F}{D}$$

因此，与无回流的回收塔相比，有回流的提馏段操作线斜率较小，如图中虚线 $d'b$ 。从 b 点出发在 $d'b$ 与平衡线间作相同的梯级数后交对角线于 a' 点， a' 点与 a 点相比显然馏出液中轻组分的含量提高。

2. 直接蒸汽加热流程

在精馏过程中，若塔底排出的物料为水，这时可将再沸器的加热蒸汽直接通入塔底而省掉再沸器，称为直接蒸汽加热流程。直接蒸汽加热的优点是可以用结构简单的塔釜鼓泡器代替造价昂贵的再沸器，且可用压力较低的加热蒸汽。

直接蒸汽加热流程如图 10-35 所示，与间接蒸汽加热相比，直接蒸汽加热增加了一股进料，即进入塔底的流量为 S 的饱和蒸汽。设塔底排出的液体量和组成分别为 W^* 、 x_W^* ，根据全塔物料衡算有

$$\begin{cases} F+S=D+W^* \\ Fx_F+S\times 0=Dx_D+W^*x_W^* \end{cases} \tag{10-74}$$

假设直接蒸汽加热进料的流量、组成、进料热状况以及分离要求与间接蒸汽加热完全一致，对精馏段进行物料衡算可知其操作线方程同间接蒸汽加热一样。在提馏段，对图 10-35 所示的虚线范围进行物料衡算得

$$L'x_m+S\times 0=V'y_{m+1}+W^*x_W^*$$

即

$$y_{m+1}=\frac{L'}{V'}x_m-\frac{W^*}{V'}x_W^* \tag{10-75}$$

由于 $W^*x_W^*=Wx_W$ ，比较式(10-75)与式(10-34)可知，直接蒸汽加热和间接蒸汽加热的提馏段操作线方程也一样。但由于塔底上升的蒸汽 S 不含轻组分，即 $y_S=0$ ，因此直接蒸汽加热提馏段的端点位于 x 轴上，即点 $b'\left(x_W^*,0\right)$，如图 10-36 所示。与间接蒸汽加热相比，其提馏段的操作线较长一些，因而所需的理论塔板数也较多一些。

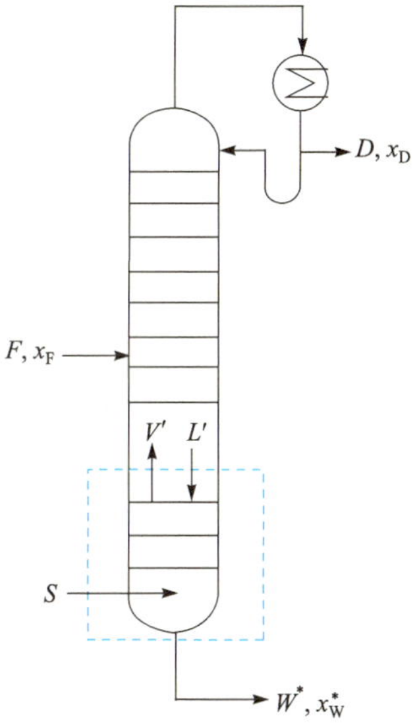

图 10-35 直接蒸汽加热流程

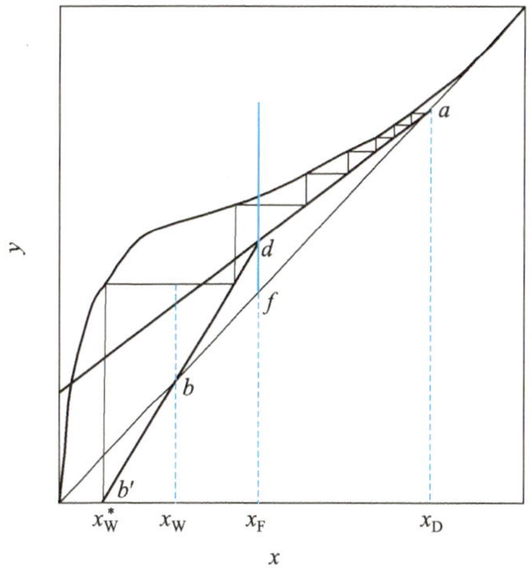

图 10-36 乙醇-水体系直接蒸汽加热流程的 y-x 图

3. 分凝器流程

对于图 10-33 中的分凝器，其与全凝器的区别是将气相物料冷凝至气、液两相，未冷凝的

气体再进入后面的全凝器继续冷凝并冷却作为馏出液采出。在分凝器中，若离开的气、液两相达到相平衡状态，则分凝器可看成是一块理论塔板。

4. 多股加料和侧线出料流程

如果有不同组成的几股原料需在一个塔内进行精馏分离，常将各股原料分别加入塔内不同位置的塔板上，这就是多股加料流程。以图 10-37 来说明。

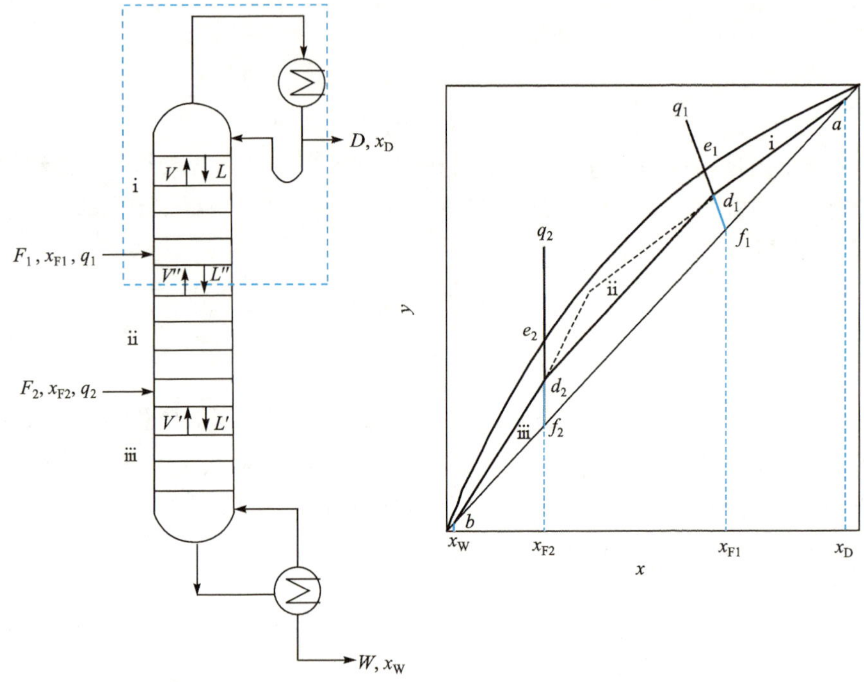

(a) (b)

图 10-37 多股加料流程

图 10-37(a)是一个具有两股加料的精馏塔，对该塔的操作线分析应以加料位置为边界分为三段来进行，其中 i、iii 段就是普通精馏塔的精馏段和提馏段，它们的操作线可分别按式(10-31)、式(10-36)进行标绘，而第 ii 段的操作线可通过虚线范围内的物料衡算得到

$$y=\frac{L''}{V''}x+\frac{Dx_D-F_1x_{F1}}{V''} \tag{10-76}$$

将式(10-76)标绘在图 10-37(b)中，即为 d_1 与 d_2 两点的连线。图中的虚线是将两股物料混合后所得的操作线，显然与混合进料相比，多股加料所需的理论塔板数较少。

当同时需要组成不同的两种或多种产品时，可在塔内相应塔板上侧线抽出，这就是侧线出料流程。图 10-38 给出一个具有单侧线出料精馏塔的流程，设塔顶产品量和组成分别为 D_1、x_{D1}，侧线抽出产品为饱和液体，其量和组成分别为 D_2、x_{D2}。该塔的操作线也应以进料位置和侧线采出位置为边界分为三段，其中 i、iii 段的操作线方程分别同普通二元精馏过程的精馏段和提馏段，而第 ii 段的操作线也可通过虚线范围内的物料衡算得到

$$y=\frac{L''}{V''}x+\frac{D_1x_{D1}+D_2x_{D2}}{V''} \tag{10-77}$$

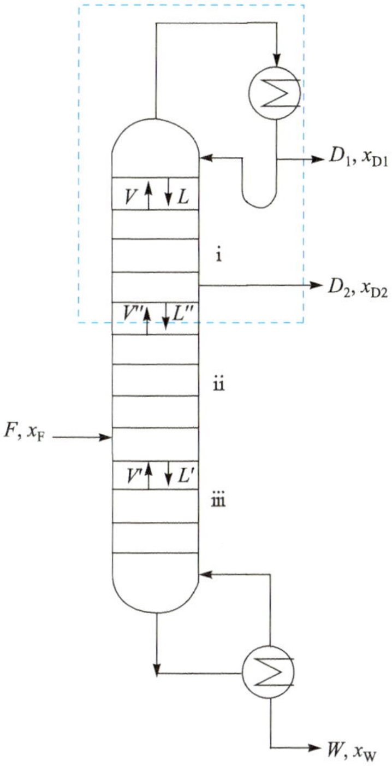

图 10-38 侧线出料流程

例 10-7 对于引例中苯与甲苯物系的分离，假设可视为不考虑低沸物和高沸物的二元精馏过程。原料的流量为 17.0kmol/h，含苯为 35.2%(摩尔分数，下同)，进料温度为 60℃，常压操作。现需要从精馏中得到苯含量分别为 98%和 85%的两种液体产品，流量分别为 4.0kmol/h 和 2.3kmol/h。设计中取回流比为 3.0，含量为 98%的产品从塔顶得到，采用侧线出料的方式获得含量为 85%的饱和液体产品，假设进料和侧线出料位置均是最佳点。

(1) 试确定塔釜出料中苯的含量。

(2) 给出进料和侧线出料间的操作线方程。

(3) 假设苯对甲苯的相对挥发度为 2.48，试确定全塔需要的理论塔板数及侧线采出和进料的位置。

解 (1) 计算釜液组成。

全塔物料衡算方程为

$$\begin{cases} F = D_1 + D_2 + W \\ Fx_F = D_1x_{D1} + D_2x_{D2} + Wx_W \end{cases} \tag{i}$$

将 $F = 17.0\text{kmol/h}$ 、 $D_1 = 4.0\text{kmol/h}$ 和 $D_2 = 2.3\text{kmol/h}$ ， $x_F = 0.352$ 、 $x_{D1} = 0.98$ 和 $x_{D2} = 0.85$ 代入上式可得 $W = 10.7\text{kmol/h}$ ， $x_W = 0.0102$ 。

(2) 进料和侧线出料间的操作线方程。

设侧线出料之上气、液流量分别为 V 和 L，进料和侧线出料间气、液流量分别为 V'' 和 L''，则有

$$\begin{cases} L'' = L - D_2 \\ V'' = V \end{cases} \tag{ii}$$

进料和侧线出料间的操作线方程为

$$y = \frac{L''}{V''}x + \frac{D_1x_{D1} + D_2x_{D2}}{V''} \tag{iii}$$

由于 $R = 3.0$ ，因此 $L = RD_1 = 3.0 \times 4.0 = 12.0(\text{kmol/h})$ ， $V = (R+1)D_1 = 16.0(\text{kmol/h})$ ，则

$$\begin{cases} L'' = L - D_2 = 12 - 2.3 = 9.7(\text{kmol/h}) \\ V'' = V = 16.0\text{kmol/h} \end{cases}$$

代入(iii)式可得

$$y = 0.6063x + 0.3672$$

(3) 理论塔板数的计算。

① 侧线出料位置的确定。

已知相平衡关系为

$$y = \frac{\alpha x}{1+(\alpha-1)x} = \frac{2.48x}{1+1.48x}$$

精馏段的操作线方程为

$$y = \frac{R}{R+1}x + \frac{x_{D1}}{R+1} = 0.75x + 0.245$$

由于 $y_1 = x_{D1} = 0.98$，代入相平衡关系得 $x_1 = 0.952$，代入精馏段操作线方程得 $y_2 = 0.959$，如此逐级向下计算依次得 $x_2 = 0.904$、$y_3 = 0.923$、$x_3 = 0.829 < x_{D2}$，即在从塔顶算起第 3 块理论塔板上侧线采出为宜。

② 进料位置的确定。

由于进料温度为 60℃，根据例 10-3 知 q =1.18，q 线方程为 $y = 6.556x - 1.956$，联立

$$\begin{cases} y = 6.556x - 1.956 \\ y = 0.6063x + 0.3672 \end{cases} \quad \text{可得}d\text{点坐标} \begin{cases} x_d = 0.390 \\ y_d = 0.604 \end{cases}$$

从 $x_3 = 0.829$ 出发，在相平衡曲线 $y = \dfrac{2.48x}{1+1.48x}$ 和中间段操作线 $y = 0.6063x + 0.3672$ 间进行逐板计算，可得各板气、液组成如表 10-9 所示。当计算到 $x_{11} = 0.383 < x_d$ 时，中间段计算结束，即中间段理论塔板数为 8，加料板位置为第 11 块理论塔板处。

表 10-9 带侧线出料的苯-甲苯精馏塔各板气、液组成的计算(摩尔分数)

中间段			提馏段		
理论板	y_i	x_i	理论板	y_i	x_i
3	0.923	0.829	12	0.593	0.370
4	0.870	0.730	13	0.573	0.351
5	0.810	0.632	14	0.543	0.324
6	0.751	0.549	15	0.501	0.288
7	0.700	0.485	16	0.445	0.244
8	0.661	0.440	17	0.376	0.195
9	0.634	0.411	18	0.300	0.147
10	0.617	0.394	19	0.225	0.105
11	0.606	$0.383 < x_d$	20	0.158	0.0703
			21	0.104	0.0447
			22	0.0642	0.0269
			23	0.0364	0.0150
			24	0.0178	$0.0073 < x_W$

③ 全塔理论塔板数。

连接点 d(0.390,0.604)与点 b(0.0102,0.0102)可得提馏段操作线 $y = 1.563x - 0.0057$。

从 $x_{11} = 0.383$ 出发在提馏段操作线与平衡线间进行逐板计算，结果见表 10-9。当计算到 $x_{24} = 0.0073 < x_W$ 时提馏段计算结束，即总理论塔板数为 24(包括塔釜)。

10.5 非稳态精馏过程

精馏塔的设计计算是在稳态条件下进行的，即过程参数不随时间而变。但精馏塔在操作时的开车阶段，或是生产过程中因上游工序变化带来的被动改变，或是为了控制产品质量进行的人为调整操作变量等，这些均会引起塔内物料的流量、组成和温度随时发生变化。此外，工业上还有一类非连续的精馏过程，本身需要不断改变操作条件以获得合格的产品。所有这类生产过程都可称为非稳态精馏，非稳态精馏与操作关系密切，因此需对这类问题进行展开讨论。

10.5.1 间歇精馏

间歇精馏又称分批精馏，是一种典型的非稳态精馏过程。它是将料液一次投入到蒸馏釜中，根据组分挥发性的差异，依次从塔顶得到不同纯度的各组分产品。随着蒸馏的进行，釜液中易挥发组分的含量逐渐减少、温度不断升高，待釜液组成降至规定的浓度即可作为残液一次从塔釜排出。间歇精馏流程如图 10-39 所示。

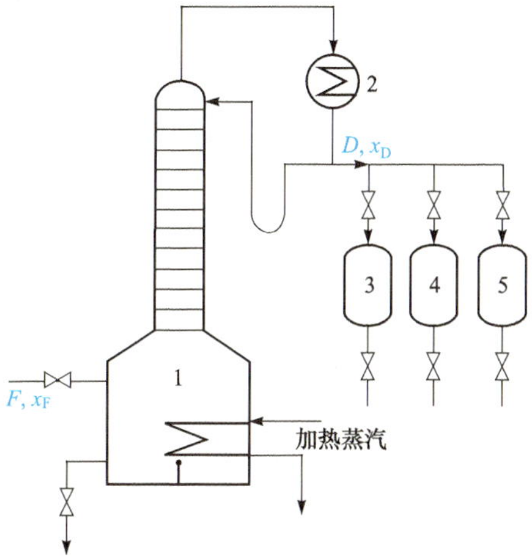

图 10-39 间歇精馏流程简图
1.蒸馏釜；2.冷凝器；3～5.产品罐

间歇精馏与简单蒸馏类似，只是增加了一段包含若干理论塔板的精馏段。依靠这些塔板的作用，间歇精馏能够达到较高的分离程度。

根据生产中使用要求的不同，间歇精馏通常有恒回流比和恒馏出液组成两种操作方式。

1. 恒回流比操作

间歇精馏的恒回流比操作是在精馏过程中保持回流比 R 不变，此时塔顶馏出液组成 x_D 随釜液组成 x_W 的下降而不断降低，其塔内的操作线和逐板组成变化关系如图 10-40 所示(由于 R 不变，不同时刻下的操作线相互平行)。

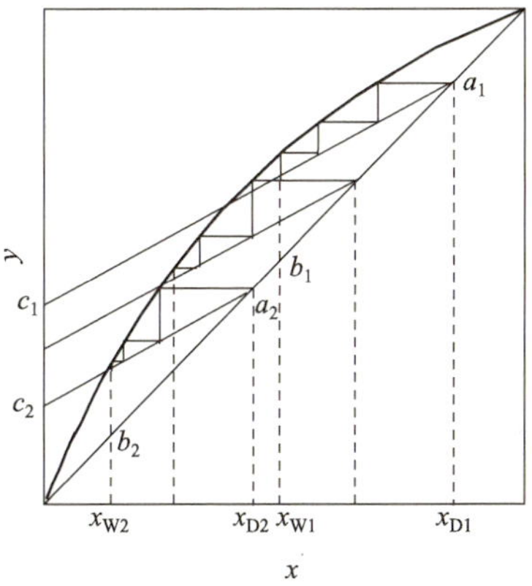

图 10-40 恒回流比操作的间歇精馏

假定间歇精馏开始时釜液量 $W_1=F$，组成 $x_{W1}=x_F$，对应的馏出液组成为 x_{D1}；精馏结束时的釜液量为 W_2，组成为 x_{W2}，对应的馏出液组成为 x_{D2}。若精馏塔内不存在持液现象，与简单蒸馏时相同，根据物料衡算，可得从蒸馏开始到结束时釜液量和组成之间满足如下关系：

$$\ln\frac{W_1}{W_2}=\int_{x_{W2}}^{x_{W1}}\frac{dx}{x_D-x} \tag{10-78}$$

该段时间内馏出液的平均组成为

$$\bar{x}_D=\frac{W_1x_{W1}-W_2x_{W2}}{W_1-W_2} \tag{10-79}$$

确定理论塔板数时，原则上可选任一时刻的釜液组成进行设计计算，但通常以蒸馏开始或结束时为基准。如以蒸馏结束时为例，步骤是先假设在釜液组成达到 x_{W2} 时对应的馏出液组成 x_{D2} ($x_{D2}<\bar{x}_D$)的值，根据从 x_{W2} 达到 x_{D2} 的分离要求，用连续精馏求理论塔板数的方法确定最小回流比 R_{min} 和实际回流比 R，求出理论塔板数 N。然后在釜液组成为 $x_{W1}\sim x_{W2}$ 的范围内建立馏出液组成 x_D 与釜液组成 x 的关系 $x_D=f(x)$，代入式(10-78)计算最终釜液量 W_2，再根据式(10-79)计算 $\bar{x}'_D$，若 $\bar{x}'_D$ 等于或稍大于规定的 $\bar{x}_D$，则计算有效，否则需重新设定 x_{D2} 从头进行计算。

确定 R 后，可求得恒回流比操作时所需的总气化量 $V_总$ 为

$$V_总=(R+1)(W_1-W_2) \tag{10-80}$$

若塔釜的气化流量为 V，则每批物料的蒸馏时间 τ 为

$$\tau=V_n/V \tag{10-81}$$

2. 恒馏出液组成操作

间歇精馏的恒馏出液组成操作是指在精馏过程中一直保持馏出液组成 x_D 不变，此操作情况下因釜液组成 x_W 的下降，需要不断增大回流比 R 以维持 x_D 不变，塔内的操作线和逐板组成变化关系如图 10-41 所示(操作线斜率逐渐增大)。

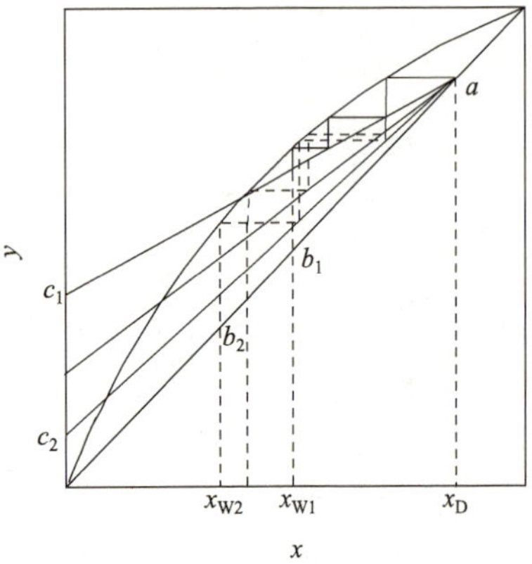

图 10-41 恒馏出液组成操作的间歇精馏

因釜液组成不断下降，而馏出液组成不变，故精馏结束时刻对塔的分离要求最高，设计时回流比和理论塔板数的求取都要以该状态为基准。最小回流比 R_{min} 的计算仍与连续精馏相同，在选定合适的终态回流比 R 后，就可从馏出液组成 x_D 出发在操作线和平衡线之间画阶梯直至达到釜液组成 x_{W2}，所得的梯级数即为全塔所需的理论塔板数。N 确定后，各时刻的回流比 R 与釜液组成 x_W 之间的函数关系可由图 10-41 确定。

若仍保持塔釜的气化流量 V 一定，则因恒馏出液组成操作时 R 不断变化，各瞬时的馏出液量也随之变化。每批物料的蒸馏时间 τ 和塔釜总气化量 $V_总$ 可通过以下方法求取。

假设每批投料的量和组成分别为 F、x_F，某时刻 τ 之前得到的总馏出液量为 D，则根据全塔物料衡算有

$$\frac{D}{F}=\frac{x_F-x}{x_D-x} \tag{10-82}$$

将上式对 x 微分得

$$\mathrm{d}D=\frac{F(x_F-x_D)}{(x_D-x)^2}\mathrm{d}x \tag{10-83}$$

在 $\mathrm{d}\tau$ 时间段内，塔釜的气化量应等于塔顶的蒸气量，即

$$V\mathrm{d}\tau=(R+1)\mathrm{d}D \tag{10-84}$$

将式(10-83)代入式(10-84)，经积分后得到处理每批物料的蒸馏时间 τ

$$\tau=\frac{F}{V}(x_D-x_F)\int_{x_{W2}}^{x_F}\frac{R+1}{(x_D-x)^2}\mathrm{d}x \tag{10-85}$$

塔釜总气化量 $V_总$ 为

$$V_{总} = \tau V = F\left(x_{\mathrm{D}} - x_{\mathrm{F}}\right)\int_{x_{\mathrm{W2}}}^{x_{\mathrm{F}}} \frac{R+1}{\left(x_{\mathrm{D}} - x\right)^2}\mathrm{d}x \tag{10-86}$$

由于恒回流比操作得到的馏出液组成一直在降低，难以获得高纯度的馏出液；而恒馏出液组成操作一直需要增大回流比，对操作及控制要求较高，实施起来也有不便，且在蒸馏接近完成时由于回流比过大，经济上并不合算。在实际操作中通常将两种方式结合起来进行，首先采用恒回流比操作，当 x_{D} 有较明显下降时，增大回流比，再在新的回流比下操作一段时间，如此通过阶跃增加回流比的方式，以保持 x_{D} 基本不变。

例 10-8 将苯-甲苯两元物系进行间歇精馏，现处理每批物料的总量为 34kmol，含苯为 0.352(摩尔分数，下同)。要求馏出液中苯含量不低于 0.97，精馏结束釜液中苯含量不高于 0.1。101.3kPa 下全浓度范围内，苯对甲苯的相对挥发度为 $\alpha = 2.48$。

(1) 采用恒回流比操作，试确定间歇精馏所需的理论塔板数；

(2) 若塔釜的气化流量为 24.4kmol/h，试计算每批物料的精馏时间和苯的回收率。

解 (1) 恒回流比操作时确定理论塔板数。

计算时以精馏结束时的状态为基准，平衡线方程为

$$y = \frac{2.48x}{1+1.48x} \tag{i}$$

方程(i)与 $x = 0.1$ 的交点 e 的坐标可解得为 $\begin{cases} x_{\mathrm{e}} = 0.1 \\ y_{\mathrm{e}} = 0.216 \end{cases}$，根据最小回流比的定义 $R_{\min} = \dfrac{x_{\mathrm{D2}} - y_{\mathrm{e}}}{y_{\mathrm{e}} - x_{\mathrm{e}}}$，首先假设 $x_{\mathrm{D2}} = 0.88$，则有

$$R_{\min} = \frac{0.88 - 0.216}{0.216 - 0.1} = 5.72$$

取回流比 $R = 1.05R_{\min} = 1.05 \times 5.72 = 6.01$，则结束时的操作线方程为

$$y = \frac{R}{R+1}x + \frac{x_{\mathrm{D2}}}{R+1} = 0.8573x + 0.1255 \tag{ii}$$

从点 $a_1(0.88,0.88)$出发，在平衡线(i)和操作线(ii)之间作梯级，可得总理论塔板数为 9。

逐渐增大 x_{D}，作方程(ii)的平行线，在平衡线和该线间作 9 个梯级可得到对应的 x_{W}，将所得结果列于表 10-10 中。

表 10-10 恒回流比时釜液与馏出液间的关系

x_{D}	操作线	平衡线	x_{W}
0.88	y=0.8573x+0.1255	y=2.48x /(1+1.48x)	0.099
0.92	y=0.8573x+0.1312	y=2.48x /(1+1.48x)	0.107
0.95	y=0.8573x+0.1355	y=2.48x /(1+1.48x)	0.116
0.97	y=0.8573x+0.1384	y=2.48x /(1+1.48x)	0.128
0.985	y=0.8573x+0.1405	y=2.48x /(1+1.48x)	0.152
0.992	y=0.8573x+0.1415	y=2.48x /(1+1.48x)	0.186
0.996	y=0.8573x+0.1421	y=2.48x /(1+1.48x)	0.255
0.9975	y=0.8573x+0.1423	y=2.48x /(1+1.48x)	0.304
0.9981	y=0.8573x+0.1424	y=2.48x /(1+1.48x)	0.352

以表 10-10 中的 x_W 为因变量 x，分别求出不同 x 下的 $1/(x_D-x)$，列于表 10-11 中，并以 x 为横坐标，以 $1/(x_D-x)$ 为纵坐标作图，如图 10-42 所示。

表 10-11 $1/(x_D-x)$随釜液浓度 x 的变化关系

x	0.099	0.107	0.116	0.128	0.152	0.186	0.255	0.304	0.352
$1/(x_D-x)$	1.28	1.23	1.20	1.19	1.20	1.24	1.35	1.44	1.55

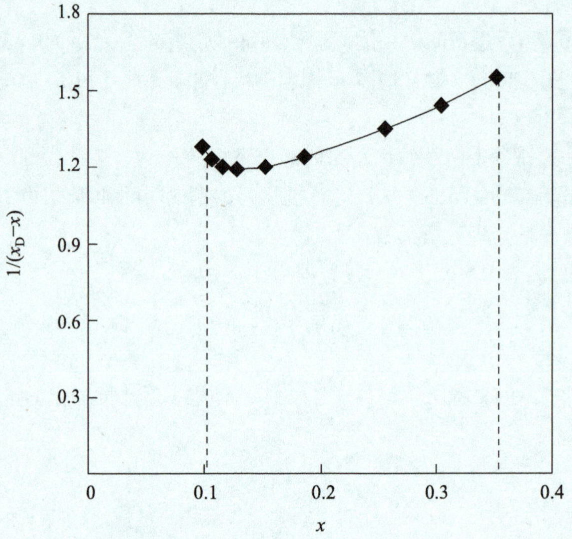

图 10-42 $1/(x_D-x)$随釜液浓度 x 的变化

由图中结果可得曲线在 (0.1,0.352) 区间内的图形面积为 0.337，根据面积的含义可知：

$$\ln\frac{W_1}{W_2}=\int_{x_{W2}}^{x_{W1}}\frac{dx}{x_D-x}=\int_{0.1}^{0.352}\frac{dx}{x_D-x}=0.337$$

由于 $W_1=F=34\text{kmol}$，根据上式可求得 $W_2=24.2\text{kmol}$。再根据式(10-79)可得

$$\bar{x}_D=\frac{W_1x_{W1}-W_2x_{W2}}{W_1-W_2}=\frac{34\times0.352-24.2\times0.1}{34-24.2}=0.974$$

平均馏出液组成略大于设计要求的 0.97，说明所假设的 x_{D2} 正确。因此，所得到的 N=9 即为间歇精馏塔在恒回流比 6.01 时满足要求的设计参数。

(2) 精馏时间的计算。

精馏过程总蒸发量按下式计算：

$$V_{总}=(R+1)(W_1-W_2)=(6.01+1)\times(34-24.2)=68.7(\text{kmol})$$

总蒸发时间为

$$\tau=V_{总}/V=68.7/24.4=2.82(\text{h})$$

苯的回收率为

$$\eta=\frac{(W_1-W_2)\bar{x}_D}{W_1x_{W1}}=\frac{(34-24.2)\times0.974}{34\times0.352}=0.798$$

将本例计算结果与连续精馏比较可知，间歇精馏所需的回流比较大(连续精馏过程为 2.6)，轻组分的回收率较低(连续精馏过程为 98%)，所需的精馏时间较长(连续精馏过程为 2h)。因此，间歇精馏难以达到连续精馏的分离效果。

在间歇精馏过程中，各组分根据挥发度的高低依次被蒸出，收集不同产品时常常会得到较多包含相邻组分的中间馏分，因此间歇精馏得到的产品纯度与收率通常较低。此外，由于间歇精馏是从塔顶获得需要的产品，所有产品均需气化再冷凝，因而与连续精馏相比，间歇精馏能耗一般较高。

10.5.2 反向间歇精馏

与前述的普通间歇精馏过程不同，工业中还有一类只包含提馏段的间歇精馏工艺，称为反向间歇精馏，又称提馏式间歇精馏，流程如图 10-43 所示。操作时将待分离的物料存储于精馏塔顶的贮罐内，塔顶的冷凝液也全部进入物料贮罐与原料混合，再通过回流泵将部分混合物料不断送入塔顶。塔底设置再沸器，依次将重组分从塔底排出。

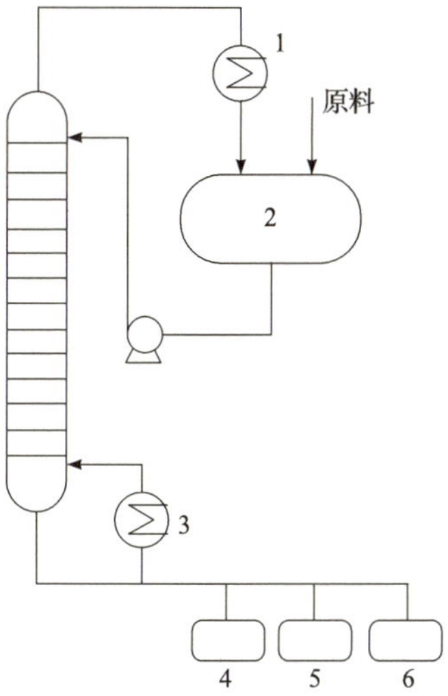

图 10-43 反向间歇精馏流程图

1.冷凝器 2. 原料贮罐 3. 再沸器 4~6. 产品罐

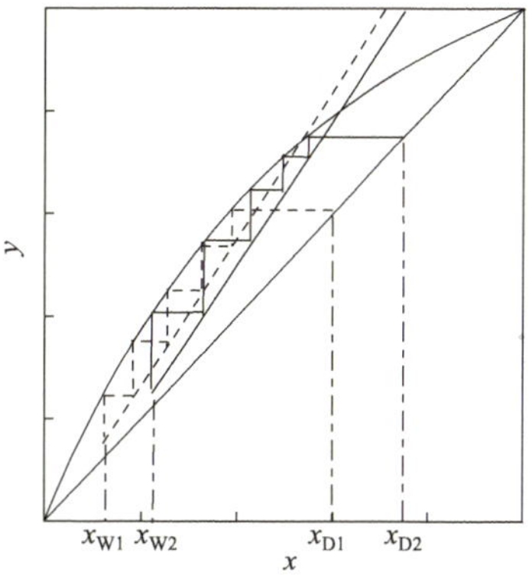

图 10-44 恒釜液气化率操作的反向间歇精馏

与普通间歇精馏的操作一样，反向间歇精馏操作也可按照恒釜液组成或恒釜液气化率两种方式执行。图 10-44 就是保持恒釜液气化率(V'/L')时操作线的变化图，此时塔内操作线的斜率(L'/V')保持恒定，塔顶轻组分含量逐渐增加，相应塔底产品的轻组分含量也不断提高。

反向间歇精馏的操作方式可以将原料中的重组分从高到低逐一从塔底分离出来，对于重组分是热敏性物料的分离十分有利。除此之外在工业上还有一些特殊的用途，如当目的产品是轻组分且轻组分含量较高时，普通间歇精馏需要将物料中的轻组分完全气化再冷凝，需要的能耗较高。而反向间歇精馏操作主要对其中的重组分进行气化，类似于连续精馏过程的提馏段操作模式，有利于节能降耗。

由于普通间歇精馏和反向间歇精馏分别类似于连续精馏中的精馏段和提馏段，两者互为补充，可以相结合使用代替连续精馏工艺，特别适用于小规模精细化工厂多组分产品的精馏分离。此外，由于工艺简单，操作灵活方便，适用性较广，这两种工艺也常用于实验室模拟工业生产过程研究。

10.5.3 连续精馏操作中的动态变化

即便是连续精馏工艺，精馏塔在运行中操作参数也不是一成不变的。有一类变化来自外部环境，如压力的波动、进出流量的偏移、加热和冷却负荷的突然改变等。还有一类取决于生产本身，如为了保证产品质量，需要随时调整回流比或加热负荷等。精馏的操作过程实质上就是一个动态变化过程，需要人为地施加动态干预使过程向稳态方向发展。

1. 精馏过程的动态操作分析

精馏塔在运行中，精馏段的动态操作模式类似于前述普通间歇精馏过程，馏出液组成(x_D)如何变化跟精馏段的操作方式和气液平衡关系有关，操作方式主要改变的是精馏段内的液气比(L/V)，气液平衡关系(m 值)主要与精馏塔的压力有关。所以影响馏出液组成的因素应是两者相结合的 $S(mV/L)$值是否变化，当精馏段的 S 越小时对精馏段分离越有利，塔顶得到的馏出液产品轻组分含量就越大(x_D 增加)，反之 x_D 就越小。同样，对于提馏段，其动态操作模式类似于前述的反向间歇精馏过程，釜液组成(x_W)是否变化直接的影响因素应是提馏段的 $S(mV'/L')$值是否改变。当提馏段的 S 越大时对提馏段分离越有利，塔底得到的釜液产品轻组分含量就越低(x_W 减小)，反之 x_W 就越高。如果精馏塔的操作压力不变(各板的 m 值不变)，精、提馏段的分离能力仅与其气、液相负荷有关，精馏段液气比(L/V)越大，对精馏段的分离越有利；提馏段气化率(V'/L')越大，对提馏段的分离越有利。

精馏操作过程中改变操作变量时，首先影响塔内气、液相负荷，随即影响每块塔板的分离能力，最终表现为馏出液和釜液组成发生变化。严格说来，操作条件改变时将引起塔内液、气相流量和组成发生变化，从而影响塔板效率。但是，只要精馏塔在正常负荷范围内，塔板效率的变化基本可忽略不计，因此，精馏段和提馏段的理论塔板数仍可视为常数，但进料点可能将偏离最佳位置。

当操作条件变化趋于稳定后，精馏过程的产品质量还受到物料平衡的制约。进料量一定时，若从馏出液中排出较少，则必然会从釜液中排出较多。由于精馏塔内有较大的液体滞留现象，短期内从进、出物料看可能并不满足物料平衡，达到稳态条件往往需要较长时间。

例 10-9 在引例图 10-1 所示的苯-甲苯精馏分离过程中，操作中保持塔顶操作压力、加料位置、进料量 F、组成 x_F 和热状况参数 q 不变。

(1) 如保持塔底的上升蒸气量 V' 不变而增大塔顶的回流量，试分析馏出液和釜液的流量 D、W 及 x_D、x_W 的变化趋势；

(2) 如保持回流量不变而增大塔底的上升蒸气量 V'，试分析馏出液和釜液的流量 D、W 及 x_D、x_W 的变化趋势；

(3) 为了同时提高精馏过程塔顶和塔底产品的质量，使 x_D 增大、x_W 减小，生产中应如何进行操作？

解 (1) V' 不变而 L 增大情况。

① 由于精馏塔的操作压力不变，可仅考虑 L/V 和 V'/L'的影响。

因为V'、q 和 F 均不变，根据 $V'=V+(q-1)F$，所以 V 不变；

由于 V 不变，L 增大 $\longrightarrow$ L/V 增大；

由于 $V=L+D$，V 不变，L 增大 $\longrightarrow$ D 减小；

所以精馏段的 L/V 增大，且 D 减小。

由于 $F=D+W$，F 不变，D 减小 $\longrightarrow$ W 增大；

由于 $L'=V'+W$，V' 不变，W 增大 $\longrightarrow$ L' 增大；

所以提馏段的 V'/L'减小(即 L'/V'增大)，且 W 增大。

② 判断 x_D、x_W 的变化。

首先在 y-x 图上画出原工况下的精馏段、提馏段和 q 线，如图 10-44 的实线表示。

精馏段的 L/V 增大有利于精馏分离，因此 x_D 将增大。由于精馏段的平衡线不变且 L/V 增大，可知新工况下精馏段操作线的斜率增大，如图 10-45 虚线所示，新的操作线交于 q 线上的 d' 点。由于提馏段的 L'/V' 增大，新工况提馏段操作线的斜率也将增大，可经过 d' 点画出新的提馏段交对角线于 b' 点，如虚线所示，此时可见 x_W 也将增大，这与提馏段的 V'/L'减小对提馏分离不利将导致 x_W 增大相一致。

由于 D 减小、W 增大，可知 x_D、x_W 同时增大可满足物料平衡关系 $Fx_F=Dx_D+Wx_W$。

由于两种情况下精馏段的操作线相互交叉，在虚线和平衡线间所画梯级数可满足与原工况的梯级数相一致，即可满足总理论塔板数不变的前提条件。

需说明的是，在图10-45中，提馏段新工况的操作线 $d'b'$ 整体在原工况操作线 db 的下方，似乎与提馏段理论塔板数不变不相符。事实上，新工况提馏段的梯级在点 d' 之前就应开始了，或者原工况下提馏段的梯级在点 d 之后才开始。

因此保持 V' 不变增大塔顶回流量，时塔顶产品组成 x_D 增大，塔底产品组成 x_W 也增大。

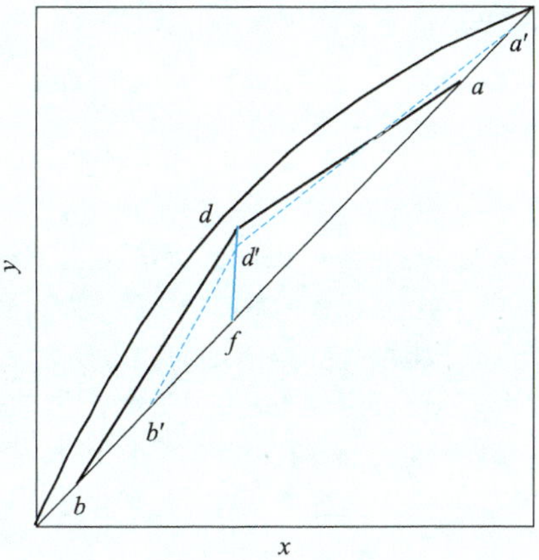

图 10-45 V' 不变增大回流量操作线的变化

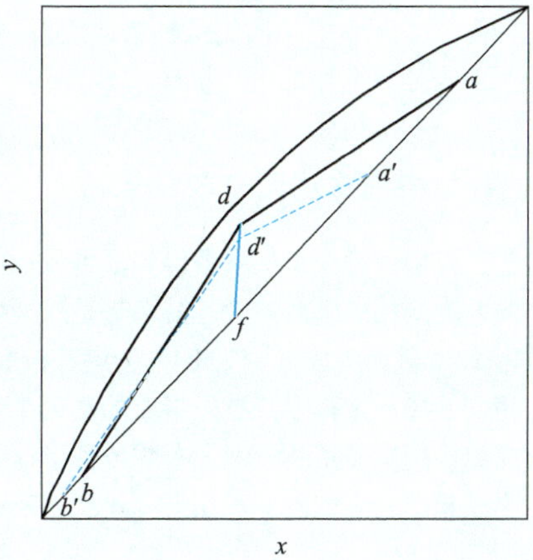

图 10-46 回流量不变增大 V' 操作线的变化

(2) L 不变而 V' 增大情况。

① 由于精馏塔的操作压力不变，可仅考虑 L/V 和 V'/L' 的影响。

因为 q 和 F 均不变，V' 增大，根据 $V'=V+(q-1)F$，所以 V 增大；

由于 L 不变，V 增大 $\longrightarrow$ L/V 减小；

由于 $V=L+D$，L 不变，V 增大 $\longrightarrow$ D 增大；

所以精馏段的 L/V 减小，且 D 增大。

由于 $F=D+W$，F 不变，D 增大 $\longrightarrow$ W 减小；

由于 $L'=L+qF$，L、q、F 均不变 $\longrightarrow$ L' 不变；

由于 V' 增大，L' 不变 $\longrightarrow$ L'/V' 减小；

所以提馏段的 V'/L' 增大(即 L'/V' 减小)，且 W 减小。

② 判断 x_D、x_W 的变化。

首先在 y-x 图上画出原工况下的精馏段、提馏段和 q 线，如图10-46的实线表示。

提馏段的 V'/L' 增大有利于提馏分离，因此 x_W 将减小。由于提馏段的平衡线不变且 L'/V' 减小，可知新工况下提馏段操作线的斜率减小，如图10-46虚线所示，新的操作线交于 q 线上的 d' 点。由于精馏段的 L/V 减小，新工况精馏段操作线的斜率也将减小，即可经过 d' 点画出新的精馏段交对角线于 a' 点，如虚线所示，此时可见 x_D 也将减小，这与精馏段的 L/V 减小对精馏分离不利将导致 x_D 减小相一致。

由于 W 减小、D 增大，可知 x_D、x_W 同时减小可满足物料平衡关系 $Fx_F=Dx_D+Wx_W$。

同样，由于两种情况下提馏段的操作线相互交叉，在虚线和平衡线间所画梯级数可满足与原工况的梯级数相一致，即可满足总理论塔板数不变的前提条件。

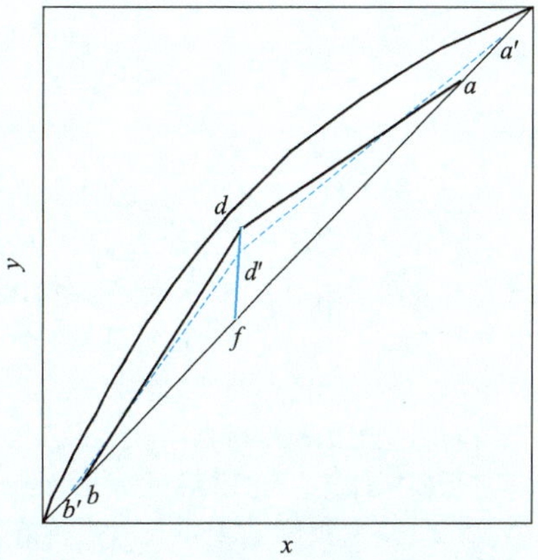

图 10-47 L、V' 均增大时的操作线变化

(3) 怎样操作可使 x_D 增大、x_W 减小(图10-47)。

从上述分析可以发现，第(1)种情况是通过增大回流量提高塔顶馏出液产品的质量，但造成馏出液量 D 减小，塔顶轻组分的回收率降低，最终将以牺牲塔底为代价。第(2)种情况是通过增大塔底的上升蒸气量提高釜液的质量，但造成釜液量 W 减小，塔底重组分回收率降低，最终将以牺牲塔顶为代价。

为了同时提高馏出液和釜液产品的质量，即同时使 x_D 增大、x_W 减小，操作时可首先按第(1)种情况操作，保持上升蒸气量 V' 不变而逐步增大塔顶的回流量使 x_D 满足要求；然后保持回流量不变按第(2)种情况逐渐增加塔底的上升蒸气量，此时 x_W 将逐步满足要求；当馏出液 x_D 明显开始下降时再按第(1)种情况增加塔顶回流量。如此逐步调整塔顶回流量和塔底上升蒸气量使塔顶和塔底产品逐渐达到预定的质量目标，图 10-47 中的虚线即为最终的精馏过程操作线。

2. 精馏塔的温度变化和灵敏板

对于二元精馏过程，从塔顶得到沸点较低的轻组分，塔底得到沸点较高的重组分。沿塔顶向下各板上的温度为气、液两相的平衡温度，其趋势是从上向下温度逐渐增高。当正常操作的精馏塔受到外界因素的干扰时(如回流比或进料组成发生变化)，全塔各板上的组成将发生变化，因此对应的温度也将随之改变。

在精馏的操作过程中，塔内组成的变化会逐渐影响到塔顶和塔底产品组成的改变。虽然塔顶或塔底的温度是产品组成的直接反映，但大多数条件下这两点的温度变化幅度较小，当其有可察觉的变化时，产品组成的波动早已超出允许的范围。在自动化要求较高的连续操作中，需事先对这些变化进行判别并提前采取相应的措施。

考察操作条件发生改变前后塔内的温度变化规律，可以发现在塔内的某些塔板上，温度的变化比塔顶和塔底的变化要显著得多，或者说这些塔板对操作条件的改变更敏感，这些塔板常称为灵敏板。若能通过适当的检测手段随时判断灵敏板温度的变化趋势，并及时采取有效的控制措施将其温度控制在适宜的范围，将大大提高生产的稳定性和可靠性。

例 10-10 在例 10-4 中设计苯-甲苯精馏塔时，如选择回流比从 R=2.6 增加至 R=3.6，其他进料条件及设计要求均不变，苯和甲苯的安托因方程参见例 10-1。试通过计算温度分布曲线确定灵敏板的位置及灵敏板温度的波动范围。

解 (1) 塔板上温度的试差计算。

根据例 10-4 中逐板计算法得到的各板上的液相组成可求取相应的泡点温度。如以第 5 块塔板为例，$x_A = 0.803$。

假设温度 $t = 83$ ℃，代入安托因方程即可计算出 $p_A^s = 830.2\text{mmHg}$ ，$p_B^s = 322.7\text{mmHg}$ 。所以

$$x_A = \frac{P - p_B^s}{p_A^s - p_B^s} = \frac{760 - 322.7}{830.2 - 322.7} = 0.862$$

计算结果比 $x_A = 0.803$ 偏大，说明假设温度偏低。

因而可重新设定 $t = 84.4$℃，同理可计算出 $p_A^s = 865.9$ mmHg，$p_B^s = 338.2$ mmHg。所以

$$x_A = \frac{P - p_B^s}{p_A^s - p_B^s} = \frac{760 - 338.2}{865.9 - 338.2} = 0.799$$

与 $x_A = 0.803$ 十分接近，说明第 5 块理论塔板的温度为 84.4℃。

同样可依次计算其他理论塔板上的温度，得到沿塔的温度分布曲线。

改变回流比为 R =3.6，在满足馏出液和釜液产品组成要求的前提下进行逐板计算，得到各板上新的液相和气相组成，按同样的方法计算温度分布曲线。

(2) 塔板上温度的严格计算。

对塔板上的温度可采用试差的方法计算，但计算工作量较大。为了节省计算时间，可借助商业软件对过程进行模拟计算，图 10-48 为采用 Aspen Plus 模拟计算得到的结果。从图中可以看出，当精馏塔总理论塔板数为 19，进料板位于第 10 块时，在精馏段的第 7 块塔板处温度变化最大，可达 $\Delta t_{max} = 6.0$℃。而塔顶和塔底的温度变化分别只有 0.4℃和 0.2℃，显然第 7 块理论塔板对回流比的变化最敏感，为该精馏塔的灵敏板。

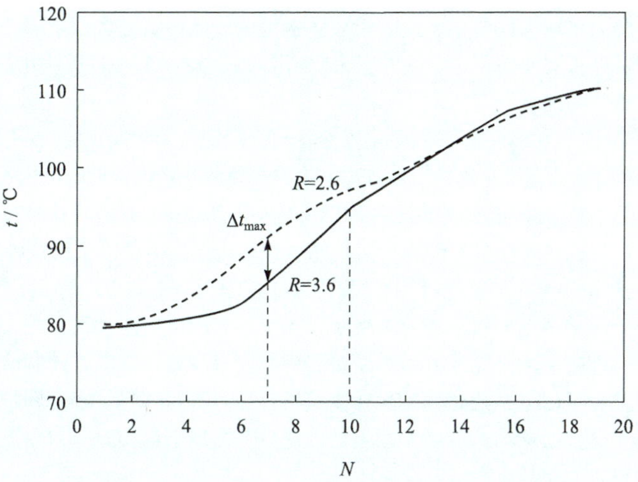

图 10-48 两种回流比下的沿塔温度分布曲线

需说明的是，并不是所有体系的精馏过程都存在灵敏板。例如，对于引例中的粗苯乙烯塔，由于乙苯和苯乙烯的沸点非常接近，且沿塔各板上的相对挥发度变化不大，在精馏过程中温度基本呈均匀线性变化，并不存在灵敏板。精馏体系是否存在灵敏板，可在设计阶段根据模拟计算进行判断。

10.5.4 精馏过程的控制

精馏过程的控制一是要控制进、出物料的平衡，二是要控制产品的质量。物料平衡一般通过控制液位来实现，合格的产品质量通常通过控制温度获得。

1. 物料平衡与液位控制

对于以液体为生产对象的大多单元设备，液位控制是建立物料平衡的最直接手段。在精馏操作中，一般需要对两点液位进行控制，一是塔顶回流罐的液位，二是塔釜液位。回流罐内的物料来自冷凝器，再通过泵一部分回流、一部分作为馏出液排出。进入回流罐的物料量源于塔顶上升蒸气的多少，属不能直接控制因素，回流罐的液位只有通过调节回流量或馏出液量来控制。大多数精馏过程为了保持操作稳定，回流入塔的液体一般需维持恒定，因此生产上通过调节馏出液量来控制回流罐液位的情况较多。在这个过程中，回流罐的液位为被控变量，馏出液量是调节变量。

当在一些特殊场合需辅助以调节回流量来控制液位时，一般应在一段时间范围内保持流量稳定，避免频繁调节。

塔釜内的物料量来自塔内流下的液体量，再部分气化变为上升蒸气、部分作为釜液排出。从塔内流下的液体量取决于塔的操作情况，为不能直接控制因素。调节再沸器的气化量虽可控制塔釜的液位，但不利于维持塔的稳定操作，因此，塔釜的液位一般靠调节釜液量来控制。此时塔釜液位为被控变量，釜液量为调节变量。

2. 产品质量与温度控制

对于普通的二元精馏过程，一般包含馏出液和釜液两个产品。根据前面操作型分析可知，决定馏出液产品质量的是回流比，决定釜液产品质量的是釜液的气化率。这两个参数一般通过改变回流量和塔底上升蒸气量来调节，但回流量或上升蒸气量与产品质量间并无直观的因果关系。

实践表明，在压力一定时，馏出液组成与塔顶温度相关，釜液组成与塔釜温度相关，因此控制产品质量最直接的方法是通过控制回流量和上升蒸气量来控制塔顶和塔釜的温度。但在大多数情况下，塔顶和塔釜温度变化的幅度十分有限，一般并不是直接控制该处的温度。

当主要控制塔顶产品质量时，常选择精馏段温度变化较大的塔板为控制点，方法是调节塔顶回流量。当馏出液中轻组分含量下降时可增大回流量，此时沿塔各板上的液体轻组分含量增加，温度降低，控制点温度降到设定值的下限时即可停止增加回流量。此方案为按精馏段指标控制，如引例中的苯-甲苯精馏塔就可以采用这种控制方案，从塔顶获得纯度较高的苯产品。

当主要控制塔釜产品质量时，常选择提馏段温度变化较大的塔板为控制点，方法是调节塔釜的加热负荷。当釜液中轻组分含量上升时，提高塔釜加热负荷使塔底上升的蒸气量增加，此时沿塔各板上的液体轻组分含量降低，温度上升，控制点温度增加到设定值的上限时即可减小加热负荷。此方案为按提馏段指标控制，如在食用酒精精馏过程中，为严格控制塔釜内乙醇的含量，防止逃酒现象发生，可采用这种控制方案。

按精馏段和提馏段指标的控制方案，在精馏过程的操作控制中应用最为广泛，具有工艺简单、可靠性好、反应迅速等优点。但对于一些沸点差较小的分离系统，温度可能因塔压波动而有较大的变化，采用单点温度控制方案效果可能较差。此时可以采用温差作为质量指标的间接变量。双温差控制就是分别在精馏段和提馏段选取一段塔高间的温差Δt_1和Δt_2，然后将其相减作为检测信号，可以排除塔压波动对产品质量的影响。例如，引例中的粗苯乙烯塔用于分离乙苯与苯乙烯，两组分的沸点在常压下仅相差 9℃，无法单纯通过温度控制来确保产品质量，可采用双温差控制方案。

需说明的是，除以上所述方案外，对产品质量的监控还有其他很多手段。同时随生产过程中对自动化要求的日益提高以及计算技术的快速发展，还会不断有新的控制方案出现，这些均为设计精馏工艺和进行生产操作带来方便。

10.6 多组分精馏

本章的引例是针对包含苯、甲苯、乙苯、苯乙烯等多组分的混合物分离，图 10-33 所示的食用酒精精馏工艺处理的也是多组分系统。多组分精馏比二元精馏在工业上更为常见，且由于体系中组分较多，存在不同组分之间的相互影响，因而多组分精馏的计算要复杂得多。

10.6.1 多组分精馏的特点

工业生产中针对多组分的分离主要采用连续精馏方式。多组分精馏工艺一般包含多座精馏塔，除了最后一个塔分离二元组分外，其余各个塔只能分离出一个高纯组分，因此若要实现 c 个组分的完全分离，至少需要$(c-1)$个精馏塔。

多组分精馏流程存在多种工艺方案，如对三元物系(假设挥发度从大到小依次为 A、B、C)的双塔精馏流程，包含如图 10-49(a)、(b)所示的两种方案。显然组分数越多，供选择的流程方案也越多。

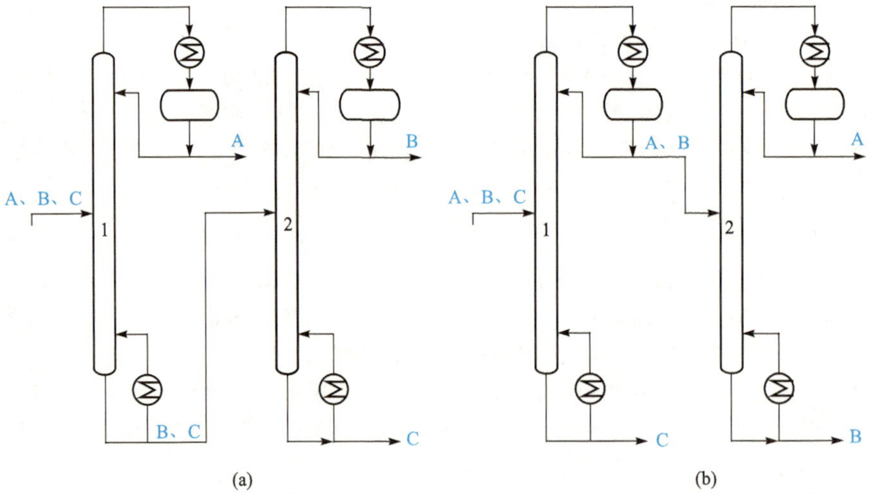

图 10-49 三元精馏的两种流程方案

设计流程时一般遵循的原则如下：

(1) 从设备投资方面考虑，对腐蚀性较强的组分应优先分离，这样可减少使用价格昂贵的材料；若存在较难分离的相邻组分，宜置于最后分离，可在需要很多塔板时减小塔径。

(2) 从节能方面考虑，各组分在流程中的气化、冷凝次数应尽可能少，以降低设备的负荷和能耗，因此，按挥发度大小依次从塔顶分出各组分一般是较节能的方式。

(3) 从保证产品质量方面考虑，对纯度要求较高的组分，一般需从塔顶蒸出。

此外，对一些具有特殊性的分离物系，如含有热敏性组分，应在低压下优先分离，减少热敏物质的停留时间。对一些含量较低不需要提纯的组分，可在分离主组分时通过侧线出料方式排出，避免采用太多的精馏设备。例如，在图 10-33 所示食用酒精生产的精馏塔中，少量的杂醇油(异丁醇、异戊醇等高碳醇的混合物)会在精馏塔靠近进料口的附近位置聚集，可用侧线将它们采出，使食用酒精产品几乎不含高沸杂质。

多组分精馏有时并不需要获得高纯产品。例如，在炼油工业中，只需按沸程从低到高依次得到汽油、煤油、柴油、润滑油和重油等产品，这些产品都是具有一定沸点范围的混合馏分，可按如图 10-50 所示采用主塔和副塔耦合的精馏工艺。主塔为完整的精馏设备，副塔包含三个叠置的水蒸气蒸馏塔，不设置冷凝器和再沸器。副塔的热源由水蒸气提供，副塔的回流液来自于主塔侧线出料。副塔中的低沸点物质连同水蒸气一起进入主塔，从主塔塔顶冷凝。这种耦合的精馏工艺既简化了工艺流程，又有利于节能。

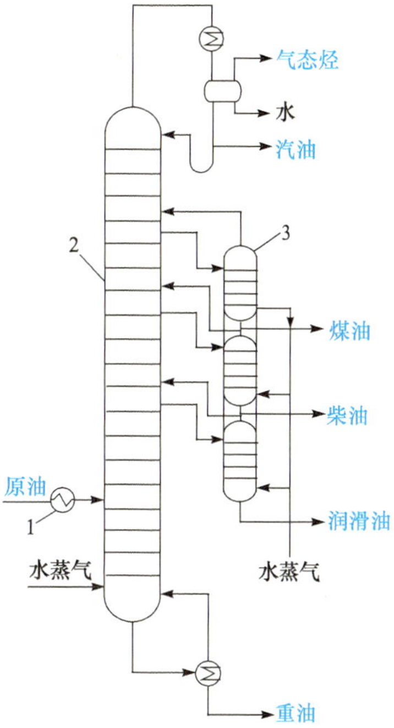

图 10-50 原油加工的复杂塔流程
1.加热炉；2.主塔；3.副塔

10.6.2 多组分物系的气-液相平衡

对于多组分系统，尤其是非理想混合物，由于存在多个两组分间的相对挥发度，且均不能作为常数处理，使用起来十分不便。计算时一般可采用相平衡常数代替相对挥发度，相平衡常数 m_i 的定义如下：

$$m_i = y_i / x_i \tag{10-87}$$

根据挥发度的定义，相平衡常数与相对挥发度的关系可表示为

$$\alpha_{ij} = m_i / m_j \tag{10-88}$$

对理想物系，有

$$\alpha_{ij} = p_i^s / p_j^s \tag{10-89}$$

对于多组分系统，根据组分加和方程 $\sum y_i = 1$，有

$$y_i = m_i x_i = \frac{m_i x_i}{\sum m_i x_i} \tag{10-90}$$

对于理想物系，由于α_{ij}近似为常数，式(10-90)又可表示为

$$y_i = \frac{(m_i/m_j)x_i}{\sum\limits_i (m_i/m_j)x_i} = \frac{\alpha_{ij}x_i}{\sum\limits_i \alpha_{ij}x_i} \tag{10-91}$$

上述各式提供了多组分物系气-液相平衡的计算方法，当系统为理想物系时，可用式(10-90)或式(10-91)进行计算。若按非理想溶液考虑，则一般以式(10-90)作为计算的依据。

10.6.3 多组分精馏的简捷计算

与二元精馏类似，多组分精馏的计算也包括设计型计算和操作型计算，下面重点对设计型计算进行讨论。

1. 全塔物料衡算

在多组分精馏塔中，通常把对分离程度起决定作用而必须着重控制的组分称为关键组分，其中挥发度较大的称为轻关键组分，挥发度较小的称为重关键组分。对于三元混合物的分离，全塔物料衡算包括三个方程，即总物料平衡、轻关键组分物料平衡和重关键组分物料平衡，关系式如下：

$$\begin{cases} F = D + W \\ Fx_{\mathrm{lF}} = Dx_{\mathrm{lD}} + Wx_{\mathrm{lW}} \\ Fx_{\mathrm{hF}} = Dx_{\mathrm{hD}} + Wx_{\mathrm{hW}} \end{cases} \tag{10-92}$$

式中，x_{lF}、x_{hF}分别为轻关键组分 l、重关键组分 h 在进料中的摩尔分数；x_{lD}、x_{hD}分别为轻、重关键组分在塔顶产品中的摩尔分数；x_{lW}、x_{hW}分别为轻、重关键组分在塔底产品中的摩尔分数。

在式(10-92)所示的方程组中，对于设计型问题，由于已知量只有 F、x_{lF}、x_{hF}、x_{lW}、x_{hD} 5 个参数，而待求变量却有 9 个，原则上需要 4 个方程才能求解，因此需要另外补充一个独立的变量关系式。随着多组分系统中组分的增多，需要补充的关系式也将增多。例如，对含有 c 个组分的精馏过程，需要补充的方程为$(c-2)$个。

为了补充所缺的方程，需对物料中各组分的分配作一些规定，常用的假定方法有清晰分割和非清晰分割两种。

1) 清晰分割

若选取的轻、重关键组分为相邻组分，且这两个关键组分间的相对挥发度较大，其分离要求也较高，即轻关键组分在釜液中的浓度较低，重关键组分在馏出液中的浓度较低。此时可认为比轻关键组分更轻的组分全部从塔顶馏出，而不在塔底出现；比重关键组分更重的组分全部从塔底排出，而不在塔顶出现。即认为除关键组分外的其他组分要么完全从塔顶馏出，要么完全从塔底排出，不会在馏出液和釜液中同时出现，该方法称为清晰分割。采用该假定，可补足全塔物料衡算中所缺的方程数。

若关键组分间的相对挥发度不大，或者选取的轻、重关键组分之间还夹有其他组分，分离要求也不是很高，那么各个组分都会在塔顶、塔底产品中出现，此时不能用清晰分割法进行计算。

2) 非清晰分割

在不能应用清晰分割的情况下，处理组分分配时可采用如下的非清晰分割法。该方法假定，在任意回流比下操作时，各组分在馏出液和釜液中的分配情况与全回流时相同。

全回流操作时，馏出液和釜液的组成与最少理论塔板数之间的关系可近似用芬斯克方程来描述，对轻、重关键组分而言，有

$$N_{\min}=\frac{\lg\left[\left(\frac{x_{\mathrm{l}}}{x_{\mathrm{h}}}\right)_{\mathrm{D}}\left(\frac{x_{\mathrm{h}}}{x_{\mathrm{l}}}\right)_{\mathrm{W}}\right]}{\lg\bar{\alpha}_{\mathrm{lh}}} \tag{10-93}$$

或写成

$$\left(\frac{x_{\mathrm{l}}}{x_{\mathrm{h}}}\right)_{\mathrm{D}}=\bar{\alpha}_{\mathrm{lh}}^{N_{\min}}\left(\frac{x_{\mathrm{l}}}{x_{\mathrm{h}}}\right)_{\mathrm{W}} \tag{10-94}$$

式中，下标 l 表示轻关键组分，h 表示重关键组分。

由于同一混合物中组分的摩尔分数之比等于物质的量之比，所以式(10-94)又可表示为

$$\frac{d_{\mathrm{l}}}{w_{\mathrm{l}}}=\bar{\alpha}_{\mathrm{lh}}^{N_{\min}}\frac{d_{\mathrm{h}}}{w_{\mathrm{h}}} \tag{10-95}$$

同理，对任意组分，有

$$\frac{d_i}{w_i}=\bar{\alpha}_{i\mathrm{h}}^{N_{\min}}\frac{d_{\mathrm{h}}}{w_{\mathrm{h}}} \tag{10-96}$$

式中，d_{l}、d_{h} 和 d_i 分别为塔顶产品 D 中轻关键组分、重关键组分和 i 组分的摩尔流量；w_{l}、w_{h} 和 w_i 分别为塔底产品 W 中轻关键组分、重关键组分和 i 组分的摩尔流量。

由式(10-95)和式(10-96)得

$$N_{\min}=\frac{\lg(d_{\mathrm{l}}/w_{\mathrm{l}})-\lg(d_{\mathrm{h}}/w_{\mathrm{h}})}{\lg\bar{\alpha}_{\mathrm{lh}}}=\frac{\lg(d_i/w_i)-\lg(d_{\mathrm{h}}/w_{\mathrm{h}})}{\lg\bar{\alpha}_{i\mathrm{h}}} \tag{10-97}$$

式(10-97)表示了全回流下各组分在馏出液和釜液中的分配情况。根据非清晰分割的假定，任意回流比下也有上述分配关系，即后面一个等式普遍成立

$$\frac{\lg(d_{\mathrm{l}}/w_{\mathrm{l}})-\lg(d_{\mathrm{h}}/w_{\mathrm{h}})}{\lg\bar{\alpha}_{\mathrm{lh}}}=\frac{\lg(d_i/w_i)-\lg(d_{\mathrm{h}}/w_{\mathrm{h}})}{\lg\bar{\alpha}_{i\mathrm{h}}} \tag{10-98}$$

式(10-98)就是非清晰分割法阐述的任意情况下各组分在馏出液和釜液中分配的基本关系，通常称为亨斯特别克(Hengsterbeck)关系式。若已知轻、重关键组分在馏出液和釜液中的分配情况 $d_{\mathrm{l}}/w_{\mathrm{l}}$、$d_{\mathrm{h}}/w_{\mathrm{h}}$，以及塔内各组分对重关键组分的平均相对挥发度 $\bar{\alpha}_{i\mathrm{h}}$，利用该式可以求得任意非关键组分在馏出液中的摩尔流量与釜液中的摩尔流量之比，从而根据物料衡算进一步求取塔顶、塔釜产品中各组分的组成。

2. 捷算法求理论塔板数

多组分精馏理论塔板数的计算与二元精馏一样，其方法有逐板计算法和捷算法等。逐板计算法较准确，但过程很复杂；捷算法也是根据最少理论塔板数 $N_{\min}$、最小回流比 $R_{\min}$、操作回流比 R 等利用吉利兰关系式求取理论塔板数和进料板位置。捷算法虽误差较大，但可为采用模拟软件进行严格计算提供初值，也有利于对复杂的过程进行定性分析。

1) 最少理论塔板数

多组分精馏的最少理论塔板数 $N_{\min}$ 可用式(10-93)表示的芬斯克方程进行求解。计算时使用轻、重关键组分，其中平均相对挥发度 $\bar{\alpha}_{lh}$ 可根据下式计算：

$$\bar{\alpha}_{lh}=\sqrt{\left(\bar{\alpha}_{lh}\right)_D\left(\bar{\alpha}_{lh}\right)_W} \tag{10-99}$$

当轻关键组分在馏出液中的回收率定义为 η_{lD}、重关键组分在釜液中的回收率定义为 η_{hW} 时，根据式(10-95)有

$$N_{\min}=\frac{\lg\left[\dfrac{\eta_{lD}\eta_{hW}}{\left(1-\eta_{lD}\right)\left(1-\eta_{hW}\right)}\right]}{\lg\bar{\alpha}_{lh}} \tag{10-100}$$

式(10-100)表明，最少理论塔板数与进料组成无关，只取决于分离要求。分离要求越高，轻、重关键组分之间的相对挥发度越小，所需的最少理论塔板数就越多。

2) 最小回流比

最小回流比 $R_{\min}$ 可用严格的逐板计算法求解，需经试差。由于沿塔可能出现多个恒浓区，采用手算十分复杂。恩德伍德(Underwood)提出一种简捷计算法，使用恒定的相对挥发度并基于恒摩尔流假定，通过求解如下两个方程确定最小回流比

$$R_{\min}=\sum_{i=1}^{c}\frac{\alpha_{ij}\left(x_{iD}\right)_m}{\alpha_{ij}-\theta}-1 \tag{10-101}$$

$$1-q=\sum_{i=1}^{c}\frac{\alpha_{ij}x_{iF}}{\alpha_{ij}-\theta} \tag{10-102}$$

式中，j 为基准组分；q 为进料的液相摩尔分数；$\left(x_{iD}\right)_m$ 为最小回流比下馏出液中组分 i 的摩尔分数。求解时，首先根据式(10-102)通过试差法求方程的根 θ。如果轻、重关键组分是相邻组分，θ 值应满足 $\alpha_{lj}<\theta<\alpha_{hj}$；若轻、重关键组分不是相邻组分，则会得到两个或两个以上的 θ 值，然后代入式(10-101)中分别计算最小回流比 $R_{\min}$，取其中的最大者。

此外，根据式(10-101)计算最小回流比时，需要知道最小回流比下的馏出液各组分的摩尔分数，由于该组成难以获得，在计算时可近似采用全回流条件下的组成代替。

3) 实际回流比和理论塔板数

多组分精馏实际操作的回流比应比最小回流比稍大，一般可取 $R=(1.1\sim1.5)R_{\min}$。

获得 $R_{\min}$、R 和 $N_{\min}$ 等参数后，即可按照与二元精馏相同的方法以吉利兰关系式计算理论塔板数。适宜的进料位置也可按照在操作回流比下精馏段、提馏段的理论塔板数之比等于全回流条件下按芬斯克方程计算得到的精馏段、提馏段理论塔板数之比这个规则进行确定。

例 10-11 在乙苯脱氢生产苯乙烯的精馏工艺中，粗苯乙烯塔顶的物料为含苯、甲苯、乙苯和苯乙烯等的多组分混合物，流量为 182.4kmol/h，送入乙苯回收塔从塔底脱除乙苯和苯乙烯。已知原料含苯、甲苯和乙苯分别为 3.28%(摩尔分数，下同)、6.22%和 89.5%，含苯乙烯高沸物为 1%。假设进料接近于泡点，操作回流比是最小回流比的 1.1 倍。要求甲苯在塔顶馏出液中的回收率不低于 97%，乙苯在塔底釜液中的回收率不低于 99.9%。计算时苯对乙苯、甲苯对乙苯、苯乙烯对乙苯的相对挥发度分别可取为 4.58、2.02 和 0.77。

(1) 试根据清晰分割法计算乙苯回收塔的馏出液量和釜液量及其组成；

(2) 试用捷算法估算全塔的理论塔板数和进料板位置；

(3) 若采用非清晰分割法，各组分在馏出液和釜液中的分配又将如何？

解 (1) 清晰分割法进行物料衡算。

该被分离物系为由苯(A)、甲苯(l)、乙苯(h)和苯乙烯(B)组成的四元物系。假设轻、重关键组分分别为甲苯和乙苯，它们在该精馏体系中是相邻组分。

按清晰分割假定，则比甲苯更轻的苯(A)不在釜液中出现，比乙苯更重的苯乙烯(B)不在馏出液中出现，即有

$$\begin{cases} x_{AW}=0 \\ x_{BD}=0 \end{cases} \tag{i}$$

根据全塔物料衡算关系

$$\begin{cases} F = D + W \\ Fx_{AF} = Dx_{AD} + Wx_{AW} \\ Fx_{lF} = Dx_{lD} + Wx_{lW} \\ Fx_{hF} = Dx_{hD} + Wx_{hW} \\ Dx_{lD} = 0.97Fx_{lF} \\ Wx_{hW} = 0.999Fx_{hF} \end{cases} \longrightarrow \begin{cases} 182.4 = D + W \\ Dx_{AD} + Wx_{AW} = 182.4 \times 0.0328 = 5.98 \\ Wx_{lW} = 0.03 \times 182.4 \times 0.0622 = 0.340 \\ Dx_{hD} = 0.001 \times 182.4 \times 0.895 = 0.163 \\ Dx_{lD} = 0.97 \times 182.4 \times 0.0622 = 11.00 \\ Wx_{hW} = 0.999 \times 182.4 \times 0.895 = 163.1 \end{cases} \tag{ii}$$

根据组成加和关系

$$\begin{cases} x_{AD} + x_{lD} + x_{hD} + x_{BD} = 1 \\ x_{AW} + x_{lW} + x_{hW} + x_{BW} = 1 \end{cases} \tag{iii}$$

联立(i)、(ii)和(iii)可解得

$$\begin{cases} D = 17.14\text{kmol/h} \\ x_{AD} = 0.349 \\ x_{lD} = 0.641 \\ x_{hD} = 0.010 \\ x_{BD} = 0 \end{cases} \qquad \begin{cases} W = 165.3\text{kmol/h} \\ x_{AW} = 0 \\ x_{lW} = 0.002 \\ x_{hW} = 0.987 \\ x_{BW} = 0.011 \end{cases}$$

因此，苯、甲苯、乙苯和苯乙烯在馏出液中的摩尔分数分别为 0.349、0.641、0.01 和 0，在釜液中的摩尔分数分别为 0、0.002、0.987 和 0.011。

(2) 捷算法估算理论塔板数。

① 计算最少理论塔板数。根据芬斯克方程

$$N_{\min} = \frac{\lg\left[\left(\frac{x_l}{x_h}\right)_D \left(\frac{x_h}{x_l}\right)_W\right]}{\lg\bar{\alpha}_{lh}} = \frac{\lg\left[\frac{0.641}{0.01} \times \frac{0.987}{0.002}\right]}{\lg 2.02} = 14.7$$

$$N_{\min 1} = \lg\left[\left(\frac{x_l}{x_h}\right)_D \left(\frac{x_h}{x_l}\right)_F\right]$$

$$\lg\bar{\alpha}_{lh1} = \frac{\lg\left[\frac{0.641}{0.01} \times \frac{0.895}{0.0622}\right]}{\lg 2.02} = 9.7$$

② 计算最小回流比和操作回流比。根据

$$1 - q = \sum_{i=1}^{c} \frac{\alpha_{ij} x_{iF}}{\alpha_{ij} - \theta}$$

所以

$$1 - 1 = \frac{\bar{\alpha}_{Ah} x_{AF}}{\bar{\alpha}_{Ah} - \theta} + \frac{\bar{\alpha}_{lh} x_{lF}}{\bar{\alpha}_{lh} - \theta} + \frac{\bar{\alpha}_{hh} x_{hF}}{\bar{\alpha}_{hh} - \theta} + \frac{\bar{\alpha}_{Bh} x_{BF}}{\bar{\alpha}_{Bh} - \theta}$$

即

$$0=\frac{4.58\times0.0328}{4.58-\theta}+\frac{2.02\times0.0622}{2.02-\theta}+\frac{1\times0.895}{1-\theta}+\frac{0.77\times0.01}{0.77-\theta}$$

通过试差计算可解得在 1～2.02 之间的根为 $\theta=1.89$ 。

根据

$$R_{\min}=\sum_{i=1}^{c}\frac{\alpha_{ij}(x_{iD})_{m}}{\alpha_{ij}-\theta}-1$$

所以

$$R_{\min}=\frac{\bar{\alpha}_{Ah}x_{AD}}{\bar{\alpha}_{Ah}-\theta}+\frac{\bar{\alpha}_{lh}x_{lD}}{\bar{\alpha}_{lh}-\theta}+\frac{\bar{\alpha}_{hh}x_{hD}}{\bar{\alpha}_{hh}-\theta}+\frac{\bar{\alpha}_{Bh}x_{BD}}{\bar{\alpha}_{Bh}-\theta}-1$$

$$R_{\min}=\frac{4.58\times0.349}{4.58-1.89}+\frac{2.02\times0.641}{2.02-1.89}+\frac{1\times0.01}{1-1.89}+\frac{0.77\times0}{0.77-1.89}-1=9.54$$

所以

$$R=1.1R_{\min}=10.5$$

③ 计算理论塔板数和加料板位置。由于

$$X=\frac{R-R_{\min}}{R+1}=\frac{10.5-9.54}{10.5+1}=0.0835$$

因此

$$Y=0.75\left(1-X^{0.5668}\right)=0.75\left(1-0.0835^{0.5668}\right)=0.566$$

由于

$$Y=\frac{N-N_{\min}}{N+1}=\frac{N-14.7}{N+1}=0.566$$

因此

$$N=35.2\ \text{(包括塔釜)}$$

$$N_1=\frac{N_{\min1}}{N_{\min}}N=\frac{9.7}{14.7}\times35.2=23.2$$

因此，该四元精馏过程所需的总理论塔板数约为 36 块，进料位置约在第 24 块。

(3) 非清晰分割说明。

若采用非清晰分割法确定各组分在馏出液和釜液中的分配，以各组分的实际流量对全塔进行物料衡算

$$\begin{cases}f_A=d_A+w_A\\f_l=d_l+w_l\\f_h=d_h+w_h\\f_B=d_B+w_B\\d_l=0.97f_l\\w_h=0.999f_h\end{cases}\longrightarrow\begin{cases}d_A+w_A=182.4\times0.0328=5.98\\w_l=0.03\times182.4\times0.0622=0.34\\d_h=0.001\times182.4\times0.895=0.16\\d_B+w_B=182.4\times0.01=1.82\\d_l=0.97\times182.4\times0.0622=11.0\\w_h=0.999\times182.4\times0.895=163.1\end{cases}$$

再根据由非清晰分割的定义得到的亨斯特别克关系式，有

$$\begin{cases}\dfrac{\lg(d_l/w_l)-\lg(d_h/w_h)}{\lg\bar{\alpha}_{lh}}=\dfrac{\lg(d_A/w_A)-\lg(d_h/w_h)}{\lg\bar{\alpha}_{Ah}}\\[2ex]\dfrac{\lg(d_l/w_l)-\lg(d_h/w_h)}{\lg\bar{\alpha}_{lh}}=\dfrac{\lg(d_B/w_B)-\lg(d_h/w_h)}{\lg\bar{\alpha}_{Bh}}\end{cases}$$

$$\begin{cases}\dfrac{\lg(11.0/0.34)-\lg(0.16/163.1)}{\lg2.02}=\dfrac{\lg(d_A/w_A)-\lg(0.16/163.1)}{\lg4.58}\\[2ex]\dfrac{\lg(11.0/0.34)-\lg(0.16/163.1)}{\lg2.02}=\dfrac{\lg(d_B/w_B)-\lg(0.16/163.1)}{\lg0.77}\end{cases}$$

即有

$$\begin{cases} d_A/w_A = 5.92\times10^6 \\ d_B/w_B = 2.05\times10^{-5} \end{cases}$$

与前面的物料衡算式 $\begin{cases} d_A + w_A = 5.98 \\ d_B + w_B = 1.82 \end{cases}$ 联立可得

$$\begin{cases} d_A = 5.98\text{kmol/h} \\ d_B = 3.78\times10^{-5}\text{kmol/h} \\ w_A = 1.01\times10^{-6}\text{kmol/h} \\ w_B = 1.82\text{kmol/h} \end{cases}$$

将所有计算结果列于表 10-12 中，可以看出，采用非清晰分割法虽可确定苯在釜液和苯乙烯在馏出液中的流量，但由于两者的数值十分微小，与清晰分割假定的 $x_{AW}=0$ 、$x_{BD}=0$ 基本无差别。因此，对本系统的精馏过程采用清晰分割法进行物料衡算是合理的。

表 10-12 四元精馏过程各组分在原料和产品中的分配

组分	进料		馏出液		釜液	
	f_i/(kmol/h)	x_{iF}	d_i/(kmol/h)	x_{iD}	w_i/(kmol/h)	x_{iW}
苯(A)	5.98	0.0328	5.98	0.349	1.0×10^{-6}	6.1×10^{-9}
甲苯(l)	11.34	0.0622	11.0	0.642	0.34	0.002
乙苯(h)	163.3	0.8950	0.16	0.009	163.1	0.987
苯乙烯(B)	1.83	0.010	3.78×10^{-5}	2.2×10^{-6}	1.82	0.011
总量	182.4	1.0	17.14	1.0	165.3	1.0

(4) 与严格计算的对比。

采用 Aspen Plus 对该过程进行模拟计算，进料温度根据接近泡点的要求设定为 120℃，总理论塔板数为 36(精馏段为 23)，操作压力为 101.3kPa(绝对压力)，回流比为 10.5。相平衡模型以 Wilson 方程计算液相活度系数，气相按理想气体处理。模拟计算结果见表 10-13。

表 10-13 乙苯回收塔模拟计算结果(摩尔分数)

	流量/(kmol/h)	非芳烃	苯	甲苯	乙苯	苯乙烯
原料	182.5	0.0019	0.0327	0.0620	0.8933	0.01
馏出液	17.49	0.0202	0.3414	0.6357	0.0026	4.72×10^{-8}
釜液	165.0	—	1.46×10^{-6}	0.0012	0.9877	0.0111

根据表 10-13 的结果可计算馏出液中甲苯的回收率为 98.26%，釜液中乙苯的回收率为 99.96%，满足题目中对两关键组分回收率的要求。

10.6.4 多组分精馏的严格计算模型

清晰分割或非清晰分割法虽能确定各组分在馏出液和釜液中的分配，捷算法虽能计算理论塔板数并确定进料板位置，但这些都是多组分精馏的近似算法，对接近理想的物系才较适用。如果针对非理想物系，一般需要通过严格计算才能获得可靠的结果。

多组分精馏的严格算法是基于描述过程的数学模型而建立的，平衡级模型是多组分精馏计算应用最广的数学模型，主要包括两点假设：一是全混级假定，级内的气相或液相分别呈全混状态，即气、液两相均组成均一，不存在浓度梯度；二是理论塔板假定，离开接触级的气、液两相成相平衡和热平衡状态，温度均一。

对于图 10-51 所示的一个平衡级，描述平衡级模型的数学方程如下：

(1) M 方程，即组分物料衡算方程：

$$F_j z_{i,j} + V_{j+1} y_{i,j+1} + L_{j-1} x_{i,j-1} - \left(V_j + S_j^{\mathrm{V}}\right) y_{i,j} - \left(L_j + S_j^{\mathrm{L}}\right) x_{i,j} = 0 \tag{10-103}$$

(2) E 方程，即相平衡方程：

$$y_{i,j} = m_{i,j} x_{i,j} \tag{10-104}$$

(3) S 方程，即组成加和方程：

$$\sum_{i=1}^{c} x_{i,j} = 1 \ , \ \sum_{i=1}^{c} y_{i,j} = 1 \tag{10-105}$$

(4) H 方程，即焓衡算方程：

$$F_j h_j^{\mathrm{F}} + V_{j+1} h_{j+1}^{\mathrm{V}} + L_{j-1} h_{j-1}^{\mathrm{L}} - \left(V_j + S_j^{\mathrm{V}}\right) h_j^{\mathrm{V}} - \left(L_j + S_j^{\mathrm{L}}\right) h_j^{\mathrm{L}} - Q_j = 0 \tag{10-106}$$

式中，V_j、L_j 分别为离开第 j 级的气相和液相摩尔流量；S_j^{V}、S_j^{L} 分别为气相和液相在第 j 级的侧线出料摩尔流量；$y_{i,j}$、$x_{i,j}$ 分别为离开第 j 级的气相和液相中 i 组分的摩尔组成；h_j^{V}、h_j^{L} 分别为离开第 j 级的气相摩尔焓、液相摩尔焓；F_j、$z_{i,j}$ 和 h_j^{F} 分别为第 j 级的进料量、进料组成和摩尔焓；Q_j 为第 j 级的热量损失；$m_{i,j}$ 为在第 j 级上 i 组分的相平衡常数；c 为总组分数。

求解上述 MESH 方程最常采用的方法是三对角矩阵法，即给定平衡级数，将 E 方程代入 M 方程消去 $y_{i,j}$，形成具有三对角系数矩阵的新方程。在设定每级温度 T_j 和气相流量 V_j 初值的前提下即可通过迭代计算求得各级上的液相组成 $x_{i,j}$，再通过 S 方程和 H 方程调整 T_j 和 V_j 的大小进行迭代直至达到收敛。

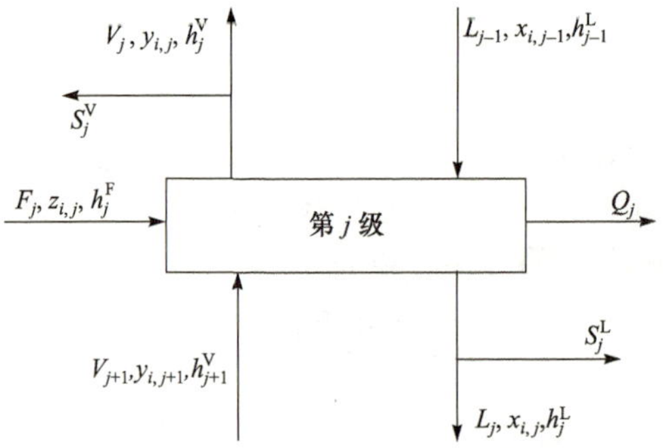

图 10-51 平衡级模型示意图

此外，也可借助一些常用的计算软件(如 Aspen Plus 或 Pro II)对过程进行严格的模拟计算，这在工业设计中被普遍采用。对一些复杂体系的特殊精馏过程，虽然模拟软件提供了方便，但有时为了保证计算过程的收敛，仍需要对过程进行简化计算以得到模拟计算的初值，此时可通过捷算法协助进行。

如果能够获得塔板上各组分的单板效率，平衡级模型也可对实际塔板上的流量和组成进行模拟计算，此时将 E 方程代入单板效率的定义式即可修正相平衡方程。此外，与平衡级模型对应的还有非平衡级模型，非平衡级模型一般将气、液两相分开考虑，以实际的传质速率方程代替 E 方程并联立气、液两相的 M 方程，以传热速率方程联立气、液两相的 H 方程。由于非平衡级模型十分复杂，且需要的参数较多，在计算应用中受到较大的限制。

10.7 其他蒸馏方式

10.7.1 水蒸气蒸馏

如果被分离的混合物中所有组分均不溶于水，蒸馏时可直接往系统内通入水蒸气，此种蒸馏方法称为水蒸气蒸馏。蒸馏时所加的水蒸气一方面作为加热剂，另一方面作为夹带剂将易挥发组分从塔顶带出，经冷凝分层后除去其中的水分，从而得到产品。

水蒸气蒸馏的优点是可以降低系统的操作温度，特别适合于沸点较高物系或高温易分解物系的分离，它不仅适用于间歇蒸馏，也适用于连续精馏。例如，在原油炼制的常压、减压精馏塔中，常采用从塔底通入水蒸气的方法来降低蒸馏的操作温度，并回收塔底重油中的轻组分。

如图 10-52 所示，假定原分离体系为 A、B 二元有机混合物，两组分均与水互不相溶。在一定的温度 t 下系统达到平衡时的总压应等于各纯组分的分压及水的饱和蒸气压之和

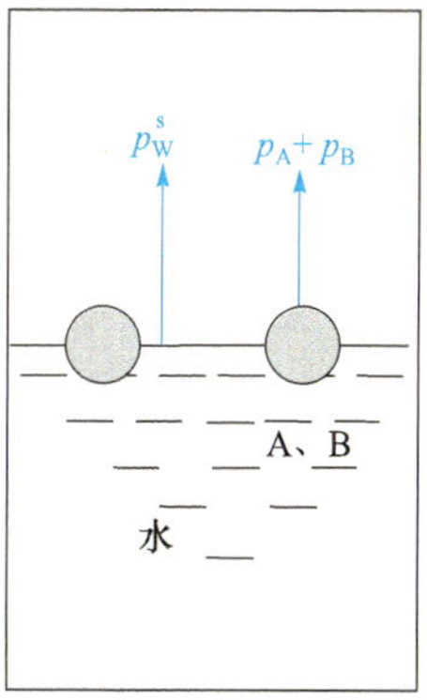

图 10-52　油、水混合物的蒸气压

$$P = p_A + p_B + p_W^s \tag{10-107}$$

当总压为 101.3kPa 时，$(p_A + p_B)$ 显然比 101.3kPa 要低，即相当于降低了有机物的蒸馏压力。只要系统内存在水和有机物两相，式(10-107)就普遍成立。如果被分离的 A、B 混合物近似可按理想物系处理，其分压可用拉乌尔定律表示，则有

$$P = p_A^s x + p_B^s (1-x) + p_W^s \tag{10-108}$$

式中，x 为有机相中轻组分 A 的摩尔分数，p_A^s 和 p_B^s 分别为 A、B 在该温度下的饱和蒸气压。

水蒸气蒸馏以消耗部分水蒸气将有机相的轻组分带出，其消耗量显然与气相中各组分的分压有关，其关系为

$$\frac{G_W}{G_{org}} = \frac{p_W^s M_W}{(p_A + p_B) M_{org}} = \frac{p_W^s M_W}{(P - p_W^s) M_{org}} \tag{10-109}$$

式中，G_W、G_{org} 分别为水蒸气和有机蒸气的质量流量，kg/h；M_W 为水蒸气的摩尔质量；M_{org} 为有机蒸气的平均摩尔质量。

M_{org} 按下式计算：

$$M_{org} = y' M_A + (1 - y') M_B \tag{10-110}$$

式中，y' 为气相中不考虑水蒸气时轻组分的摩尔分数，有 $y' = y/(1-y_W)$。

与减压精馏相比，水蒸气蒸馏需要的设备简单，操作也较容易。但存在能耗较大、设备负荷高、传质效率低以及产品夹带水分等缺点，其中能耗大是水蒸气蒸馏的致命弱点。

10.7.2 恒沸精馏和萃取精馏

化工生产过程中经常会碰到两组分沸点相近或为恒沸物系的分离问题，由于其相对挥发度接近或等于 1，依靠常规精馏方法很难将两者进行分离提纯。工业过程中需要采用一些强化的手段，恒沸精馏和萃取精馏就是常用的两种分离方法。

1. 恒沸精馏

恒沸精馏是在被分离的二元物系内加入沸点较低的第三组分，该组分能与目标组分形成沸点更低的新恒沸物，新恒沸物从塔顶蒸出后，塔底可得到需要的纯组分。蒸出的恒沸物经

冷凝后若能形成液-液两相，则为非均相恒沸精馏，否则为均相恒沸精馏。

添加的第三组分称为恒沸剂或夹带剂，夹带剂的存在能改变原分离物系的相对挥发度，强化原物系的分离过程。例如，异丙醇-水体系在常压条件下会形成含异丙醇为87.4%(质量分数)的最低恒沸物，恒沸温度为80.3℃，依靠普通精馏无法将两者完全分开。为了获得无水异丙醇产品，生产中可采用以环己烷为夹带剂的非均相恒沸精馏工艺，如图10-53所示。

当在异丙醇水溶液中加入环己烷时，可形成环己烷-水-异丙醇三元最低恒沸物，该恒沸物的沸点为64.3℃，其中含环己烷74%(质量分数)、水7.5%和异丙醇18.5%。蒸馏时接近该组成的混合物从恒沸塔顶蒸出，冷凝后自动分为油、水两相，大部分环己烷集中在油相中得到良好的分离，富含环己烷的油相全部回流进入恒沸塔顶循环使用。只要环己烷足够多，即可将原料中的水全部从塔顶带出，而在塔底得到无水异丙醇产品。

由于分相罐内形成的水相中仍含有少量环己烷和异丙醇，需要依次通过脱烷塔和脱水塔分别从塔顶回收环己烷和异丙醇。

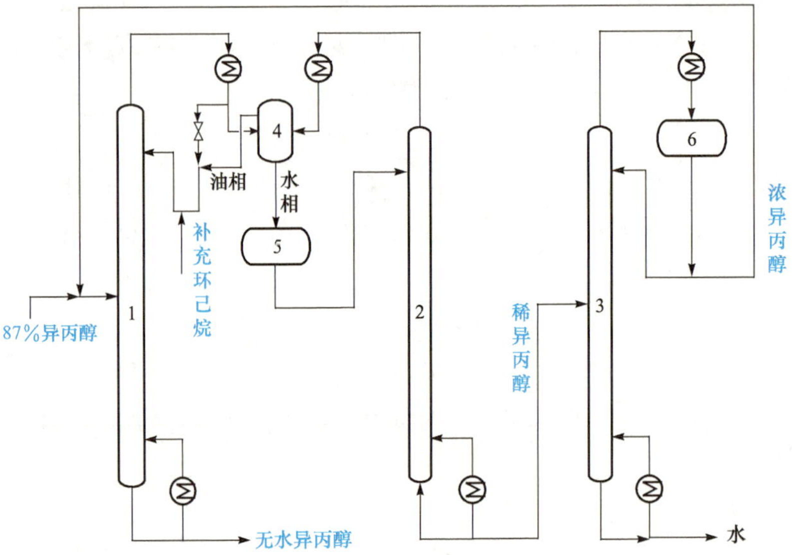

图10-53　恒沸精馏生产无水异丙醇工艺流程

1.恒沸塔；2.脱烷塔；3.脱水塔；4.分相罐；5,6.回流罐

在整个工艺流程中，环己烷在系统内循环使用，只需定期补充一些损耗的量即可。原料异丙醇水溶液被完全分离成纯异丙醇和水，分别在恒沸塔底和脱水塔底排出系统。

恒沸精馏中对夹带剂的筛选十分重要，它关系到整个分离工艺是否可行及需要的能耗大小。一般以选择可形成非均相恒沸物的夹带剂为首选方案，这有利于回收夹带剂而简化分离工艺。对于醇水溶液这类强极性物系，选择芳烃、醚、烷烃或环烷烃等极性小的物质作为夹带剂均能形成非均相恒沸物。

此外，夹带剂最好能与被分离物系含量较少的组分形成最低恒沸物，且该组分在恒沸物中含量要高，否则夹带剂的用量会很大，不利于节能降耗。并且，新形成的最低恒沸物的恒沸温度与原物系各组分的沸点应有足够大的差别，一般要求相差10℃以上，否则会造成夹带剂分离困难，需要很高的塔设备。

2. 萃取精馏

萃取精馏是在被分离的二元物系内加入沸点较高的第三组分，该组分与原物系内的任何组分均不形成恒沸物，而是靠与目标组分形成更强的分子间的相互作用，降低目标组分的挥发性，从塔顶得到需要的纯组分。

所加的第三组分称为萃取剂或溶剂，其沸点较高，精馏时可将目标组分带向塔底，强化原物系的分离过程。例如，乙酸甲酯和甲醇在常压下会形成含乙酸甲酯为66.3%(摩尔分数)的最低恒沸物，依靠普通精馏无法将两者完全分开。为了获得高纯乙酸甲酯产品，生产中采用以1,2-丙二醇为溶剂的萃取精馏工艺，如图10-54所示。

在萃取精馏塔中，与乙酸甲酯相比，1,2-丙二醇与甲醇的分子间作用力较强，精馏时甲醇将随1,2-丙二醇进入塔底，塔顶可获得含量99.7%的乙酸甲酯产品。在脱甲醇塔中，从塔顶蒸出甲醇，塔底得到的1,2-丙二醇再返回萃取精馏塔循环使用。

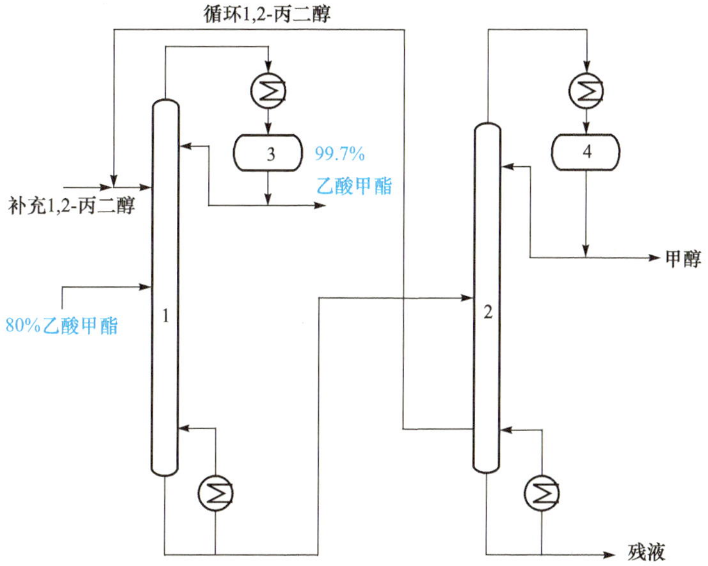

图10-54 乙酸甲酯提纯的萃取精馏工艺流程

1.萃取精馏塔；2.脱甲醇塔；3,4.回流罐

萃取精馏中对溶剂的选择非常重要，萃取剂的加入要能显著增加原物系的相对挥发度，一般选择与目标组分极性相近的组分为溶剂。此外，萃取精馏设计时还应考虑溶剂的用量，溶剂在被分离物系中含量的不同将影响其相对挥发度。如图10-55所示，对于乙酸甲酯-甲醇物系，随1,2-丙二醇在液相中含量的增加，在全浓度范围内乙酸甲酯对甲醇的相对挥发度均增大，恒沸点消失，且在乙酸甲酯的高浓区，相对挥发度增加的幅度很大。

但并非对所有物系都有相同的规律，如对于图10-56所示的四氢呋喃-水体系，选择*N*,*N*-二甲基甲酰胺作为溶剂时，在四氢呋喃高浓区，相对挥发度随溶剂含量的增加而增大，但在四氢呋喃低浓区，相对挥发度却随溶剂含量的增加而降低。这说明溶剂不是总能起到有益作用，在某些情况下只起稀释作用，对分离反而不利。

在萃取精馏塔中，溶剂通常在较高位置加入，可保证沿塔各板有足够的溶剂含量。为了防止溶剂进入馏出液影响产品质量，溶剂的沸点要比原物系的其他组分高许多，且在溶剂加入位置之上要设置一些塔板用于分离溶剂。

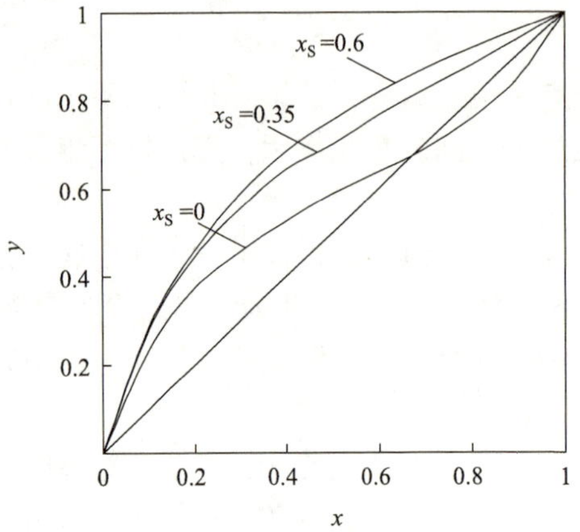

图 10-55 不同溶剂含量下乙酸甲酯-甲醇的气-液平衡关系

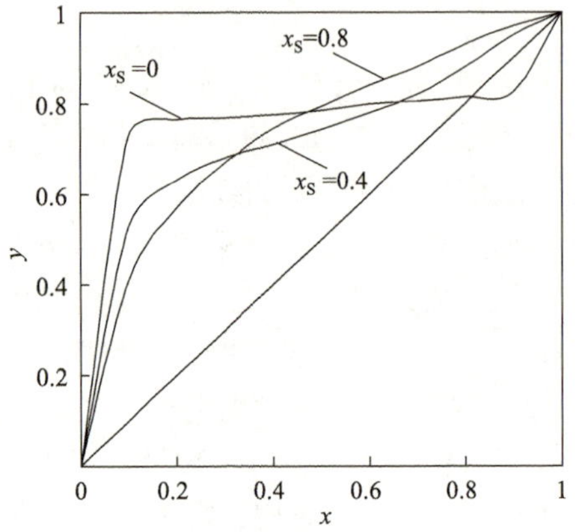

图 10-56 不同溶剂含量下四氢呋喃-水的气-液平衡关系

与普通精馏不同，大多萃取精馏过程中溶剂的用量普遍较高，沿塔液相的流量较大，液相流量的微小变化可能会造成气相流量相对较大的改变。操作时，回流比也并非越大越有利。因为塔板上萃取剂的含量会因回流比的增大而降低，导致萃取效果变差，所以回流比一般有一个最佳范围。

为了进一步提高溶剂的选择性和分离效果，工业上还常用复合溶剂或含盐溶剂代替单一溶剂。例如，采用乙二醇为溶剂分离乙醇水溶液时，在乙二醇中溶解 10%左右的乙酸钾，将使溶剂用量降低到原用量的 40%，大大降低了溶剂的循环量。

此外，近些年还相继开发了采用离子液体作为萃取精馏的溶剂，由于离子液体可根据需要对结构进行设计，其在萃取、萃取精馏和作为催化剂等生产领域具有很大的应用潜力。

3. 恒沸精馏与萃取精馏的比较

恒沸精馏和萃取精馏均在工业生产中被广泛采用，两者没有必然的优劣。但为了降低第三组分的循环量，两者的共同点是均要针对含量较小的组分选择夹带剂或萃取剂。一般来说，萃取剂选择的范围比夹带剂要广，萃取剂由于从塔底采出不需要气化也有利于过程降低能耗。

从产品要求方面看，恒沸精馏从塔底获得产品而萃取精馏从塔顶，萃取精馏更容易提高产品的质量。

当对体系分离的温度有要求时，采用恒沸精馏更适宜。由于萃取剂的沸点较高，萃取剂的回收一般需采用减压操作，因此萃取精馏对设备的要求也较高。

10.7.3 反应精馏

反应精馏是精馏与化学反应在一个塔器内同时进行的工业过程。精馏塔除了实现组分间的分离外，同时伴随着化学反应发生。通过精馏使反应物系中的各组分在气、液两相间重新分配，使反应向有利的方向进行，对于受化学平衡控制的可逆反应十分有利。此外，反应精馏还可用在较难分离物系的辅助分离工艺中，通过反应使目标组分生成新物质，再通过精馏将其脱除。

反应精馏根据反应类型的不同可分为两种：一是均相反应精馏，参与反应的物料及催化剂在同一相内进行化学反应；二是非均相反应精馏，参与反应的物料或催化剂分别在不同相内，通过相际传递发生化学反应。对于均相反应精馏，反应通常在液相中进行，若存在催化剂，也是溶解于液相中。对于非均相反应精馏，应用较多的是液固非均相反应精馏，也称催化精馏，反应通常发生在液固表面(固体为催化剂)。

1. 反应精馏的特点

反应精馏塔一般包括三段：精馏段、反应段和提馏段，结构如图10-57所示。除受特殊工艺条件决定外，沸点较高的反应物1一般从高位加入，沸点较低的反应物2从低位加入，这样有利于在两股进料之间的反应段内达到较高的反应物浓度。对于均相反应精馏过程，催化剂溶于反应物1中；对于液固催化精馏过程，催化剂通常需固定在反应段内。催化剂的装填除满足反应条件外，还需满足精馏过程对空隙率及比表面的要求，如工业中由异丁烯和甲醇生产甲基叔丁基醚采用了布袋式装填方法。

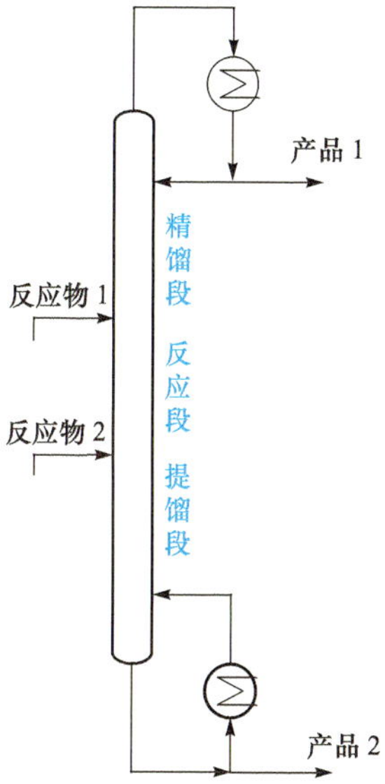

图10-57 反应精馏塔结构

反应精馏塔内物料的停留时间对反应的转化率有较大的影响，当反应速率较小时，需要提高精馏塔内的持液量以增加物料的停留时间。一般填料塔的固有持液量较小，除非工艺特别要求，对于塔型的选择往往更倾向于板式塔。在板式塔中，除增加塔板个数外，还经常采用增加塔板的堰高来增加持液量。因此，反应精馏塔的单板压力降比普通精馏塔要高。

反应精馏塔操作时，增加回流比对精馏分离有利，但有时会稀释塔板上反应物的浓率，降低化学反应速率。因此，回流比选择一般存在一个最佳的范围，这与萃取精馏有些类似。

2. 反应精馏工艺介绍

国内在20世纪80年代引进了甲基叔丁基醚(MTBE)生产技术，甲基叔丁基醚是由甲醇和异丁烯合成得到，因其辛烷值高，主要用作汽油的抗爆剂。这一合成技术的特点是采用液固催化反应精馏工艺，工艺流程如图10-58所示。

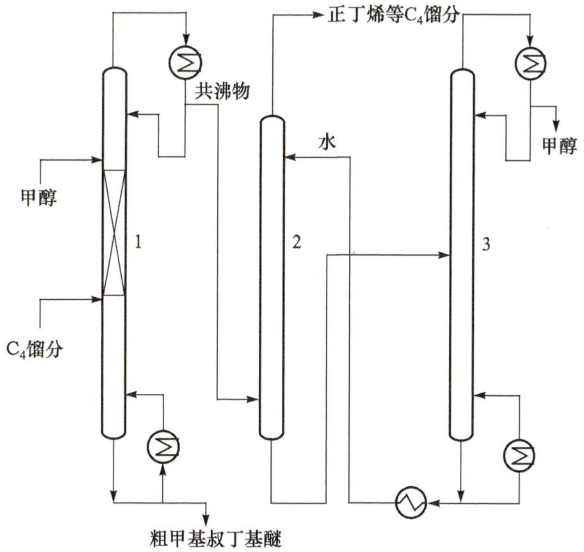

图10-58 甲基叔丁基醚催化反应精馏工艺

1.催化反应精馏塔；2.水洗塔；3.脱水塔

在催化反应精馏塔内，异丁烯与甲醇在袋装的离子交换树脂催化剂表面进行反应生成甲基叔丁基醚，不参与反应的正丁烯等C_4馏分与过剩的甲醇形成恒沸物从塔顶蒸出，塔底得到粗甲基叔丁基醚产品。该塔除可使醚化反应进行彻底外，也使C_4混合物料中正丁烯与异丁烯难分离的问题得到解决。

水洗塔的作用是回收 C_4 馏分中的甲醇，然后再通过脱水塔将甲醇提浓，循环返回反应精馏塔。

除醚化反应外，反应精馏在酯化、水解、烷基化和缩合等领域也有成功的应用案例。但由于过程中一般需要催化剂，在工程实施上尚存在一些难点，还有待进一步研究和技术完善。

本章主要符号说明

符　号	意　义	单　位
c	组分数	
$\overline{c}_p$	平均比热容	kJ/(kmol · K)
D	塔顶产品(馏出液)流量	kmol/s
d	馏出液组分摩尔流量	kmol/s
E	板效率	
E_0	总板效率	
E_{mL}	液相默弗里板效	
E_{mV}	气相默弗里板效	
F	原料摩尔流量	kmol/s
f	自由度数，分子间作用力，逸度，原料组分流量	Pa，kmol/s
G	质量流量	kg/s
HETP	填料的等板高度	m
h	焓，填料层高度	kJ/kmol，m
L	液相摩尔流量	kmol/s
M	分子的摩尔质量	kg/kmol
m	相平衡常数	
N	理论塔板数	
N_1	精馏段理论塔板数	
N_e	实际塔板数	
P	系统的总压	Pa
p	组分的分压	Pa
p^s	纯组分的蒸气压	Pa
Q	热负荷	kJ/s
q	进料中液相所占的摩尔分数，进料热状况参数	
R	回流比	
R_0	外回流比	

r	气化潜热	kJ/kmol
S	蒸汽流量，侧线流量，汽提因子	kmol/s
T	热力学温度	K
t	温度	℃
V	气相摩尔流量	kmol/s
W	塔底产品(釜液)的流量	kmol/s
w	釜液组分摩尔流量	kmol/s
x	液相中组分的摩尔分数	
y	气相中组分的摩尔分数	
z	进料中组分的摩尔分数	
α	相对挥发度	
η	组分的回收率	
φ	逸度系数	
Φ	相数	
γ	活度系数	
ν	组分的挥发度	Pa
ρ	密度	kg/m^3
θ	恩德伍德方程参数	
τ	时间	s

下标

A	组分 A
B	组分 B，再沸器
b	泡点
C	组分 C，冷凝器
D	馏出液性质
d	露点，精馏段与提馏段的交点
e	平衡性质
F	进料
h	重关键组分
i	某一组分
j	基准组分，塔板序号
l	轻关键组分

M	恒沸性质
m	提馏段理论塔板的序号
max	最大值
min	最小值
n	精馏段理论板的序号
W	釜液性质，水
1、2	初始、结束态，塔板序号
上标	
F	进料
L	液相
s	饱和状态
V	气相
*	平衡状态
0	标准态
′	提馏段(气、液流量)

参考文献

陈敏恒，从德滋，方图南. 1985. 化工原理(下册). 北京：化学工业出版社

陈维杻. 1993. 传递过程与单元操作(下册). 杭州：浙江大学出版社

何潮洪，窦梅，钱栋英. 1998. 化工原理操作型问题的分析. 北京：化学工业出版社

卢焕章，等. 1982. 石油化工基础数据手册. 北京：化学工业出版社

谭天恩，麦本熙，丁惠华. 1984. 化工原理(下册). 北京：化学工业出版社

Geankoplis C J. 1983. Transport Processes and Unit Operations. 2nd ed. Boston: Allyn and Bacon

Henley E J, Seader J D. 1981. Equilibrium-Stage Separation Operations in Chemical Engineering. New York: John Wiley & Sons

King C J. 1980. Separation Processes. 2nd ed. New York: McGraw-Hill

McCabe W L, Smith J C, Harriott P. 1993. Unit Operations of Chemical Engineering. 5th ed. New York: McGraw-Hill

习　题

习题答案

1. 根据例 10-1 给出的苯和甲苯的安托因常数值，试作出总压为 900mmHg 时苯-甲苯体系的 t-x,y 图和 y-x 相图，并将结果与 760mmHg 下的数据作比较，能得出什么结论？

2. 附表给出甲醇(A)-水(B)体系的蒸气压(附表 1)以及 101.3kPa 下的气-液相平衡数据(附表 2)，试计算各组成下的相对挥发度，并分析该混合液是否可作为理想溶液。

习题 2 附表 1

t/℃	64.5	70	75	80	90	100
p_A^s / kPa	101.3	123.3	149.6	180.4	252.6	349.8
p_B^s / kPa	24.5	31.2	38.5	47.3	70.1	101.3

习题2附表2

t/℃	100	96.4	91.2	87.7	81.7	78.0	75.3	73.1	71.2	69.3	67.6	66.0	64.5
x	0	0.02	0.06	0.1	0.2	0.3	0.4	0.5	0.6	0.7	0.8	0.9	1
y	0	0.134	0.304	0.418	0.578	0.665	0.729	0.779	0.825	0.87	0.915	0.958	1

3. 现有100kmol含易挥发组分60%(摩尔分数)的正己烷-正辛烷混合液，在总压101.3kPa下进行简单蒸馏，最终得到40kmol的馏出液，已知操作条件下正己烷-正辛烷的相对挥发度为5.3。

(1) 求馏出液和残液的组成；

(2) 若改为平衡蒸馏，当塔顶得到同样数量的产物时，求气、液两相的组成；

(3) 根据上述结果能得出什么结论？

4. 欲在一常压连续精馏塔中分离正己烷和正辛烷的混合液。已知进料流量为200kmol/h，其中含正己烷40%(摩尔分数，下同)，要求馏出液中正己烷的回收率为97%，若釜液中正己烷的含量为2.1%。试求馏出液的流量和组成。

5. 在一连续精馏塔中分离含易挥发组分20%(摩尔分数，下同)的某二元混合物。已知饱和蒸气加料，进料流量为100kmol/h，馏出液组成为95%，釜液组成为5%。试求：

(1) 馏出液采出率 D/F；

(2) 操作回流比 R=6时，精馏段和提馏段的液气比。

6.今拟在常压操作的连续精馏塔中，将含甲醇35%(摩尔分数，下同)、水65%的混合液加以分离。要求馏出液含甲醇95%，釜液含甲醇不超过2%。已知泡点回流，并选取回流比为2.5，料液入塔温度为40℃。试求此情况下精馏段、提馏段操作线和进料线方程。假设本题可近似按恒摩尔计算。

7. 欲在一常压连续精馏塔中分离苯-甲苯的混合液。已知料液中含苯35%(摩尔分数，下同)，要求馏出液中含苯88%，釜液中苯含量不超过4.4%，取操作回流比为最小回流比的1.4倍，操作条件下全塔的平均相对挥发度为2.47，泡点加料。假设本题可近似视为恒摩尔流。试求：

(1) 回流比；

(2) 需要的理论塔板数和进料位置；

(3) 第二块板下降液体的组成。

8. 用常压连续精馏塔分离含苯44%(摩尔分数，下同)的苯-甲苯的混合液。要求塔顶产品含苯97%，塔底产品含苯不超过2%，泡点回流，回流比为3，操作条件下全塔的平均相对挥发度为2.47，假设本题可近似视为恒摩尔流。试求下列两种进料状况所需的理论塔板数和最佳进料位置：

(1) 30℃冷液进料，此时 q=1.31；

(2) 饱和蒸气进料。

9. 用捷算法计算题7中所需的全塔理论塔板数。

10. 常压下对苯-甲苯物系进行全回流精馏。操作稳定后，测得相邻三层塔板(自上而下)的液相组成分别为0.41(摩尔分数，下同)、0.28、0.18，试求三层板中较低两层的气相、液相单板效率。设相对挥发度为2.45。

11. 一操作中的连续精馏塔分离某二元混合液。现保持 F、x_F、R、V' 不变，试分析加料温度提高后 D、W、x_D、x_W 的变化趋势。

12.一运行中的连续精馏塔分离某二元混合液。现因前段工序异常使料液组成 x_F 减小，若保持 F、q、R、D 不变，试分析 x_D、x_W 的变化趋势。

13. 一操作中的连续精馏塔分离某二元混合液，F、x_F、q、R、V' 保持不变。现加大冷凝器中的冷却水流量以改泡点回流为冷回流，试分析此时 x_D、x_W 及塔顶易挥发组分回收率的变化趋势。

14. 一精馏塔，除塔釜外另有2块理论塔板，现用于分离苯-氯苯混合液。已知 F=100kmol/h，x_F=0.50(摩尔分数)，泡点进料于两块理论塔板之间，且回流比 R=1，塔釜上升蒸气量为 V' =90kmol/h。试求塔顶、塔底的组成。

设操作条件下的相对挥发度为 4.1。假设本题可近似视为恒摩尔流。

15. 在一具有 8 块理论塔板(含塔釜)的精馏塔中分离苯-甲苯混合液。F=100kmol/h，x_F=0.45(摩尔分数)，q=1，V'=140kmol/h，R=2.11，进料板为第 4 块。假设本题可近似视为恒摩尔流。问：

(1) x_D、x_W 为多少？此时进料位置是否合适？

(2) 若进料板上移一块，其余(F、x_F、q、V'、R)不变，则 x_D、x_W 为多少？设相对挥发度为 2.47。

16. 常压下连续精馏甲醇-水溶液，进料中甲醇浓度为 50%(摩尔分数，下同)，要求塔顶甲醇含量为 90%，且 D/F=0.5。已知泡点进料，泡点回流，回流比为 2。假设本题可近似视为恒摩尔流。试求以下两种情况下所需的理论塔板数：

(1) 塔釜采用间接蒸汽加热；

(2) 塔釜采用直接蒸汽加热。

17. 含苯 75%(摩尔分数，下同)的苯-甲苯饱和液体在如附图所示的三种流程中进行精馏，其中流程(a)含塔釜与分凝器，流程(b)、(c)则含塔釜、一块理论塔板与分凝器，操作回流比都为 1，塔顶均获得含苯 85%的馏出液，取操作范围内的相对挥发度为 2.5，假设本题可近似视为恒摩尔流。试求各流程的馏出液量(以 100kmol/h 进料计)。

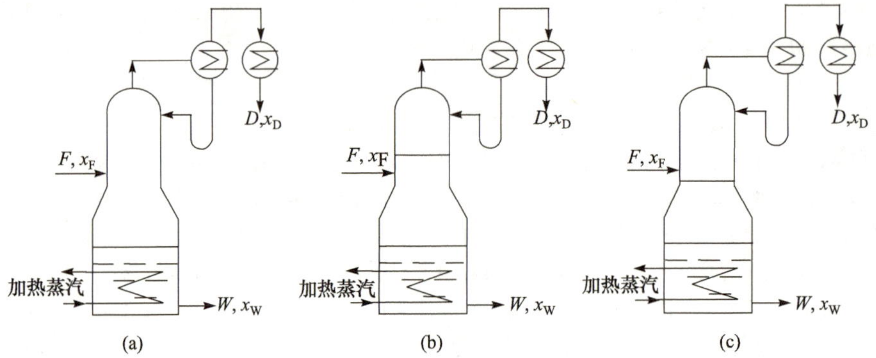

习题 17 附图

18. 生产中有两股苯-甲苯混合物，拟在一个常压精馏塔内加以分离，并采用两股料液各自从不同位置加入塔内的方案。第一股物料：F_1=100kmol/h，x_{F1}=0.80，q=1；第二股物料：F_2=200kmol/h，x_{F2}=0.50，q=1。要求 x_D=0.98，x_W=0.02(以上均为摩尔分数)。现取操作回流比 R=1.7，试求所需总理论塔板数及两股进料的位置。设精馏范围内全塔的相对挥发度为 2.46。假设本题可近似视为恒摩尔流。

19. 今拟在常压操作的连续精馏塔中，将含甲醇 30%(摩尔分数，下同)的甲醇-水溶液加以分离，要求得到相同数量浓度分别为 95%和 60%的两种产品，而釜液中甲醇含量不超过 2%。已知塔釜间接蒸汽加热，泡点进料，泡点回流，选取操作回流比为 2，气-液相平衡关系见习题 2。假设本题可近似视为恒摩尔流。试求：

(1) 全塔需要的理论塔板数、进料及侧线采出位置；

(2) 若不进行侧线采出，仅获取 95%的馏出液，问需要的理论塔板数和进料位置如何变化？

20. 现拟用具有 3 层理论塔板(含塔釜)的回收塔(如图 10-32 所示)处理 x_F=0.3(摩尔分数，下同)、F=100kmol/h、q=1 的苯-氯苯混合液，要求塔釜产量 W=55kmol/h，$x_W \leqslant 0.06$，问在无回流的情况下，能否达到分离要求？设相对挥发度为 4.1。假设本题可近似视为恒摩尔流。

21. 在一具有 3 层理论塔板(含塔釜)的精馏塔中，对 x_1=0.4(摩尔分数，下同)的苯-甲苯混合液进行常压间歇精馏，回流比 R=4 保持恒定，求釜残液组成降至 x_2=0.1 时的馏出液比率、馏出液平均组成。设相对挥发度为 2.46。假设本题可近似视为恒摩尔流。

22. 由 A、B、C、D(挥发度从大至小)所组成的四元理想物系，拟采用多元精馏进行分离。已知 A、B 量较少且两者间的相对挥发度也较小，D 有腐蚀性。试给出较为合理的精馏流程，并简述理由。

23. 拟用一连续精馏塔分离苯(A)、甲苯(B)、乙苯(C)及苯乙烯(D)的四元混合液，其组成为 x_A＝0.04(摩尔分数，下同)，x_B= 0.06，x_C= 0.50，x_D= 0.40。要求塔顶产品中 x_{DD}≤0.05，塔底产品中 x_{CW}≤0.25。已知泡点进料，操作回流比 R=4，相对挥发度近似如下：α_{AB}=2.45，α_{BC}=2.17，α_{CD}=1.45。求全塔需要的理论塔板数和进料位置。提示：先按清晰分割情况计算，再加以校核。

自测练习题

第 11 章　气液传质设备

引　例

以化石燃料为原料的甲醇工业生产先以煤炭、石油和天然气等作为原料进行造气，然后进行甲醇合成得到粗甲醇，进一步再通过精馏工艺生产合格的精甲醇产品。合成得到的粗甲醇中含有溶解气、二甲醚、烷烃、酯、酸、高级醇以及水等各种杂质，利用各种物质沸点的差异通过精馏的方法可以除去这些杂质，从而获得高纯度的精甲醇。

图 11-1 所示为某企业甲醇生产工艺流程(四塔精馏)，核心工艺设备由预塔、加压塔、常压塔和回收塔组成。预塔的主要作用是除去粗甲醇中溶解的气体(如 CO_2、CO、H_2 等)以及低沸点组分(如二甲醚、甲酸甲酯等)，加压塔及常压塔的作用是除去水及高沸点杂质(如异丁基油)并最后获得高纯度的甲醇产品。回收塔则主要用于处理常压塔采出的杂醇油及由异常工况导致的不达标废水，回收其中的部分甲醇。

粗甲醇首先利用加压塔的精甲醇产品作为热源进行预热后进入预塔。预塔塔顶蒸气经预塔冷凝器冷凝后进入预塔回流槽，未冷凝的气体经预塔尾冷器进一步冷凝后放出，预塔回流槽内加入脱盐水作为萃取剂，与冷凝液一起回流入塔。

预塔塔底液体经预塔釜液泵送入加压塔预热器，在此与加压塔釜液换热后进入加压塔。加压塔的塔顶蒸气进入常压塔再沸器作为热源，冷凝液进入加压塔回流槽，一部分作为精甲醇送出，一部分经加压塔回流泵加压后回流入塔。

加压塔塔底液体经加压塔预热器回收热量后送往常压塔。常压塔塔顶蒸气经常压塔冷凝器冷凝后进入常压塔回流槽；冷凝液经常压塔回流泵加压后一部分回流入塔，一部分作为精甲醇送出。常压塔下部采出杂醇油，塔底排出废水。

回收塔的进料为常压塔正常工况下产生的杂醇油或异常工况下产生的达不到排放标准的废水。回收塔的料液经进料泵加压后入塔，塔顶蒸气进入冷凝器。冷凝液进入回流槽后经回流泵加压后部分回流入塔，部分作为精甲醇产品采出。回收塔下部采出含甲醇较少的杂醇油，塔底排出废水。

为了充分利用能量，减少蒸气消耗，该流程在传统双效精馏流程的基础上做了进一步的能量集成和优化。一是利用加压塔精甲醇产品预热原料，既节省了蒸汽消耗又减少了加压塔精甲醇产品冷却所需要的冷量；二是将所有的冷凝水收集起来，利用预塔塔底温度较低的特点对其特设的再沸器进行加热，大大节省了预塔的水蒸气消耗。

上述甲醇精制工艺流程中用到的预塔、加压塔、常压塔和回收塔都属于气液传质设备。气液传质设备是化工及相关过程工业应用最多的设备之一，在新能源新材料等战略性新兴产业中也起着重要作用。

气液传质设备型式类别众多，本章主要介绍塔式气液传质设备的构造与操作性能特点，解决常见的塔设备的合理选用与设计问题。

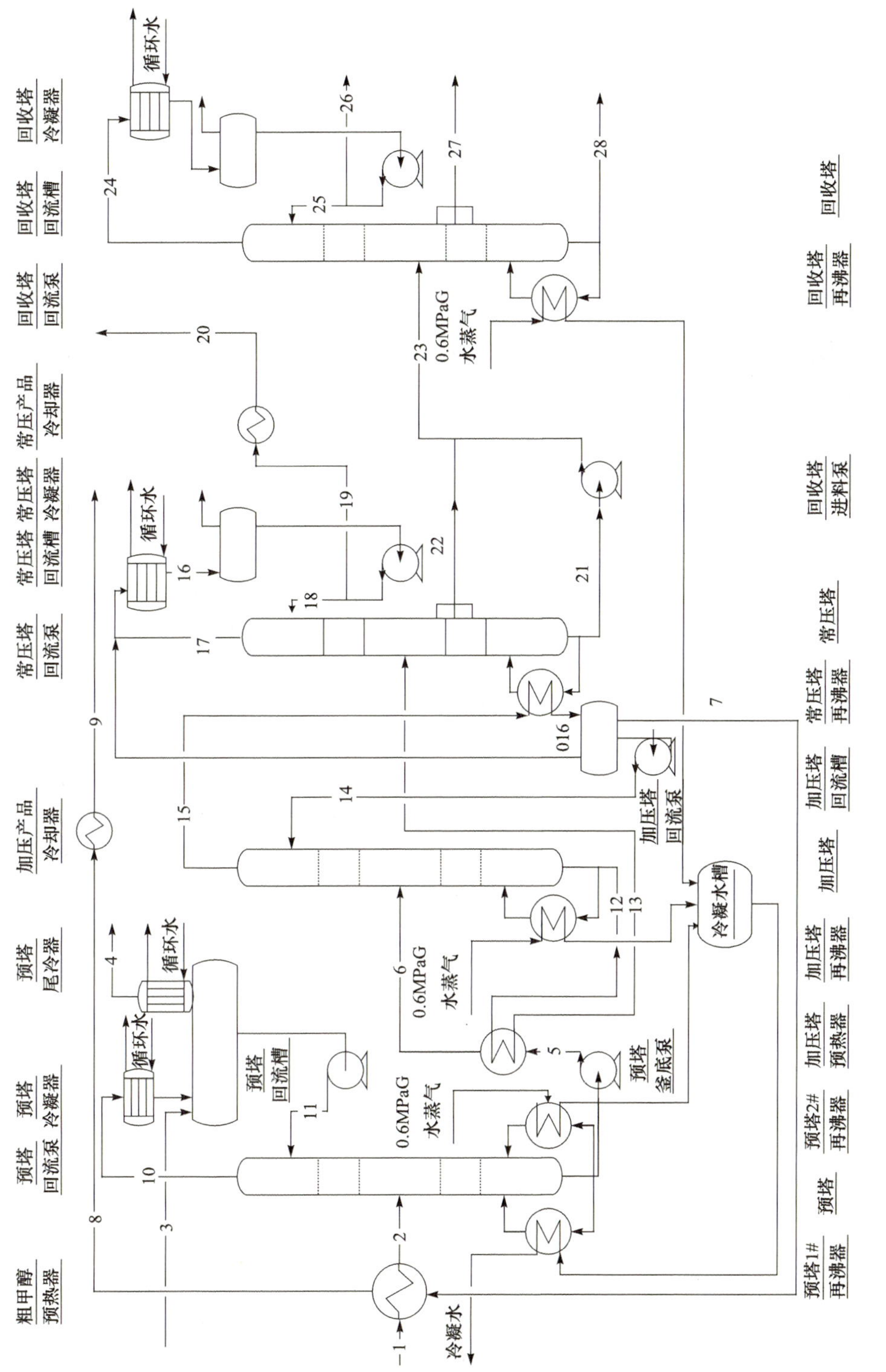

图11-1　某企业甲醇生产工艺流程图
图中序号为物料编号，此处不详列

案例 气液传质设备为新能源材料发展提供有力支撑

11.1 填 料 塔

11.1.1 填料塔与填料

1. 填料塔的结构

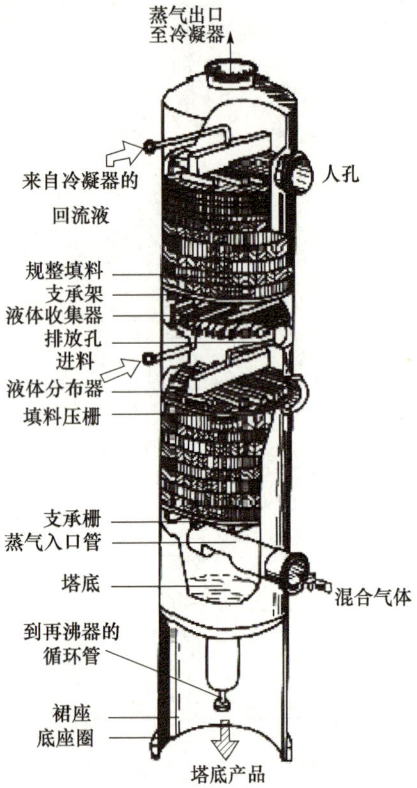

图 11-2 填料塔构造简图

填料塔是目前应用最广的气液传质设备之一，图 11-2 为填料塔的构造简图。填料塔的构造比较简单，塔体一般为圆筒形，两端有封头，并装有气、液相进、出口接管。填料塔作为传质设备，主要是提供润湿的填料表面使气、液两相达到良好的接触，为此在塔中放入具有一定形状的填料。填料可以散堆也可以整砌而成为填料层。填料置于支承装置之上，在填料层的上部装有床层限位装置。为了使液体尽可能均匀地喷淋在填料层的顶部，塔内设有液体分布装置。在操作时液体从塔顶喷淋而下，沿填料表面呈膜状流动，自塔底排出；而气体则从塔底进入，自下而上流动，与填料表面的液膜接触进行传质，然后自塔顶排出。由于填料层中的液体有向塔壁流动的倾向(壁流效应)，故当填料层较高时，需将其分为若干段，每两段之间设有液体收集装置和再分布装置。

填料塔不仅结构简单，而且具有气体处理能力大、流动阻力小和便于用耐腐蚀材料制造等优点，尤其适用于塔直径较小的情况及要求压降较小的真空蒸馏系统。

近年来，国内外对填料的研究与开发进展颇快。由于性能优良的新型填料不断涌现以及填料塔低压降的特性，使得填料塔在节能方面有突出优势，目前填料塔最大直径可达 20m。在国内，具有新型塔内件的高效填料塔技术也已作为国家重点推广项目，得到广泛应用，获得了巨大的经济效益和社会效益。

2. 填料

填料是填料塔的主要内构件，具有良好操作性能的填料应具备气液接触面积大且能不断更新，通量大而阻力小等特点，通常还需满足以下要求：填料质量轻，耐腐蚀、耐温度变化，价格低廉，容易采购，具有足够的机械强度。表示填料特性的主要参数有比表面积、空隙率、干填料因子及湿填料因子等。

(1) 比表面积 a。对于传质而言，比表面积是评价一种填料的主要特性参数之一，通常指单位体积填料所具有的表面积(m^2)。比表面积用符号 a 表示，单位为 m^2/m^3，不同类型填料的比表面积差异很大。

(2) 空隙率 ε。流体通过填料层的阻力与空隙率 ε 密切相关。填料塔内气体在填料间的空隙内通过，为减小气体的流动阻力，提高填料塔的允许气速(处理能力)，填料层应有尽可能大的空隙率。对于各向同性的填料层，空隙率等于填料塔的自由截面百分数。

(3) 干填料因子及湿填料因子。干填料因子为 a/ε^3，是由填料的比表面积 a 和空隙率 ε 所组成的组合参数。当气体通过干填料层时其流动特性往往用干填料因子进行关联。干填料因子值由实验测定。当有液体通过填料层时，由于部分空隙被液体占据，故填料的空隙率减小，比表面积也随之发生变化，所以气体通过湿填料表面时其流动特性可用一个相应的湿填料因子来关联。湿填料因子简称填料因子，用符号 Φ 表示，单位为 m^{-1}，其值也需由实验测定。

常用的填料可分为两大类：个体填料(也称散装填料)与规整填料。个体填料有实心的固体块状、中空的环形和表面开口的鞍形等类型。制造个体填料的常用材料包括陶瓷、金属、塑料(聚丙烯、聚氯乙烯、聚四氟乙烯等)、玻璃和石墨等。陶瓷填料耐腐蚀，但易碎，空隙率小；金属填料比表面积及空隙率大，通量大，效率高，但不锈钢成本高，普通钢易腐蚀；塑料填料比表面积大，空隙率较高，但不耐高温，且表面不易润湿。下面介绍一些具有代表性的个体填料及规整填料。

1) 拉西环

拉西环(Raschig ring)是使用最早(1914 年)的人造填料，是一段高度和外径相等的短管[图 11-3(a)]，可用陶瓷和金属制造。拉西环形状简单，制造容易，其流体力学和传质方面的特性得到了比较充分的研究，一度被广泛地应用。

但是，拉西环由于高径比太大，堆积时相邻环之间容易形成线接触，填料层的均匀性较差。因此，拉西环填料层存在着严重的向壁偏流和沟流现象。目前，拉西环填料在工业上的应用日趋减少。

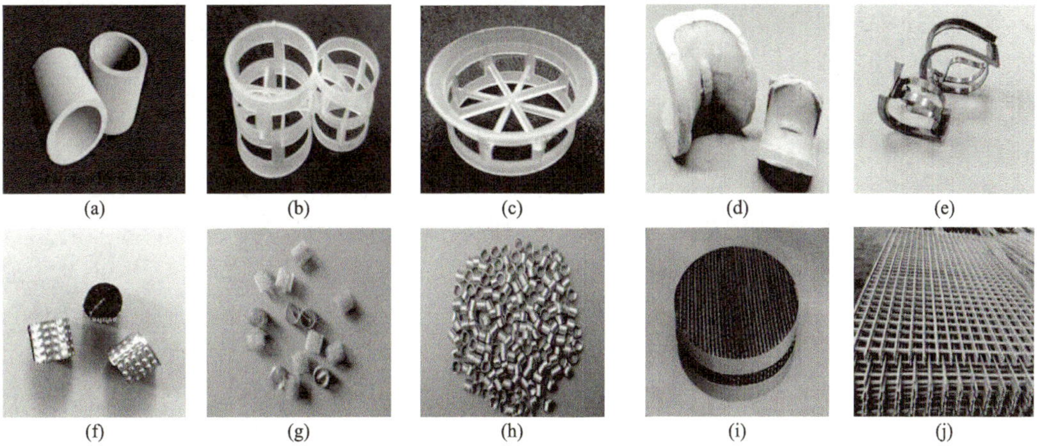

图 11-3　填料形状

2) 鲍尔环

鲍尔环(Pall ring)是在拉西环基础上发展起来的，是近年来国内外一致公认的性能优良的填料。其构造是在拉西环的壁上沿周向冲出一层或两层长方形小孔，但小孔的母材不脱离圆环，而是将其向内弯向环的中心[图 11-3(b)]。鲍尔环的这种构造提高了环内空间和环内表面的有效利用程度，使气体流动阻力明显降低。两层开孔鲍尔环上的两层方孔是错开的，在堆积时即使相邻填料形成线接触，也不会阻碍气、液两相的流动或产生严重的偏流和沟流现象。鲍尔环通常可用金属、陶瓷或塑料制造。

3) 阶梯环

阶梯环(Cascade ring)是在鲍尔环的基础上发展起来的，如图 11-3(c)所示，其构造与鲍尔环相似，环壁上开有长方形孔，环内有两层交错 45°的十字形翅片。阶梯环比鲍尔环短，高度通常只有直径的一半。阶梯环的一端制成喇叭口形状，在填料层中填料之间多呈点接触，床层均匀且空隙率大。与鲍尔环相比，阶梯环气体流动阻力可降低 25%左右，生产能力可提高 10%。由于种种原因，阶梯环并没有得到很好的工业应用。

4) 弧鞍形填料

弧鞍形填料又称伯尔(贝尔)鞍(Berl saddle)填料，如图 11-3(d)所示。弧鞍形填料只有外表面，与拉西环相比，其表面利用率高，气体流动阻力也小。弧鞍形填料的两面是对称的，故相邻填料有重叠倾向，填料层均匀性较差，工业生产中应用不多。

5) 矩鞍形填料

矩鞍形填料又称英特洛克斯鞍(Intalox saddle)填料，是在弧鞍形填料的基础上发展起来的。这种填料结构不对称，填料两面大小不等[图 11-3(e)]，堆积时不会重叠，填料层的均匀性大为提高。矩鞍形填料的气体流动阻力小，处理能力大，是一种性能优于鲍尔环的填料。矩鞍形填料一般采用金属或瓷质材料制成，其性能优于拉西环。目前，国内绝大多数原来应用瓷拉西环的场合，已被瓷矩鞍形填料取代。

6) 丝网个体填料

上面介绍的填料都是用实体材料制成的。此外，还有一类以金属丝网或多孔金属薄板为基本材料制成的填料，通称为丝网个体填料。丝网个体填料的种类也很多，如压延孔环[图 11-3(f)]、θ 网环[图 11-3(g)]和弹簧填料[图 11-3(h)]等。

丝网个体填料的特点是网材薄，填料尺寸小，比表面积和空隙率都很大，液体自分布能力强，传质效率高。但丝网个体填料造价高，处理能力较小，在大型的工业生产中难以应用。

7) 规整填料

前面所介绍的填料不论是乱堆还是整齐排列都属于散装的，而规整填料则是制成整体后放入塔中。规整填料的形式也有很多，其中以波纹填料应用最为广泛。波纹填料由许多与水平方向成 45°(或 60°)倾角的波纹薄板组成，相邻两板波纹倾斜方向相反，由此组成了蜂窝状气、液通道。波纹板表面又有不同花纹、细缝或小孔，以利于表面润湿和液体均匀分布。填料安装时上下两层波纹板相互垂直放置。

波纹填料[图 11-3(i)]可用金属丝网、金属薄板、陶瓷板、塑料或玻璃钢等制造。用网材制成的称为丝网波纹填料，用板材制成的称为板波纹填料。由于气流流道规则，气、液分布均匀，波纹填料具有容许气速高、压降低、效率高及放大效应小等优点。

栅板填料[图 11-3(j)]又称格栅填料，是用得较早的规整填料，由狭长的薄木板、金属板或塑料板排列而成，两层中的板互成 90°，板间有直通向下的缝隙，处理含固体颗粒的液体时不易堵塞，阻力也较小，但传质效果远不如其他填料。

常见的个体填料的特性参数见表 11-1，其他可查阅相关手册和资料。

表 11-1　常见个体填料的特性数据

填料名称	规格	直径×高度×壁厚/mm	比表面积/(m^2/m^3)	空隙率/%	堆积密度/(kg/m^3)	堆积个数/(个/m^3)	干填料因子/m^{-1}
陶瓷拉西环	Φ16	16×16×3	250	66	820	178000	870
	Φ25	25×25×3	147	78	510	42000	310
	Φ38	38×38×4	100	80	458	12000	195
	Φ50	50×50×5	80	81	465	5600	156
	Φ76	76×76×9	62	75	575	1700	147
金属拉西环	Φ16	16×16×0.5	350	90	660	248000	460
	Φ25	25×25×0.8	220	93	610	55000	290
	Φ50	50×50×1.0	110	95	430	7000	130
	Φ80	80×80×1.0	60	96	400	1820	80
塑料鲍尔环	Φ25	25×25×1.2	213	91	85	48300	285
	Φ38	38×38×1.4	151	91	82	15800	200
	Φ50	50×50×1.5	100	92	60	6300	130
	Φ76	76×76×2.6	72	92	62	1930	92
金属鲍尔环	Φ25	25×25×0.5	219	95	393	51940	255
	Φ38	38×38×0.6	146	96	318	15180	165
	Φ50	50×50×0.8	109	96	314	6500	124
	Φ76	76×76×1.2	71	96	308	1830	80
陶瓷鲍尔环	Φ25	25×25×3	210	73	630	36000	540
	Φ38	38×38×4	140	75	590	12000	332
	Φ50	50×50×5	100	78	520	4900	210
	Φ76	76×76×9	70	80	470	1500	137
塑料矩鞍形填料	Φ25	25×13×1.2	288	85	102	97680	467
	Φ38	38×19×1.2	265	95	91	25200	309
	Φ50	50×25×1.5	250	96	75	9400	282
	Φ76	76×38×3.0	200	97	59	3700	220
金属矩鞍形填料	Φ25	25×20×0.6	185	96	409	101160	209
	Φ38	38×30×0.8	112	96	365	24680	137
	Φ50	50×40×1.0	75	96	291	10400	85
	Φ76	76×60×1.2	58	97	245	3320	63
陶瓷矩鞍形填料	Φ16	16×12×2	450	70	710	382000	1311
	Φ25	25×19×3	250	74	610	84000	617
	Φ38	38×30×4	164	75	590	25000	389
	Φ50	50×40×5	142	76	560	9300	323
	Φ76	76×57×9	92	78	520	1800	194
塑料阶梯环	Φ25	25×13×1.2	228	90	98	81500	313
	Φ38	38×19×1.4	133	93	58	27200	176
	Φ50	50×25×1.5	114	94	55	10740	143

续表

填料名称	规格	直径×高度×壁厚/mm	比表面积/(m^2/m^3)	空隙率/%	堆积密度/(kg/m^3)	堆积个数/(个/m^3)	干填料因子/m^{-1}
塑料阶梯环	Φ76	76×37×3.0	90	93	698	3420	112
金属阶梯环	Φ25	25×12.5×0.5	221	95	383	98120	257
	Φ38	38×19×0.6	153	96	325	30040	173
	Φ50	50×25×0.8	109	96	308	12340	123
	Φ76	76×38×1.2	72	96	306	3540	81
陶瓷阶梯环	Φ25	25×15×3	210	73	650	72000	540
	Φ38	38×23×4	153	74	630	21600	378
	Φ50	50×30×5	102	76	580	9100	232
	Φ76	76×46×9	75	78	530	2500	158

3. 填料的选择

1) 填料材质的选择

(1) 当设备操作温度较低时，塑料能长期操作而不出现变形，在此情况下如果体系对塑料无溶胀可考虑使用塑料填料。塑料填料的操作温度一般不超过 100℃，玻璃纤维增强的聚丙烯填料可达 120℃左右，聚四氟乙烯填料则可到 200℃左右。塑料填料具有较好的耐腐蚀性，可用于除浓硫酸、浓硝酸等强酸外的酸性体系。塑料表面对水溶液的润湿性较差，但可以通过表面改性改善。

(2) 陶瓷填料具有优良的耐酸、耐热性能，能耐除氢氟酸以外的各种无机酸、有机酸及有机溶剂的腐蚀，可在各种高、低温场所使用，应用范围非常普遍，但对氢氟酸和高温下的磷酸与碱不适用。

(3) 金属填料以碳钢、不锈钢及合金等材料制成，一般耐高温，但不耐腐蚀，具有壁薄、耐冷热、空隙率大、通量大、压降低、阻力小、分离效果好及寿命长等优点，虽然一次性投资稍大，但能充分发挥设备的应用潜力。不锈钢可耐一般的酸碱腐蚀(含 Cl^-等卤素离子的酸除外)，但成本较高。金属填料适用于在真空精馏塔中处置热敏性、易自聚及易结焦的物料。

2) 填料类型的选择

填料类型的选择首先取决于工艺要求，如所需理论级数、生产能力、容许压降、物料特性(液体黏度、气相和液相中是否有悬浮物或生产过程中是否有聚合)等；然后结合填料特性来确定具体类型。要求所选填料能满足工艺要求，技术经济指标先进，易于安装和维修。

个体填料中，综合技术性能较优越且常用的有鲍尔环、金属矩鞍形填料及阶梯环等。

由于规整填料气、液分布均匀，放大效应小，技术指标优于个体填料，近三十年来应用日趋广泛，尤其是大型塔和要求压降低的塔。但规整填料因清洗较为困难，不适用于易堵塞物系。

对于生产能力(塔径)大，或分离要求较高，或压降有限制的塔，选用孔板波纹填料较宜，如苯乙烯-乙苯精馏塔、炼油装置中的减压塔等。

11.1.2 填料塔的流体力学性能与传质性能

1. 填料塔内的气、液两相流动

填料塔内气体的流速常以体积流量(流率)与空塔截面积之比表示，其单位为 $m^3/(m^2\cdot s)$，或写成 m/s，称为空塔速度 u。气体在填料层内的平均速度为 u/ε。液体的流速也以体积流量与空塔截面积之比表示，单位为 $m^3/(m^2 \cdot h)$，称为喷淋密度 L_V。

1) 流体在填料层内的流动

流体在填料层内的流动和流体在颗粒层内的流动类似，但是由于填料结构各异，形状不规则，填料层内气、液两相流动相当复杂，难以进行定量解析，一般由实验获得经验关联式。液体能否在填料表面铺展成膜与界面张力有关，选择适当的填料材质和表面性质，液体将具有较大的铺展能力，可在较小的液量条件下就能获得较大的润湿表面。在填料塔内液膜所流经的填料表面是许多填料堆积而成的，形状极不规则，加快了液相内部的传质，是填料塔内气液传质中的重要因素。而在散堆填料中则可能存在某些液流所不及的死角，表面虽然是润湿的，但液体基本处于静止状态，对传质并无实际贡献。

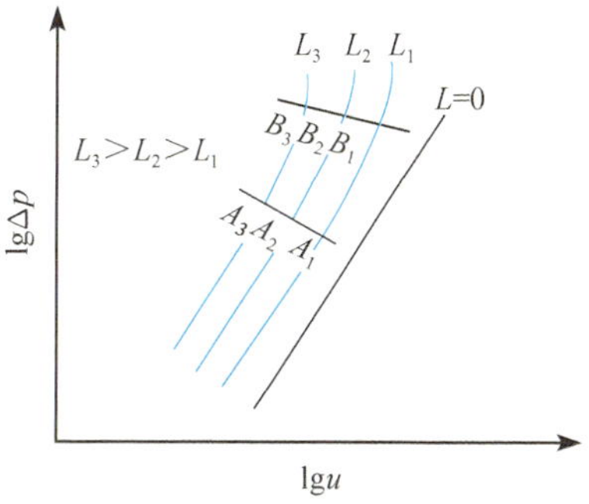

图 11-4　填料塔压降与空塔气速的关系

液体在填料层内的流动路径是随机的。当液体集中在某点进入填料层并沿填料流下时会呈锥形逐渐散开，填料对液体具有分布作用；沿填料表面流动的液体也会部分汇集成小沟，形成沟流，使部分填料表面未能润湿。液体在流经足够高的一段填料层之后，会形成一个稳定的液体分布，称为填料的特征分布。规整填料的特征分布优于散装填料；而同一填料塔内，喷淋密度越大，特征分布越均匀。气体在填料层内的流动由于气速和流动通道都较大，一般处于湍流状态。气体通过填料层的压降与空塔气速的关系如图 11-4 所示。在干填料(L=0)的情况下为一直线，压降与气速的 1.8～2.0 次方成正比(图 11-4 直线)。当有液体喷淋后，不论液量大小如何(如曲线 L_1、L_2、L_3)，随气速的增加曲线有两个转折点(A 点和 B 点)。因气、液作逆流流动，气体对填料表面呈膜状流下的液体间有阻挡作用。在气速较低时，此阻挡作用很小，因此液膜并不明显增厚。达 A 点(包括 A_1、A_2 和 A_3)后，此阻挡作用使液膜增厚，减小了空隙率，所以压降较快地上升。在一定的气体流量下，液膜的存在使气体在填料空隙间的实际流速有所增加，压降也相应增大；液体流量越大(喷淋密度越大)，液膜越厚，压降也越大，如图 11-4 所示。图中 A 点称为拦液点(或载点)；可以看出，载点的位置并不十分明确，但自载点起，气液两相流动的相互影响逐渐增强。

2) 填料塔的液泛

随着气速的增加，气液两相的相互作用也增强，当达 B 点(包括 B_1、B_2 和 B_3)后流动阻力大到使液膜连在一起形成连续相，而气流变为分散相以气泡形式分散在液相中，只能以鼓泡形式上升，表示塔内已发生液泛。在压降曲线上，出现液泛现象的标志是压降曲线近于垂直。压降曲线明显变为垂直的转折点，即 B 点，称为液泛点(或泛点)。

在一定的液体流量下，气体流量越大，液膜所受阻力也随之增大，液膜平均流速减小而液膜厚度增大。在泛点之前，液膜平均流速的减小可由膜厚的增加而抵消，进入和流出填料层的液量可重新达到平衡，气量和膜厚形成对应关系，气体保持连续相。当气速增大至泛点，气液流动相互影响显著，此时气量的少许增加，将导致液膜增厚，促使实际气速进一步增大；而实际气速的增大反过来进一步促进液膜的增厚，形成恶性循环，不能达成新的平衡，塔内持液量迅速增加。最后，液相转为连续相，气体转而成为分散相以气泡形式穿过液层。泛点对应于上述转相点，此时，塔的正常操作被破坏，塔压降剧增，传质效果迅速恶化。

2. 填料塔的水力学性能

填料层的压降和液泛气速等水力学特性是填料塔设计与操作都必须考虑的重要参数。

1) 泛点与压降

泛点是填料塔的操作极限，泛点气速对于填料塔的设计和操作有重要意义。影响泛点气速的因素很多，最主要的是填料类型、物系特性及气液两相负荷等。最早的经验关联线图是由舍伍德(Sherwood)等人提出，根据水-空气系统的实验结果，考虑了干填料因子，应用范围较小，计算误差较大。利瓦(Leva)根据其他液体与空气系统的实验结果对舍伍德的关联线图进行了修正，扩大了应用范围。反映填料层阻力的压降随填料的类型与尺寸不同而变化，通常需要通过实验对各种类型尺寸填料进行实测以得到压降-液泛气速曲线。液泛气速的关联图和关联式有很多，这些关联式的形式和结果彼此相近，这里介绍较常用的一种。

目前，应用最广的是埃克特(Eckert)提出的泛点关联图。近些年来发现，埃克特通用关联图误差较大，主要原因是埃克特认为湿填料因子是一常数，而实际上湿填料因子随液体喷淋密度的改变存在一定程度的变化。有学者对埃克特通用关联图进行了修正，引入泛点填料因子ϕ_F和压降填料因子$\phi_{\Delta p}$，同时根据大量实验数据得出了新的通用关联图，如图 11-5 所示，其中涉及的常见填料的特性常数见表 11-2。

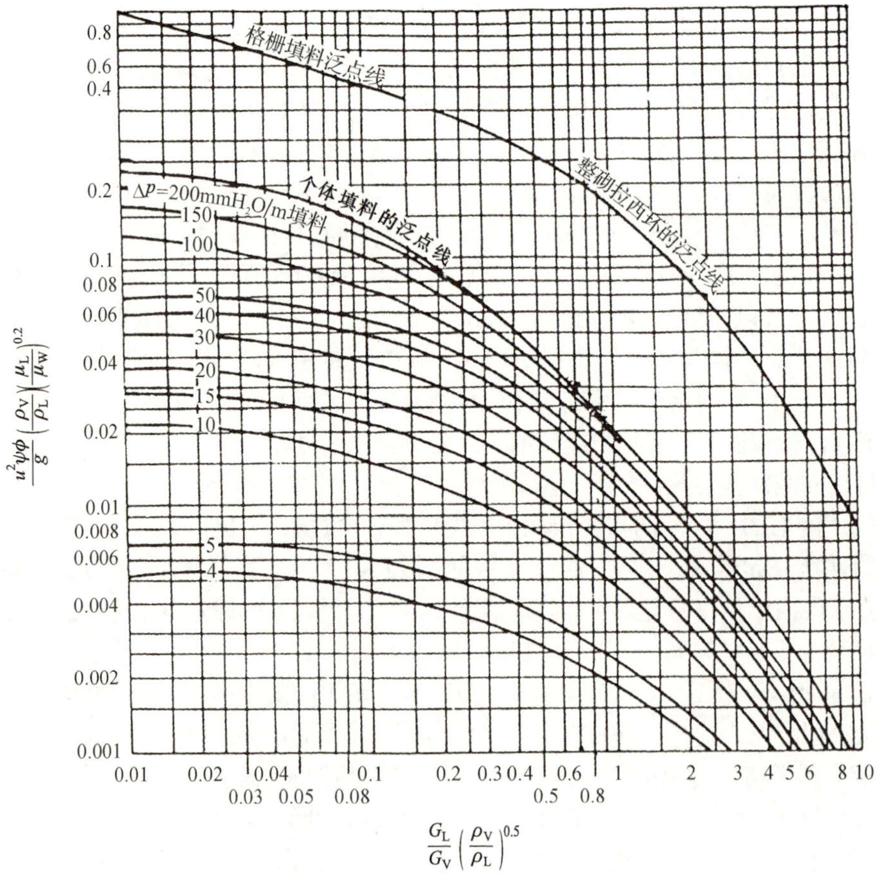

图 11-5　个体填料新通用关联图

表 11-2　填料特性常数

类型	瓷质拉西环				瓷质矩鞍形填料				塑料阶梯环		
规格	D_g50	D_g38	D_g25	D_g16	D_g50	D_g38	D_g25	D_g16	D_g50	D_g38	D_g25
ϕ_F/m^{-1}	410	600	832	1300	226	200	550	1000	127	170	260
$\phi_{\Delta p}/m^{-1}$	288	450	576	1050	160	140	215	700	89	116	176
类型	塑料鲍尔环				金属鲍尔环		金属阶梯环		金属矩鞍形填料		
规格	D_g50 (米)*	D_g38	D_g50	D_g25 (井)*	D_g50	D_g38	D_g50	D_g38	D_g50	D_g38	D_g25
ϕ_F/m^{-1}	140	184	280	140	160	117**	140	160	135	150	170
$\phi_{\Delta p}/m^{-1}$	125	114	232	110	98	114	82	118	71	93.4	138

*米指米字型填料；井指井字型填料。D_g 指公称尺寸。

**该值由实验归纳得到，实际选用时可适当放大。

图 11-5 中的纵坐标为

$$\frac{u^2\psi\phi}{g}\frac{\rho_V}{\rho_L}\left(\frac{\mu_L}{\mu_W}\right)^{0.2}$$

横坐标为

$$\frac{G_L}{G_V}\left(\frac{\rho_V}{\rho_L}\right)^{0.5}$$

式中，u 为气体空塔气速，m/s；G_V、G_L 分别为气体和液体的质量流速，kg/(m^2 · s)；ρ_V、ρ_L 分别为气体和液体的密度，kg/m^3；μ_L 为液体的黏度，Pa · s；μ_W 为水的黏度，Pa · s；ϕ 为填料因子，m^{-1}，计算压降时用压降填料因子 $\phi_{\Delta p}$，计算泛点时用泛点填料因子 ϕ_F；ψ 为水的密度和液体的密度之比；g 为重力加速度，9.81m/s^2。

图 11-5 适用于颗粒型个体填料如拉西环、鞍形填料、鲍尔环等，其上还绘制了整砌拉西环和格栅填料的泛点曲线。

根据两相流动参数和填料因子或压降填料因子 $\phi_{\Delta p}$，将横坐标和纵坐标的值算出，即可按等 Δp 线求出 Δp，但在 Δp<10mmH_2O/m 时误差较大(1mmH_2O=9.80665Pa)。

2) 设计气速

填料塔的泛点气速也可用新通用关联图(图 11-5)求得。图中示出了个体填料的泛点线。应用时，先标出横坐标，据此读出纵坐标，即可求液泛条件下的气体空塔速度 u_F，即泛点气速。计算过程中纵坐标的填料因子 ϕ 可取干填料因子，但最好取泛点填料因子 ϕ_F。液泛点是填料塔的操作上限，设计气速通常取泛点气速的 60%～80%。根据设计气速和给定的气体流量，可由式(11-1)计算填料塔的直径 D

$$D=\sqrt{\frac{4V_s}{\pi u}} \tag{11-1}$$

式中，V_s为气体体积流量，m^3/s；u为设计点空塔气速(设计气速)，m/s。

例 11-1 如引例所述甲醇生产工艺中回收塔，气相平均流量为 $1.53m^3/s$，气相平均密度为 $1.28kg/m^3$，压力为 0.12MPa；液相平均流量为 $0.026m^3/s$，液相平均密度为 $779.2kg/m^3$，平均黏度为 0.55cP($1cP=10^{-3}Pa\cdot s$)。若采用 D_g50 的金属鲍尔环，取设计气速为泛点气速的 70%，试计算所需塔径及在设计气速下每米填料层的压降。水密度按 $1000kg/m^3$ 计。

解 (1) 求所需塔径。

气相密度和液相密度分别为 $1.28kg/m^3$ 和 $779.2kg/m^3$，故

$$\frac{G_L}{G_V}(\frac{\rho_V}{\rho_L})^{0.5}=\frac{0.026\times779.2}{1.53\times1.28}(\frac{1.28}{779.2})^{0.5}=0.419$$

从图 11-5 的横坐标 0.419 处引垂线与个体填料泛点线相交，由该交点的纵坐标读得

$$\frac{u^2\psi\phi}{g}\frac{\rho_V}{\rho_L}(\frac{\mu_L}{\mu_W})^{0.2}=0.050$$

查表 11-1，D_g50 的金属鲍尔环的泛点填料因子 $\phi_F=160m^{-1}$。液体密度校正系数 $\psi=1000/779.2=1.28$，液相黏度为 $\mu_L=0.55cP$，泛点气速为

$$u_F=\sqrt{\frac{0.05g\rho_L}{\phi\psi\rho_V(\mu_L/\mu_W)^{0.2}}}=\sqrt{\frac{0.05\times9.81\times779.2}{160\times1.28\times1.28\times(0.55/1)^{0.2}}}=1.28(m/s)$$

取设计气速为泛点气速的 70%，则

$$u=0.70u_F=0.70\times1.28=0.90(m/s)$$

$$D=\sqrt{\frac{4\times1.53}{\pi\times0.90}}=1.47(m)$$

取塔径为 1.5m。$D/d=1500/50=30>10$，合乎规定。

(2) 求每米填料层的压降。

求图 11-5 的纵坐标的值，$\phi_{\Delta p}=98m^{-1}$，则

$$\frac{u^2\psi\phi}{g}\frac{\rho_V}{\rho_L}(\frac{\mu_L}{\mu_W})^{0.2}=\frac{0.90^2\times1.28\times98}{9.81}\times\frac{1.28}{779.2}(\frac{0.55}{1})^{0.2}=0.015$$

图 11-5 横坐标的值仍为 0.419，查图可得在设计气速下每米填料层的压降 $\Delta p=20mmH_2O/m$ 填料。

3) 载液

液泛点可通过目测而定出，也可根据压降与气速关系曲线上急剧转折的那一点而定出(两者之间有时可能有 10%的误差，以压降线所规定百分数为准)。载液现象不如液泛明显，从压降与气速的关系曲线来看，从正常到载液的过渡往往是一段圆滑曲线。塔的操作以落在载液区内(或其下限附近)为宜，由于常常不能明确地定出载液时的气速，故设计中多参照液泛气速来选定操作气速。

4) 持液量

持液量指单位体积填料层在其空隙中所持有的液体量。进行填料支承板强度计算时，填料本身质量与持液量都应考虑。一般认为持液量小的填料比较好，持液量小则阻力也小，但要使操作平稳，维持一定的持液量是必要的。

持液量分静态持液量与动态持液量两部分。静态持液量指填料层停止接受淋洒液体并经

过规定的滴液时间之后，仍然滞留在填料层中的液体量，其大小取决于填料本身(类别、尺寸)及液体的性质。动态持液量指操作时流动于填料表面的量，即可以从填料上滴下的那部分，其值等于在一定淋洒条件下持于填料层中的液体总量与静持液量之差。显然这一部分持液量不但与前述因素有关，而且还与喷淋密度有关。总持液量由填料类型、尺寸、液体性质、喷淋密度等决定，可由经验公式或曲线图来估计。到了载点附近以后，持液量还随气流速度的上升而增加。

5) 润湿速率

液体喷淋密度低则填料润湿得不充分，气液接触面积在总表面积中所占的比例也小。因此，为了使塔操作良好，应使喷淋密度足以维持最小的润湿速率。润湿速率是喷淋密度与填料比表面积之比，即

$$\begin{aligned}\text{润湿速率} &= \frac{\text{喷淋密度}}{\text{填料比表面积}} = \frac{\text{液体体积流量/填料层截面积}}{\text{填料层表面积/填料层体积}} \\ &= \frac{\text{液体体积流量}}{\text{填料层表面积/填料层高度}} = \frac{\text{液体体积流量}}{\text{填料层的周边长}}\end{aligned} \tag{11-2}$$

填料层的横截面类似于蜂窝的横截面，填料层的周边长即为此截面上所有孔隙的边缘长度之和。润湿速率的单位为 $m^3/(m\cdot h)$。对于最小润湿速率(MWR)，可参照如下规定：一般填料取 $0.08m^3/(m\cdot h)$，直径大于 75mm 的拉西环或板距大于 50mm 的栅板取 $0.12m^3/(m\cdot h)$。最小喷淋密度则为

$$(L_V)_{\min} = \text{MWR}\cdot a \tag{11-3}$$

式中，a 为填料比表面积，m^2/m^3；MWR 以 $m^3/(m\cdot h)$为单位，$(L_V)_{\min}$ 以 $m^3/(m^2\cdot h)$为单位。

3. 填料的传质性能

填料塔的直径由水力学决定，而高度则与填料层内的传质情况有关。填料层内的传质是一个极为复杂的问题，目前解决该问题即确定填料层高度的基本途径是通过实验。关于填料层传质的通用关联式很多，计算结果相差很大，很难作为设计计算的依据。填料的传质性能通常用传质单元高度或理论塔板当量高度(HETP，也称等板高度)来表征。传质单元高度或理论塔板当量高度一般需要通过实验来确定，可根据传质系数推算。

在填料层内两相有效接触面积是真正参与传质的填料表面面积。有效面积必定是润湿的，但润湿的表面不一定是有效的。在填料层内的某些局部区域，液体运动极其缓慢或静止不动，对传质不起作用。恩田(Onda)等关联了大量液相和气相的传质数据，分别提出了液、气两相传质系数的经验关联式。在计算传质系数时首先应计算填料润湿表面。

1) 填料润湿表面计算

$$\frac{a_W}{a} = 1-\exp\left[-1.45\left(\frac{\sigma_c}{\sigma}\right)^{0.75}\left(\frac{G_L}{a\mu_L}\right)^{0.1}\left(\frac{G_L^2 a}{\rho_L^2 g}\right)^{-0.05}\left(\frac{G_L^2}{\rho_L\sigma a}\right)^{0.2}\right] \tag{11-4}$$

式中，a_W 为单位体积填料层的润湿面积，m^2/m^3；a 为单位体积填料层的总表面积，即填料的比表面积，m^2/m^3；σ 为液体的表面张力，N/m；σ_c 为填料材质的临界表面张力，N/m，其值见表 11-3(要求 $\sigma<\sigma_c$)；G_L 为液体通过空塔截面的质量流量，$kg/(m^2\cdot s)$；μ_L 为液体的黏度，$N\cdot s/m^2$；ρ_L 为液体的密度，kg/m^3；g 为重力加速度，$9.81m/s^2$。

表 11-3 填料材质的临界表面张力

材 质	临界表面张力 σ_c/($\times10^{-3}$N/m)	材 质	临界表面张力 σ_c/($\times10^{-3}$N/m)
碳	56	聚氯乙烯	40
陶瓷	61	钢	75
玻璃	73	涂石蜡的表面	20
聚乙烯	33		

2) 液相传质系数计算

$$k_L\left(\frac{\rho_L}{\mu_L g}\right)^{1/3}=0.0051\left(\frac{G_L}{a_W\mu_L}\right)^{2/3}\left(\frac{\mu_L}{\rho_L D_L}\right)^{-1/2}(ad_p)^{0.4} \tag{11-5}$$

式中，k_L 为液相传质系数，kmol/[m^2 · s · (kmol/m^3)]；D_L 为溶质在液相中的扩散系数，m^2/s；d_p 为填料的名义尺寸，m；G_L 为液相质量流量，kg/(m^2 · s)。

3) 气相传质系数

$$\frac{k_V RT}{aD_V}=C\left(\frac{G_V}{a\mu_V}\right)^{0.7}\left(\frac{\mu_V}{\rho_V D_V}\right)^{1/3}(ad_p)^{-2} \tag{11-6}$$

式中，C 为系数，对于大于 15mm 的环形和鞍形填料为 5.23，小于 15mm 的填料为 2.0；k_V 为气相传质系数，kmol/[m^2 · s · (kN/m^2)]；R 为摩尔气体常量，8.314kJ/(kmol · K)；T 为气体温度，K；D_V 为溶质在气相中的扩散系数，m^2/s；μ_V 为气体黏度，N · s/m^2；ρ_V 为气体密度，kg/m^3；G_V 为气体的质量流量，kg/(m^2 · s)。

恩田提出的气、液相传质系数关联式是以式(11-3)计算的润湿表面积为基准整理的。因此，将算出的 k_L、k_V 乘以式(11-3)算出的 a_W 即得体积传质系数 k_La 和 k_Va，从而可按第 9 章介绍的方法计算传质单元高度或填料塔高度。

4. 一些设计指标

1) 填料尺寸

由于个体填料堆放在塔中的松紧程度不同，一般在塔截面中间较紧密而在靠壁处较松，故流体下流时总是逐渐趋向塔壁，于是在下部的填料可能出现不被润湿的情况，称为流壁效应。为了克服此效应，要求塔径比填料直径大得多，当 $D_{塔}/d_{填}\geqslant 8$ 时，填料层松紧程度差别就不再显著。对于拉西环，该值应大于 20，规整填料则无以上限制。

2) 塔径

填料塔直径取决于气体的体积流量与空塔速度，前者由生产条件决定，后者则在设计时规定。在气体处理量一定的条件下，气速大则塔径小，又由于传质系数提高，可使填料层的总体积减小，因而设备费可降低；但气速大则阻力大，操作费提高。气速又不能过于靠近液泛点，否则生产条件稍有波动，操作即不平稳。考虑到这些因素，操作气速可按下列两种方法之一决定：①取操作气速等于液泛气速的 0.6～0.8 倍；②根据生产条件，规定出可容许的压降，由此压降反算出可采用的气速。

3) 填料层高度

填料层高度由传质单元数或理论塔板数来推算。算出的高度较大则要分成若干段，根据塔径大小，每段高度一般不宜超过一定的值，可按下列推荐的倍数来定：对拉西环，每段填料层高度为塔径的 3 倍，对鲍尔环及鞍形填料为 5～10 倍。为了使液体分布良好，两段之间设液体再分布装置。若段数太多或塔太高，可将填料分装在几个塔内，串联操作。

11.1.3　填料塔的附属结构

填料塔的附属结构包括填料支承装置、液体分布器、液体再分布器、气液进口及出口装置等。

1. 支承装置

对于填料的支承装置主要要求两点：一是其强度和刚度要足以支承其上面的填料及其所持液体的重量；二是不能使气流通过时的阻力过大，以至于在支承装置处引起液泛。因此，支承装置的自由截面不应小于填料层的自由截面。多孔板因为自由截面较小，较少用作支承装置。常用的支承装置有栅板形式和各种具有升气管结构的形式(图 11-6)。

栅板式支承装置如图 11-6(a) 所示，通常为竖放的扁钢组成的栅板。扁钢条间距宜为填料外径的 0.6～0.8 倍。在大直径塔中也可采用较大的间距，使用时先放两层较大的瓷圈然后再放所选的填料。

当不能满足上述两个条件时，可采用升气管式支承板，如图 11-6(b) 所示。气体由升气管上升，通过气道顶部的孔及侧面的齿缝进入填料层，液体则由支承装置底板上的诸多小孔中流下，气液分道流动。气体喷射式支承板又称驼峰支承板[图 11-6(c)]，具有几倍于塔截面的通道。液体从板上筛孔流下，气体通过驼峰通道由壁上的小孔流出，气、液分布较均匀，又因在支承装置处逆流的气、液相各有通道，可避免由支承装置引起的积液现象。

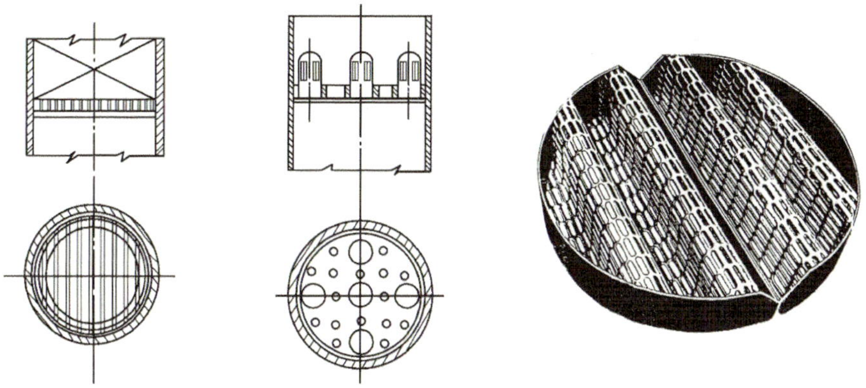

(a) 栅板式支承装置　(b) 升气管式支承装置　(c) 气体喷射式支承装置

图 11-6　填料的支承装置

2. 液体分布装置

液体分布装置要求能使液体均匀分布于填料的各个位置。液体分布装置对填料塔的性能有很大的影响。分布器设计不当，易造成液体分布不均匀，填料层内的有效润湿面积减小，造成偏流现象和沟流现象增大，直接影响传质效果。

1) 管式喷淋器

管式喷淋器如图 11-7 所示，其中(a)为弯管式，(b)为缺口式，(c)为多孔直管式，(d)为多孔盘管式。弯管式和缺口式喷淋器一般用于直径在 300mm 以下的填料塔。多孔是在管下侧开 2～4 排、直径 3～6mm 的小孔，小孔的总截面积与进液管截面积大致相等。多孔直管式喷淋器适用于直径在 600mm 以下的塔，多孔盘管式喷淋器适用于直径在 1.2m 以下的填料塔，多环多孔盘管式喷淋器则可用于直径更大的塔设备。

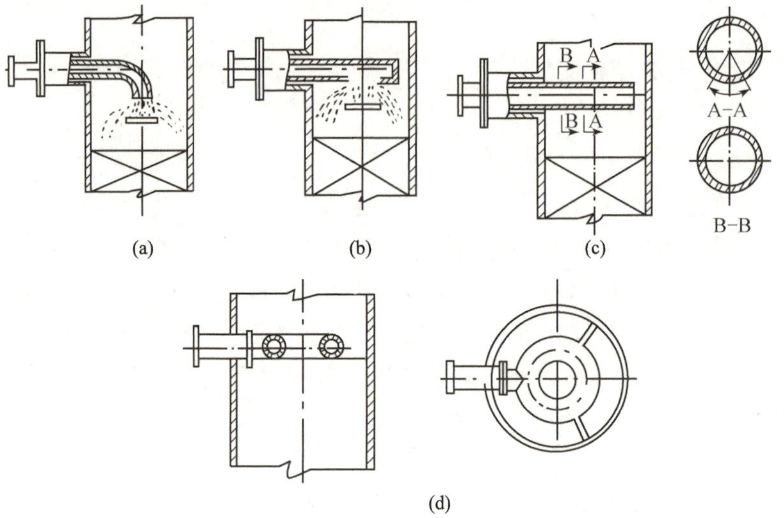

图 11-7　管式喷淋器

2) 莲蓬式及盘式喷淋器

莲蓬式喷淋器如图 11-8(a)所示。莲蓬头的直径约为塔径的 1/4，莲蓬球面上开有许多 3～10mm 的小孔，喷洒角$\alpha \leqslant 80°$。莲蓬式喷淋器只适用于直径小于 600mm 的填料塔。

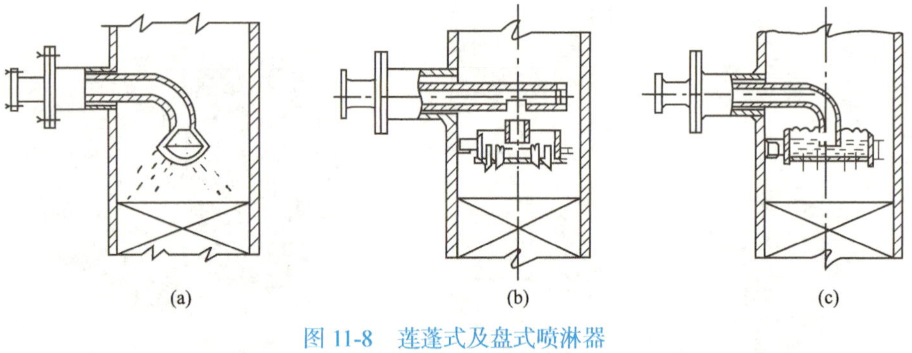

图 11-8　莲蓬式及盘式喷淋器

图 11-8(b)、(c)所示为分布盘上开有许多筛孔或装有溢流管的盘式喷淋器，通过筛孔或溢流管将液体均布在整个塔截面上。这种喷淋器可用于直径大于 800mm 的填料塔。

3) 齿槽式喷淋器

齿槽式喷淋器如图 11-9 所示，液体先由上层的主齿槽向下层的分齿槽做预分布，然后再向填料层喷洒。齿槽式喷淋器自由截面积很大，不易堵塞，对气体的阻力小，故特别适用于大直径的塔设备，但是这种分布器的安装水平要求较高。

4) 液体再分布器

由于存在壁流效应，当填料层过高时，必须设置液体再分布器以克服此现象，液体再分布器的作用是将流到塔壁附近的液体重新汇集并引向中央区域。为改善壁流效应造成的液体分布不均，可在填料层内部每隔一定高度设置一液体再分布器。每段填料层的高度因填料种类而异，壁流效应越严重的填料，每段高度应越小。常用的液体再分布器为截锥形(图 11-10)，是最简单的结构，适用于直径为 0.6～0.8m 的塔。将截锥体焊(或搁置)在塔体上，截锥体上下都可以放满填料，不占空间[图 11-10(a)]。若考虑分段卸出填料，再分布器之上可另设支承板[图 11-10(b)]。

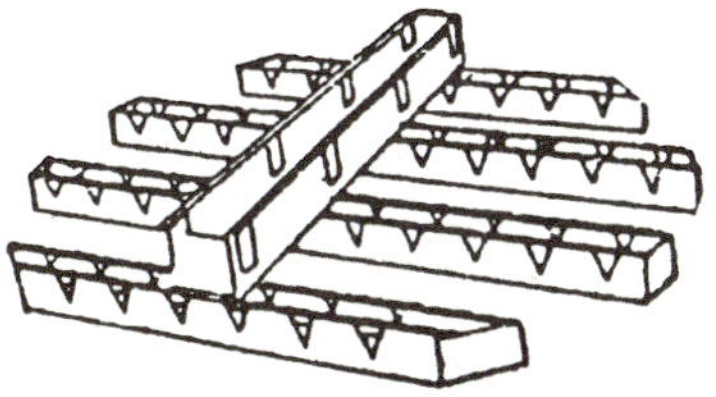

图 11-9　齿槽式喷淋器

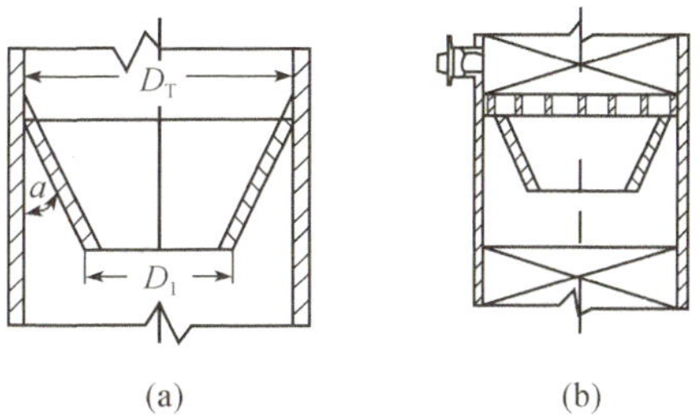

图 11-10　液体再分布器

当塔径在 600mm 以上时，宜采用液体收集以后再进行液体分布。

3. 填料塔其他内件

1) 填料床层限位装置

为避免高气相负荷或操作中因气速波动而使填料发生松动及损坏，需在填料层顶部设置填料床层限位装置。这种装置分两类，一类是由放置于填料上，靠重力将填料压紧，称为填料压板或浮动式压板，适用于金属或塑料填料，对填料压板自身重量有要求；另一类是将填料限定装置固定于塔壁上，称为床层限定板或固定式压板，适用于陶瓷及石墨填料，可以采用于填料压板类似结构，但重量较轻。另外，一些个体填料还需加挡网，防止破碎的填料被带入气、液出口管路而造成阻塞。

2) 除雾装置

对于气体吸收塔或气体负荷较高的精馏塔，气体在塔顶离开填料层时带有大量的液沫和雾滴，为回收这部分液体，常在塔顶设置除雾装置。常用的除雾装置有丝网除雾器、折流板除雾器和旋流板除雾器等。

11.2　板　式　塔

11.2.1　板式塔的塔型简介

板式塔的塔型很多，早期在工业上应用的有泡罩塔(1813 年)和筛板塔(1832 年)，随着石油化学工业的发展，先后出现了许多新型塔，如浮阀塔、舌形塔、浮动喷射塔、波纹筛板塔、双孔径筛板塔、斜孔筛板塔、多降液管筛板塔和固定阀塔等。

板式塔由一圆筒形壳体和其内按一定间距安装的若干层水平塔板组成。操作中，液体在重力作用下自上而下依次流过各层塔板，并在塔板上形成流动的液层，最后从塔底排出；气体则在压力差作用下自下而上依次穿过塔板及塔板上的液层，最后由塔顶排出。塔板是气液接触的场所，按板上气液相对流动的方式，可将塔板分为逆流流动的无溢流型塔板和错流流动的溢流型塔板。无溢流型塔板也称穿流塔板，其结构特征是塔板上无降液管，气液两相均通过分布于塔板上的通道穿过塔板，两相呈逆流流动；具有结构简单、造价低、塔板面积利用率高的特点；但塔板效率低，操作弹性小，应用较少，一般仅用于一些特殊场合。溢流型塔板上除设鼓泡元件的传质区外还包括溢流堰、降液管和受液盘等结构。溢流型塔板上的液体从受液盘横向流入传质区，在传质区与来自下一层塔板的气体进行气液传质后越过溢流堰，然后进入降液管而流至下一层相邻塔板的受液盘；来自下一层相邻塔板的气体则主要通过塔板传质区的气相通道进入塔板并在板上与液体进行气液传质。溢流型塔板的传质效率高，操作弹性大，应用最为广泛，这里主要介绍这类塔板相关的板式塔。图 11-11 为几种常用溢流型板式塔构造的示意简图，其中(a)为泡罩塔，(b)为筛板塔，(c)为浮阀塔，(d)为固定舌型塔，(e)为浮动喷射塔，(f)为固定阀塔，其他种类繁多的塔型及其塔板结构可从这几种基本塔型演变而来。

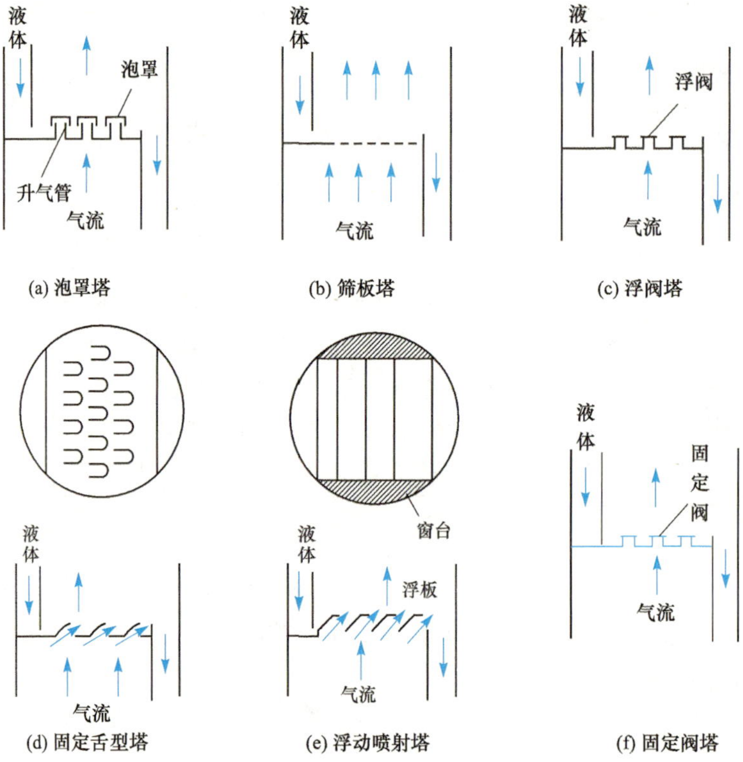

图 11-11　常用板式塔的示意简图

1. 泡罩塔

泡罩塔[图 11-11(a)]是最早应用于生产上的板式塔，因其操作性能稳定，故一直到 20 世纪 40 年代还在板式塔中占绝对优势。后来才逐渐被其他塔型代替，但至今仍占有一定地位。

泡罩塔塔板的结构特征是塔板上的气相通道由升气管和泡罩(多为圆形，也可以是条形或是其他形状)组成。泡罩下边缘或开齿缝或不开齿缝，操作时气体从升气管上升再经泡罩与升气管的环隙，然后从泡罩下边缘或经齿缝排出进入液层。

操作状态下，塔板上的液层高度高于泡罩的下端缝隙高度，形成液封；气体经升气管穿过塔板后在泡罩顶端回转沿泡罩底端的缝隙被分散成细小的气泡或流股进入塔板上的液层，进行两相传质。泡罩塔塔板由于其特殊结构，不易发生严重漏液现象，操作稳定，操作弹性大，传质效率(对塔板而言称为塔板效率)也较高，对物料适应性强，特别适用于容易堵塞的物系。但也有不少缺点，如结构复杂、造价高、塔板阻力大等。液流通过塔板的液面落差较大，因而易使气流分布不均造成气、液接触不良。

2. 筛板塔

筛板塔也是较早出现的板式塔。从图 11-11(b)可知，筛板就是在板上打很多筛孔，操作时气体直接穿过筛孔进入液层。过去对这种塔板研究得不够，很难操作，只要气流发生波动，液体就不从降液管下来，而是从筛孔中大量漏下，于是操作也就被破坏，这种塔板早期一直应用不广。直到 1949 年以后才又对筛板进行各种试验，掌握了规律后发现能稳定操作，才较大范围应用。目前它在国内外已大量推广应用，特别是在美国其比例大于下面介绍的浮阀塔。21 世纪以后筛板塔逐步被固定阀塔取代。

操作中的筛板塔，气体通过筛孔分散后穿过塔板上的液层，在液层内进行气液传质。合适的操作气速应该使气体能够阻止液体大量通过筛孔流向下一层塔板，避免在筛孔处发生大量漏液。筛板塔的优点是构造简单、造价低，若设计合理并且操作得当也能稳定操作，满足生产过程的弹性要求，塔板效率也较高；缺点是小孔易堵(近年来发展了大孔径筛板，以适应大塔径、易堵塞物料的需要)，操作弹性和塔板效率比下面介绍的浮阀塔略差。

3. 浮阀塔

浮阀塔如图 11-11(c)所示，是在 20 世纪 40～50 年代才发展起来的，目前使用广泛。尤其在国内，浮阀塔的应用占有重要地位，普遍获得好评。

浮阀塔板是通过在塔盘上开阀孔并安置能上下浮动的阀件而制成，结合了泡罩塔板和筛板的特点。操作中的浮阀塔，气体通过阀孔上升，在阀片的阻挡下气流转向阀片与塔盘之间的缝隙沿水平方向进入液层，在液层内实现气液传质。由于浮阀与塔盘之间的流通面积能随气体负荷变动自动调节，因而在较宽的气体负荷也能保持稳定操作；同时气体以水平方向吹出，气、液接触时间较长，雾沫夹带量少，因而具有良好的操作弹性和较高的塔板效率，在工业中得到了较为广泛的应用。根据形状，浮阀可分为圆盘型、条型、船型和其他特殊结构。浮阀塔板目前仍然是综合性能最好的塔板。

浮阀形式繁多，工业上使用最多的是 F1 型(国外称 V1)浮阀，对于处理污垢或易聚合物料，也可采用十字架型(国外称 V4)浮阀。

浮阀塔板的主要缺点是浮阀长期使用后由于频繁活动而造成阀腿断裂，阀体脱落或卡死，从而引起操作异常。为避免腐蚀或浮阀与阀孔边缘粘住，浮阀与塔板一般采用不锈钢材料。近年来关于浮阀塔板的研究开发工作十分活跃，是目前相关领域的主要研究方向之一。研究人员主要从强化气相分散，增强流体导向，合理利用流体能量，气液流场分布等方面改进浮阀塔板以提高塔板效率，增大生产能力。

4. 固定舌型塔

如图 11-11(d)所示，固定舌型塔属于喷射型。因舌形孔是将塔板冲压而成的斜孔，操作中气流上升时从斜孔中喷射而出，气流方向与液流方向一致，可消除塔板上的液面落差，有利于气流均匀分布。由于气体喷出速度较大，将液体分散成许多大小不一的液滴和雾沫并抛至塔板上方空间，液滴和雾沫落下后汇集成的液体能再次被分散抛出。此时，气相为连续相，液相为分散相，气液两相的这种接触状态为喷射状态，液滴多次形成与聚并，使传质表面不断更新，相际湍流加剧，促进气液两相间的传质。固定舌型塔板加工方便、造价低、通量大、塔板阻力较小(因液层薄，这是喷射塔板的共同特点)。缺点是气液接触时间较短，故塔板效率不高。固定舌型塔板由于稳定性较差并且设计要点不明确，现已较少应用，但其原理仍在斜孔型塔板和固定阀塔板等新型塔板中有所拓展应用。

5. 浮动喷射塔

如图 11-11(e)所示，浮动喷射塔是我国自行开发的一种新型板式塔。整块塔板由彼此相叠的百叶窗式浮动板片组成，浮动板片被支承后能自由转动一个角度(20°～30°)，当气流上升时板片张开，气流则斜向吹出。这类塔板的特点是阻力小，处理量大，在炼油和化工生产上已获得较好的应用。

6. 固定阀塔

如图 11-11(f)所示，固定阀塔板是介于浮阀塔板和筛板之间的一种塔板型式。固定阀是在塔板上直接冲压而成，与塔板是一个整体。固定阀塔板克服了筛板雾沫夹带量大、漏液严重、传质效率低的缺点，又避免了浮阀塔板制造成本高、易堵塞的不足，具有制造费用低、操作弹性大、传质效率高、免维护等优良的综合性能，目前已有一定规模的工业应用，应用前景良好。

11.2.2 板式塔的操作原理

板式塔与填料塔不同，它属于逐级接触式气液传质设备，塔板上气液接触的良好与否和塔板结构及气、液两相相对流动情况有关。现以筛板塔为例来说明板式塔的操作原理。如图 11-12 所示，上一层塔板上的液体由降液管流至塔板上，并经过板上由另一侧的降液管流至下一层塔板上。而下一层板上升的气体(或蒸气)经塔板上的筛孔，以鼓泡的形式穿过塔板上的液体层，并在此进行气液接触传质。离开液层的气体继续升至上一层塔板，再次进行气液接触传质。由此经过若干层塔板，进行多次的气液接触和分离，最终达到预定的传质目的。塔板上的鼓泡层高度由塔板结构和气液两相流量而定。在塔板结构和液量已定的情况下，鼓泡层高度随气速而变。通常在塔板以上形成三种不同状态的区间，靠近塔板的液层底部属鼓泡区，在液层表面属泡沫区，在液层上方空间属雾沫区。这三种状态都能进行气液接触传质作用，其中泡沫状态的传质效果尤为良好。当气速不很大时，塔板上以鼓泡区为主，传质效果不够理想。随着气速增大至一定值，泡沫区增加，传质效果显著改善，相应的雾沫夹带量虽有增加，但还不至于影响传质效果。如果气速超过一定范围，则雾沫区显著增大，雾沫夹带过量，严重影响传质效果。为此，在板式塔中必须在适宜的液体流量和气速下操作，才能达到良好的传质效果。

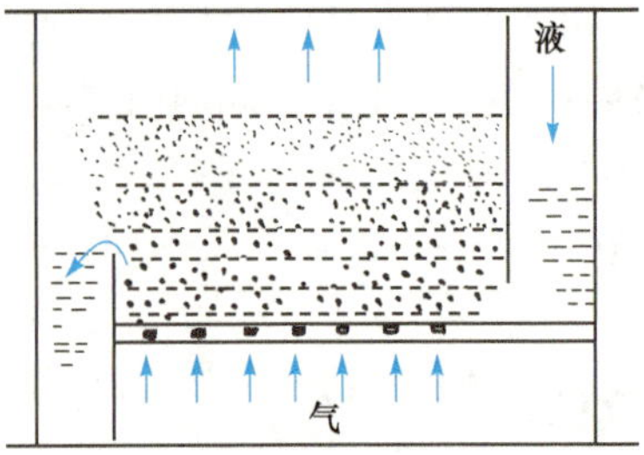

图 11-12 筛板塔操作简图

塔板上的气液接触状态直接影响塔板的传质性能，随着气相穿过液相时的速度不同气液两相的接触状况不同，大致可以分为五种接触状态。当气相进入液相的速度较低时，气相分散成不连续的气泡，以鼓泡形式穿过塔板上的清液层，呈鼓泡态；由于气泡数量较少，液相层存在清晰的界面；此状态下，液相为连续相，气相为分散相，气液湍动弱，气泡表面为两相的传质表面，传质面积较小，传质效率低。在鼓泡接触状态下增加气速到一定程度，气泡互相碰撞，形成多面体结构，气泡间以液膜相隔，呈蜂窝状泡沫态；该状态下气泡间的液膜表面是两相传质界面，存在明显的泡沫层界面，气泡层湍动程度仍然较弱，传质效率仍较低。随着气速的进一步增大，气泡数量增加，液体呈膜状分布在气泡之间，呈泡沫态；此时，泡沫层内气液扰动剧烈，液膜与气泡不断破裂与合并，两相的接触表面不断更新，传质效率较高；另外，泡沫层上方泡沫破裂形成液滴群的表面也成为气液传质表面，进一步强化了传质过程。泡沫态是工业精馏塔板上的主要气液接触状态之一。当气速进一步提高，液相将被分散成液滴群，导致泡沫层破坏，气相变为连续相，液相变成分散相，呈喷射态；分散的液滴表面为传质表面，由于液滴多次分散与聚并，表面不断更新，为气液传质创造了良好的条件；是工业装置中的另一种常见气液接触状态。气液两相从泡沫态转为喷射态是一个渐变的过程，许多情况下气液两相是以泡沫态和喷射态混合的接触状态进行传质。另外，若气泡在形成初期，因高速的液流剪切作用被剪切呈细小的气泡夹带至液相中，形成均匀的两相混合物，会形成乳化态。乳化态仅在高压塔内高液相流率时才可能出现。

板式塔正常操作时，气相穿过气相通道进入液层，通常在塔板上以泡沫态或喷射态与液体充分接触，以获得较大的传质面积和传质系数；在总体上使两相保持逆流流动，而在塔板上呈均匀的错流接触，以获得最大的传质推动力。但气液两相在塔内的实际流动与希望的理想流动会有偏离，这些非理性流动都偏离了逆流原则，导致传质推动力下降，对传质不利，主要可以分为两类，即空间上的与主流方向相反的反向流动和板上不同区域的不均匀流动。

与主流方向相反的流动称为返混现象，包括液相返混-雾沫夹带和气相返混-气泡夹带。气体穿过液层时，部分液体被气体分散成液滴或雾沫，少量液滴和雾沫被上升的气体带至上层塔板，这种现象即雾沫夹带。造成雾沫夹带的原因是由于气流冲击或气泡破裂造成液滴飞溅高度大于两塔板间距，或者液滴沉降速度小于上升气相流速。雾沫夹带与板间距和操作气速有关，操作中的板式塔不可避免的存在一定的雾沫夹带；当夹带量超过允许值时，会发生过量雾沫夹带，造成严重液相返混，塔板效率显著下降。类似地，在塔板上与气体充分接触后的液体，越过溢流堰进入降液管时不可避免的也会夹带气泡；液体落入降液管时也会卷入一些气体形成气泡。若这些气泡在降液管内来不及释放，将被带至下层塔板，即气泡夹带。降液管内的气泡夹带量与液体在降液管内的停留时间有关。一般要求降液管内液体的停留时间大于 3～5s，以降低气泡夹带，保证液体中夹带的气泡能充分释放。无论雾沫夹带还是气泡夹带，都使少部分在塔板上已经分离的气相或液相又和待分离的气液相重新混合，导致塔内平均传质推动力和塔板效率的降低，对传质过程不利。

塔板上气相和液相都存在分布不均匀现象。对于气相来说，理想的情况是塔板上各点气速相等。然而，由于液体横向流过塔板时要克服流动阻力，塔板上液体进口处的液层要稍厚于出口处，形成液面落差。液面落差的存在会导致塔板上的气流分布不均。在液体入口处，液层厚，气相通过阻力大，气速小于板上其他区域。而在出口处，液层薄，气相通过阻力小，气速大于板上其他区域。液面落差与板上液体流量和流动距离有关。这种不均匀分布对传质不利，为减轻气流分布的不均匀性，应尽量减小液面落差。液体横向流过圆形塔板时，不同位置的流体具有不同的流程长度，加上塔壁的作用，液相速度分布也存在不均匀现象。中央部分液体行程段，阻力小，流速较大；而靠近塔壁部分的液体流程长，阻力大，流速小。特别在液体流量很低时，液流分布不均甚至可能导致在塔壁附件形成液层滞留区。液相的分布不均匀也会造成塔板效率下降，对传质不利。

板式塔内的返混和气液相分布不均匀虽然对传质不利，但塔仍能正常操作；若塔结构设计不合理或操作条件不当，则会造成塔内气液两相的异常流动，破坏塔的正常操作。在板式塔操作过程中，由于塔内液相流动不畅，在塔板上积累，最终导致液相充满整个塔板之间的空间，破坏正常的操作，即液泛。液泛时，塔内气相压降大幅度上升，并剧烈波动，分离效果急剧变差。根据液泛发生的原因，可以分为过量雾沫夹带液泛和降液管液泛。

对于一定的液体流率，塔板上的雾沫夹带使上层塔板的液层增厚，正常情况下液层增厚并不明显，塔板上液体流动能自动调节以维持液流畅通。当气速达到一定值时，雾沫夹带量过大，使上层的液层迅速增厚，而液层厚度的增加又促进雾沫夹带量的增加，形成恶性循环，最终导致液相流动不畅，难以流到下一层塔板而在当前塔板上积累，以致充满两板之间的空间，随气相做反向流动，进入上一层塔板，最终液体充满全塔，随气体从塔顶溢出。这种现象称为过量雾沫夹带，工程上将出现过量雾沫夹带液泛时的气速称为液泛气速，并作为塔径设计的重要参考参数。

降液管内的液体要从一层塔板流入下一层塔板，需克服塔板压降即降液管内的液相流动阻力，而降液管内泡沫层高度相当的静压头便是这一过程的推动力。当塔板压降和降液管内流动阻力之和增加时，降液管内的液面随之升高。当流动阻力过大时，降液管内液层将上升至上层塔板的出口堰以上，破坏了降液管内液相的正常流动，使得当前塔板上的液相不能流出而逐步累积，直至充满整个塔板间的空间。由于液相不能正常流过降液管而引起的液泛称为降液管液泛。

虽然根据引起板式塔液泛的原因将液泛分为两种，但这两种液泛现象是相互影响，密切相关的。过量的雾沫夹带，将导致塔板上液层增厚，引起塔板压降增大，使降液管内液面升高，进而引起降液管液泛。类似地，当发生降液管液泛时，液相在塔板上的积累使液层增厚，空间减小，也会引起过量雾沫夹带液泛。无论何种原因引起液泛，都会出现塔板压降现在增大，传质恶化，仅从发生液泛的现象上难以确定引起液泛的原因。一般来说，低压尤其是减压精馏，气速较大，液相流量较小时，易出现喷射态，引起过量雾沫夹带液泛；而加压精馏，因气液两相密度差小，导致降液管内气液两相分离难度提高，且高操作压力和大液量时，板上液层较厚，降液管流动阻力增大，塔板压降提高，更易引起降液管液泛的发生。

在正常操作情况下，塔板上要保持一定高度的液层，使气液两相充分接触传质。对于大多数塔板，当通过气相通道的气速较小时，塔板上的部分液体可能会从气相通道漏下，即漏液。产生漏液的原因是气速过小或气体分布不均匀。若漏液量较小，对塔板上气液相间的传质影响不大，不会造成塔板效率的明显下降，属于塔板的正常操作现象。若漏液量过大，塔板上液体不能积累形成液层，将导致气液两相接触时间过过短，传质效果变差，塔板效率明显降低，属于严重漏液。为保证塔的正常操作，漏液量一般不大于液相量的 10%，该条件下的气速为漏液点气速，对应的气相负荷为塔板操作的气相负荷下限。

11.2.3 板式塔塔径的估算

板式塔塔型繁多，本节着重介绍筛板塔和浮阀塔的塔板结构、主要结构尺寸确定以及塔径的估算。

塔径也可按流量方程求得，具体计算见式(11-1)。

气速 u 的计算方法很多，现在多推荐使用史密斯法。此法可用于计算泡罩塔、筛板塔和浮阀塔的最大允许气速(m/s)，其式为

$$u_{\max}=C_{\sigma}\sqrt{\frac{\rho_{L}-\rho_{G}}{\rho_{G}}} \tag{11-7}$$

式中，ρ_L、ρ_G 分别为液体和气体的密度，kg/m^3；C_σ 为经验系数，其值可从图 11-13 查到并用式(11-8)校正。

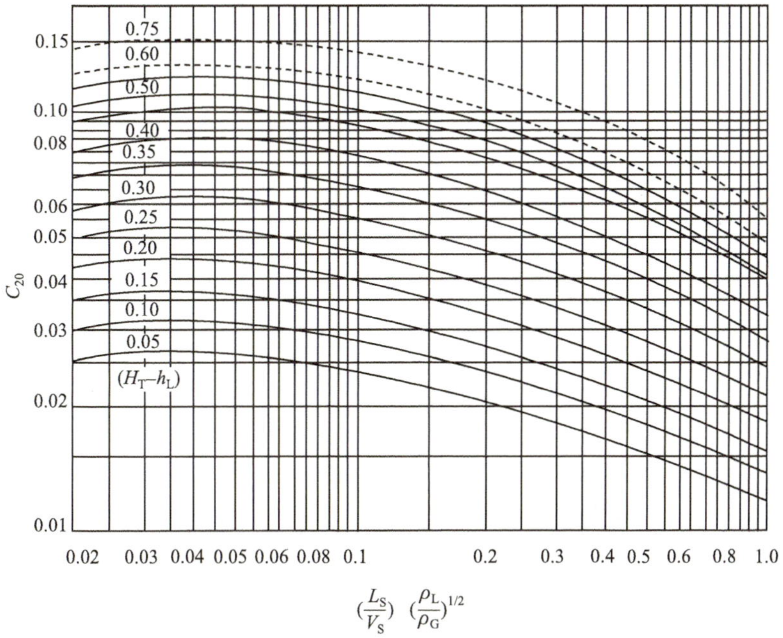

图 11-13 系数 C_{20} 的求取

用此法求最大允许气速时需预先选取清液层高度 h_L 和塔板间距 H_T。h_L 一般可选为 40～60mm，对减压塔取 25～35mm。

塔板间距的大小对 $u_{\max}$ 影响很大，通常塔板间距越大则越难液泛。因此塔板间距大，最大容许气速也就高，塔径就可以小些。一般塔板间距的选取可参考表 11-4。

表 11-4 塔板间距和塔径的关系

D/m	0.3～0.5	0.5～0.8	0.8～1.6	1.6～2.0	2.0～2.4	>2.4
H_T/mm	200～300	300～350	350～450	400～600	500～700	≥600

值得注意的是，由图 11-13 查得的 C_{20} 值是对液体表面张力为 20dyn/cm(1dyn=10^{-5}N)的物系绘制的，当表面张力为其他值时，C_σ 值应按下式进行校正

$$\frac{C_{20}}{C_{\sigma}}=\left(\frac{20}{\sigma}\right)^{0.2} \tag{11-8}$$

将由式(11-8)算得的 C_σ 值再代入式(11-7)可求出 $u_{\max}$。

实际的空塔气速 u=(0.6～0.8)$u_{\max}$。u 一经算出即可求得塔径。

图 11-13 中，L_s、V_s 分别为液体和气体的体积流量，m³/s；H_T 为塔板间距，m；h_L 为清液层高度，m；横轴上$(\frac{L_s}{V_s})(\frac{\rho_L}{\rho_G})^{1/2}$项称为气液流动参数。

例 11-2 如引例所述甲醇生产工艺中的常压塔拟采用筛板精馏塔，条件如下：V_s=12.27m³/s；L_s=1.57×10⁻²m³/s；ρ_G=1.25kg/m³；ρ_L=772.7kg/m³；σ=26.1dyn/cm。试确定塔径。

解 设塔板间距 H_T=600mm，清液层高度 h_L=75mm，则 H_T-h_L=600−75=525(mm)=0.525(m)。

$$(\frac{L_s}{V_s})(\frac{\rho_L}{\rho_G})^{1/2}=(\frac{1.57\times10^{-2}}{12.27})(\frac{772.7}{1.25})^{1/2}=0.0318$$

从图 11-13 可查得 C_{20}=0.12，所以

$$C_\sigma=0.12\times(\frac{26.1}{20})^{0.2}=0.127$$

由式(11-7)得

$$u_{\max}=0.127\times\sqrt{\frac{772.7-1.25}{1.25}}=3.15(\text{m/s})$$

取 u=0.7$u_{\max}$=0.7×3.15=2.21(m/s)，故

$$D=\sqrt{\frac{4\times12.27}{\pi\times1.18}}=2.66(\text{m})$$

圆整取 D=2.8m。

板式塔塔径初步估算后，就可进行塔板的结构设计。由于塔板上的液流情况不同，塔板结构就不一致。例如，筛板塔和浮阀塔的液流是经由降液管逐板流下，而穿流式筛板塔(淋降式塔)的液流直接由筛孔逐板流下，塔内没有降液管，属于无溢流型板式塔。本节主要介绍有降液管的板式塔。

11.2.4 塔板溢流型式

有降液管的板式塔常用的塔板溢流型式有以下几种。

1) 单溢流型

单溢流型如图 11-14(a)所示。单溢流型是最常用的，一般用于塔径和液体流量不大时。若塔径和液流量过大，则造成气、液流分布不匀，影响传质效率。

2) 双溢流型

双溢流型如图 11-14(b)所示，当塔径较大或液相的负荷较大时采用。

3) U 形溢流型

U 形溢流型如图 11-14(c)所示，只有在液气比很小时采用。因流体在板上流程较长，故可以提高塔板效率，如在空分装置精馏塔常采用。

4) 四溢流型

当塔径及液量特别大时可采用四溢流型，如图 11-14(d)所示。

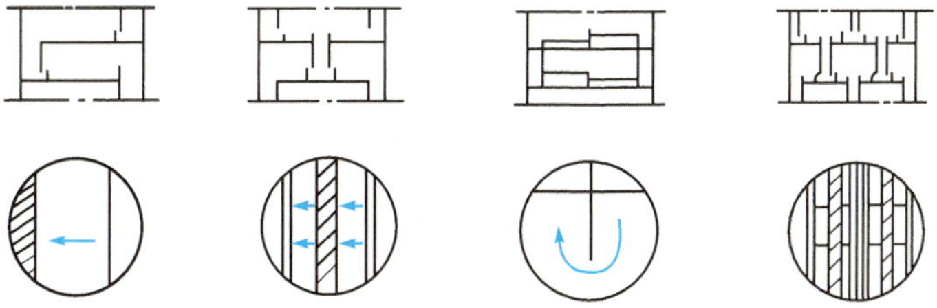

(a)　(b)　(c)　(d)

图 11-14　塔板溢流型式

液体负荷与塔板溢流型式的关系见表 11-5。

表 11-5　液体负荷与塔板溢流型式的关系

塔板直径/mm	液体流量/(m^3/h)			
	U 形溢流型	单溢流型	双溢流型	四溢流型
1000	7 以下	45 以下		
1400	9 以下	70 以下		
2000	11 以下	90 以下	90～160	
3000	11 以下	110 以下	110～200	200～300
4000	11 以下	110 以下	110～230	230～350
5000	11 以下	110 以下	110～250	250～400
6000	11 以下	110 以下	110～250	250～450

11.2.5　塔板的共同结构

1. 塔板的几个区域

各种塔板板面大致可分为三个区域，如图 11-15 所示，降液管所占的部分称为溢流区，塔板开孔部分称为鼓泡区，阴影部分称为无效区。

在液体进口处液体容易自板上孔中漏下，故设一传质无效的不开孔区，称为进口安定区，它的宽度 w_s'=50～100mm。

在出口处，由于进降液管的泡沫较多，也应设不开孔区来破除一部分泡沫(又称破沫区)，一般此区宽度 w_s=50～100mm。小塔 w_s、w_s' 可酌减，塔径在 1m 以下时 w_s=25～30mm。另外在靠塔壁处，因有支承装置，也设有不开孔的安装区，它的宽度 w_c=50～100mm。

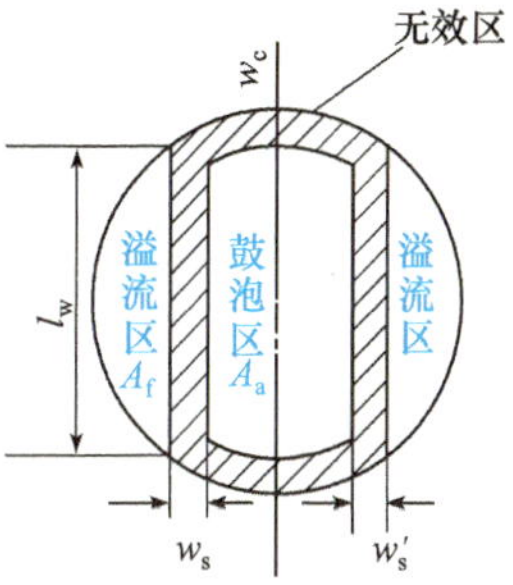

图 11-15　塔板共同结构示意图

2. 降液管

1) 降液管的作用和液体在降液管中的停留时间

降液管除可使液体下流外，还须使泡沫中的气体在降液管中得到分离，不至于使气泡被带入下一塔板而影响传质效率。因此液体在降液管中应有足够的停留时间以使气体得以脱离，一般要求停留时间大于 3～5s，即按下式计算

$$停留时间\tau=\frac{降液管容积(m^3)}{液体体积流量(m^3/s)}=\frac{A_f H_T}{L_s} \tag{11-9}$$

式中，A_f为降液管截面积，m^2；H_T为塔板间距，m；L_s为液体体积流量，m^3/s。

一般溢流区所占总面积不超过塔板总面积的25%(对液量很大的情况，可超过此值，如单溢流筛板塔用于小化肥的水洗塔中，此值可高达50%以上)。

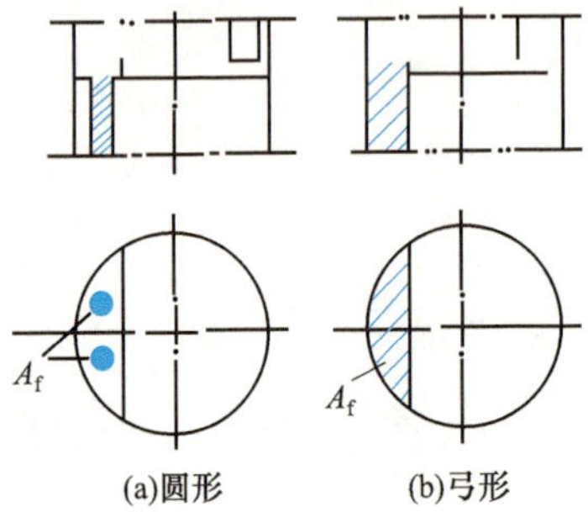

图 11-16 降液管示意图

2) 降液管的类型

降液管类型较多，根据形状分主要有圆形[图 11-16(a)]、弓形[图 11-16(b)]和矩形三种。目前多采用弓形，因其结构简单，特别当塔径较大时比较适合。为了使塔板上液流均匀，一般不用圆形降液管。

3. 溢流堰

溢流堰常指外堰(出口堰)，有两个作用：一是保持塔板上有一定的液层，使气体与液体有充分的接触时间，因此对堰高有一定要求；二是使液流均匀通过塔板，因此对堰长也有一定要求(图 11-17)。

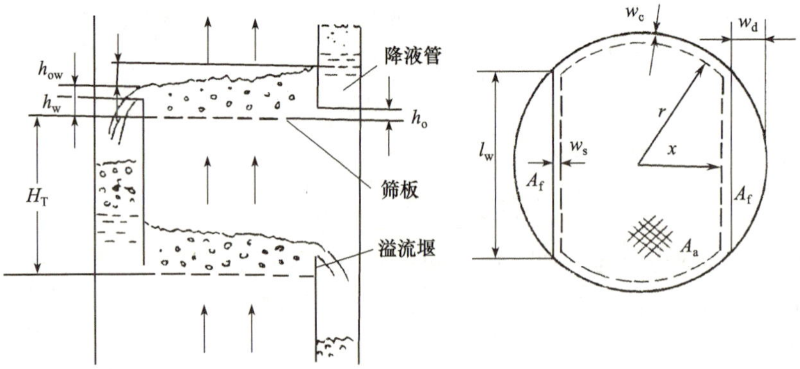

图 11-17 单溢流塔板示意图

堰高 h_w 越大，接触时间越长，对传质越有利，但流体阻力也大，故堰高不宜太大。一般在常压时多取 50mm 左右；真空时气体通过塔板的压降应尽量小些，h_w 取 25～30mm；高压时可取得大些，但最高不超过 100mm。

为使液流均匀通过塔板，一般堰长 l_w 对单溢流取塔径的 0.6～0.8 倍；对双溢流取塔径的 0.5～0.7 倍。

一般堰上最大液体溢流强度不宜超过 100～130$m^3/(m\cdot h)$。根据上述经验数值可选定堰长 l_w。但对于少数液气比特别大的过程(如合成氨中 CO_2 水洗)，可以允许超过此范围[如有的 CO_2 水洗塔，堰上最大液体溢流强度达到 311$m^3/(m\cdot h)$]，此时可降低堰高或不设堰。

对于双溢流塔板(图 11-18)，中间降液管的宽度 w_d' 一般可取为 200～300mm，并使 A_f' 等于两侧降液管面积之和，以使塔板面积利用率最高。

弓形宽度 w_d 与弓形面积 A_f 可按图 11-19 求得(A_T 为塔的横截面积)。

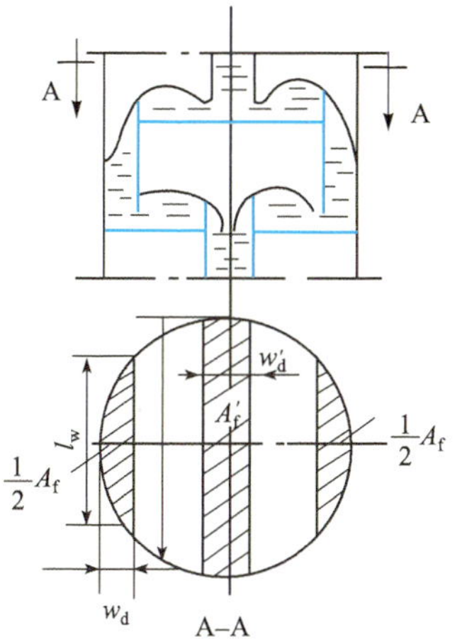

图 11-18 双溢流塔板示意图

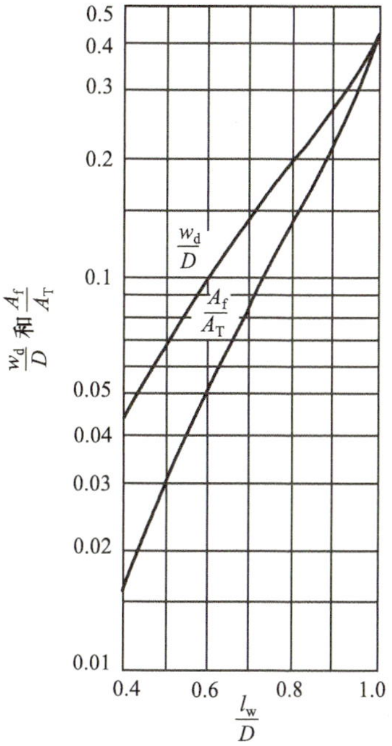

图 11-19 弓形的宽度与面积

溢流堰高度 h_w 因塔型不同而异，堰的上缘各点水平度偏差一般最大不宜超过 3mm，液体流量过小时可采用齿形堰。

4. 堰上液层高度

堰上液层高度 h_{ow}(mm)与液体流量和溢流堰长有关，可用下式计算

$$h_{ow}=2.84\left(\frac{L_h}{l_w}\right)^{2/3} \tag{11-10}$$

式中，L_h 为液体体积流量，m^3/h；l_w 为堰长，m。

由于塔壁对液流有阻力，因此实际 h_{ow} 要比式(11-10)计算值大些，可将由式(11-10)算得的 h_{ow} 值乘以“收缩系数” $E(E>1)$。E 值可由图 11-20 查得，简化计算可取 1。

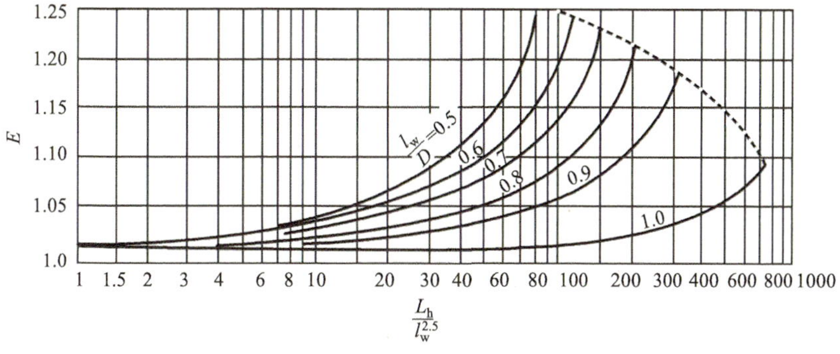

图 11-20 液流收缩系数

5. 液体通过降液管的阻力

液体通过降液管的阻力可按下式计算

$$h_c = 0.153\left(\frac{L_s}{l_w h_o}\right)^2 \tag{11-11}$$

式中，h_c为液体通过降液管的阻力，m 液柱；L_s为液体体积流量，m^3/s；h_o为降液管底端到下塔板间距，m；l_w为堰长，m。

6. 降液管到下塔板间距

一般情况下，降液管到下塔板间距 h_o(见图 11-17)应使液体通过降液管的阻力不要超过 25mm。此外，应浸没在液层中以保持液封，防止气体进入降液管，所以此值应小于堰高 h_w，一般 $h_w - h_o$ 取 6～13mm。

11.2.6 筛板塔的结构设计

1. 筛板的开孔

在筛孔大小上，目前有不同的看法。有的认为孔径小好，理由是小孔气液接触好，操作范围也大。有的则认为孔径大好，理由是大孔径加工方便，不易堵。孔径的“大”或“小”一般以 9mm 为界，大于 9mm 的称为大孔径。现在国内生产上使用的大多为小孔径筛板，有人从传质角度出发认为孔径 d_o=4～5mm 为最合适。考虑到冲孔加工方便，对碳钢和铜合金塔板 d_o不宜小于板厚 δ；对不锈钢塔板，d_o不小于(1.5～2)δ。一般孔间距 t=(2.5～5)d_o。t 过小，易使气流互相干扰；t 过大，则鼓泡不均，实际设计常取 t=(3～4)d_o，此时传质效果较好。目前国际上的趋势是采用大孔径，大孔径的筛孔在国外已很普遍。

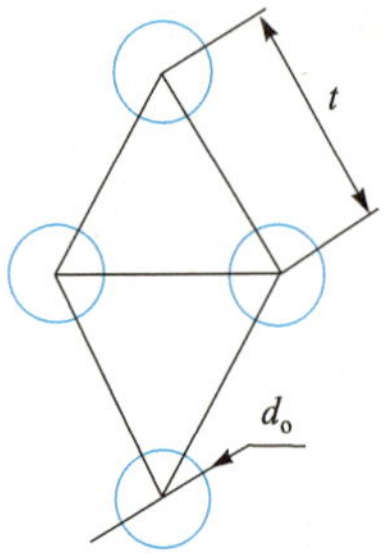

图 11-21 筛孔排列示意图

为了使筛板的利用率高，筛孔多取三角形排列(图 11-21)。

当孔间距和孔径确定后，开孔面积(A_o)与塔板开孔区面积(A_a)之比(α)由下式计算

$$\alpha = \frac{A_o}{A_a} = 0.907\left(\frac{d_o}{t}\right)^2 \tag{11-12}$$

当 t/d_o=3～4 时，相应的 α=5.67%～10.13%。开孔区面积 A_a对于单溢流塔板可用下式计算

$$A_a = 2\left(x\sqrt{r^2 - x^2} + r^2 \sin^{-1}\frac{x}{r}\right) \tag{11-13}$$

式中，$x = \frac{D}{2} - (w_d + w_s)$，m；$r = \frac{D}{2} - w_c$，m；$\sin^{-1}\frac{x}{r}$为以弧度表示的三角函数，其他符号如图 11-17 所示。

对于双溢流塔板(图 11-18)，每层塔板上的总开孔区域面积 A_a则用下式计算

$$A_a = 2\left(x\sqrt{r^2 - x^2} + r^2 \sin^{-1}\frac{x}{r}\right) - 2\left(x_1\sqrt{r^2 - x_1^2} + r^2 \sin^{-1}\frac{x_1}{r}\right) \tag{11-14}$$

式中，$x_1 = \frac{w'_d}{2} + w_s$，其余符号同式(11-13)。

塔板上的筛孔总数 n 可用下式计算

$$n=\frac{1158\times10^3}{t^2}A_a=n'A_a \tag{11-15}$$

式中，t 为筛孔中心距，mm；n' 为每平方米开孔区的孔数。

当塔内上、下段负荷变化较大时，应根据流体力学验算结果，分段改变筛孔数，使全塔有较好的操作稳定性。

2. 溢流堰

溢流堰设计按 11.2.5 节考虑，筛板塔的堰高 h_W 可按以下要求设计。

对一般的塔，应使塔上清液层高度 h_L(堰高 h_W+堰上液流高度 h_{OW})为 50～100mm。

对于真空度较高或要求压降较小的情况，可使 h_L<25mm，此时 h_{OW}=6～15mm。当液体流量很大时(此时 h_{OW} 很大，如有些吸收塔)，可以不设堰。

3. 其他结构

降液管、内堰、受液盘及安定区、边缘区等要求按 11.2.5 节设计。

11.2.7　筛板塔上流体力学计算

1. 塔板压降

由流体阻力引起的塔板压降是塔板操作的一个重要性能，特别是物系在真空下的精馏操作时，塔板压降的增大将使塔下部的压力增高，从而破坏了真空度，造成塔釜温度上升而引起一系列的问题。因此塔板压降成为各种塔型对比的重要指标之一。

板式塔的塔板压降计算多采用加和法，即塔板压降由以下三部分组成：①干板压降；②通过液层的压降；③由表面张力引起的压降。

由表面张力引起的压降值一般可忽略，故主要由前两项组成，即

$$\Delta p=\Delta p_{干}+\Delta p_{液} \tag{11-16}$$

1) 干板压降 $\Delta p_{干}$ 的计算

筛板干板压降的计算式很多，现介绍一种较简便的计算法

$$\Delta p_{干}=0.051\frac{F_o^2}{C_o^2}\frac{(1-\alpha^2)}{\rho_L} \tag{11-17}$$

式中，$\Delta p_{干}$ 为干板压降，m 清液柱；$F_o=u_o\sqrt{\rho_G}$，此值是塔板流体力学性能的重要参数，称为筛孔动能因数，其中 u_o 为筛孔气速；C_o 为孔流系数，与孔径 d_o 与板厚δ的比值有关，从图 11-22 查得；$\alpha=\frac{A_o}{A_a}$，因$(1-\alpha^2)$项接近于 1，故式(11-17)可简化为

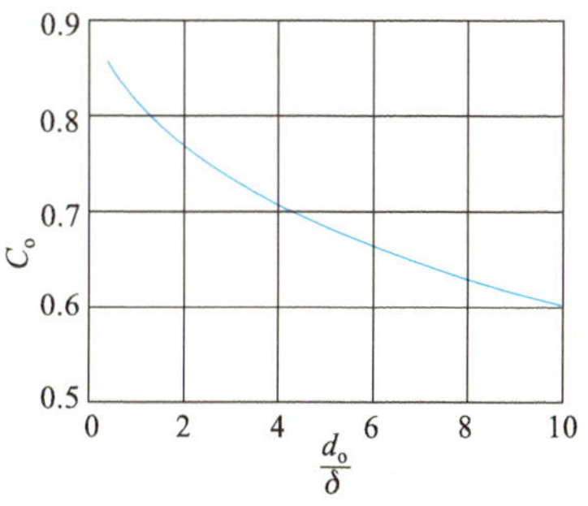

图 11-22　C_o与 d_o/δ的关系

$$\Delta p_{干}=0.051\frac{F_o^2}{C_o^2\rho_L}=0.051\frac{u_o^2}{C_o^2}\frac{\rho_G}{\rho_L} \tag{11-18}$$

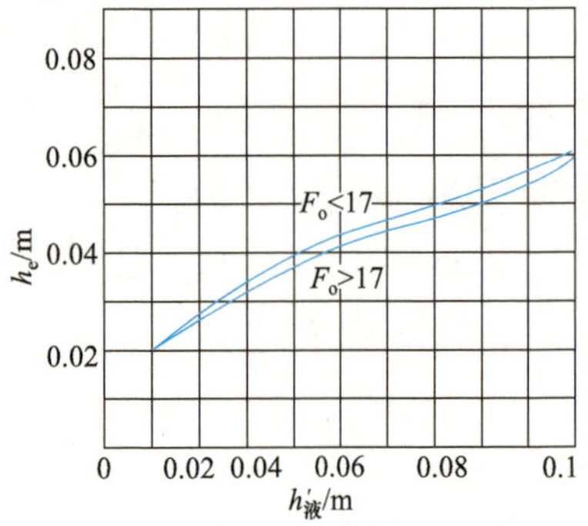

图 11-23　有效液层阻力 h_e

2) 通过液层的压降 $\Delta p_{液}$

通过液层的压降按有效液层阻力 h_e 计算，h_e 可由图 11-23 查得。图中 F_o 即为筛孔动能因数，横轴参数 $h'_{液}$ 称为塔板上液体浸没度，等于清液层高 h_L 加上液面落差的一半，即$\Delta/2$。由于筛板上液面落差很小，故浸没度 $h'_{液}$ 可认为等于清液层高度 h_L 。

3) 湿板压降

得到干板压降和通过液层的压降后，两项相加得到湿板压降(总板压降)，如式(11-16)所示。

例 11-3　如引例甲醇生产工艺中的回收塔，拟采用筛板塔板。筛孔气速 u_0=10m/s，ρ_G=1.28kg/m^3，ρ_L=779.2kg/m^3，h_L=70mm，孔径/板厚(d_o/δ)=4。求一块筛板的板压降。

解　从图 11-22 查得 C_o=0.71。

(1) 求 $\Delta p_{干}$ 。将数据代入式(11-18)，得

$$\Delta p_{干}=0.051\times\frac{10^2}{0.71^2}\times\frac{1.28}{779.2}=0.017(\text{m 液柱})=17(\text{mm 液柱})$$

(2) 求 $\Delta p_{液}$ 。查有效液层阻力需知筛孔动能因数 F_o。

$$F_o=u_o\sqrt{\rho_G}=10\times\sqrt{1.28}=11.3<17$$

从图 11-23 查得 $h'_{液}=h_L$=70mm 时，h_e=0.047m 液柱=47mm 液柱，则总板压降

$$\Delta p=17+47=64(\text{mm 液柱})$$

2. 筛板的几个操作极限

为了使塔板在稳定范围内操作，必须确定板式塔的几个极限操作状态。操作极限主要有三个，即漏液点、过量雾沫夹带和液泛。漏液点是操作下限，而过量雾沫夹带和液泛是从不同角度提出的操作上限。也有用最大泡沫高度作为操作上限的，但一般对板式塔的校核多采用前述三个极限，下面分别加以介绍。

1) 漏液点

可以设想，在一定液量下，当气速不够大时，塔板上的液体会有一部分从筛孔漏下，这样就会降低塔板的传质效率，因此一般要求塔板应在不漏液的情况下操作。漏液点是指刚使液体不从塔板上泄漏时的气速，此气速也称为最小气速。

计算漏液点的关联式较多，下面介绍的是常用的

$$F_{o漏}-4.51=0.00848(d_o+1.27)(h_L+27.9) \tag{11-19}$$

式中，d_o 为孔径，mm；h_L 为清液层高度，mm；$F_{o漏}$ 为漏液点筛孔动能因数

$$F_{o漏}=u_{o漏}\sqrt{\rho_G} \tag{11-20}$$

式中，$u_{o漏}$ 为漏液点筛孔气速，m/s；ρ_G 为气体的密度，kg/m^3。

实际筛孔气速 u_o 与漏液点筛孔气速 $u_{o漏}$ 之比称为稳定系数 K

$$K=\frac{u_o}{u_{o漏}} \tag{11-21}$$

一般情况下，K 值应大于 1，宜在 2.0 以上，使塔的操作可有较大弹性。

2) 过量雾沫夹带

雾沫夹带会使塔板的传质效率下降，雾沫夹带量用(kg 液体/kg 气)表示。为使塔板在较高的效率下操作，一般将雾沫夹带量限制在 0.1kg 液体/kg 气以内，此为塔的操作上限之一。

筛板的雾沫夹带量可按下式计算

$$e_v=0.22\left(\frac{73}{\sigma}\right)\left(\frac{u_G}{12(H_T-h_f)}\right)^{3.2}=\frac{0.0057}{\sigma}\left(\frac{u_G}{H_T-h_f}\right)^{3.2} \tag{11-22}$$

式中，e_v 为雾沫夹带量，kg 液体/kg 蒸气；σ 为液体表面张力，dyn/cm；u_G 为按有效空塔截面计算的气体速度，m/s；有效空塔截面为空塔截面积去除降液管所占面积，即 $u_G=\dfrac{V_s}{A_T-A_f}$；H_T 为塔板间距，m；h_f 为塔板上泡沫层高度，m，可粗略地用下式计算

$$h_f=2.5h_L \tag{11-23}$$

3) 液泛

当气体通过一层塔板时，因流体阻力造成压力降，即 $p_1>p_2$(图 11-24)。根据流体力学中静力学基本方程，可以算出由于(p_1-p_2)的压差在降液管中将引起一段液柱高为

$$h_{\Delta p}=\frac{p_1-p_2}{\rho_L g} \tag{11-24}$$

此外，降液管中液体流动时存在阻力，会引起液体在降液管中的压降，此阻力又将造成降液管中一段相应的液柱高度 h_c[可用式(11-11)计算]，则降液管中的液柱高 H_d 为

$$H_d=h_{\Delta p}+h_L+h_c \tag{11-25}$$

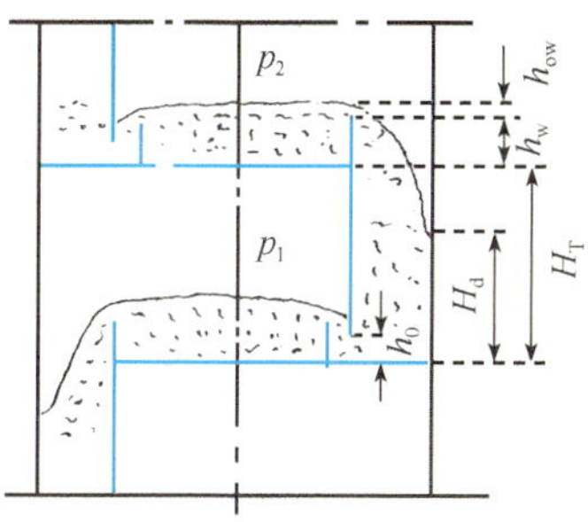

图 11-24　降液管中液柱高

h_c 值一般很小(要求不大于 25mm)，h_L 变动也不大，则 H_d 的变动主要取决于 $h_{\Delta p}$。气速增大，$h_{\Delta p}$ 也增大。当气速大到 H_d 等于或大于塔板间距 H_T 时，液体就不再从降液管下流，这就是板式塔的液泛。液泛速度也就是达到液泛时的气速。

因此筛板塔的设计中要求降液管中的液柱高 H_d 不超过塔板间距 H_T 的 0.5～0.6 倍，即

$$H_d\leqslant(0.5\sim0.6)H_T \tag{11-26}$$

凡气速大到 H_d 达到式(11-26)的情况时称为液泛极限。对式(11-26)的范围有不同看法，多取 0.5 倍塔板间距。

塔板的操作上限与操作下限之比称为操作弹性(最大气体流量与最小气体流量之比或最大液体流量与最小液体流量之比)。操作弹性是塔板的一个重要特性。操作弹性大，则该塔稳定操作范围大，这是设计中所希望的。

3. 筛板塔的负荷性能图

将塔板的操作上、下限绘在图上，称为负荷性能图，图 11-25 为典型的筛板塔负荷性能图。

(1) 线 a 为最小液体负荷线。按堰上液层高度 h_{ow} 取最小值 6mm 作出，此时最小液体流量为一定值，与气速无关，所以在图上是一垂直线。

(2) 线 b 为漏液线。此线表明不同液体流量时的最小气速，即操作下限。

(3) 线 c 为最大液体负荷线。按 h_{ow}=100mm 作出，此时最大液体流量为一定值，与气速无关，所以在图上也是一垂直线。

(4) 线 d 按液体在降液管中允许停留时间计算，根据式(11-9)，当降液管容积等于或小于液体流量(单位为 m^3/s)的 3～5 倍时即达极限。当塔的降液管的体积确定后(设计时已选定停留时间为若干秒)，则降液管液体体积流量为一定值[等于降液管容积/(3～5)]，所以液体流量与气速无关，此线也是一垂直线。

(5) 线 e 为降液管液泛线。此线为气、液负荷大到使降液管中液层高度到达塔板间距的一半时的线。此线与气、液量都有关，液量越大，在较低气体负荷时即达液泛极限。

(6) 线 f 为雾沫夹带线。按 e_v＝0.1kg 液体/kg 气体时求得，为气体负荷操作上限。

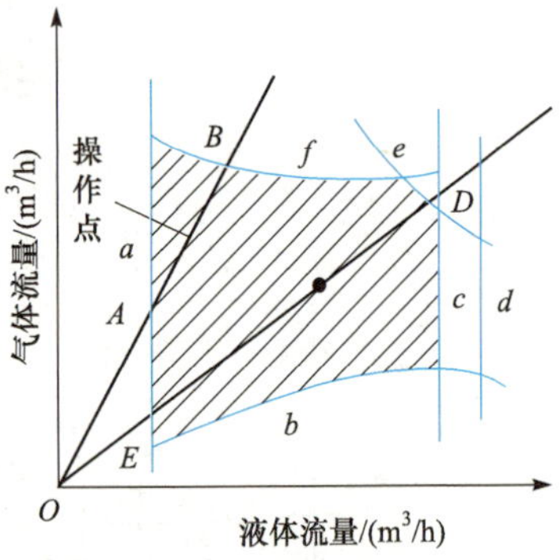

图 11-25　筛板塔负荷性能图

图 11-25 的阴影部分为塔板的稳定操作区(当 c 线在 d 线右方时，稳定操作区应位于 d 线的左方)。必须指出，图中涉及的上、下限设计时可以控制。例如，漏液线 b 可以用改变开孔率来调整，雾沫夹带线 f 可以用合理选取塔板间距 H_T 来调整。

作出负荷性能图后，还应根据实际操作的液量、气量在图中确定“操作点”的位置。操作点应位于稳定操作区内。考虑到操作中应有一定的液、气量波动余地，操作点不宜太靠近稳定操作区的任一边线。

作为辅助，常在负荷性能图上作通过原点 O 与操作点的一条直线。该线表示液气比为某一数值(等于该线的斜率)的气量与液量的关系，此直线与负荷性能图上的边线相交于两点 A 和 B，两交点的位置代表负荷的下限和上限。塔的实际操作弹性应比极限负荷之比小一些。因为在极限负荷处塔的操作稳定性差，其效率也低一些。由图 11-25 还可看出，同一个塔，若操作的液气比不同，则操作上、下限条件也不同，如图中 OED 线的上、下限与 OAB 的就不同。

11.2.8　浮阀塔的设计

1. 浮阀型式

浮阀的型式很多，国内采用的多为 F1 型浮阀，这种浮阀结构简单、制造方便、省材料，对其性能的掌握已较全面。F1 型浮阀分轻阀和重阀两种，轻阀约 25g，重阀约 33g。已有行业标准(JB/T 1118—2001)，其结构及尺寸如图 11-26 和表 11-6 所示。

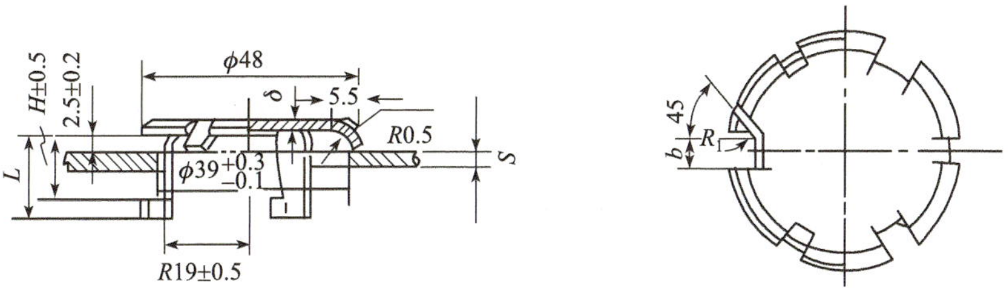

图 11-26　F1 型浮阀

表 11-6　F1 型浮阀基本参数

序号	标记	阀厚 δ/mm	阀质量/kg	塔板厚度 S/mm	H/mm	L/mm
1	F1Q-4A	1.5	0.0246	4	12.5	16.5
2	F1Z-4A	2	0.0327			
3	F1Q-4B	1.5	0.0251			
4	F1Z-4B	2	0.0333			
5	F1Q-4C	1.5	0.0253			
6	F1Z-4C	2	0.0335			
7	F1Q-3A	1.5	0.0243	3	11.5	15.5
8	F1Z-3A	2	0.0324			
9	F1Q-3B	1.5	0.0248			
10	F1Z-3B	2	0.0330			
11	F1Q-3C	1.5	0.0250			
12	F1Z-3C	2	0.0332			
13	F1Q-2B	1.5	0.0246	2	10.5	14.5
14	F1Z-2B	2	0.0327			
15	F1Q-2C	1.5	0.0247			
16	F1Z-2C	2	0.0329			

注：F1 表示“1 型浮阀”；Q 表示“轻阀”；Z 表示“重阀”；2、3、4 分别表示浮阀所适用的塔盘板厚度为 2mm、3mm、4mm；A 表示浮阀的材质为 0Cr13；B 表示浮阀的材质为 0Cr18Ni9；C 表示浮阀的材质为 0Cr17Ni12Mo2。

2. 阀的排列

浮阀一般按正三角形排列，也有采用等腰三角形排列的(如分块式塔板中)。在正三角形排列中分顺排和叉排，如图 11-27 所示。叉排时从相邻两阀吹出气流搅动液层的作用较显著，使相邻两阀容易吹开，液面落差较小，鼓泡均匀。

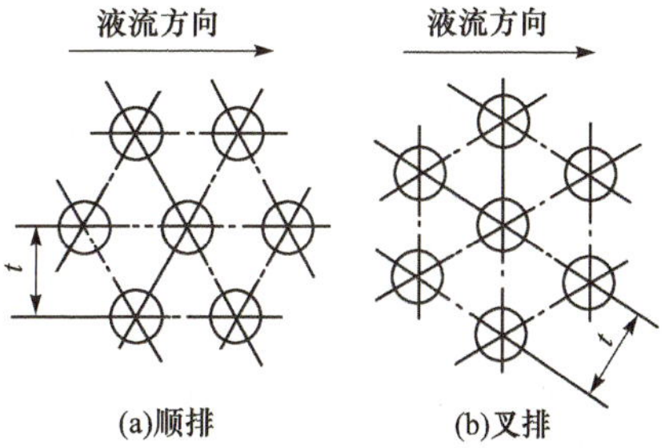

图 11-27　浮阀的排列

浮阀中心距可取 75mm、100mm、125mm、150mm 等几种。现国内浮阀中心距推荐为 75mm。当用钻孔法加工时，中心距可不受此限制。排与排间距 t 推荐为 65mm、80mm、100mm 三种，必要时可以适当调整。塔板上阀孔开孔率按阀数而定，一般为 4%～15%。

3. 阀数确定

一般在正常负荷下，希望浮阀刚好在全开时操作。实验表明，此时阀孔动能因数 F_o=8～11。一般按此确定所需阀数，对不同工艺情况，可适当调整。当要求操作下限大时可采取较大的 F_o 值。选定 F_o 值后，由下式确定孔速

$$u_o=\frac{F_o}{\sqrt{\rho_G}} \tag{11-27}$$

式中，u_o 为孔速，m/s；F_o 为阀孔动能因数；ρ_G 为气体密度，kg/m^3。

F1 型浮阀的孔径为 39mm，故浮阀个数 n 为

$$n=\frac{V_S}{0.785\times(0.039)^2u_o}=837\frac{V_S}{u_o}=0.232\frac{V}{u_o} \tag{11-28}$$

式中，V_S 为气体流量，m^3/s；V 为气体流量，m^3/h。

4. 溢流管及降液管

按 11.2.5 节及 11.2.6 节有关部分设计计算。

5. 塔板压降

浮阀塔的压降(液体阻力)也可按式(11-16)计算。

1) 干板压降 $\Delta p_{干}$

对于 33g 的重阀，阀全开前可按下式计算

$$\Delta p_{干}=19.9\frac{u_o^{0.175}}{\rho_L} \tag{11-29}$$

阀全开后可按下式计算

$$\Delta p_{干}=5.34\frac{u_o^2}{2g}\frac{\rho_G}{\rho_L} \tag{11-30}$$

式中，$\Delta p_{干}$ 为干板压降，m 液柱；u_o 为阀孔气速，m/s；ρ_G 为气相密度，kg/m^3；ρ_L 为液相密度，kg/m^3。

2) 通过液层的 $\Delta p_{液}$

可按下式计算

$$\Delta p_{液}=0.5h_L=0.5(h_w+h_{ow}) \tag{11-31}$$

式中，$\Delta p_{液}$ 为通过液层的压降，m 液柱；h_L 为塔板上清液层高度，m；h_w 为堰高，m；h_{ow} 为堰上液层高度，m。

6. 液面梯度

浮阀塔板上液流阻力较小，一般液面梯度很小，可忽略不计。但大流量的大塔中，液面梯度较大会导致浮阀开启不均匀，引起气流分布不均匀，进而影响塔板效率。根据经验，建议 2～3m 直径的单溢流塔中，若溢流强度不大于 50m^3/(m · h)，可使塔板倾斜度按每 3m 倾角 1°考虑，溢流强度较低时，倾角可小些。

7. 漏液点和雾沫夹带

浮阀塔塔板几个操作极限中，液泛极限的计算与前面筛板塔中所介绍的类似。关于漏液点和雾沫夹带问题说明如下。

1) 漏液点

浮阀塔塔板的漏液量随着阀重的增加、孔速的增大、开度的减小、板上液层高度的降低而减小，其中阀重的影响最大。当阀重超过 30g 时，阀重对漏液量影响不大。

一般认为漏液点的阀孔动能因数为 F_o=5～6(对常压及加压塔)，故以此值作为操作下限。

2) 雾沫夹带

浮阀塔的雾沫夹带一般是用“泛点率”来判别。泛点率由下列两式求取(采用计算结果中较大的数值)

$$F_1=\frac{100C_V+136L_SZ}{A_bKC_F} \tag{11-32}$$

及

$$F_1=\frac{100C_V}{0.785A_TKC_F} \tag{11-33}$$

其中

$$C_V=V_S\sqrt{\frac{\rho_G}{\rho_L-\rho_G}} \tag{11-34}$$

式中，F_1 为泛点率，%；C_V 为气相负荷因数，m^3/s；V_S 、V_L 分别为气、液流量，m^3/s；Z 为液流路程长度，m，对于单流型塔板，$Z=D-2W_d$，其中 W_d 为降液管的宽度，m；A_b 为液流面积，m^3，对于单溢流型塔板，$A=A_T-2A_f$，其中 A_T 为空塔截面积，A_f 为降液管面积；C_F 为泛点负荷因数(图 11-28)；K 为物性系数(表 11-7)。

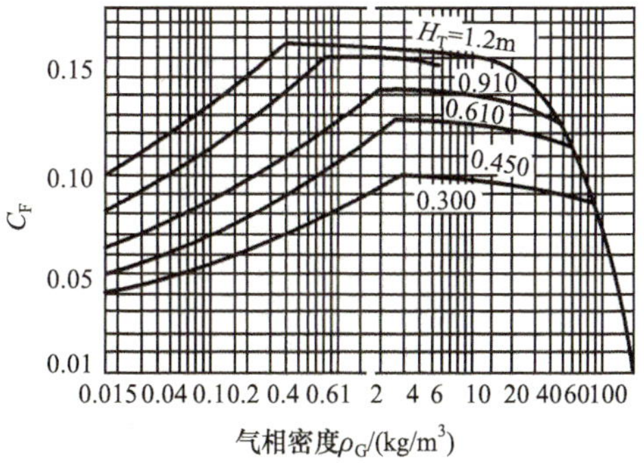

图 11-28　泛点负荷因数

表 11-7　物性系数 *K*

系统	物性系数 K
无泡沫，正常系数	1.0
氟化物(如 BF_3，氟利昂)	0.90
中等起泡沫(如油吸收塔，胺及乙二醇再生塔)	0.85
重度起泡沫(如胺和乙二醇吸收塔)	0.73
严重起泡沫(如甲乙酮装置)	0.6
形成稳定泡沫系统(如碱再生塔)	0.3

一般的大塔 F_1<80%～82%；负压操作的塔 F_1<75%～77%；直径小于 900mm 的塔 F_1<65%～75%时，雾沫夹带量 e_V 在 0.1kg 液体/kg 气以下。

例 11-4　如引例所述甲醇生产工艺中的加压塔，操作条件如下：压力 0.77MPa；温度 127.3℃；V=9165m^3/h=2.55m^3/s；L=76.85m^3/h=0.0214m^3/s；ρ_G=7.37kg/m^3；ρ_L=678.6kg/m^3；σ=13.88dyn/cm。试设计浮阀塔板的工艺尺寸。

解　(1) 塔径和塔板间距的确定。

浮阀塔的塔径也可用史密斯法确定

$$\frac{L}{V}\left(\frac{\rho_L}{\rho_G}\right)^{0.5}=\frac{76.85}{9165}\left(\frac{678.6}{7.37}\right)^{0.5}=0.0805$$

取塔板间距

$$H_T=0.600\text{m}$$

取清液层高度

$$h_L=0.07\text{m}$$

查图 11-13 得

$$C_{20}=0.075$$

对表面张力进行校正

$$C_\sigma=0.075\times\left(\frac{13.88}{20}\right)^{0.2}=0.0697$$

则最大允许气速

$$u_{max}=0.0697\times\sqrt{\frac{678.6-7.37}{7.37}}=0.665\ (\text{m/s})$$

取实际气速

$$u=0.7u_{max}=0.7\times0.665=0.466(\text{m/s})$$

即塔径

$$D=\sqrt{\frac{4\times2.55}{\pi\times0.466}}=2.64(\text{m})$$

取实际塔径为 2.6m，则实际空塔气速应为

$$u=\frac{2.55}{\frac{\pi}{4}\times2.6^2}=0.481(\text{m/s})$$

(2) 堰及降液管。

设 $l_w/D=0.75$，则

$$l_W=0.75D=0.75\times2.6=1.95(\text{m})$$

堰上液层高度按式(11-10)求得

$$h_{ow}=2.84\times\left(\frac{76.85}{1.95}\right)^{\frac{2}{3}}=32.9(\text{mm})$$

因已取清液层高度 h_L=70mm，则堰高 h_W 应为

$$h_W=h_L-h_{ow}=70-32.9=37.1(\text{mm})$$

现实际取堰高 h_W=40mm，故清液层高度应改为 40+32.9=72.9(mm)。此值虽经过堰高的选取有些变动，但对前面塔径计算的影响很小，故不必再重新计算塔径。

液体在降液管中的停留时间按式(11-9)计算

$$\tau=\frac{A_f H_T}{L_s}$$

当 l_W/D 确定后，降液管面积 A_f 占空塔面积 A_T 的百分数也可算出，为方便起见，可从图 11-19 中查得

$$\frac{A_f}{A_T}=0.11$$

$$A_f = 0.11A_T = 0.11 \times \frac{\pi}{4} \times 2.6^2 = 0.584(\text{m}^2)$$

则

$$\tau = \frac{0.584 \times 0.60}{0.0214} = 16.4(\text{s}) > 5\text{s}$$

故符合要求。

降液管下端到下塔板间距

$$h_o = h_w - (6 \sim 13)\text{mm} = 40 - (6 \sim 13) = 34 \sim 27(\text{mm})$$

现取 30mm。

(3) 塔板设计。

① 浮阀个数。取阀孔动能因数 F_o=8，则阀孔速度为

$$u_o = \frac{F_o}{\sqrt{\rho_G}} = \frac{8}{\sqrt{7.37}} = 2.95(\text{m/s})$$

每块塔板上的浮阀数按式(11-28)计算

$$n = 837\frac{V_S}{u_o} = 837 \times \frac{2.55}{2.95} = 724(个)$$

② 浮阀的排列。首先应计算出鼓泡区面积，然后作图排列(图 11-29)。

由图 11-19，当 $\frac{l_w}{D} = 0.75$ 时，可查得 $\frac{w_d}{D} = 0.17$ ，所以 $w_d = 0.17 \times 2600 = 442(\text{mm})$ 。又

$$2x = D - 2w_d - w_s - w_s'$$

取 w_s=w_s'=70mm，w_c=60mm，所以

$$2x = 2600 - 2 \times 442 - 70 - 70 = 1576(\text{mm})$$

阀孔中心距取 75mm，浮阀相邻两排距离

$$t = 75 \times \sin 60° = 65.0(\text{mm})$$

浮阀排数=1576/65=24.3(排)，取 24 排。对称排列，中间两排每排 39 个，最边上每排 28 个，从两边向中间依次递增，每排分别为 29～38 个，共计 n=804 个。

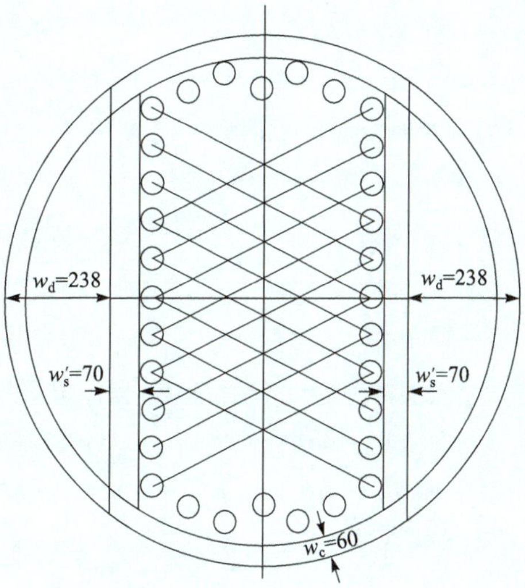

图 11-29　例 11-4 示意图

实际孔速

$$u_o = 837\frac{V_S}{n} = 837 \times \frac{2.55}{852} = 2.65(\text{m/s})$$

$$F_o = 2.65 \times \sqrt{7.37} = 7.21$$

$$A_o = \frac{V_S}{u_o} = \frac{2.55}{2.65} = 0.961(\text{m}^2)$$

$$A_T = 0.785 \times 2.6^2 = 5.31(\text{m}^2)$$

塔板开孔率

$$\frac{A_o}{A_T} = \frac{0.961}{5.31} = 18.1\%$$

(4) 塔板压降计算。

① 干板压降。先求临界气速，根据式(11-29)和式(11-30)有

$$\frac{19.9 \times u_{临}^{0.175}}{678.6} = 5.34\frac{u_{临}^2}{2g} \times \frac{7.37}{678.6}$$

解得

$$u_{临}=3.52\text{m/s}>2.65\text{m/s}$$

故浮阀未全开，则

$$\Delta p_{干}=19.9\times\frac{2.65^{0.175}}{678.6}=0.0348\ (\text{m液柱})$$

② 穿过液层压降

$$\Delta p_{液}=0.5h_L=0.5\times72.9=36.5(\text{mm液柱})=0.0365(\text{m液柱})$$

故总压降

$$\Delta p=0.0348+0.0365=0.0713(\text{m液柱})$$

(5) 几个极限的校核。

① 漏液。因 F_o=6.81，已超过 F_o=5～6，故不用再校，能符合要求。

② 雾沫夹带。可用泛点率来计算，由式(11-34)得

$$C_V=2.55\sqrt{\frac{7.37}{678.6-7.37}}=0.267(\text{m}^3/\text{s})$$

$$L_S=0.0214\text{m}^3/\text{s}$$

$$Z=D-2w_d=2.6-2\times0.442=1.716(\text{m})$$

$$A_b=A_T-2A_f=0.785\times2.6^2-2A_f$$

当 l_w/D=0.75 时，可由图 11-19 查得

$$A_f/A_T=0.11$$

$$A_f=0.11\times0.785\times2.6^2=0.584(\text{m}^2)$$

则

$$A_b=0.785\times2.6^2-2\times0.584=4.14(\text{m}^2)$$

K=1，C_F 可由图 11-28 查得为 0.125，代入式(11-32)得

$$F_1=\frac{100\times0.267+136\times0.0214\times1.716}{4.14\times0.125}=61.2\%$$

按式(11-33)有

$$F_1=\frac{100C_V}{0.785A_TKC_F}=\frac{100\times0.267}{0.785\times5.31\times1\times0.125}=51.2\%$$

前者较大，此值<80%～82%，故 e_V<0.1kg 液体/kg 蒸气。

以上两法校核说明雾沫夹带符合要求。

③ 液泛校核。降液管中液柱高 H_d 为

$$H_d=\Delta p+h_L+h_c$$

$$h_c=0.153\times\left(\frac{0.0214}{1.95\times0.03}\right)^2=0.0205(\text{m液柱})$$

所以

$$H_d=0.0713+0.0729+0.0205=0.1647(\text{m液柱})=164.7(\text{mm液柱})$$

塔板间距的一半为 $\frac{1}{2}H_T=0.5\times600=300(\text{mm})$，所以 $H_d<\frac{1}{2}H_T$ 也符合要求。因此，能稳定操作。

(6) 计算结果一览表(表 11-8)。

表 11-8　例 11-4 附表

塔径 D	2600mm	每块开孔面积 A_o	1.02m^2
空塔速度 u	0.481m/s	塔板开孔率 A_o/A_T	18.1%
塔板型式	整块，单溢流	孔速 u_o	2.65m/s
溢流堰	弓形	浮阀个数 n	804 个
堰长 l_w	1950mm	每块塔板压降Δp	0.0713m 液柱
堰高 h_w	40mm	降液管中液体通过时间 τ	16.4s
塔板上清液层高度 h_L	0.0729m	塔板间距 H_T	600mm
降液管下端到塔板间距 h_o	30mm	泛点率 F_1	61.2%
浮阀型号	F1 型	降液管中液层高度 H_d	164.6mm
塔板有效面积	78%		

11.2.9　新型塔设备简介

1. 导向浮阀

导向浮阀由华东理工大学的研究团队开发，阀盖为矩形并开有导向孔，开孔方向朝着出口堰，如图 11-30 所示。导向浮阀在阀盖上开导向孔或舌孔，使阀盖上的气、液两相并流，气相推动液相流动，液面梯度及塔板压降减小，通量增大。更为重要的是，这类浮阀解决了传统浮阀上端存在传质死区的不足之处，塔板效率有较大提高。

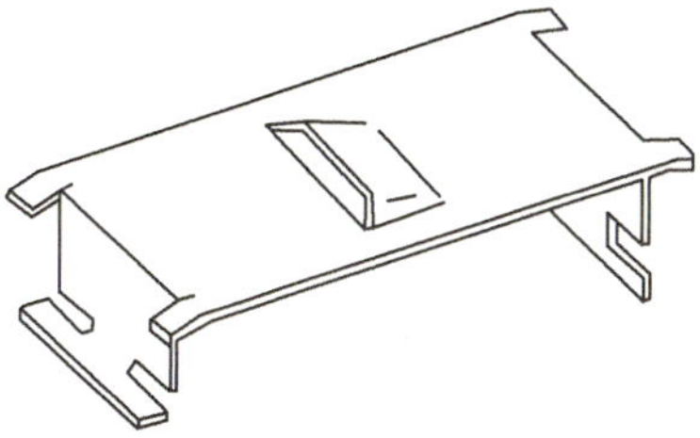

图 11-30　导向浮阀

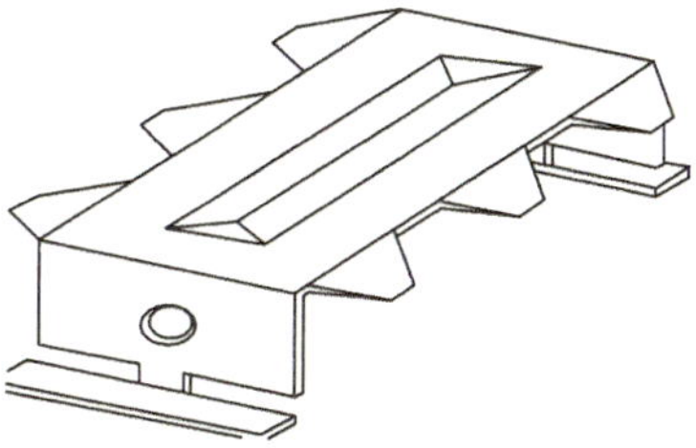

图 11-31　齿边导向浮阀

2. 齿边导向浮阀

齿边导向浮阀由浙江工业大学的研究团队开发，如图 11-31 所示。该浮阀具有如下特点：浮阀阀面侧边的形状为向下折的齿形边，使气体流出浮阀侧孔时被分割成许多股小气流，从而增大气液接触比表面积，提高塔板传质效率；齿形边向下弯曲后，通过浮阀时一部分气体碰到齿形边后以斜向下的方向喷入浮阀间液层，而另一部分气体则通过齿间的空隙以斜向上的方向喷入浮阀上部液层，使得浮阀间及浮阀上部液层中的局部气含率趋于一致，提高操作稳定性；浮阀阀面中心具有向下凹的楔形槽，可以降低气体通过浮阀的阻力；在背液阀腿上设置有导向孔，可以减小塔板上的液面梯度，并消除塔板上的液体滞流区，提高底部液层的局部气含率。齿边导向浮阀是一种综合性能良好的浮阀。

3. ADV 微分浮阀

ADV 微分浮阀由清华大学的研究团队开发，如图 11-32 所示。该阀在阀盖上开小阀孔，充分利用浮阀上部的传质空间，使气体分散更加均匀，气液接触更加充分；局部采用带有导向作用的微分浮阀，可以消除塔板上的液体滞留现象，提高气、液分布的均匀度；阀脚采用新的结构设计，使浮阀安装快捷方便，操作时浮阀不易旋转，不会脱落。与F1型浮阀相比，微分浮阀的塔板效率和处理能力均有所提高。

4. 新型固定阀塔板

新型固定阀塔板由浙江工业大学的研究团队开发，是介于浮阀和筛板之间的一种塔板。20世纪，固定阀在美国已有应用，是在塔板上直接冲压而成，与塔板成为一个整体，因而提高了塔板的机械强度。阀体的阀面可以根据需要制作成不同形式，如矩形、圆形、梯形和带翅旋转型等。新型固定阀的典型结构如图11-33所示。这种固定阀的特点是阀面侧边具有向下弯曲的折边，使气体从固定阀侧孔中斜向下吹到塔板板面上，因此减少了雾沫夹带和漏液量，提高了塔板的处理能力和操作弹性，同时强化塔板上的气液接触传质，提高塔板传质效率。新型固定阀塔板的造价接近筛板塔板低于浮阀类塔板，而效率和操作上限则与F1型浮阀塔板相当，因此新型固定阀塔板具有较高的性价比，值得在工业中推广和应用。

图11-32 ADV微分浮阀

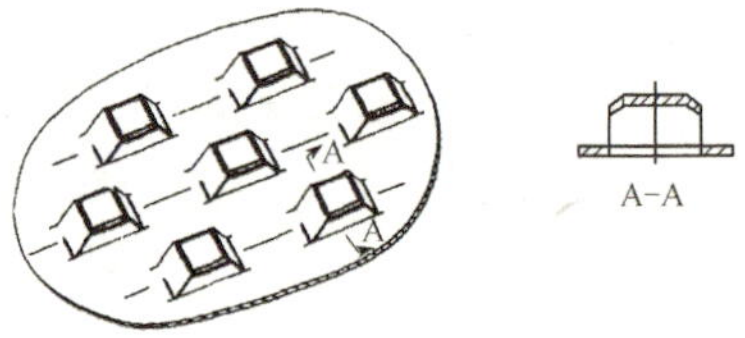

图11-33 固定阀

5. 多降液管塔板

多降液管塔板国内称DJ塔板，国外称MD塔板。图11-34所示为多降液管筛板塔。多降液管塔板设有多根降液管，相邻塔板的降液管互成90°，塔板上的鼓泡元件可以是筛孔、固定阀和浮阀。

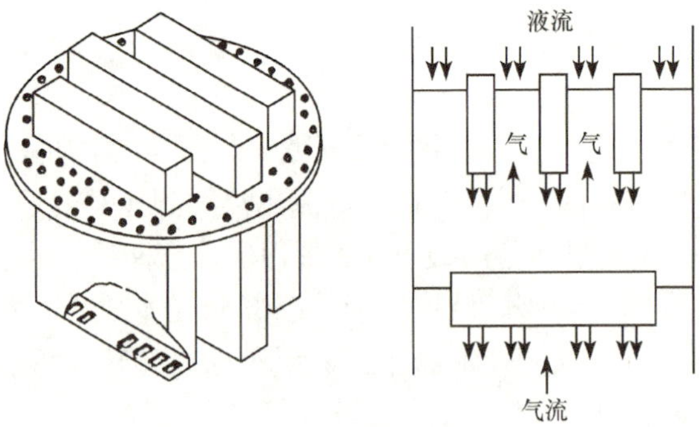

图11-34 多降液管筛板塔

这种塔板的特点如下：

(1) 降液管周边很长，可处理大液量，且在气、液负荷发生波动时，塔板上液面波动不大。因此，能在较大范围内操作；

(2) 降液管悬于气相内，不占塔板面积，可使塔板的有效面积增大，故塔板利用率高。又由于液层低，塔板压降比常用塔板小，可使塔板间距大大缩小；

(3) 液体流出降液管无需折转，这有别于沉浸式弓形降液管，使多降液管塔板的抗堵性能大大提高。

液体自降液管底部的底孔流出，设计时使液体通过降液管的阻力达一定值后，其底部虽悬挂于气相之中，上升气体也不至于进入降液管，有“自封”作用。

据报道，国内外在分离丙烷-丙烯、乙苯-苯乙烯等要求高的物系时，应用多降液管塔板效果良好。

浙江工业大学的研究团队对多降液管塔板进行了数十年的系统研究，特别在降液管自封机理、塔板上流场改进、塔板防冲击漏液和新型鼓泡元件的研究方面已处于国际领先水平，获得了数十项具有中国自主知识产权的国内外发明专利，并形成了 DJ 系列塔板。

从 2000 年左右开始，DJ 系列塔板在国内各类和各种规模的化工装置中大规模被采用，据不完全统计在 1000 多座塔中获得了成功应用。其中在大型炼油、乙烯和芳烃等装置的关键塔的新建和改造中出现了中国自主知识产权的塔板，具有十分重要的意义。DJ 系列塔板替代或更换了一大批国外的专利塔板，如 SW 公司的 Ripple 筛孔塔板、SULZER 公司的 VORTEX 塔板和 UOP 公司的 MD 塔板，达到了扩能、增效、节能和降低投资的绿色生产目标。为化工装备从中国制造到中国创造的飞跃做出了应有的贡献。

案例　气液传质设备为大芳烃装置保驾护航

11.3　塔设备的比较和选用

11.3.1　板式塔的比较

评价板式塔的性能主要是指处理能力、塔板效率、操作弹性、塔板压降、塔板间距和费用等。

各种塔板由于气液接触情况不同，塔板效率各有高低。塔板的效率高说明它的结构比较合理。另外，塔板效率的高低还要与操作弹性结合起来，弹性大而塔板效率又高，则说明该塔能在较宽的操作范围内保持高效率。若塔板效率很高而弹性很小，则此种塔板只在很狭窄的范围内能良好操作。气、液量略有波动或生产能力需提高时，其塔板效率立即就会下降。

目前对各种板式塔的对比资料不尽一致，表 11-9 仅作参考。总板效率的估算请参阅相关文献。

表 11-9　板式塔的比较

塔　型	总板效率/%	处理能力系数	操作弹性	Δp 系数	塔板间距/mm	成本系数
泡罩	60～80	1	5	1	400～800	1
筛板	70～90	1.4	3	0.5	250～400	2/3
浮阀	70～90	1.5	9	0.6	300～600	3/4
固定阀	70～90	1.5	3	0.5	300～600	2/3
舌型	70～90	1.5	3	0.8	300～600	2/3

11.3.2　填料塔和板式塔的对比与选用

1. 传质效率

一般填料塔从传质效果来看与板式塔相差不显著。目前出现了乳化塔和高效填料塔后，填料塔在传质效率上要比板式塔好得多。例如，某物料的精馏中，用板式塔塔板数要超过 100 块

(即气、液要进行百次以上的接触)，塔板间距若取 300mm，塔高至少要 30m，而使用高效填料的多管塔，高度仅 8m 多。

2. 操作压力

填料塔比较适合于减压和常压操作，而加压下由于其轴向返混加大而传质效率大幅下降，故一般加压下板式塔有其明显的优势。

3. 流体阻力

填料塔的流动阻力要比板式塔小得多。

4. 液体负荷量

板式塔能在较大范围的液体负荷量下稳定操作。填料塔在液体量小时不能完全湿润填料，因此必须在较大的流量下进行操作。

5. 抗堵性能

填料塔特别是含规整填料的填料塔，由于填料容易被固体物截留而堵塞，板式塔由于塔板连续鼓泡难以堵塞，加上可以选用悬挂降液管，其抗堵性能优于填料塔。

6. 设备结构

从构造上来看，板式塔比较复杂，但当塔径较大时填料塔较笨重。一般塔径较大时可选用板式塔，这样选用在经济上也比较合理。

总之，塔型的选用应根据具体情况确定，上述对比仅可作选用时的参考。

本章主要符号说明

符 号	意 义	单 位
a	比表面积	m^2/m^3
A_o、A_a、$A_f(A_f')$、A_T	塔板开孔的总面积、塔板开孔区的面积(或有效面积)、降液管的截面积、塔的截面积	m^2
a/ε^3	干填料因子	m^{-1}
a_W	单位体积填料层的润湿面积	m^2/m^3
D	塔径	m
d	填料直径	m
D_g	公称尺寸	
D_L	溶质在液相中的扩散系数	m^2/s
d_o	筛孔孔径	m
d_p	填料的名义尺寸	m
D_V	溶质在气相中的扩散系数	m^2/s
e_V	雾沫夹带量	kg 液体/kg 蒸气

F_o、$F_{o漏}$	孔的动能因数、漏液点的孔动能因数	
F_1	泛点百分数	%
g	重力加速度	m/s^2
G_L	液体的质量流速	kg/(m^2 · s)
G_V	气体的质量流速	kg/(m^2 · s)
h_c	流体通过降液管的阻力	m 液柱
h_e	有效液层阻力	m 液柱
h_L	塔板上清液层高度	m
h_o	降液管底端到下塔板的间距	m
h_{ow}	堰上液层高度	m
h_w、h_w'	溢流堰、内堰高度	m
H_T	塔板间距	m
K	物性系数，稳定系数	
k_L	液相传质系数	kmol/[m^2 · s · (kmol/m^3)]
k_V	气相传质系数	kmol/[m^2 · s · (kN/m^2)]
L_V	润湿速率	m^2/s
n	孔数	个
R	摩尔气体常量	kJ/(kmol · K)
T	气体温度	K
u	空塔速度，实际(操作)气速	m/s
u_F	液泛气速(泛点气速)	m/s
u_G	按有效空塔截面计算的气体速度	m/s
u_o	穿孔气速	m/s
u_{max}	最大允许气速	m/s
V	气体的流量	m^3/h
V_S	气体体积流量	m^3/s
Δp	压降	m 液柱
$\Delta p_{干}$、$\Delta p_{液}$	干板的压降、通过液层的压降	m 液柱
ε	空隙率	
μ_L	液体的黏度	cP
μ_W	水的黏度	cP
ρ	堆积密度	kg/m^3

ρ_G	气体的密度	kg/m^3
ρ_L	液体的密度	kg/m^3
ρ_V	气体的密度	kg/m^3
σ	表面张力	N/m
σ_C	填料材质的临界表面张力	N/m
Φ	填料因子	m^{-1}
ϕ_F	泛点填料因子	m^{-1}
$\phi_{\Delta p}$	压降填料因子	m^{-1}
ψ	水的密度和液体的密度之比	

参考文献

柴诚敬，贾绍义. 2015. 化工原理课程设计. 北京：高等教育出版社
陈敏恒，丛德滋，方图南，等. 2015. 化工原理(下册). 4 版. 北京：化学工业出版社
管国锋，赵汝溥. 2008. 化工原理. 3 版. 北京：化学工业出版社
化学工程手册编辑委员会. 1991. 化学工程手册(第三卷). 北京：化学工业出版社
兰州石油机械研究所. 2005. 现代塔器技术. 2 版. 北京：中国石化出版社
潘国昌，郭庆丰. 1996. 化工设备设计. 北京：清华大学出版社
潘艳秋，吴雪梅. 2017. 化工原理(下册). 北京：化学工业出版社
谭天恩，窦梅，等. 2013. 化工原理(下册). 4 版. 北京：化学工业出版社
王树楹. 1998. 现代填料塔技术指南. 北京：中国石化出版社

习　题

习题答案

1. 在装填(乱堆)25mm×25mm×2mm 瓷质拉西环的填料塔中，欲用清水吸收空气与丙酮混合气中的丙酮，混合气的体积流量为 $800m^3/h$，丙酮含量为 5%(体积分数)。如果吸收在 1atm、30℃下操作，液体质量流量与气体质量流量的比为 2.34。设计气速可取泛点气速的 60%，完成任务所需的填料塔塔径为多少？在实际气速下每米填料层的压降又是多少？

2. 如引例甲醇生产工艺中预塔，操作压力为 0.13MPa，其精馏段的气、液流量为：蒸汽流量 $5.01m^3/s$，液体流量 $0.0102m^3/s$。此塔选用浮阀塔，试设计和计算下列项目：(1)塔径和塔板间距；(2)堰和降液管；(3)塔板布置；(4)塔板压降；(5)校验雾沫夹带、液泛。所需数据如下：(1)气相密度为 $1.47kg/m^3$；(2)液相密度为 $757.6kg/m^3$；(3)液相表面张力为 25.86dyn/cm。

第12章 萃　取

引　例

苯(B)、甲苯(T)、二甲苯(X)是生产聚苯乙烯、尼龙、涤纶等重要石油化工产品的基础原料，自 20 世纪 60 年代以来，BTX 的生产主要来自催化重整生成油及石脑油裂解制乙烯副产品的裂解加氢汽油，但催化重整生成油或裂解加氢汽油是芳烃和非芳烃混合物，必须从中分离出各种纯的芳烃，才能满足工业生产的需要。从重整生成油或裂解加氢汽油中分离出 BTX 主要有液-液萃取法(通常所说的芳烃抽提)和萃取精馏法(又称抽提精馏)，其中液-液萃取法仍占很大的比重。芳烃抽提也称芳烃萃取，是用萃取剂从烃类混合物中分离出芳烃(成分主要是苯、甲苯及其他苯的衍生物)的液-液萃取过程，抽出大部分芳烃后的剩余非芳烃(成分主要是 C_4～C_8 的链烷烃和环烷烃)称抽余油。目前最广泛采用的萃取剂是环丁砜，其工艺流程如图 12-1 所示。

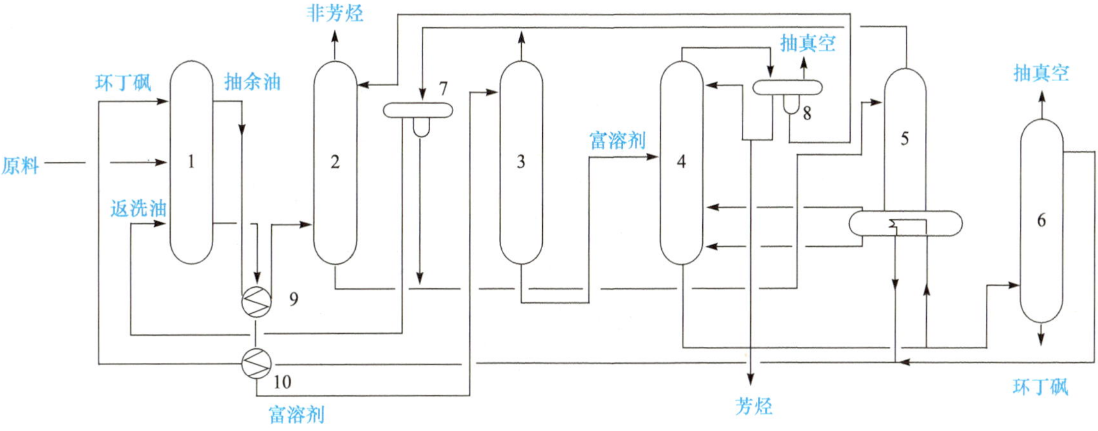

图 12-1　环丁砜抽提工艺流程

1. 抽提塔；2. 非芳烃水洗塔；3. 提馏塔；4. 回收塔；5. 水分馏塔；6. 溶剂再生塔；7,8. 水分离器；9,10. 换热器

以来自上游的重整生成油或乙烯裂解装置的加氢汽油作为原料，将其从抽提塔 1(筛板萃取塔)中部加入，环丁砜溶剂从塔顶加入，非芳烃在溶剂中的溶解度很低，作为抽余油自塔顶流出，进入非芳烃水洗塔 2 下部，水洗水从塔顶进入，非芳烃自塔顶流出作为产品，洗涤水自塔底流出至水分馏塔 5 上部，水分馏塔顶含有少量烃的蒸气，经冷凝器冷却后作为回流，塔底流出的含有溶剂的水送入回收塔 4 塔底。抽提塔 1 塔底流出的富溶剂经过换热器 9、10 换热后，进入提馏塔 3 塔顶，非芳烃与少量的芳烃从提馏塔 3 顶蒸出，与水分馏塔 5 塔顶的物流混合后，进入冷凝器冷凝及分离水后将油相作为返洗油从抽提塔 1 塔底加入进行洗涤。提馏塔 3 塔底出来的富溶剂送入回收塔 4 中部，经过水蒸气汽提蒸馏，芳烃和水蒸气从塔顶

蒸出，经冷凝和油水分离，分离出的芳烃一部分作为回流，其余作为混合芳烃产品引出，水送至水洗塔 2，回收塔 4 塔底流出的贫溶剂一部分导入水分馏塔 5 塔底进行换热，一部分送至溶剂再生塔 6 再生，两股合并经换热后送至抽提塔 1 塔顶循环使用。

表 12-1 给出了某厂年处理 40 万 t 原料油的抽提塔中进、出料大致流量(流率)和组成。

表 12-1　抽提塔进、出料的组成(质量分数/%)

流股	苯	甲苯	其他芳烃	C_6 链烷烃	其他链烷烃	C_6～C_8 环烷烃	水	环丁砜	合计
塔中段进原料(流量 52000kg/h)	17.50	30.10	0.80	37.30	11.00	3.30	0.00	0.00	100.00
塔顶进贫溶剂(流量 132000kg/h)	0.00	0.08	0.02	0.00	0.00	0.00	0.80	99.10	100.00
塔底进返洗油(流量 26000kg/h)	20.60	20.70	0.20	37.50	7.60	13.10	0.12	0.18	100.00
塔底出富溶剂(流量 190560kg/h)	7.59	11.04	0.26	9.19	1.02	1.76	0.56	68.58	100.00
塔顶出抽余油(流量 19440kg/h)	0.01	0.51	0.04	59.80	29.60	9.07	0.13	0.84	100.00

与上述工艺流程对应的实际工业生产装置如图 12-2 所示，图中左边第一塔为筛板抽提塔。

图 12-2　环丁砜抽提工业生产装置全貌

萃取在工业生产中被广泛采用，对专业人员而言，有必要学习和研究这一分离过程的基本原理和常规操作方法。

12.1　萃取概述

萃取可分为液-液萃取和固-液萃取，最常见的为液-液萃取，也称抽提，是分离液体混合物的一种单元操作，其方法是选择一种溶剂，使混合物中欲分离的组分溶解于其中，其余组分则不溶或少溶，从而获得分离，即利用液体混合物中各组分在外加溶剂中溶解度的差异而部分分离。外加溶剂称为萃取剂。

萃取的基本过程如图 12-3 所示。双组分原料液中称欲被分离的组分为溶质 A，称另一组分为稀释剂 B(或原溶剂)；所选择的萃取剂 S(或溶剂)应对 A 的溶解度越大越好，而对 B

的溶解度则越小越好。萃取过程在混合器中进行，原料液和萃取剂充分分散，形成大的相界面积，溶质从稀释剂相向萃取剂相转移。由于 B 和 S 部分互溶或不互溶，因此经过充分传质后的两液相进入分层器中利用密度差分层，其中以 S 为主的液层称为萃取相 E，以 B 为主的液层称为萃余相 R。当 B 和 S 部分互溶时，萃取相中含少量 B，萃余相中含少量 S，通常还需采用蒸馏方法进行分离出 S 后才能得到所需产品。萃取相脱除 S 后的液相称萃取液 E′，萃余相脱除 S 后的液相称萃余液 R′。

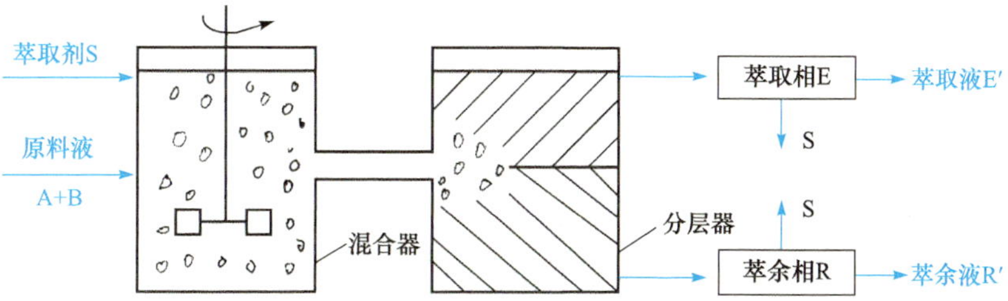

图 12-3 萃取过程示意图

与蒸馏相比，下列情况采用萃取是可取的：①溶质的浓度很小而稀释剂又为易挥发组分时，直接用蒸馏的方法能耗很大，这时可以先萃取，使溶质富集于萃取剂中，然后对萃取相进行蒸馏，如以乙酸乙酯为萃取剂从稀咖啡因水溶液中分离咖啡因；②恒沸物或沸点相近组分的分离，此时普通蒸馏方法不适用，如上述的芳烃抽提；③需分离的组分不耐热，蒸馏时易分解、聚合或发生其他变化，如从发酵液中提取青霉素时采用乙酸丁酯为萃取剂进行萃取。但采用萃取来分离均相液体混合物，还得要有合适的萃取剂。

反萃取是指与萃取续接的反向萃取过程，利用反萃取可使溶剂再生得以循环利用。图 12-4 给出了制取青霉素的流程：以乙酸丁酯为溶剂(酯相)从发酵液(水相)中萃取目标组分青霉素，再以磷酸盐溶液(水相)为溶剂对富含青霉素的乙酸丁酯溶液(酯相)进行萃取。青霉素先是被酯相萃取，后又被水相萃取离开酯相，故称后一萃取过程为反萃取。青霉素在酯相和水相之间的转移则依赖于溶液的 pH，低的 pH 有利于青霉素从水相转移到酯相，高的 pH 则相反。但青霉素在低 pH 值环境中易降解，因此萃取过程需要在短时间内完成。

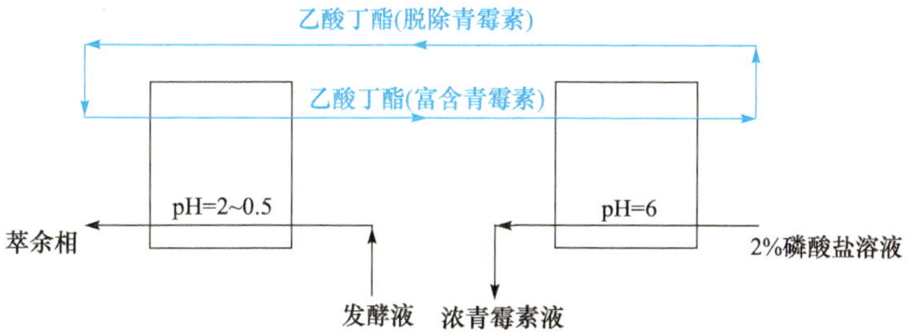

图 12-4 萃取和反萃取过程示意图

开发完整的萃取生产工艺所涉及的内容很多，需要技术人员进行大量的计算及工程设计。相关的工作主要包括：一是确定萃取设备的操作条件、控制方案；二是确定萃取设备的主要尺寸及结构。解决这些问题需要掌握液-液萃取的基本原理、液-液相平衡知识、萃取流程与设备、萃取的物料衡算、萃取设备计算方法以及操作因素变化对过程结果的影响等。本章将详细介绍相关内容。

12.2 液-液相平衡

萃取过程涉及的组分至少有三个，即溶质 A、稀释剂 B 和萃取剂 S。平衡的两个相均为液相，即萃取相和萃余相。按其组分间互溶度的不同，一般分为两类物系：第Ⅰ类是 A 可完全溶于 B 和 S 中，而 B 与 S 只能部分互溶或完全不互溶；第Ⅱ类是 A 与 B 完全互溶，而 A 与 S 和 B 与 S 部分互溶。常见第Ⅰ类，以下就其展开讨论。

当 S 与 B 部分互溶时，萃取时的两液相每个相均含有三个组分，因此表示平衡关系时要用三角形相图。

1. 三角形相图

最常见到的三角形相图为直角三角形和正三角形，如图 12-5 所示，前者因采用直角坐标在数学求解时较为常用。

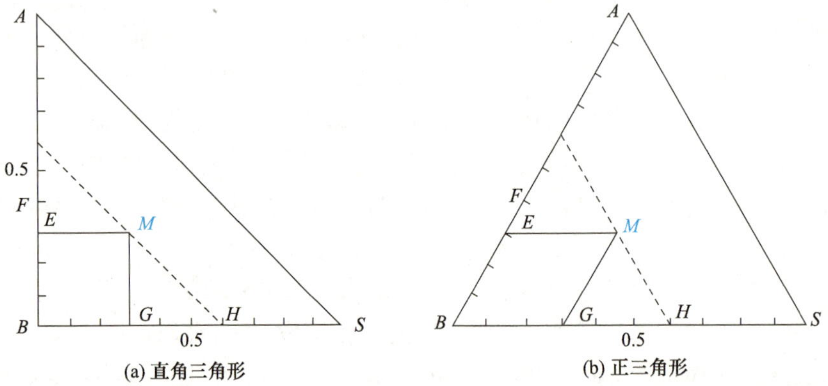

图 12-5 三角形中的相组成

1) 相组成表示法

如图 12-5 所示的三角形，三个顶点分别代表三个纯组分，即点 A 为纯溶质 A，点 B 为纯稀释剂 B，点 S 为纯萃取剂 S。三角形的三条边分别表示相应的两个组分，即边 AB 表示组分 A 和 B，如点 F 表示组分 A 的含量为 40%和组分 B 的含量为 60%。其他两个边类推。

三角形内的任一点 M 表示该混合物含有三个组分，各组分含量按以下方法确定：过点 M 作边 AB 和 BS 的平行线截得的线段长分别为 $\overline{BG}$ 和 $\overline{BE}$，则线段 $\overline{BG}$ 和 $\overline{BE}$ 的长度分别表示组分 S 和 A 的含量；组分 B 的含量可通过点 M 作边 AS 的平行线截得的线段长 $\overline{HS}$ 表示。可见，三个组分的含量之和应符合

$$\overline{BE}+\overline{BG}+\overline{HS}=\overline{BS} \tag{12-1}$$

$$w_A+w_S+w_B=100\% \tag{12-2}$$

2) 溶解度曲线与联结线

若以字母 E 和 R 分别表示平衡的两个相：萃取相 E 和萃余相 R，即为一对共轭相。在恒定温度下，通过加入某个组分改变混合物的组成，可测得一组平衡数据，在图 12-6 中分别以点 E_1 和 R_1、E_2 和 R_2、……表示，连接这些点成一平滑曲线，称为溶解度曲线。该曲线下所围成的区域为两相区，以外为均相区。线段 $\overline{E_1R_1}$、$\overline{E_2R_2}$、…称为联结线或共轭线。溶解度

曲线随温度不同而变化，一般温度升高，两相区相应缩小。

3) 辅助曲线和临界混溶点

为了在溶解度曲线上获取任意两个平衡的相，可利用已有的一组平衡数据按下法作图得到一条辅助曲线：在图 12-6 中分别以线段 $\overline{E_1R_1}$、$\overline{E_2R_2}$、…为一边作三角形，图 12-6(a)使三角形的另两边分别平行于边 *AB* 和 *BS*；图 12-5(b)中则平行于边 *AB* 和 *AS*，由此得到相应的顶点 C_1、C_2、…，连接这些点所成的光滑曲线即为辅助曲线。利用辅助曲线可以对任意组成的混合物 M 求得平衡的两个相 E 和 R，即过点 *M* 作直线 *RE*，点 *R* 和 *E* 的位置应使按上法所成三角形的顶点 *C* 正好落在辅助线上。当各联结线近于平行时，也可以不借助辅助线而直接在原两联结线间作平行线即可。辅助线与溶解度曲线相交于点 *K*，联结线变成一个点，即 E 相和 R 相合为一个相，称点 *K* 为临界混溶点或褶点，此时就没有分离作用。点 *K* 一般并不是溶解度曲线的顶点。

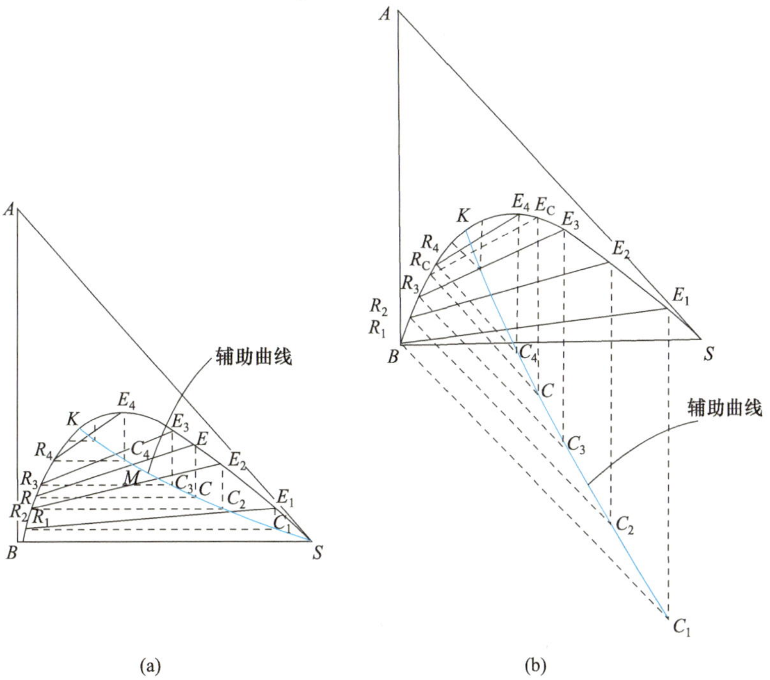

图 12-6 相平衡图

4) 分配系数与分配曲线

达到平衡的 E 相与 R 相，溶质 A 在其中的分配关系用分配系数 k_A 表示：

$$k_A = \frac{\text{A在E相中的浓度}}{\text{A在R相中的浓度}} = \frac{y_A}{x_A} \tag{12-3}$$

同样，对稀释剂 B 有

$$k_B = \frac{\text{B在E相中的浓度}}{\text{B在R相中的浓度}} = \frac{y_B}{x_B} \tag{12-4}$$

在萃取计算中，浓度一般以质量分数表示。显然，k_A 的值越大，表示萃取分离效果越好。同一物系，k_A 的值与温度和浓度有关。

由相律可知，温度、压强一定时，三组分体系的两液相成平衡时，自由度为 1，则溶质

在两平衡液相间的平衡关系可表达为

$$y_A = f(x_A) \tag{12-5}$$

式中，y_A、x_A 均为质量分数，式(12-5)为分配曲线的表达式。

若以 x_A 为横坐标，以 y_A 为纵坐标，则可在直角坐标图上表示互成平衡的两液相中的组成，每一对共轭相组成得到一个点，这些点的连线 *ONK* 即为分配曲线(平衡线)，如图 12-7 所示，曲线上的 *K* 点即为临界混溶点。

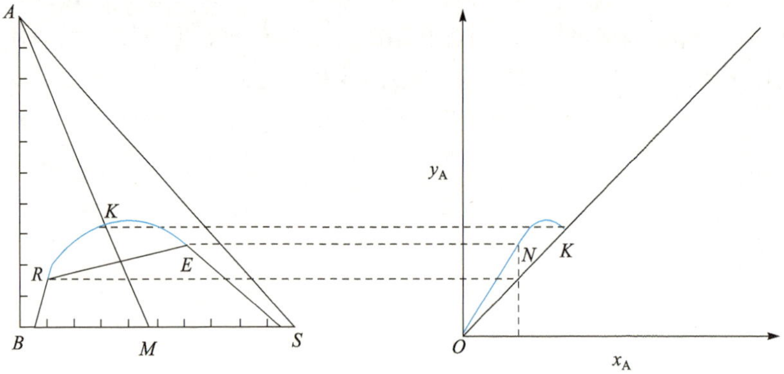

图 12-7 组分部分互溶时的分配曲线

当 S 与 B 完全不互溶时，溶质在两液相间的平衡关系(或分配关系)可表示为

$$Y = mX \tag{12-6}$$

式中，*X*、*Y* 分别为 R 相和 E 相中 A 的质量比；*m* 为以质量比表示相组成时的相平衡常数。*m* 随温度与溶质的组成而异，当溶质浓度较低时，*m* 接近常数，相应的平衡曲线或分配曲线接近直线。

2. 杠杆规则

如图 12-8 所示，混合物 M 分成任意两个相 E 和 R，或由任意两个相 E 和 R 混合成一个混合物 M(可为同一相)，则在三角形相图中表示其组成的点 *M*、*E* 和 *R* 必在一直线上，且符合以下比例关系：

$$\frac{E}{R} = \frac{\overline{MR}}{\overline{ME}} \quad 或 \quad \frac{E}{M} = \frac{\overline{MR}}{\overline{RE}} \tag{12-7}$$

式中，*E*、*R*、*M* 分别为混合液 E、R 及 M 的量，kg 或 kg/s，满足 $E+R=M$；$\overline{MR}$、$\overline{ME}$、$\overline{RE}$ 分别为线段 $\overline{MR}$、$\overline{ME}$ 及 $\overline{RE}$ 的长度。

这一关系称为杠杆规则。点 *M* 为点 *E* 和点 *R* 的“和点”；点 *E*(或 *R*)为点 *M* 与点 *R*(或 *E*)的“差点”。根据杠杆规则，可由其中的任意两点求得第三点。

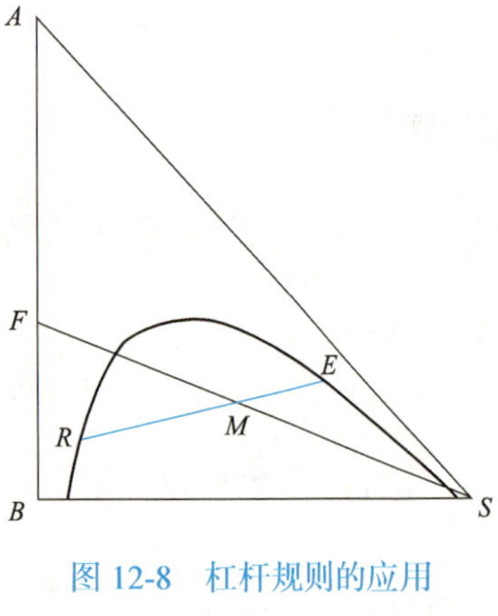

图 12-8 杠杆规则的应用

若向原料液 F 中加入纯溶剂 S，则表示混合液组成的点 *M* 视溶剂加入量的多少沿 *FS* 线变化(混合液中 A 与 B 的量的比值不变)，点 *M* 的位置由杠杆规则确定：

$$\frac{\overline{MF}}{\overline{MS}}=\frac{S}{F} \tag{12-8}$$

此比值称为溶剂比。由溶剂比、已知的原料液流量 F 可计算所需萃取剂流量 S，萃余相流量则为

$$R=M-E \tag{12-9}$$

12.3 选择性系数及萃取剂的选择

由于萃取剂和稀释剂部分互溶，只有前述的分配系数 k_A 不能反映分离程度，作为萃取分离应该使溶质 A 在萃取剂中的溶解度尽可能大，同时使稀释剂 B 在萃取剂中的溶解度尽可能小，这就是萃取剂的选择性，用选择性系数 β 表示：

$$\beta=\frac{k_A}{k_B}=\frac{y_A/x_A}{y_B/x_B}=\frac{y_A/y_B}{x_A/x_B} \tag{12-10}$$

因萃取相中 A、B 质量分数之比 (y_A/y_B) 与萃取液中 A、B 质量分数之比 (y_A°/y_B°) 相等，萃余相中 (x_A/x_B) 与萃余液中 (x_A°/x_B°) 相等，故有

$$\beta=\frac{y_A^\circ/x_A^\circ}{y_B^\circ/x_B^\circ}=\frac{y_A^\circ/x_A^\circ}{(1-y_A^\circ)/(1-x_A^\circ)} \tag{12-11}$$

式(12-11)也可写成

$$y_A^\circ=\frac{\beta x_A^\circ}{1+(\beta-1)x_A^\circ} \tag{12-12}$$

可见，选择性系数 β 的定义相当于精馏中的相对挥发度 α。要使混合物分离，必须 $\beta>1$ 或 $\beta<1$。一般在工业萃取分离时，为了达到萃取 A 的目的应选择合适的萃取剂使 $\beta>1$。β 愈大，表明物系愈易分离，β 反映分离的难易程度。若 $\beta=1$，表示 E 相中组分 A 和 B 的比值与 R 相中的相同，不能用萃取方法分离。B 与 S 的互溶度越小，β 越大；当 B 与 S 完全不互溶，则 β 为无穷大。

例 12-1 用环丁砜作为芳烃抽提工艺的萃取剂分离烷烃和芳烃。由于芳烃各组分性质相似，非芳烃中 C_6 链烷烃含量最高且其他组分的性质与其相似，加之成分复杂、平衡数据不全，工程计算中常近似用苯代表芳烃，用正己烷代表非芳烃。苯(A)-正己烷(B)-环丁砜(S)体系在 50℃下的相平衡数据见表 12-2。求分配系数和选择性系数。

表 12-2 50℃时苯(A)-正己烷(B)-环丁砜(S)相平衡数据(质量分数)

序号	萃取相			萃余相			计算结果		
	y_A	y_B	y_S	x_A	x_B	x_S	k_A	k_B	β
1	0.0555	0.0217	0.9228	0.0790	0.9167	0.0043	0.703	0.024	29.68
2	0.1199	0.0252	0.8549	0.1848	0.8081	0.0071	0.649	0.031	20.81
3	0.2100	0.0358	0.7542	0.2860	0.6993	0.0147	0.734	0.051	14.34
4	0.2854	0.0433	0.6712	0.3740	0.6030	0.0231	0.763	0.072	10.63
5	0.3556	0.0575	0.5869	0.4474	0.5164	0.0363	0.795	0.111	7.14
6	0.3972	0.0704	0.5324	0.4891	0.4599	0.0510	0.812	0.153	5.31
7	0.4388	0.0860	0.4752	0.5252	0.3915	0.0832	0.835	0.220	3.80

解 选序号 5 为例计算分配系数

$$k_A = \frac{0.3556}{0.4474} = 0.795 \qquad k_B = \frac{0.0575}{0.5164} = 0.111$$

相应的选择性系数为

$$\beta = \frac{0.795}{0.111} = 7.16$$

可以看出，虽环丁砜对溶质 A 的分配系数较小，但选择性系数较大，因此作为芳烃抽提工艺的萃取剂是适宜的。

工业上为降低成本，一般都需要分离回收、循环使用萃取剂，因此，在选择萃取剂时既要考虑到萃取分离效果，又要使萃取剂的回收较为容易和经济。具体而言，需注意以下几方面：

1) 选择性

前已述及，萃取剂应对溶质的溶解度大而对稀释剂的溶解度小，即萃取剂的选择性系数 β 要大，这对传质分离有利；也可减少萃取剂的用量，降低回收萃取剂操作的能耗。另外萃取剂与稀释剂的互溶度要小，这样两相区的面积大，可能得到的萃取液浓度也会高，即有利于萃取分离。应注意的是，操作温度会影响选择性和互溶度；操作温度升高一般会使互溶度增大，两相区变小，不利于分离。

2) 萃取相与萃余相的分离

萃取后形成的萃取相与萃余相应易于分层。对此，一是要求萃取剂与稀释剂之间有较大的密度差，密度差越大分层越快；二是要求两者之间的界面张力适中；界面张力过小，则分散后的液滴不易凝聚，对分层不利；界面张力过大，又不易形成细小的液滴，对两相间的传质不利；三是要求萃取剂的黏度尽可能低，这有利于两相的混合和分层。

3) 萃取剂的回收

萃取相与萃余相经分层后常还需用蒸馏脱除萃取剂。萃取剂回收难易直接影响萃取操作的费用。因此，要求萃取剂对其他组分的相对挥发度大，且不形成恒沸物。如果萃取剂的使用量较其他组分大，为了节省能耗，萃取剂应为难挥发组分。

除此之外，萃取剂还应满足一般的工业要求，如稳定性好、腐蚀性小、不易燃、难挥发、无毒及价廉易得等。一般来说，很难找到能满足上述全部要求的萃取剂，在实际选用时需要根据体系、操作条件等情况权衡，做出合理的决定。

12.4 液-液萃取计算

液-液萃取操作按两相的接触方式可分为分级接触式和连续接触式两类。

12.4.1 单级萃取

单级萃取可以间歇操作，也可以连续操作，其流程如图 12-9 所示。在萃取器中通过搅拌使原料 F 和萃取剂 S 充分接触传质，然后将混合液在分层器中静置分层。取出萃取相和萃余相，进一步脱除萃取剂后可得萃取液和萃余液。

单级萃取最好的分离效果是一个理论级，因此这种方法只适用于分离要求不高的情况。

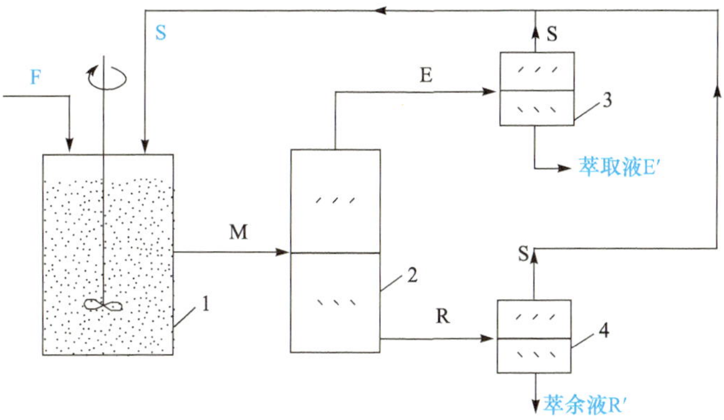

图 12-9　单级萃取流程

1. 混合器；2. 分层器；3. 萃取相分离设备；4. 萃余相分离设备

1. 萃取剂与稀释剂部分互溶

单级萃取的计算可经解析法根据总物料、各组分的物料衡算方程及离开萃取器的两相组成的相平衡方程联立来求解未知的参数；也可用图解方法直观计算。这里着重介绍图解计算。

在萃取计算中，原料液量 F 及组成 x_F 为已知条件，萃取剂用量或分离效果则由计算确定。

如图 12-10 所示，单级萃取的图解计算步骤如下：

(1) 根据已知的平衡数据在直角三角形相图中作出溶解度曲线及辅助曲线。

(2) 由已知原料液组成 x_F 在边 AB 上确定点 F，连接点 S 和 F。显然，表示原料液和萃取剂混合后组成的点 M 在直线 SF 上，其位置由杠杆规则确定，即

$$\frac{S}{F}=\frac{\overline{FM}}{\overline{MS}}$$

当 $y_S\neq 0$ 时，表示萃取剂的点不在顶点 S，而在三角形内。

(3) 过点 M 利用辅助曲线作联结线，在溶解度曲线上得到表示萃取相组成的点 E 和表示萃余相组成的点 R，二者量的关系同样可由杠杆规则确定，即 $\frac{R}{E}=\frac{\overline{ME}}{\overline{MR}}$ 或 $\frac{R}{M}=\frac{\overline{ME}}{\overline{RE}}$。

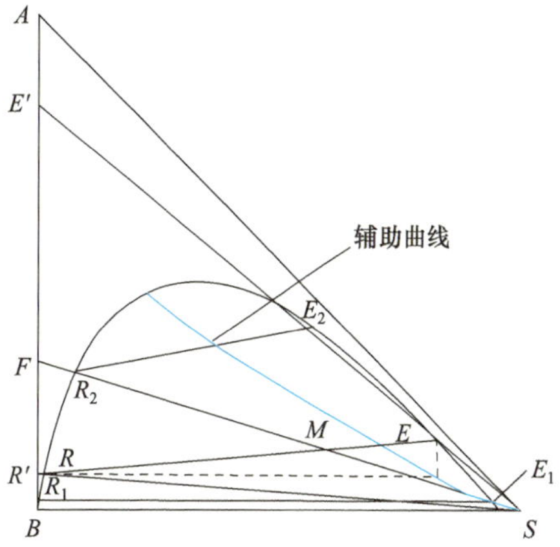

图 12-10　单级萃取的图解计算

(4) 连点 S、E 和点 S、R 并分别延长交边 AB 于点 E' 和 R'，则点 E' 和 R' 分别表示萃取液和萃余液的组成。

单级萃取操作的萃取剂用量会影响分离结果，但其值有一定范围。分离效果取决于图 12-10 中点 E' 和 R' 的位置。在 F 量、x_F 和操作温度一定时，随 S 量增加，点 M 向点 S 靠近，过点 M 的共轭线下移，E、R 相中溶质组成下降，有利于分离，同时 R′中溶质组成也下降。S 量增大到某一值时，点 M 移动到线 FS 与溶解度曲线的交点 E_1，溶液变成均相混合物，无法实现分离，此时的 S 量为该萃取操作的最大萃取剂用量 S_{max}，得到的萃余相浓度为单级萃取可达到的最小萃余相浓度，为 $x_{A,min}$，脱除萃取剂后萃余液的浓度为 $x^{\circ}_{A,min}$；对应的萃取相浓度也最低，为 $y_{A,min}$，脱除萃取剂后萃取液的浓度为 $y^{\circ}_{A,min}$。同样，随 S 量减少，点 M 向点 F 靠近，

过点 M 的共轭线上移，x_A、y_A 均增加，但 S 减少到某一值时，点 M 移至线 FS 与溶解度曲线的交点 R_2，溶液也变成均相混合物，就无分离效果，此时的 S 量即为最小萃取剂用量 S_{min}，获得的萃取相浓度最大，为 $y_{A,max}$，但所获得的萃取液浓度 y_A° 并不一定是单级萃取操作可能达到的最大萃取液浓度。

萃取液能达到的最高浓度对应于线 SE' 与溶解度曲线相切的情形（切点为 e），如图 12-11(a)所示的 $y_{A,max}^\circ$；过点 e 作共轭线交 FS 线于点 M'，应用杠杆规则可求得该操作条件下的 S 量。当料液浓度较低而分配系数 k_A 又较小时，不可能用单级萃取使萃取相浓度达到切点 e 对应浓度，如图 12-11(b)所示，当 S 量达到 S_{min} 时，溶液总组成为点 d，过 d 点作共轭线 dg，连接 Sg 并延长至 AB 边，所得交点 $y_{A,max}^\circ$ 是该情况下单级萃取操作可能达到的萃取液最大极限浓度。

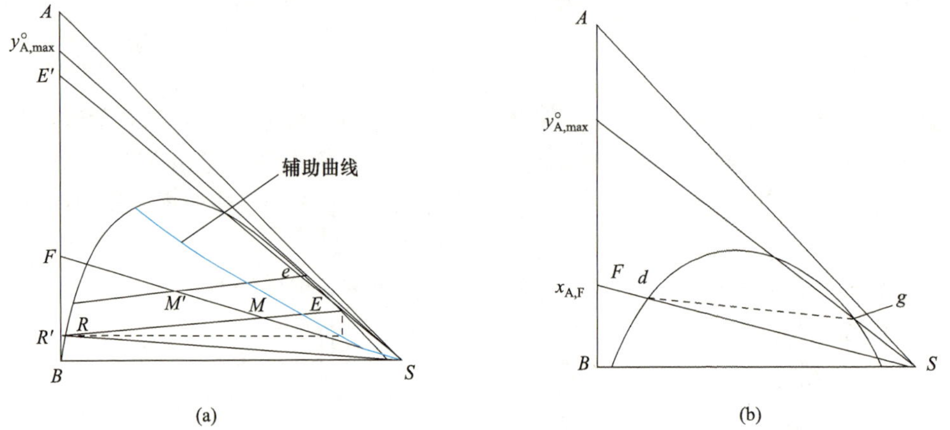

图 12-11　单级萃取的分离程度

例 12-2　以环丁砜为萃取剂，对 x_F=46%(质量分数)芳烃的原料油进行单级(一个理论级)萃取。原料液量为 100kg，环丁砜的用量为原料油的 3 倍，操作温度为 50℃。试求：

(1)萃取相和萃余相的量及组成；(2)萃取液和萃余液的量及组成。

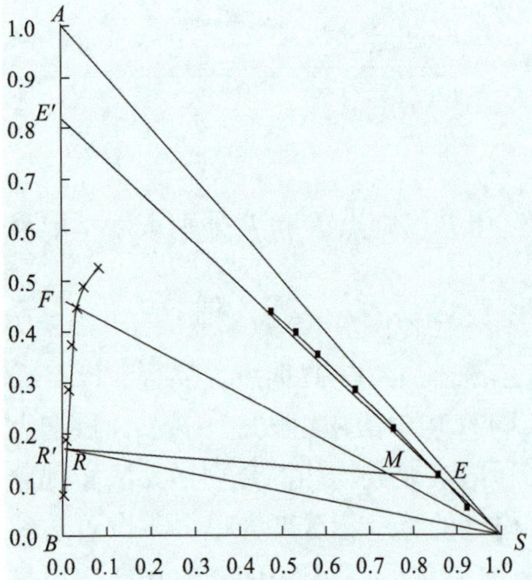

图 12-12　例 12-2 附图

解　利用例 12-1 的相平衡数据作直角三角形相图，如图 12-12 所示。由 x_F=46%，在边 AB 上得点 F；连接点 F 和 S，由杠杆规则可得 $\frac{S}{F}=\frac{\overline{MF}}{\overline{MS}}=3\text{kg环丁砜/kg原料油}$，据此在线 FS 上确定点 M，再过点 M 作联结线，在溶解度曲线上得到点 R、E。

E 相组成　y_A=0.11，y_B=0.02，y_S=0.87

R 相组成　x_A=0.17，x_B=0.82，x_S=0.01

E 相和 R 相的量由杠杆规则得

$$E=M\times\frac{\overline{MR}}{\overline{RE}}=400\times\frac{37}{43}=344.2(\text{kg})$$

$$R=M-E=400-344.2=55.8(\text{kg})$$

连点 S、E 和点 S、R，并分别延长在边 AB 上得点 E'和 R'，读得

萃取液组成　$y_A'=0.815$

萃余液组成　$x_A'=0.175$

E'、R'的量可由物料衡算得到

$$E'=344.2\times(0.11+0.02)=44.7(\mathrm{kg})$$

$$R'=55.8\times(0.17+0.82)=55.2(\mathrm{kg})$$

$$误差=(44.7+55.2)-100=-0.1(\mathrm{kg})$$

E'、R'也可按杠杆规则计算。因为 $E'+R'=F$，且 E'、R'、F 共线，故

$$E'=F\times\frac{\overline{FR'}}{\overline{E'R'}}=100\times\frac{0.46-0.175}{0.815-0.175}=44.5(\mathrm{kg})$$

采用作图法进行萃取计算，需要熟练掌握三角形相图的应用，能在相图上标注出各物料的状态点、表示物料混合和分离的过程；杠杆规则实质上是物料衡算的图形表达，在计算中其应用非常重要。

2. 萃取剂与稀释剂完全不互溶

1) 解析计算

当S和B完全不互溶时，则溶剂全部在萃取相，稀释剂全部在萃余相，即两液相均只有两个组分，萃取前后的物料衡算式为

$$BX_\mathrm{F}+SY_\mathrm{S}=SY_\mathrm{E}+BX_\mathrm{R}$$

或

$$Y_\mathrm{E}=-\frac{B}{S}(X_\mathrm{R}-X_\mathrm{F})+Y_\mathrm{S} \tag{12-13}$$

式中，S、B 分别为萃取剂用量、料液中稀释剂量，kg 或 kg/s；X_F、X_R、Y_E与Y_S分别为料液浓度$\frac{A}{B}$、萃余相浓度$\frac{A}{B}$、萃取相浓度$\frac{A}{S}$与萃取剂浓度$\frac{A}{S}$，质量比。萃取剂为纯溶剂时 $Y_\mathrm{S}=0$。

同时，两相达到平衡时 $Y=mX$，一般情况下，以上两式中的 B、X_F 及 Y_S 为已知量，则可选择萃取剂用量来计算萃取相和萃余相的浓度 Y_E、X_R；或者可规定萃余相浓度 X_R，计算萃取相浓度 Y_E 与萃取剂用量 S。

2) 图解计算

上述计算也可用图解法代替。用质量比在 X-Y 直角坐标系中表示出分配曲线(相平衡曲线)，同时绘制式(12-13)对应曲线，其为一直线，称操作线，结果如图 12-13 所示；操作线通过点 $F(X_\mathrm{F},Y_\mathrm{S})$，斜率为 $-\frac{B}{S}$，操作线和分配曲线的交点 $E_1(X_1,Y_1)$表示经过一个理论萃取级后萃余相和萃取相中溶质 A 的浓度。当萃取剂为纯溶剂时，$Y_\mathrm{S}=0$，点 F 落在 X 轴上。

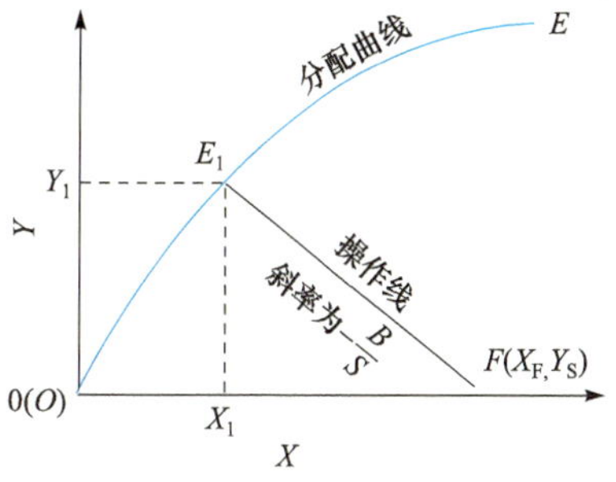

图 12-13 S 和 B 完全不互溶的图解计算

12.4.2 多级错流萃取

单级萃取往往达不到较高的分离溶质 A 效果。为了进一步降低萃余相中溶质 A 的含量，可采用如图 12-14 所示的多级错流方法进行萃取。料液经第 1 级萃取后的萃余相 R_1 进入第 2 级用新鲜萃取剂继续萃取(若用回收的萃取剂，则有可能 $y_\mathrm{S}\neq 0$)，依次直到第 N 级的萃余相 R_N 的浓度符合要求为止。多级错流萃取的总萃取剂用量为各级萃取剂用量之和，原则上，各级萃取剂用量可以相等也可以不相等。但可以证明，当各级萃取剂用量相等时，达到一定的分离程度所需的总萃取剂用量最少，所以在应用多级错流萃取操作时，

通常各级萃取剂用量相等。同样，要达到相同的分离程度，多级错流萃取的萃取剂用量小于单级萃取。

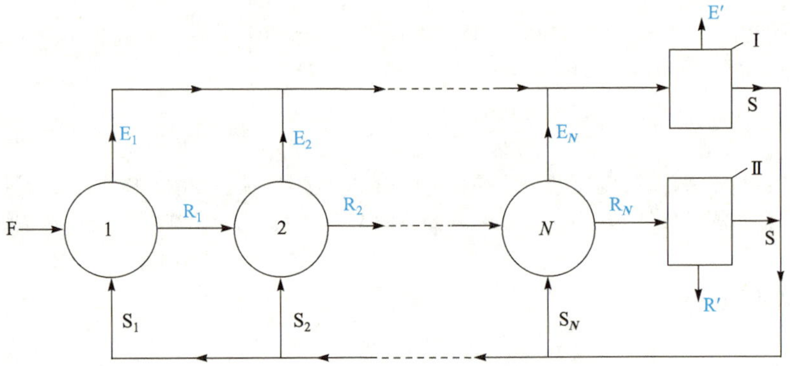

图 12-14 多级错流萃取流程

Ⅰ、Ⅱ均为溶剂回收设备

1. 萃取剂与稀释剂部分互溶

对于此类物系，通常也根据三角形相图用图解法进行计算，其计算只是单级萃取的多次重复。

一般在工业生产中各级萃取器的尺寸相同，加入的新鲜萃取剂量 $S_1=S_2=\cdots=S_N=S$，其图解步骤如图 12-15 所示。

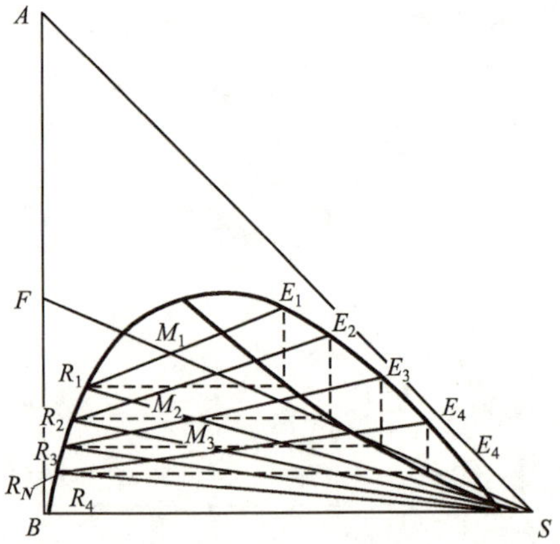

图 12-15 多级错流萃取的图解计算

(1) 按第 1 级原料液及萃取剂的量和组成，确定第 1 级混合液的量和组成，得点 M_1。

(2) 过点 M_1 作联结线得经第 1 级萃取后的萃取相 E_1 和萃余相 R_1。

(3) 按第 2 级进料 R_1 及萃取剂的量和组成确定第 2 级混合液的量和组成，得点 M_2。

(4) 重复(2)和(3)，直至第 N 级萃余相 R_N 的浓度符合要求，共轭线的条数即为理论级数。

当 $y_S \neq 0$ 时，表示萃取剂的点不在顶点 S，而在三角形内。

对于操作型任务，由于级数已知，故通过作图可以得到最终萃余相浓度。

2. 萃取剂与稀释剂完全不互溶

1) 解析计算

若在操作范围内，平衡线为通过原点的直线，即分配系数 m 为一常数，则多级错流萃取的理论级数可通过解析计算。

对多级错流萃取中任意第 i 级作物料衡算可得

$$B(X_{i-1}-X_i)=S_i(Y_i-Y_S) \tag{12-14}$$

将平衡关系 $Y_i=mX_i$ 代入上式，则得

$$X_i = \frac{X_{i-1} + \frac{S_i}{B}Y_S}{1 + \frac{mS_i}{B}} \tag{12-15}$$

式中，$\frac{mS_i}{B}$ 为萃取因数，是平衡线斜率与操作线斜率之比，类似于吸收中的脱吸因数，令 $\varepsilon_i = \frac{mS_i}{B}$。若各级所用的萃取剂用量均相等，则各级的 ε_i 为一常数 ε，从 i=1($X_0 = X_F$)至最后一级 i=N，逐级递推可得最终萃余液浓度 X_N 为

$$X_N = \frac{X_F - \frac{S}{B}Y_S}{(1+\varepsilon)^N} + \frac{Y_S}{m} \tag{12-16}$$

达到 X_N 所需的理论级数为

$$N = \frac{1}{\ln(1+\varepsilon)} \ln\left(\frac{X_F - \frac{Y_S}{m}}{X_N - \frac{Y_S}{m}}\right) \tag{12-17}$$

对操作型任务，则根据已知条件和级数直接按式(12-16)计算最终的萃余相浓度，再按相平衡关系计算出萃取相浓度。

2) 图解计算

多级错流的理论级数也可在直角坐标 X-Y 图中进行画图求解。

若各级的萃取剂用量相等，分别对各级作物料衡算，则有

$$\begin{cases} Y_1 = -\frac{B}{S}(X_1 - X_F) + Y_S \\ Y_2 = -\frac{B}{S}(X_2 - X_1) + Y_S \\ \quad\vdots \\ Y_N = -\frac{B}{S}(X_N - X_{N-1}) + Y_S \end{cases} \tag{12-18}$$

上式即为各级的操作线方程，其斜率 $-\frac{B}{S}$ 为一常数。过点 $F(X_F, Y_S)$作斜率为 $-\frac{B}{S}$ 的第 1 级操作线，和平衡线交于点 E_1，得 X_1、Y_1，过点 $G(X_1, Y_S)$ 作斜率为 $-\frac{B}{S}$ 的第 2 级操作线，和平衡线交于点 E_2，得 X_2、Y_2，以此类推，直至小于要求的 X_N 值，所得级数即为达到分离要求所需的理论级数。图解过程如图 12-16 所示。对求萃取剂用量的操作型的图解需要试差，假设 S 量后图解，使得到的级数与实际使用的级数相等。

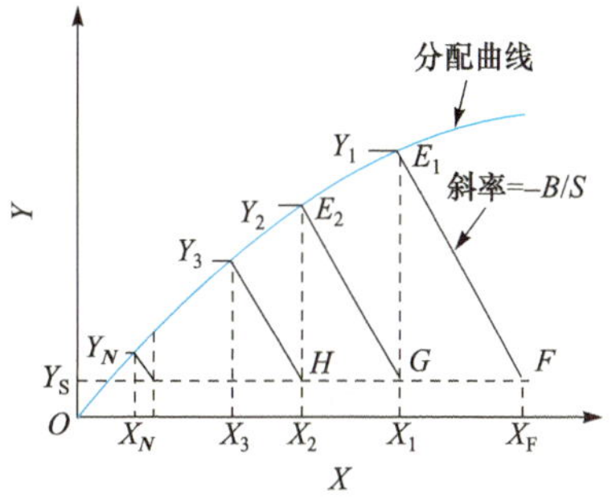

图 12-16 多级错流萃取在 X-Y 坐标图上图解理论级数

若萃取剂中无溶质，则 $Y_S = 0$，点 F 与 G、H 等点均落在 X 轴上。若各级萃取剂用量不相等，则各操作线不相平行。

例 12-3 含乙酸 6.0%(质量分数，下同)的水溶液，流量 F=100kg/h，按多级错流萃取流程，以异丙醚萃取乙酸，每一级的异丙醚流量 S=94kg/h。操作温度为 20℃，此温度下的平衡数据列于表 12-3。求经过三级错流萃取后萃余相中乙酸的浓度。

表 12-3 乙酸(A)-水(B)-异丙醚(S)在 20℃下的平衡数据(质量分数/ %)

序号	水相			异丙醚相		
	x_A	x_B	x_S	y_A	y_B	y_S
1	0.69	98.1	1.2	0.18	0.5	99.3
2	1.40	97.1	1.5	0.37	0.7	98.9
3	2.90	95.5	1.6	0.79	0.8	98.4
4	6.40	91.7	1.9	1.90	1.0	97.1
5	13.30	84.4	2.3	4.80	1.9	93.3
6	25.50	71.1	3.4	11.40	3.9	84.7
7	37.00	58.6	4.4	21.60	6.9	71.5
8	44.30	45.1	10.6	31.10	10.8	58.1
9	46.40	37.1	16.5	36.20	15.1	48.7

解 由表 12-3 数据可知，乙酸在水中的浓度小于 6.0%时，水与异丙醚的互溶度很小，可近似作为互不相溶的情况应用 X-Y 坐标图解。

平衡关系按下式换算：

$$X=\frac{x_A}{x_B},\quad Y=\frac{y_A}{y_S}$$

取表 12-3 序号 4 前的平衡数据进行换算得表 12-4。

表 12-4 以质量比 X-Y 关系代替表 12-3 中的平衡关系

序号	X/%	Y/%
1	0.70	0.18
2	1.44	0.37
3	3.04	0.80
4	6.98	1.96

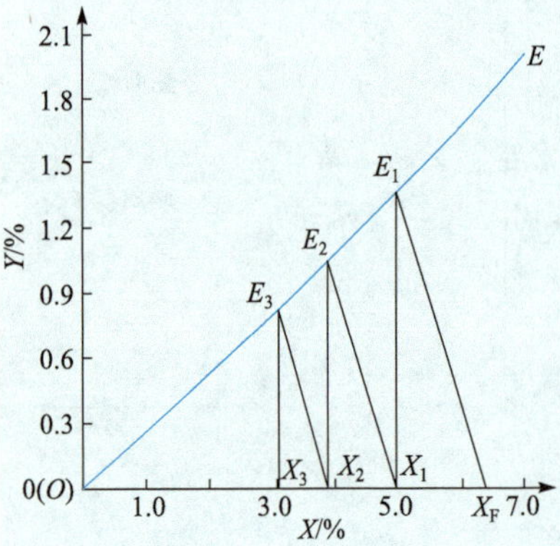

图 12-17 例 12-3 附图

将表 12-4 的数据绘于 X-Y 坐标系，如图 12-17 中的分配曲线 OE 所示。

原料液中的乙酸量 A=100×0.06=6.0 (kg/h)，水量 B=100×0.94=94 (kg/h)，由此得操作线斜率为

$$-\frac{B}{S}=-\frac{94}{94}=-1$$

将原料液的浓度换算成质量比

$$X_F=\frac{0.06}{1-0.06}=0.064$$

第 1 级从点 $F(0.064,0)$作斜率为−1 的操作线交分配曲线于点 E_1，得萃余相浓度 X_1；第 2 级从点 $X_1(X_1,0)$作斜率为−1 的操作线交分配曲线于点 E_2，得萃余相浓度 X_2；直至第 3 级 X_3=0.031。

采用解析法计算，根据表 12-4 数据，计算出平均的 m=0.265；现 B/S=1，则 ε=0.265，X_F=0.064，Y_S=0，

N=3，则将相应数据代入式(12-16)，可得 X_3=0.032。

萃取计算有图解和解析两种方法，本题的两种计算方法得到的结果基本一致，但对于 B 与 S 互不相溶体系来说，解析法要方便些。该种体系具有以下特点：分离得到的两个相均只含两个组分；萃取相中的纯 S、萃余相中的 B 流量保持不变；相浓度均可采用质量比表达；相平衡关系可用分配曲线在直角坐标系中表示；操作线为直线。

12.4.3　多级逆流萃取

虽多级错流萃取可使萃余相中的溶质含量达到规定要求，但级数多时萃取剂的消耗量大，且后面几级萃取相中溶质浓度较低。为克服此缺点，可采用如图 12-18 所示的多级逆流流程来萃取。

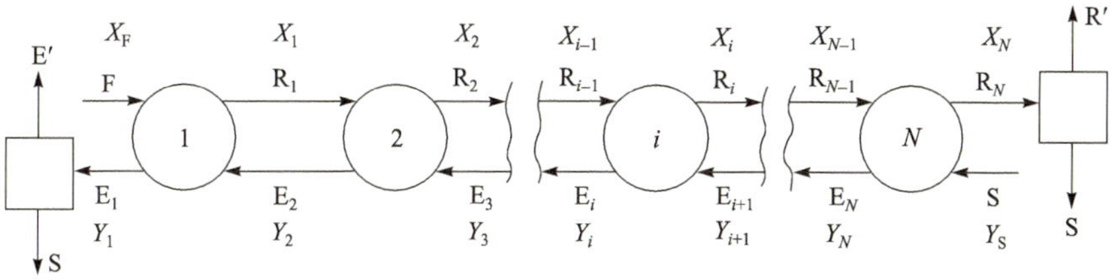

图 12-18　多级逆流萃取流程

因回用的萃取剂中往往含有少量的组分 A 和 B，故最终萃余相中可达到的溶质最低含量受萃取剂中溶质含量的限制，最终萃取相中的最高含量受原料液中溶质含量和相平衡关系的限制。多级逆流萃取一般为连续操作，其传质平均推动力大，分离效率高，萃取剂用量少，故工业中有广泛应用。

1. 萃取剂与稀释剂部分互溶

1) 图解计算

计算多级逆流萃取所需的理论级数的依据是物料衡算和相平衡关系。在已知条件中，原料液流量 F 和浓度 x_F 以及萃余液的最终浓度 x'_N 是定值，萃取剂用量由经济核算的原则选定。图解步骤如图 12-19 所示。

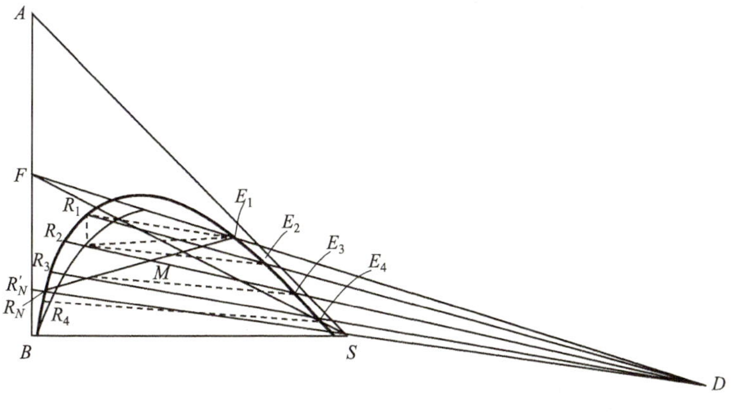

图 12-19　多级逆流萃取图解计算

(1) 由 x_F、x'_N 的值在图中分别定出点 F、R'_N，连点 S(设萃取剂为纯 S)和 R'_N，交溶解度曲线左侧于点 R_N，此点代表最终萃余相组成。

(2) 对全流程作总物料衡算，有

$$F + S = E_1 + R_N = M \tag{12-19}$$

连接点 F 和 S，根据杠杆规则得代表混合液量及组成的点 M；连接点 R_N 和 M 并延长交溶解度曲线于点 E_1，则 E_1 和 R_N 的量也可按杠杆规则确定。

(3) 对第 1 级、第 2 级、……、第 N 级分别作物料衡算，有

$$\begin{cases} F - E_1 = R_1 - E_2 \\ R_1 - E_2 = R_2 - E_3 \\ \quad\vdots \\ R_{N-1} - E_N = R_N - S \end{cases} \tag{12-20}$$

整理得

$$F - E_1 = R_1 - E_2 = \cdots = R_N - S = D \tag{12-21}$$

由杠杆规则，点 F、R_1、…、R_N 为和点，点 E_1、E_2、…、S 及 D 为差点，其中点 D 为公共差点。点 D 的求法：分别连接点 E_1、F 和点 S、R_N 并延长，所得交点即为点 D，它位于三角形相图外，称为操作点。

(4) 过点 E_1 作联结线得表示第 1 级萃余相组成的点 R_1。

(5) 连接点 D 和 R_1 并交溶解度曲线于点 E_2(习惯上称过点 D 的直线为操作线)。

(6) 重复(4)和(5)的方法直至表示萃余相组成的点 R_N 小于规定值。

当 $y_S \neq 0$ 时，表示萃取剂的点不在顶点 S，而在三角形内，下同。

也可以在直角坐标系中图解求理论级数，即在图中绘出分配曲线和操作线，然后从点 (x_F, y_1) 出发在两线间作梯级，方法类似吸收和精馏图解求理论板数。

2) 萃取剂比的影响

多级逆流萃取操作中存在着一个最小萃取剂比 $(S/F)_{min}$ 和最小萃取剂用量 S_{min}。操作时如果所用的萃取剂量小于 S_{min}，则无论用多少个理论级也达不到规定的萃取要求。

显然，对指定的分离要求 x_N，点 D 的位置与 S 的量(或 S/F)有关。图 12-19 中点 D 位于相图的右侧，随着 S 量增加，点 D 向 S 点靠近，所需理论级数减少；而当 S 量减少时，点 D 远离点 S，至无限远后转到图 12-19 的左侧。若点 D 位于相图的左侧，随着 S 量增加，点 D 远离点 S，所需理论级数减少；至无限远后转到图的右侧；而当 S 量减少时，点 D 靠近点 S。操作线(级联线)与联结线(平衡线)的斜率越接近，则该理论级的分离程度越小，而在某一个 S 量时，某级的两条线正好重合，此时所需理论级数为无限多，称相应的 S 量为最小萃取剂用量 S_{min}。可用下列方法确定其值：首先应确定 D_{min}，连接点 S、R_N 并将线延长，与若干根联结线的延长线相交，得到相应的交点。如果交点位于三角形相图的左侧，如图 12-20(a)所示，则取离 R_N 最远的交点对应的操作线为最小萃取剂用量的操作线；如果交点位于三角形相图的右侧，如图 12-20(b)所示，则取离 S 最近的交点对应的操作线为最小萃取剂用量的操作线。这是因为联结线和操作线重合，即对应于无穷级数的最小萃取剂比；其他点的萃取剂比更小，无实际意义。确定 D_{min} 后，连接点 F 和 D_{min}，与溶解度曲线相交于点 E_1，则 R_NE_1 和 FS 的交点 M 即为它们的公共和点，即可用杠杆规则求出 S_{min}。

实际所用的萃取剂用量必须大于最小萃取剂用量。萃取剂用量少，所需理论级数多，设备费用大；反之，萃取剂用量大，所需理论级数少，萃取设备费用低，但萃取剂回收设备大，回收萃取剂所需操作费用高。所以，需要根据萃取和萃取剂回收两部分的设备费和操作费进

行经济核算，以确定适宜的萃取剂用量，一般取为最小萃取剂用量的 1.1～2.0 倍。

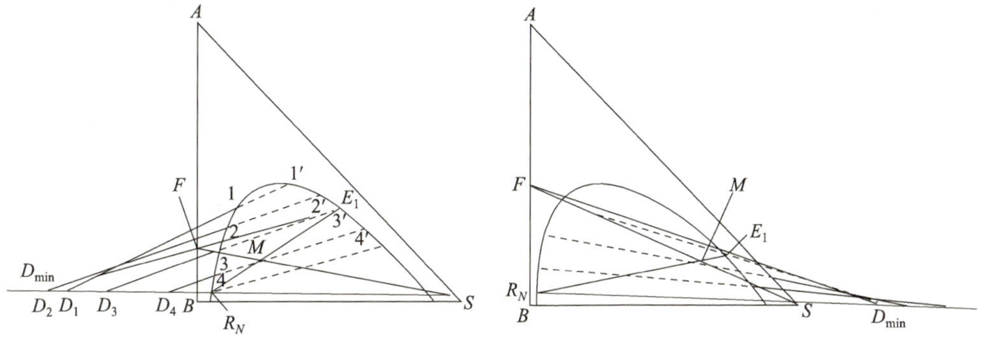

(a) 点D在相图左侧　　(b) 点D在相图右侧

图 12-20　最小萃取剂比的确定

对于操作型任务，已知理论级数和操作条件，为确定萃取操作所能达到的分离程度，往往需要图解试差。根据给定原料液和萃取剂的量和组成，在三角形相图中首先确定点 F、S 及其和点 M。假设最终萃余相溶质浓度 x_N，由 x_N 可确定点 R_N，并确定公共差点 D，按设计型图解方法求出理论级。当求出的理论级和实际使用的理论级相符时，假设成立，图解得到的各级组成即为分离结果；不相符时，应重新假设 x_N，重复上述图解计算，直至得到的理论级与实际的理论级相符。

若用直角坐标图表达，则操作线与分配曲线相切时，切点称为夹紧点，其在恒浓区形成，理论级无穷多，此时的萃取剂比称为最小萃取剂比。

2. 萃取剂与稀释剂完全不互溶

1) 解析计算

当萃取剂与稀释剂完全不互溶时，各级萃取相中的萃取剂量 S 和萃余相中的稀释剂量 B 保持不变，由第 1 级至第 i 级的物料衡算式为

$$Y_1 - Y_{i+1} = \frac{B}{S}(X_F - X_i) \tag{12-22}$$

式中，X_i、Y_{i+1} 分别为第 i、i+1 级萃余相及萃取相的溶质浓度，质量比。

式(12-22)称为操作线方程，$\frac{B}{S}$ 为操作线的斜率，对各级均为一常数，即操作线为一直线，且各线平行。若将平衡线用某一数学方程表达，则可像精馏过程一样，逐级计算离开各级的液流含量及达到规定萃余相含量 X_N 所需的理论级数。

若平衡线为一通过原点的直线，即 $Y = mX$，则可仿照吸收理论塔板数推导方式得式(12-23)，即

$$N = \frac{1}{\ln\varepsilon}\ln\left[(1-\frac{1}{\varepsilon})\left(\frac{X_F - \frac{Y_S}{m}}{X_N - \frac{Y_S}{m}}\right) + \frac{1}{\varepsilon}\right] \tag{12-23}$$

式中，$\varepsilon = \frac{mS}{B}$。

2) 图解计算

类似精馏理论塔板数图解计算方法，多级逆流萃取理论级(板)数也可用图解法求取。

逆流萃取操作的操作线方程通过点 $F(X_F, Y_1)$和点 $N(X_N, Y_S)$。在 X-Y 坐标体系中画出分配曲线(平衡线)和操作线，从点 F 出发在两线之间作若干梯级，至小于规定的萃余相含量 X_N，便可求得所需的理论级数，如图 12-21 所示。

对于操作型任务，已知理论级数和操作条件，为确定能达到的分离程度，若平衡线和操作线已定则直接图解得到 X_N；若需由级数与 X_N 计算 S 量，则需图解试差，具体方法为先假设一个 S 量，再在 X-Y 坐标体系中作出分配曲线和操作线，然后在两线间作梯级，当得到的梯级数正好与实际使用的理论级数相符时，假设成立；否则重新假设，直至相符。

3) 最小萃取剂比

对于组分 B 和 S 完全不互溶的物系，用 k 代表操作线的斜率，即 $k=\dfrac{B}{S}$。随 S 值减小，k 值增大，当操作线与分配曲线相交(或相切)时，如图 12-22 中的 F_3N 线所示，k 值达到最大值 k_{max}，所需的理论级数为无穷多。操作线与分配曲线相交时的 k_{max} 和最小萃取剂用量 S_{min} 分别用式(12-24)和式(12-25)计算，即

$$k_{max}=\frac{Y_F^*-Y_S}{X_F-X_N} \tag{12-24}$$

式中，$Y_F^*=mX_F$；如两线相切，则用切点坐标代替交点坐标(X_F, Y_F^*)

$$S_{min}=\frac{B}{k_{max}} \tag{12-25}$$

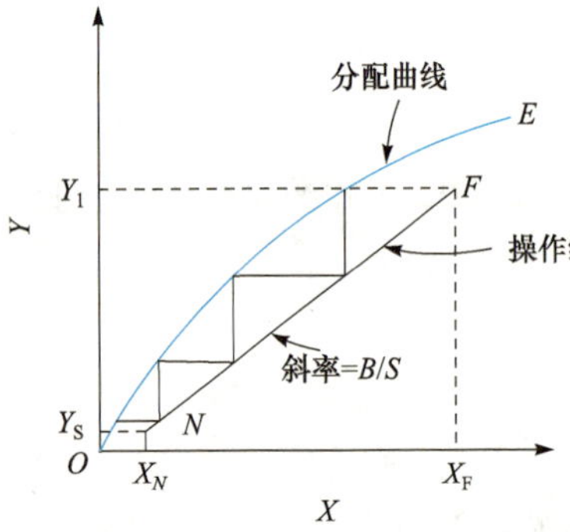

图 12-21 B、S 完全不互溶多级逆流萃取图解理论级数

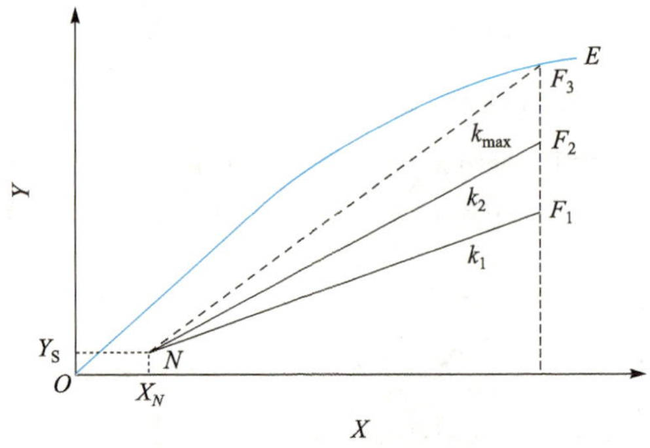

图 12-22 萃取剂最小用量

一般在原料液、萃取剂组成及用量、分离要求一定时，多级逆流萃取比多级错流萃取所需的理论级数少；当理论级数相同时，多级逆流萃取所用的萃取剂量较少。生产上多采用逆流萃取操作。

例 12-4 将例 12-3 中的三级错流萃取改为三级逆流萃取，原料液浓度 X_F=0.064(质量比，下同)和萃余液浓度 X_N=0.031 不变，试比较所需萃取剂用量，并求萃取剂用量与最小萃取剂用量 S_{min} 的比值。

解 取 X-Y 坐标系，作分配曲线 OE，如图 12-23 所示，操作线的一个端点为 $Q(0.031,0)$，而另一个端点 $P_1(0.064,Y_1)$中虽 Y_1 尚未知，但应满足在分配曲线和操作线之间正好包含三个理论级这一条件。对此，需进行试差求得点 P_1 的确切位置，读得 Y_1=0.0163。于是，可算出操作线斜率为

$$\frac{B}{S}=\frac{Y_1-0}{X_F-X_3}=\frac{0.0163}{0.064-0.031}=0.494$$

因此，萃取剂流量为

$$S=\frac{B}{0.494}=\frac{94}{0.494}=190(\text{kg/h})$$

比较三级错流萃取时的萃取剂用量为 94×3=282(kg/h)，故三级逆流萃取时 S 仅为错流时的 $\frac{190}{282}=0.674$ (倍)。

当逆流萃取的萃取剂用量为最小值时，点 Q 的位置不变，点 P_1 位置中的横坐标值 X_F 也不变，但纵坐标值 Y_1 升至最大，即到达分配曲线上的点 $E(0.064，0.0183)$，此时操作线斜率为

$$\frac{B}{S_{\min}}=\frac{Y_m-0}{X_F-X_3}=\frac{0.0183-0}{0.064-0.031}=0.555$$

萃取剂最小用量为

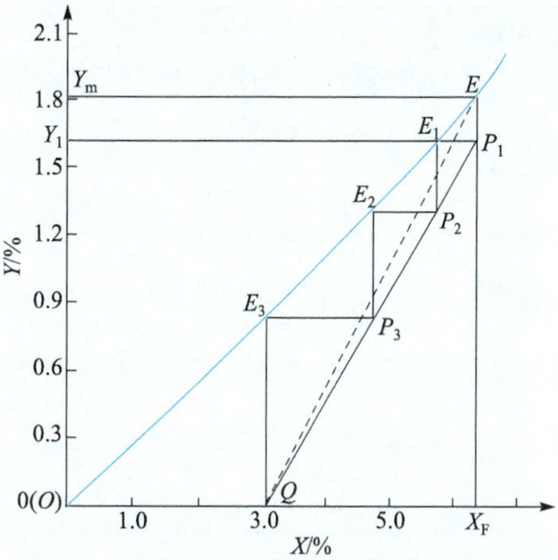

图 12-23 例 12-4 附图

$$S_{\min}=\frac{94}{0.555}=169(\text{kg/h})$$

实际用量为最小用量的 $\frac{190}{169}$=1.12 (倍)。

采用解析法计算萃取剂用量，根据例 12-3 中的数据，则将相应数据代入式(12-23)，经试差可求得 $\varepsilon\approx0.565$，则 $S=\varepsilon B/m$=200.4 kg/h，该结果与上面图解法的结果稍有出入。

在相同的分离要求与理论级数时，多级逆流萃取所需萃取剂量比多级错流萃取少；反之，用相同的萃取剂量和萃取理论级萃取，多级逆流的萃取效果要比多级错流好，即萃取相浓度大、萃取率高。

12.4.4 连续接触逆流萃取

连续接触逆流萃取通常在塔设备内进行，这类塔设备主要有填料塔和板式塔。如图 12-24 所示填料塔，重液、轻液分别从塔的顶、底进入，其中一相为连续相，另一相为分散相，分散的目的是扩大两相间的接触面积。一般宜将润湿性较差和黏度较大的液体作为分散相。

塔设备的萃取理论级的计算方法同 12.4.3 节多级逆流萃取，结合等级高度(HETS)或塔效率可求得填料层高或实际塔板数。

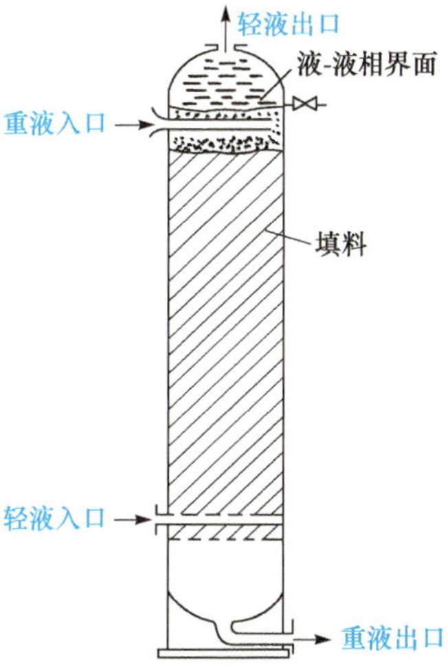

图 12-24 填料萃取塔

1. 等级高度法

等级高度法适用于填料塔，其填料层高计算式为

$$h=N\cdot h_e \tag{12-26}$$

式中，N 为萃取理论级数；h_e 为一个理论级的当量高度(等级高度)，m。

萃取理论级数 N 的计算如前所述。h_e 的影响因素很复杂，随系统的物性、操作条件和填料的结构而变。

2. 塔效率法

塔效率(总级效率)法适用于板式塔，塔效率定义为

$$E_T=\frac{N}{N_e} \tag{12-27}$$

式中，N 、N_e 分别为萃取理论级数、实际级数。

系统的物性、操作条件和塔板结构等均会影响塔效率 E_T 。

表 12-5 所列数据仅供参考。

表 12-5　萃取设备的工业应用实例

萃取设备	生产能力 /[m³/(m²·h)]	理论级数或级效率或理论级当量高度	典型应用
混合-澄清器	变动范围大	75%～95%	润滑油工艺，核燃料加工
喷淋塔	15～75	h_e=3～6m	含酚废水处理
填料塔	6～45	h_e=1.5～6m	回收乙酸
筛板塔	3～6	塔板间距为 100～300mm 时约为 30%	糠醛处理润滑油工艺
转盘塔	3～60		湿法磷酸净化
离心萃取器	4～95	3.4～12.5 级	有色金属冶炼

例 12-5　表 12-1 已给出了图 12-1 所示工艺流程中的原料油、贫溶剂、抽余油、返洗油及富溶剂的大致流量和组成。芳烃抽提塔实际上是由原料进料口上部的萃取段和下部的洗涤段组合而成，萃取段完成的是用萃取剂连续逆流分离芳烃和非芳烃组分，洗涤段的目的是用返洗油中的芳烃将溶解在萃取剂中的非芳烃置换出来，以提高产品芳烃的纯度，同时也有萃取的作用，但影响不明显。若该塔萃取段操作的平均温度为 50℃，要求萃余相中总芳烃不大于 0.56%(质量分数)，试计算芳烃抽提塔达到分离芳烃与非芳烃目标所需的萃取段理论级数。

解　本题计算进行适当的简化：一是只考虑塔上半段的萃取；二是将组分苯、甲苯及其他芳烃合并成一项芳烃，链烷烃和环烷烃合并成一项非芳烃。于是，原料流量应加上返洗油流量，即

$$52000+26000=78000(\text{kg/h})$$

芳烃含量为

$$\frac{52000\times 48.4\%+26000\times 41.5\%}{52000+26000}=46.1\%$$

非芳烃含量为

$$\frac{52000\times 51.6\%+26000\times 58.2\%}{52000+26000}=53.8\%$$

与萃取过程计算相关的原料、萃取剂(贫溶剂)、萃余相(抽余油)和萃取相(富溶剂)的流量及各流股中芳烃、非芳烃及环丁砜的组成见萃取流程简图(图 12-25)。

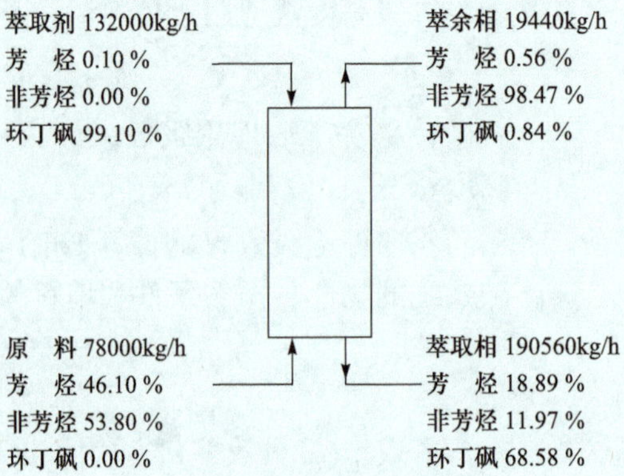

图 12-25　萃取流程简图

利用表 12-2 数据计算出以质量比表示的平衡关系，见表 12-6。

表 12-6　以质量比 X-Y 关系代替表 12-2 中的平衡关系

X/%	0.086	0.229	0.409	0.620	0.866	1.063	1.342
Y/%	0.060	0.140	0.278	0.425	0.606	0.746	0.923

根据表 12-6 中数据，在直角坐标体系中作相平衡曲线，如图 12-26 所示，其平衡关系可用 Y=0.692X 表示。相平衡关系呈直线，操作线也为直线，则理论级可按式(12-23)计算。

由图 12-25 数据可得：对萃取段，萃取剂进口浓度 $Y_S=\dfrac{0.001}{99.1}=0.001$，原料浓度 $X_F=\dfrac{46.10}{53.80}=0.857$，萃余相浓度 $X_N=\dfrac{0.56}{98.47}=0.00569$，$\dfrac{S}{B}=\dfrac{132000\times0.991}{78000\times0.538}=3.145$，$m$=0.692，$\varepsilon=0.692\times3.145=2.177$，$\dfrac{1}{\varepsilon}=\dfrac{1}{2.177}=$ 0.4593。

$$N=\frac{1}{\ln2.177}\times\ln[(1-0.4593)\times\frac{0.857-0.00143}{0.00569-0.00143}+0.4593]=1.285\times\ln(0.5407\times200.84+0.4593)$$
$$=1.285\times4.692\approx6.0$$

由于组成、流程复杂(萃取段和洗涤段组合在一起，返洗液进入)，本题为方便计算和易于理解作了相应简化，故计算结果与生产实际使用的理论级数(全塔为 7～8 个理论级)有一定差距(1～2 级)。根据文献报道，绝大部分的苯和甲苯在进料口上的 2～3 个理论级中已被萃入溶剂相，因而，塔顶部的 5～6 个理论级的重要作用在于提高芳烃的收率。由此可以看出达到分离目标需要约 6 个理论级，故本题计算结果基本与文献相吻合。

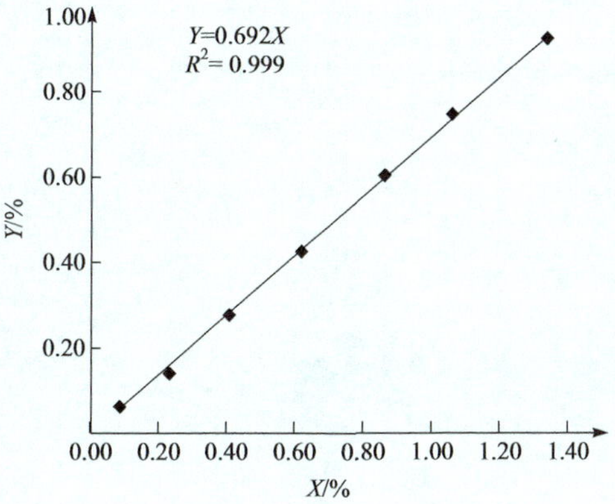

图 12-26　例 12-6 附图

互不相溶体系在连续接触逆流萃取的板式塔中进行萃取时，其所需理论级数的计算仍可采用多级逆流萃取的级数计算式(12-23)来计算。

3. 传质单元法(传质系数法)

当萃取剂 S 和稀释剂 B 完全不互溶时，两液相均为双组分，其传质过程可类比解吸(按传质方向)，对填料塔用传质速率方程式来计算填料层高度。

设填料萃取塔内的两相组成沿填料层高度呈连续变化，则有

$$\begin{aligned}h&=\frac{S}{K_Y a\Omega}\int_{Y_S}^{Y_1}\frac{dY}{Y^*-Y}=H_{OE}N_{OE}\\&=\frac{B}{K_X a\Omega}\int_{X_N}^{X_F}\frac{dX}{X-X^*}=H_{OR}N_{OR}\end{aligned}\tag{12-28}$$

式中，$H_{OE}=\dfrac{S}{K_Y a\Omega}$，称为萃取相总传质单元高度，m；$H_{OR}=\dfrac{B}{K_X a\Omega}$，称为萃余相总传质

单元高度，m；$N_{OE}=\int_{Y_S}^{Y_1}\frac{dY}{Y^*-Y}$，称为萃取相总传质单元数；$N_{OR}=\int_{X_N}^{X_F}\frac{dX}{X-X^*}$，称为萃余相总传质单元数；$K_Ya$ 为以浓度差 ΔY 为推动力的总体积传质系数，kg/(m$^3\cdot$s$\cdot\Delta Y$)；K_Xa 为以浓度差 ΔX 为推动力的总体积传质系数，kg/(m$^3\cdot$s$\cdot\Delta X$)；X_F、X_N、Y_1 和 Y_S 的含义同多级逆流萃取；Ω 为塔的横截面积，m^2。

对低浓度溶液，相平衡关系符合 $Y^*=mX$ 且操作线为直线时(斜率 B/S=常数)，可得总传质单元数的解析解：

$$N_{OR}=\frac{\varepsilon}{\varepsilon-1}\ln\left[\left(1-\frac{1}{\varepsilon}\right)\left(\frac{X_F-\frac{Y_S}{m}}{X_N-\frac{Y_S}{m}}\right)+\frac{1}{\varepsilon}\right] \tag{12-29}$$

总传质单元数 N_{OE} 和 N_{OR} 之间有如下关系：

$$N_{OR}=\varepsilon N_{OE} \tag{12-30}$$

总体积传质系数 K_Ya(或 K_Xa)或总传质单元高度 H_{OE}(或 H_{OR})与两相物性、操作条件和填料情况有关，由实验测定，相应数据和计算可参考有关文献资料。

例 12-6 若将例 12-5 中的筛板塔改用填料塔，操作参数相同，试求所需的总传质单元数。

解 由例 12-5 知 $Y_S=0.001$，$X_F=0.857$，$X_N=0.00569$，$\frac{S}{B}=3.145$，$m=0.692$，$\varepsilon=2.177$，将数据代入总传质单元数计算式式(12-29)得

$$N_{OR}=\frac{2.177}{2.177-1}\times\ln\left[\left(1-\frac{1}{2.177}\right)\times\frac{0.857-\frac{0.001}{0.692}}{0.00569-\frac{0.001}{0.692}}+\frac{1}{2.177}\right]=1.850\times4.692=8.68$$

填料塔计算的不是理论级数，而是传质单元数。

12.4.5 回流萃取

如前所述，多级逆流萃取虽可使萃余相中的溶质浓度达到要求，但萃取相的最大浓度只能达到进料组成的平衡浓度。这时可像精馏那样用回流来提高萃取相 E_1 的浓度，如图 12-27 所示，这种操作称回流萃取。称进料 F 前的部分为浓缩段，其后的部分为回收段。在浓缩段，从第 1 级引出的萃取相 E_1 中分离出溶剂 S_E 得到萃取液 E′，其中一部分作为产品 P 取走，另一部分作为回流液 R_0 送回第 1 级，比值 R_0/P 称为回流比。由于回流液 R_0 的浓度高于进料 F，因此可得到较高浓度的萃取相 E_1。回收段一般不需要采用回流操作。

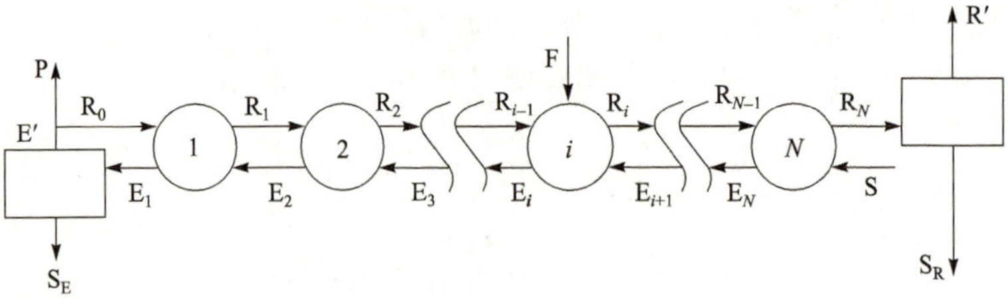

图 12-27 回流萃取流程

对于回流萃取，溶剂的选择性系数 β 值越大，组分 B、S 互溶度越小，达到规定分离要求所需的理论级

数(或传质单元数)就越少。同时，由于增加了提浓段，所以增加了萃取级数；又由于有部分产品回流，使设备负荷增加，所以设备费和操作费均会有所增加。

12.5 液-液萃取设备

萃取设备的类型很多，分类方法也各有不同标准。按萃取设备的构造特点，大体上可分为三类：①单件组合式，以混合-澄清器为典型，两相间的混合依靠机械搅拌居多；②塔式，如填料塔、筛板塔和转盘塔等，两相间的混合依靠密度差或加入机械能量造成的振荡；③离心式，依靠离心力造成两相间分散接触。根据两液相的接触方式可分为逐级接触式和连续接触式。根据是否从外界输入机械能量可以分成重力流动设备和外加能量设备。表 12-5 列出了各种萃取设备的工业应用实例。

12.5.1 混合-澄清器

混合-澄清器是一种单件组合式萃取设备，其接触方式为逐级接触，每一级均有一混合器与一澄清器，如图 12-28 所示。原料液与萃取剂进入混合室在搅拌作用下使一相液体分散在另一相中，充分接触后进入澄清器。搅拌混合可以是机械搅拌，也可以是压缩空气鼓动，还可以用流动混合器(如喷嘴混合器、静态混合器)利用流体的流动来实现两相良好的混合。在澄清器内两液相在表面张力作用下凝聚并借密度差得以分层，然后各自引出。

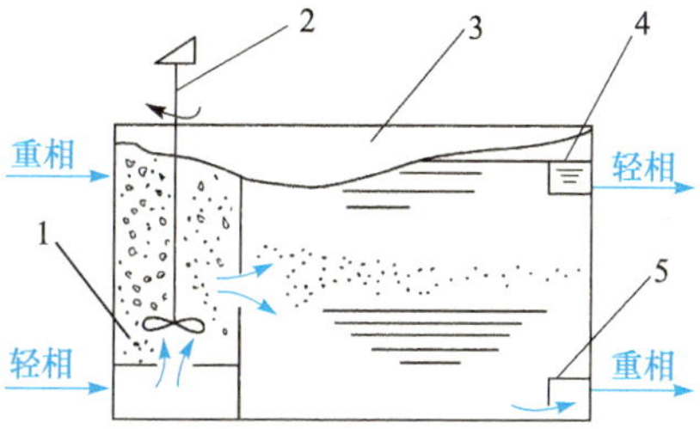

图 12-28 混合-澄清器

1. 混合器；2. 搅拌器；3. 澄清器；4. 轻相溢出口；5. 重相液出口

此类设备的优点是可根据需要灵活增减级数，既可连续操作也可间歇操作，级效率高，操作稳定，弹性大，结构简单；缺点是动力消耗大，占地面积大。

12.5.2 塔式萃取设备

1. 填料萃取塔

填料萃取塔如图 12-24 所示，其基本情况已在 12.4.4 中介绍，其为连续接触式设备。在操作过程中，通过喷洒器使分散相生成细小液滴；塔中填料起到减少连续相的纵向返混及使液滴不断破裂而更新的作用，但要注意其传质表面是分散相的液滴表面。

常用的填料为拉西环和弧鞍，材料有陶瓷、塑料和金属，以易被连续相润湿而不被分散相润湿为宜。

填料萃取塔构造简单，适用于腐蚀性液体，在工业中应用较多，其效果优于空的喷洒塔。

2. 筛板萃取塔

筛板萃取塔为逐级接触式设备，如图 12-29 所示。轻、重两相在筛板塔内总体逆流，板上错流，其中必有一种液体是分散相。轻液作为分散相时，其从近塔底处进入，因浮力作用由筛板下方穿过筛孔而被分散；液滴在两板之间浮升并凝聚成轻液层，又通过上层筛板的筛孔而被分散，依次直至塔顶聚集成轻液层后引出。作为连续相的重液从近塔顶处入塔，横向流过筛板，与浮升的轻液液滴传质后经溢流管流到下一层筛板，逐级进行，最后在塔底引出。

若选择重液作分散相，则需使塔身倒转，即溢流管位于筛板之上作为轻液的升液管，重液则经过筛孔而被分散，如图 12-30 所示。

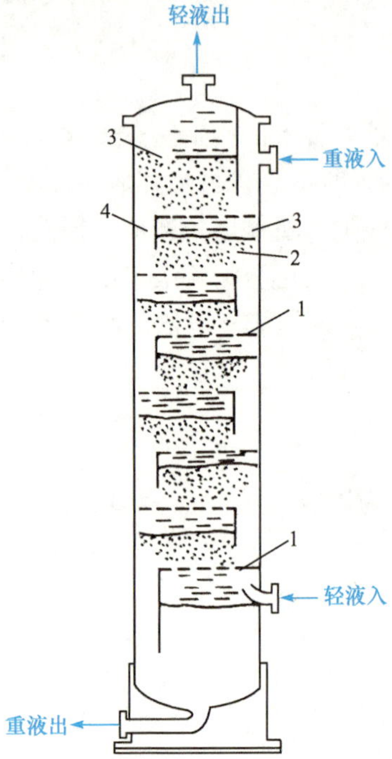

图 12-29 筛板萃取塔

1. 筛板；2. 混合液；3. 轻、重液分界面；4. 溢流管

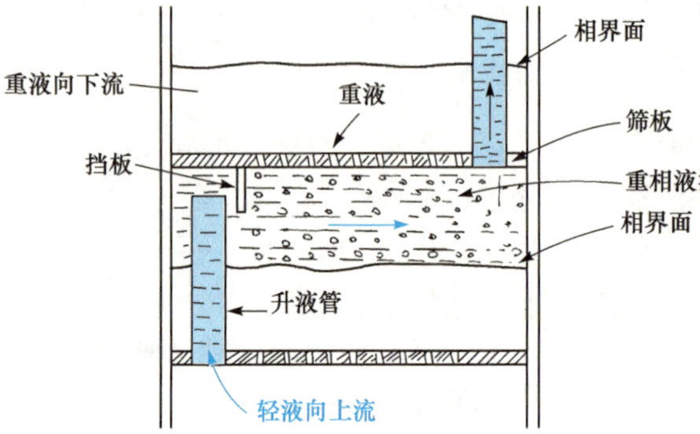

图 12-30 筛板结构图

筛孔直径一般为 3～6mm，对界面张力较大的物系宜取小值；孔间距为孔径的 3～4 倍；塔板间距为 150～600mm。筛板萃取塔结构简单，生产能力大，传质效果好，在工业上的应用广泛。

3. 脉冲萃取塔

通常，普通填料萃取塔、筛板萃取塔的液液传质效果不是很好。为了强化液液传质过程，工业上常采用脉冲萃取塔(包括脉冲筛板塔和脉冲填料塔)，其工作原理是在塔的底部设置脉冲发生器，强制塔内液体产生附加的脉冲运动。脉冲发生器的型式有带旋转换向阀的泵驱动型、往复泵驱动型和压缩空气驱动型等。脉冲发生器在推送液体的时段，塔内液体向上流动，在回抽液体的时段则向下流动。由此，筛板塔内的液体反复流经筛孔，使分散相的液滴细化，并产生强烈的湍动；填料塔内则由于液滴与填料表面的碰撞，液滴不断经历“破碎和聚并”，滴径变小且界面更新加快。研究表明，脉冲的作用可显著强化传质过程。

脉冲萃取塔为连续接触式设备，其重要操作参数是脉冲频率和塔内液体的振幅，两者乘积称脉冲强度。其值大，分散的液滴小，湍动强，传质效果好，但脉冲强度过大会使塔内液体的纵向返混加剧，导致传质恶化。其适宜值一般为频率 30～200min^{-1}，振幅 6～25mm。

脉冲筛板塔通常不设置降液管，结构简单，孔径一般为 3～6mm，开孔率在 20%以上，比较适合处理含有固体粒子的料液。脉冲填料塔可用于处理中、高界面张力的物系，填料的空隙率较大，有利于提高通量和对物料的适应性。

案例 铀的萃取纯化

4. 转盘萃取塔

对于两液相界面张力较大的物系，为改善塔内的传质状况，需要从外界输入机械能量来增大传质面积和传质系数。转盘萃取塔为其中之一，如图 12-31 所示，其于 1951 年由 Reman 开发，其为连续接触式设备。沿塔内壁设置一组等间距的固定圆环，在中心轴上对应设置一组水平圆盘。当中心轴转动时，因剪切应力的作用，一方面使连续相产生旋涡运动，另一方面促使分散相液滴变形、破裂更新，有效地增大传质面积和提高传质系数。

转盘萃取塔的效率与转盘转速、转盘直径及环形隔板间距等有关，设计时通常取

塔径/转盘直径=1.5～2.5

塔径/固定环内径=1.3～1.6

塔径/盘间距=2～8

转盘塔因结构简单、易于放大、操作方便、传质效果好而在工业上被广泛应用。

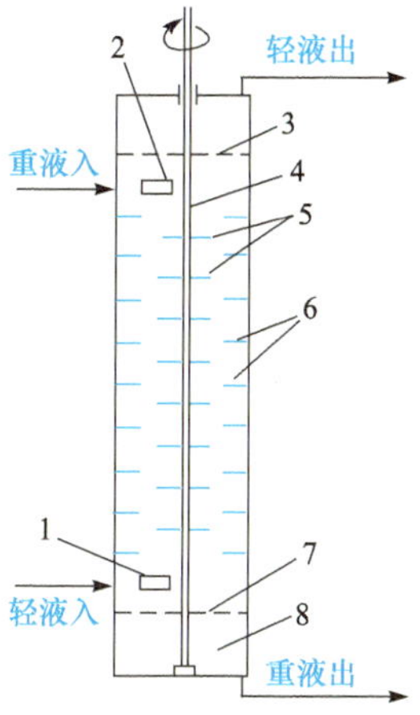

图 12-31 转盘萃取塔

1,2. 液体的切线入口；3,7. 栅板；4. 转轴；5. 转盘；6. 定环；8. 塔底澄清区

12.5.3 离心式萃取设备

当两液体的密度差很小(可至 10kg/m^3)或界面张力甚小而易乳化或黏度很大时，仅依靠重力的作用难以使两相间很好地混合或澄清。这时可以利用离心力的作用强化萃取过程，这类萃取器称离心萃取器。它是利用离心力的作用使两相快速充分混合和快速分相的一种萃取装置，特别适用于要求接触时间短、物料存量少、密度差小、黏度高、易乳化和难以分相的体系，如抗菌素的生产、制药工业中高黏度体系的萃取等方面。

离心萃取器属连续接触式设备，常用之一为波德式(Podbielniak)离心萃取器，是连续逆流接触式萃取器，由波德别尼亚克于 1934 年发明，如图 12-32 所示。高速旋转的转子由开有多孔的长带卷成，转速为 2000～5000r/min。操作时，重液导入转子内层，轻液导入转子外层，在离心力场的作用下，重液与轻液逆向流动，并通过带上的小孔被分散，最后重液和轻液分别从不同的通道引出。

波德式离心萃取器结构紧凑，处理能力大，能有效地强化萃取过程，传质效率高，可达 3～12 个理论级数。其缺点是结构复杂，造价高，能耗大，使其应用受到限制。

工业上使用的其他离心萃取器有芦威式离心萃取器、转筒式离心萃取器等，这里不再详细介绍。

选择适宜萃取设备的原则是：满足工艺条件和要求，进行经济核算，使设备费和操作费总和趋于最低。一般需要考虑所需的理论级数、生产能力、物系的物性、在设备中的停留时

间、占地面积、能源供应及实际生产的使用经验等因素。

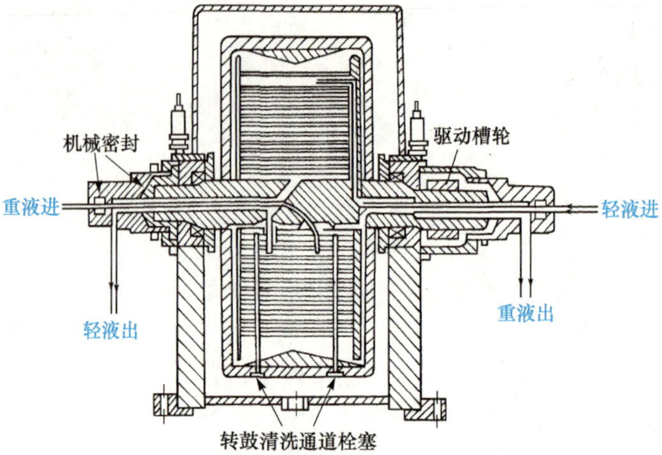

图 12-32 波德式离心萃取器

12.6 其他萃取简介

1. 固-液萃取

利用溶剂使固体物料中的可溶性物质溶解于其中而加以分离的操作称固-液萃取，又称浸取。水是最常用的一种溶剂，如用于泡茶、煎中药和从甜菜中提取糖等。随着工业的发展和人们生活水平的提高，固-液萃取的应用领域越来越广泛，如从植物种子中提取食油，从各种植物中提取功能成分，生产速溶咖啡、食品调味料和食品添加剂以及从矿物质中提取金属等。2015 年 10 月获得诺贝尔生理学或医学奖的我国科学家屠呦呦，就是用乙醚浸取青蒿提取了青蒿素。

案例 屠呦呦与青蒿素

几乎所有的固-液萃取都要先对原料进行预处理，一般是将原料粉碎，制成细粒状或薄片状。物料中的有用成分(溶质)分散在不溶性固体(担体)中，溶剂和溶质必须通过担体的细孔才能将溶质转移到固体外的溶液中，传质阻力比较大。固体物料经粉碎后，由于和溶剂间的相接触面积增大以及扩散距离缩短，萃取速率显著提高。但过分的粉碎会产生粉尘，并在萃取过程中使固相的滞液量增加，造成固、液分离的困难和萃取效率的降低。

选择溶剂应考虑以下原则：①对溶质的溶解度大，以节省溶剂用量；②与溶质之间有足够大的沸点差，以便于回收利用；③溶质在溶剂中的扩散阻力小，即扩散系数大和黏度小；④价廉易得，无毒，腐蚀性小等。

溶质的溶解度一般随温度上升而增大，同时溶质的扩散系数也增大。因此，提高温度可以加快萃取速度；有时温度可接近溶剂的沸点 。但温度过高应注意如蛋白质变性等不良现象的产生。

固-液萃取一般采用级式萃取装置，可以为单级，也可以为多级。

固-液萃取设备有很多种类，按其操作方式可分为间歇式、半连续式和连续式；按物料的运动形式可分为固定床、移动床和分散接触式；按溶剂和物料的接触方式可分为逐级接触式和连续接触式。

图 12-33 所示为一个单级固定床萃取器。待萃取的物料进入萃取器 1 中，溶剂自储槽 4 加入其上部，经萃取后的萃取液(溶剂+溶质)进入蒸馏釜 2，蒸出溶剂后即得产品溶质。蒸出的溶剂经冷凝器 3 冷凝后重复使用；被萃取物料中的溶质含量达到要求时过程结束。图 12-34 为一带螺旋输送的三柱移动床萃取器。物料依靠螺旋片的旋转推进，与溶剂逆流接触，同时，螺旋片对物料也有切碎作用。

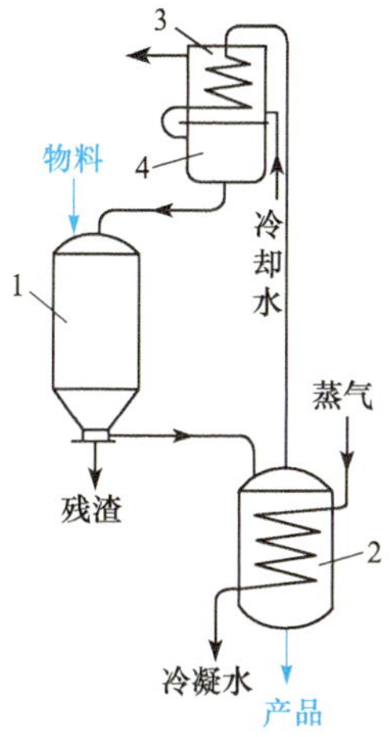

图 12-33 单级固定床萃取器

1. 萃取器；2. 蒸馏釜；3. 冷凝器；4. 溶剂储槽

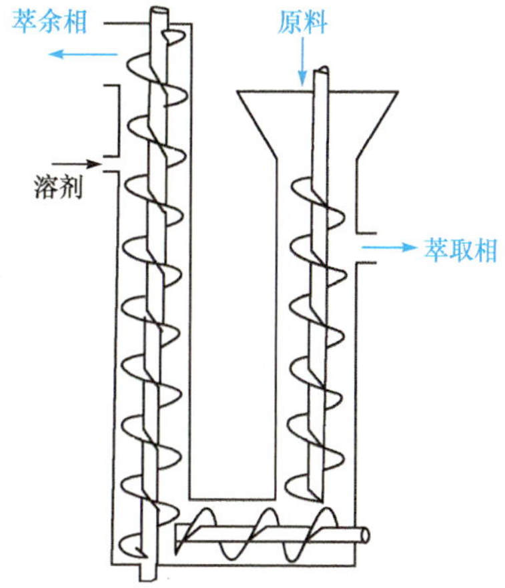

图 12-34 带螺旋输送的三柱移动床萃取器

对于固-液萃取，常采取加热或搅拌等措施来强化传质。近年来，超声、微波、电磁振荡、脉冲等技术不断被应用于固-液萃取过程的强化。

2. 超临界流体萃取

超临界流体是指超过临界温度和临界压强状态的流体。物质在临界流体中的溶解度随超临界流体的密度增大而增加，而密度又受体系温度或压强的显著影响。超临界流体萃取是将超过临界温度、临界压强状态下的气体作为溶剂以萃取待分离混合物中的溶质，然后采取恒温变压或恒温变压等措施，将溶剂与溶质进行分离的操作。

超临界流体萃取具有如下特点：①超临界流体既有与液体相近的溶解能力又保持气体的传递特性，要比液体萃取剂具有更高的传质速率，可缩短达到平衡的时间；②一般不会引起溶质的污染和破坏，特别适合热敏性、易氧化溶质的分离提纯；③操作过程无相变，有利于传热和节能；④超临界萃取属于高压技术，需要有与此相匹配的设备和条件。

作为萃取剂的超临界流体，一般应满足以下条件：①对溶质的溶解度大、选择性好，以节省萃取剂的循环量；②临界温度适中，操作条件下溶质不分解不变质；③临界压强不过高，以节省动力费；④价廉易得，无毒、腐蚀性小，化学稳定性高等。常用的超临界流体有二氧化碳、乙烯、乙烷、丙烯、丙烷和氨等。

超临界萃取流程主要分为萃取和分离两个阶段。在萃取阶段，首先使萃取剂经升压达到超临界状态，然后进入萃取器与原料接触进行萃取，将所需组分萃取出来获得萃取相。在分离阶段，通过改变温度或压强将萃取相进行分离，得到溶质和再生萃取剂，萃取剂循环使用。根据分离溶质的不同操作方式，萃取流程可分为①等温变压；②等压变温；③等温等压吸附等。

另外，萃取技术还有化学萃取、双水相萃取、液膜萃取等，限于篇幅，不一一介绍，读者可参阅相关书籍和文献。

本章主要符号说明

符 号	意 义	单 位
B	稀释剂量	kg 或 kg/s
E	萃取相量	kg 或 kg/s
E'	萃取液量	kg 或 kg/s

E_T	塔效率或总级效率	
F	原料量	kg 或 kg/s
h	萃取塔填料层高度	m
h_e	理论级当量高度	m
k	分配系数	
M	混合液量	kg 或 kg/s
N	理论级数	
N_e	实际级数	
R	萃余相量	kg 或 kg/s
R'	萃余液量	kg 或 kg/s
X	原料液或萃余相中溶质浓度，质量比	
x	原料液或萃余相中溶质浓度，质量分数	
x°	萃余液中溶质浓度，质量分数	
Y	萃取剂或萃取相中溶质浓度，质量比	
y	萃取剂或萃取相中溶质浓度，质量分数	
y°	萃取液中溶质浓度，质量分数	
β	选择性系数	
下标		
0	初始	
$1,2,i,N$	各萃取级序号	
A	溶质	
B	稀释剂	
E	萃取相	
F	原料液	
R	萃余相	
S	萃取剂	

参考文献

陈敏恒，方图南，丛德滋，等. 2006. 化工原理(下册). 3 版. 北京：化学工业出版社

大连理工大学. 2009. 化工原理(下册). 2 版. 北京：高等教育出版社

费维扬，戴猷元，朱慎林. 1992. 国外引进大型萃取设备剖析(一)——环丁砜芳烃抽提大孔筛板塔. 化学工程，20(3):15-21

化学工程手册编辑委员会. 1985. 萃取及浸取(化学工程手册第 14 篇). 北京：化学工业出版社

蒋维钧，雷良恒，刘茂林，等. 2010. 化工原理(下册). 3 版. 北京：清华大学出版社

谭天恩，窦梅，等. 2013. 化工原理(下册). 4 版. 北京：化学工业出版社

汪家鼎，陈家镛. 2001. 溶剂萃取手册. 北京：化学工业出版社

王建平，王乐. 2013. 芳烃联合装置模拟与优化(Ⅱ)——芳烃抽提单元的全流程模拟与优化. 中外能源，18(11):76-80

夏清，陈常贵. 2005. 化工原理(下册). 天津：天津大学出版社

小浜喜一. 1982. 固液抽出. 东京: 别册化学工业
徐承恩. 2014. 催化重整工艺与工程. 2版. 北京：中国石化出版社
郁浩然, 鲍波. 1990. 化工计算. 北京：中国石化出版社
Mersmann A. 1980. Thermische Verfahrenstechnik. Berlin: Springer-Verlag

习 题

习题答案

1. 乙酸(A)-水(B)-异丙醚(S)在 20℃下的平衡数据见表 12-3。试在直角三角形相图上作出溶解度曲线和辅助曲线。

2. 应用习题 1 的数据计算序号 1、4 和 7 的分配系数及选择性系数。

3. 乙酸水溶液初始浓度为 50%(质量分数)，质量为 500kg，以 600kg 异丙醚单级萃取，求萃取相和萃余相的量及浓度。

4. 接习题 3，采用二级错流萃取，每级异丙醚用量为 300kg，求萃取结果。

5. 接习题 3，采用二级逆流萃取，异丙醚用量为 600kg，求萃取结果。

6. 以水为萃取剂采用多级错流从含乙醛 6%(质量分数，下同)的乙醛-甲苯混合液中提取乙醛。原料液的流量为 120kg/h，要求最终萃余相中乙醛含量不大于 0.5%。每级中水的用量均为 25kg/h。操作条件下，水和甲苯可视为完全不互溶，以甲醛质量比组成表示的平衡关系为 $Y=2.2X$。(1)试在 X-Y 坐标体系上用作图法和解析法分别求所需的理论级数；(2)若实际设备提供的理论级数为 8，而要求最终萃余相中乙醛不超过 0.2%，则每级中水的用量应为多少？

7. 现有由 1kg 溶质 A 和 15kg 稀释剂 B 组成的溶液，用 21kg 纯萃取剂 S 进行萃取分离。组分 B、S 可视为完全不互溶，在操作条件下，用质量比表示的相平衡关系为 $Y=2.5X$。试比较如下三种萃取操作的最终萃余相组成 X_N(质量比)。

(1) 单级平衡萃取；

(2) 将 21kg 萃取剂分作三等份进行三级错流萃取；

(3) 三级逆流萃取。

8. 试证明式(12-23)。

9. 以异丙醚从乙酸水溶液中萃取乙酸，原料液流量为 $8.33\times10^{-4}\text{m}^3/\text{s}$，异丙醚流量为 $1.25\times10^{-3}\text{m}^3/\text{s}$；水相为连续相，醚相为分散相。若采用 25mm×25mm 的鲍尔环为填料，操作温度为 20℃，且填料塔直径已求得为 0.4m。求：

(1) 连续相和分散相的空塔流速；

(2) 填料塔的等级高度。已知等级高度计算式为

$$h_\text{e}=\frac{1.15Sc^{2/3}d_\text{e}}{\left(\dfrac{u_\text{c}}{u_\text{d}}\right)^{1/3}}$$

式中，d_e 为填料当量直径，m，$d_\text{e}=4\times\dfrac{\text{空隙率}}{\text{比表面积}}$；$Sc$ 为连续相的施密特数；u_c 为连续相空塔流速，m/s；u_d 为分散相空塔流速，m/s；空塔流速为单位塔截面上的体积流量。连续相的物性可近似按水查取。

10. 同习题 9 的条件，但采用筛板塔，塔板间距 H_T=0.3m，求塔效率。推荐计算式为

$$E_\text{T}=\frac{5.67\times10^{-3}H_\text{T}}{\sigma}\left(\frac{u_\text{d}}{u_\text{c}}\right)^{0.42}$$

式中，σ 为液体表面张力，0.013N/m。

11. 在填料塔中用煤油对浓度为 1.5%(质量分数，下同)的尼古丁水溶液进行萃取，操作温度为 20℃，水和煤油可视为完全不互溶。若原料液流量为 1000kg/h，要求萃余相浓度达到 0.5%，试求最小萃取剂用量；当煤油流量为 1200kg/h 时，试求所需的总传质单元数。20℃时的相平衡数据如附表所示：

习题 11 附表

X(质量比 A/B)	0	0.00101	0.00246	0.00502	0.00751	0.00998	0.0204
Y(质量比 A/S)	0	0.00081	0.00196	0.00456	0.00686	0.00913	0.0187

自测练习题

第13章 干 燥

引 例

根据原料的不同，钛白粉的生产工艺可分为硫酸法、氯化法和盐酸法等。无论采用哪一种方法，都必须经历后处理过程，而后处理过程都包括干燥单元操作。图13-1所示是年产4000t硫酸法生产金红石钛白粉的后处理工艺流程图。

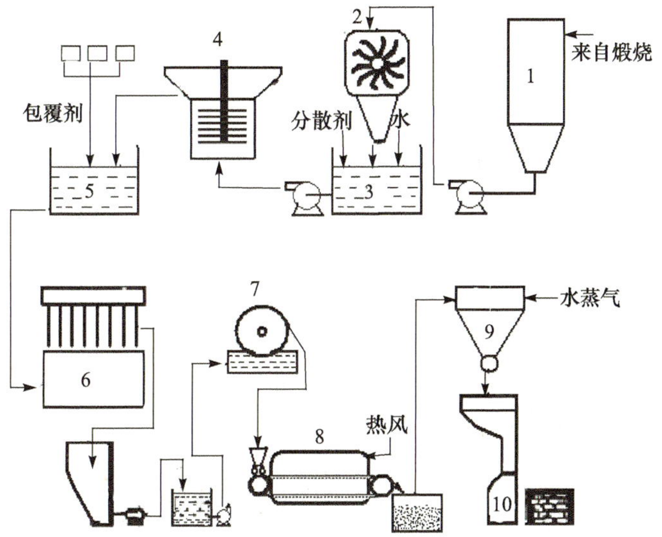

图13-1 金红石钛白粉的后处理工艺流程

1.料仓；2.干磨器；3.分散器；4.湿磨机；5.包覆工段；6.水洗机；7.过滤机；8.干燥器；9.粉碎机；10.包装机

将料仓1中来自煅烧窑的团粒状钛白粉，经过干磨器2干磨后送入分散器3；在分散器3中加入水和分散剂之后再经湿磨机4，使钛白粉颗粒粒度变小、表面光滑并更接近球形。粒度合格后进入包覆工段5，以便在钛白粉表面加保护层，并改善其光学性质和颗粒表面的电学特性；然后再经水洗机6和过滤机7得到含水量约50%的钛白粉浆料；浆料经挤压机挤压成条状后进入干燥器8(图13-2)，用140℃以上的热空气对湿钛白粉进行干燥，使钛白粉含水量降至1%以下。最后经过粉碎机9，将团粒状的钛白粉经微粉碎达标后送入包装机10包装为成品。

图 13-2 带式干燥器

13.1 概 述

类似于上述引例，干燥这种单元操作常用于化工、食品、制药、纺织、采矿、农产品加工等行业，通常需将湿固体物料中的湿分(水分或其他液体)除去，以便于运输、储藏或达到生产规定的含湿率要求。

除湿的方法很多，常用的有如下几种：

1) 机械分离法

机械分离法即通过压榨、过滤和离心分离等方法除去湿分。这是一种耗能较少、较为经济的去湿方法，但除湿不完全。

2) 吸附脱水法

吸附脱水法即用固体吸附剂，如氯化钙、硅胶等吸去物料中所含的水分。这种方法去除的水分量很少，且成本较高。

3) 干燥法

干燥法即利用热能使湿物料中的湿分通过汽化而除去的方法。干燥法耗能较大，工业上往往将机械分离法与干燥法联合起来除湿，即先用机械方法尽可能除去湿物料中的大部分湿分，然后再利用干燥方法继续除湿，这样有利于降低除湿过程能耗。例如，引例中钛白粉的处理过程是先过滤后干燥。

按照热能供给湿物料的方式，干燥法可分为如下几种：

(1) 传导干燥。热能通过传热壁面以传导方式传给物料，产生的湿分蒸气被气相(又称干燥介质)带走，或用真空泵排走。例如，纸制品可以铺在热滚筒上进行干燥。

(2) 对流干燥。干燥介质直接与湿物料接触，热能以对流方式传给物料，产生的蒸气被干燥介质带走。例如，上述引例中用 140℃以上的热空气作干燥介质，强制流过湿钛白粉表面，热能以对流方式传给湿物料，物料表面湿分随即汽化，从而造成物料表面与内部湿分浓度的差异，在这一差异下，内部湿分就以液态或气态的形式向表面扩散。汽化的湿分由热空气带走，所以，热空气既是载热体，又是载湿体。对流干燥是传热与传质同时进行的过程，干燥速率由传热速率和传质速率共同控制。

(3) 辐射干燥。由辐射器产生的辐射能以电磁波形式到达物料表面，被物料吸收而变为热能，从而使湿分汽化。例如，用红外线干燥法将自行车表面的油漆烘干。

(4) 介电加热干燥。将需要干燥的物料置于高频电场中，电能在潮湿的电介质中转变为热能，可以使液体很快升温而汽化。这种加热过程发生在物料内部，故干燥速率较快，如微波干燥食品。

工业上多数干燥过程为对流干燥，而且因为空气无毒、无害又容易获得，所以除特殊需要外，多数工业对流干燥过程均采用预热后的空气作为干燥介质。本章以热空气干燥湿物料中水分为例，介绍对流干燥过程的机理、计算以及对流干燥设备。

对于对流干燥过程，空气和物料的性质对干燥速率影响很大，因此本章先分别讨论空气和物料的性质，之后介绍干燥动力学及干燥计算，最后简单介绍一些典型干燥器。

13.2 湿空气的性质及温-湿图

13.2.1 湿空气的性质

干燥过程采用空气作为干燥介质时通常先预热，热空气在干燥器中与湿物料接触时把热量传递给湿物料，同时带走从湿物料中逸出的水蒸气。在干燥过程中，空气性质的改变对干燥过程的影响很大，因此，必须了解湿空气的基本热力学性质。

本节主要讨论总压为101.3kPa的空气和水蒸气组成的湿空气的性质和各种计算湿空气性质的关系式。这些关系式的推导方法对总压大于或小于101.3kPa的水蒸气-空气系统，以及由其他惰性气体和挥发性组分组成的混合气系统均适用。

1. 湿度

湿空气的湿度 H 定义为空气中含有水蒸气的质量与绝干空气质量的比值，可表示为

$$H=\frac{\text{空气中水蒸气的质量}}{\text{绝干空气的质量}}=\frac{\text{水蒸气的物质的量}}{\text{绝干空气的物质的量}}\times\frac{M_{\text{v}}}{M_{\text{a}}} \tag{13-1}$$

由于干燥过程的操作压强一般为常压或在常压附近，因此湿空气可视为理想气体，根据理想气体状态方程，式(13-1)变为

$$H=\frac{M_{\text{v}}p_{\text{v}}}{M_{\text{a}}p_{\text{a}}} \tag{13-2}$$

式中，p_{v}为水蒸气的分压，Pa；p_{a}为干空气的分压，Pa；M_{v}为水的摩尔质量，18.0kg/kmol；M_{a}为干空气的摩尔质量，29.0kg/kmol。总压为 P 时，代入式(13-2)得

$$H=\frac{18}{29}\frac{p_{\text{v}}}{P-p_{\text{v}}}=0.622\frac{p_{\text{v}}}{P-p_{\text{v}}}$$

如果干燥介质不是干空气和水蒸气混合物，上式的系数不为0.622。对于湿空气可以略去计算式中水蒸气分压的下标，得

$$H=0.622\frac{p}{P-p} \tag{13-3}$$

在一定总压下湿空气达到饱和时，湿空气中的水蒸气分压即为该温度下纯水的饱和蒸气

压 p_s，p_s 与温度呈一一对应关系。湿空气达到饱和时的湿度记为 H_s，称为饱和湿度

$$H_s = 0.622\frac{p_s}{P - p_s} \tag{13-4}$$

湿空气饱和时含有的水蒸气量最多。如果 $H \geqslant H_s$，空气中就会析出水珠，因此，用空气作为干燥介质时，其湿度不能大于或等于空气的饱和湿度 H_s。

2. 相对湿度

空气的饱和程度可以用湿空气的相对湿度来衡量，符号为 φ，定义为：湿空气中的水蒸气分压 p 与相同温度下水的饱和蒸气压 p_s 之比，即

$$\varphi = \frac{p}{p_s} \times 100\% \tag{13-5}$$

p_s 随温度而变。湿空气的温度下降时，p_s 减小，而 p 一定，此时湿空气的相对湿度增加；当温度降低到使 $p = p_s$ 时，相对湿度 $\varphi = 100\%$，空气达到饱和；如果再进一步降低温度，空气就会析出水分。用冷却法除去气体中的水分就是基于这一原理。

空气的相对湿度 φ 值越小，意味着离饱和状态越远，干燥过程的推动力就越大，干燥速率就越快。因此，工业上干燥介质进入干燥器之前需先经预热，以便提高干燥介质的温度，从而降低相对湿度。同理，人在空气相对湿度达 99%以上的环境中，即使气温(如 25℃)比体表温度低，仍会觉得身体舒适度不佳，因为空气近乎饱和，皮肤表面的汗水很难蒸发，同时在这种空气状态下晾晒衣服也很难干。

将式(13-5)代入式(13-3)，可得

$$H = 0.622\frac{\varphi p_s}{P - \varphi p_s} \tag{13-6}$$

例 13-1 室温为 28℃、总压为 101.3kPa 的空气，其水蒸气分压 $p = 2.8\text{kPa}$，试求：

(1) 空气湿度 H、饱和湿度 H_s 和相对湿度 φ；

(2) 将上述空气预热到 140℃用于带式干燥器干燥钛白粉，则其湿度 H 和相对湿度 φ 分别变为多少？

解 (1) 将水蒸气分压 $p = 2.8\text{kPa}$ 代入式(13-3)得

$$H = 0.622\frac{p}{P - p} = 0.622 \times \frac{2.8}{101.3 - 2.8} = 0.0177\ (\text{kg 水/kg 绝干空气})$$

查上册附录四得 28℃时饱和水蒸气压 p_s=3.78kPa，代入式(13-4)得

$$H_s = 0.622\frac{p_s}{P - p_s} = 0.622 \times \frac{3.78}{101.3 - 3.78} = 0.0241\ (\text{kg 水/kg 绝干空气})$$

由式(13-5)可以计算空气的相对湿度

$$\varphi = \frac{p}{p_s} \times 100\% = \frac{2.8}{3.78} \times 100\% = 74.1\%$$

(2) 查上册附录四得 140℃时水的饱和蒸气压 p_s=361.5kPa，升温过程中空气的含水量不变，即湿度不变，所以湿度仍为 0.0177kg 水/kg 绝干空气，相对湿度则为

$$\varphi = \frac{p}{p_s} \times 100\% = \frac{2.8}{361.5} \times 100\% = 0.78\%$$

可见，当空气的温度由 28℃提高到 140℃时，其相对湿度大大降低，用这种状态的空气干燥湿物料，其干燥过程的传质和传热的推动力都很大。这就是为什么引例中钛白粉干燥时

使用温度高的空气。

3. 湿比容

湿比容υ_H是湿空气在一定温度和压力下，以 1kg 绝干空气作为基准的湿空气的体积，即为 1kg 绝干空气的体积加上湿空气中水蒸气的体积。根据定义有

$$\upsilon_H = \text{1kg绝干空气的体积}(\mathrm{m^3}) + \text{水蒸气占的体积}(\mathrm{m^3})$$
$$= \left(\frac{1}{29}+\frac{H}{18}\right)\times 22.4\times\frac{273+t}{273}\times\frac{101.3\times10^3}{P}$$

或写成下列表达式

$$\upsilon_H = (0.772+1.244H)\times\frac{273+t}{273}\times\frac{101.3\times10^3}{P} \tag{13-7}$$

式中，υ_H为湿空气的湿比容，$\mathrm{m^3}$湿空气/kg 绝干空气；t 为温度，℃。

4. 比热容

湿空气的比热容是 1kg 绝干空气和其中所含水蒸气组成的混合湿空气的比热容，故有

$$c_H = c_a + c_v H$$

式中，c_H为湿空气的比热容，kJ/(kg 绝干空气 · ℃)；c_a为绝干空气的比热容，kJ/(kg 绝干空气 · ℃)；c_v为水蒸气的比热容，kJ/(kg 水蒸气 · ℃)。

在常压和 0～200℃的温度范围内，c_a 和 c_v 近似为常数，其值分别为 1.01kJ/(kg · ℃)和 1.88kJ/(kg · ℃)，于是，上式变为

$$c_H = 1.01 + 1.88H \tag{13-8}$$

通常，湿度 H 的数值在零点零几的数量级，所以 H 对比热容的影响很小，工程计算时常把 c_H 视为常数。

5. 焓

湿空气的焓是指湿空气中的 1kg 绝干空气及其挟带的 H kg 水蒸气的焓之和，即

$$I = I_a + HI_v$$

式中，I 为湿空气的焓，kJ/kg 绝干空气；I_a为绝干空气的焓，kJ/kg 绝干空气；I_v为水蒸气的焓，kJ/kg 水蒸气。

焓是状态函数，只有相对值才有实际意义。干燥过程是将固体物料中的水分汽化，并将其带走，所以通常取 0℃的水作为基准。若不考虑比热容随温度的变化，湿空气的焓值可表示为

$$I = c_H(t-0) + Hr_0 = (c_a + c_v H)t + Hr_0$$

式中，r_0 为 0℃时水的汽化潜热，r_0≈2490kJ/kg，将该值和式(13-8)代入上式得

$$I = (1.01+1.88H)t + 2490H \tag{13-9}$$

例 13-2 试求：(1) 常压下 20℃、湿度为 0.01467kg/kg 绝干空气的湿空气的相对湿度、湿比容、比热容和焓；(2) 若将上述空气加热到 140℃，该状态下湿空气的湿比容和焓。

解 (1) 20℃时湿空气的性质。

查上册附录四得 20℃时水蒸气的饱和蒸气压 p_s=2.335kPa，用式(13-6)求相对湿度，即

$$0.01467 = 0.622 \times \frac{2.335\varphi}{101.3 - 2.335\varphi}$$

解得相对湿度 $\varphi = 100\%$ 。该空气已饱和，不能作干燥介质用。

湿比容υ_H由式(13-7)得到，即

$$\begin{aligned}\upsilon_H &= (0.772 + 1.244H) \times \frac{273 + t}{273} \times \frac{101.3 \times 10^3}{P} \\ &= (0.772 + 1.244 \times 0.01467) \times \frac{273 + 20}{273} \\ &= 0.848(\text{m}^3\text{湿空气} / \text{kg绝干空气})\end{aligned}$$

比热容c_H由式(13-8)算得，即

$$c_H = 1.01 + 1.88 \times 0.01467 = 1.038[\text{kJ}/(\text{kg 绝干空气} \cdot ℃)]$$

焓I由式(13-9)得到，即

$$\begin{aligned}I &= (1.01 + 1.88H)t + 2490H \\ &= (1.01 + 1.88 \times 0.01467) \times 20 + 2490 \times 0.01467 \\ &= 57.3(\text{kJ} / \text{kg绝干空气})\end{aligned}$$

(2) 140℃时空气的性质。

将上述空气加热到140℃，湿空气的湿度不变，故与20℃相比较可得140℃下的湿比容

$$\upsilon_H' = 0.848 \times \frac{273 + 140}{273 + 20} = 1.195\ (\text{m}^3\text{ 湿空气/kg 绝干空气})$$

焓值为

$$I' = (1.01 + 1.88 \times 0.01467) \times 140 + 2490 \times 0.01467 = 181.8(\text{kJ/kg 绝干空气})$$

可见，湿空气被加热后虽然湿度不变，但温度升高使空气体积膨胀，焓值加大。

6. 温度

根据干燥操作及计算的特点，分别用露点温度、干球温度、湿球温度和绝热饱和温度来描述湿空气的性质。

1) 露点温度

不饱和湿空气冷却至刚好达到饱和的温度称为露点温度，或称露点。例如，水气分压为2809Pa的30℃空气，其未达到饱和状态，因为此温度下水的饱和蒸气压为 p_s=4242Pa；但若将空气温度降低至23℃(23℃下的饱和蒸气压为2809Pa)，空气就达到了饱和状态；如果将该空气继续冷却，空气就会析出水分。日常生活和工业中的降温除湿就是基于此原理。

例 13-3 常压下湿空气的温度为36℃，相对湿度为95%。求：(1) 该空气的湿度和露点温度；(2) 当该空气经除湿机时降温至15℃，湿度为多少？每千克原始湿空气中能除去多少千克水蒸气？

解 (1) 查上册附录三知36℃时水的饱和蒸气压为5940.7Pa，故其湿度为

$$H_0 = 0.622\frac{\varphi p_s}{P - \varphi p_s} = 0.622 \times \frac{0.95 \times 5940.7}{101330 - 0.95 \times 5940.7} = 0.0367\ (\text{kg/kg 绝干空气})$$

该空气的水蒸气分压为

$$p = \varphi p_s = 0.95 \times 5940.7 = 5643.7\ (\text{Pa})$$

用该值查上册附录三可得露点温度 t_d=35.1℃。

(2) 将该空气经除湿机降温至15℃，低于露点温度，故该空气处于饱和状态，φ=1。查上册附录三知15℃时水的饱和蒸气压为1750.2Pa，于是其湿度为

$$H_1 = 0.622\frac{\varphi p_s}{P - \varphi p_s} = 0.622 \times \frac{1.0 \times 1750.2}{101330 - 1.0 \times 1750.2} = 0.0109\ (\text{kg/kg 绝干空气})$$

设 1kg 湿空气中的绝干空气量为 L，则

$$L = \frac{1}{1+H_0} = \frac{1}{1+0.0367} = 0.965\ (\text{kg})$$

能从每千克原始湿空气中除去的水蒸气量为

$$W = L(H_0 - H_1) = 0.965 \times (0.0367 - 0.0109) = 0.025\ (\text{kg})$$

2) 干球温度和湿球温度

当总压一定时，湿空气中任意两个物理量确定，就可以计算其余物理量。最容易取得的物理量是干球温度和湿球温度，可用温度计测取，如图 13-3(a)所示。

干球温度 t 简称温度，就是空气的真实温度，是感温球裸露于空气中测得的温度，如图 13-3(a)中左侧温度计所示。湿球温度是感温球在有水润湿状态下测取的温度，测量方法是在温度计的感温部分包裹棉织品，并使棉织品与储水部分接触，通过毛细管的作用使温度计的感温部分保持润湿，如图 13-3(a)右侧温度计所示。

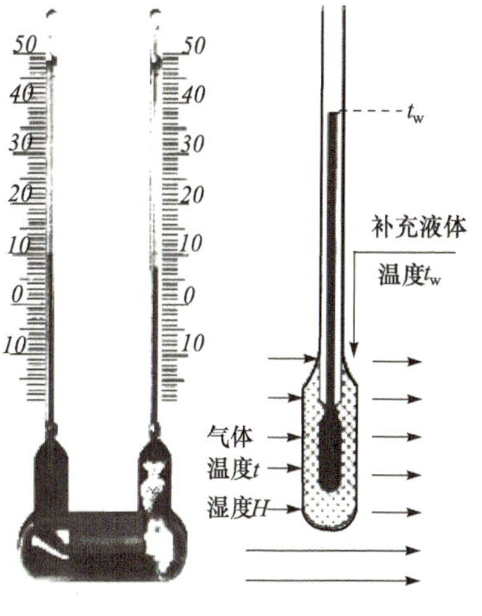

(a) 干球湿球温度计 (b) 湿球温度的测量

图 13-3 温度计及测量

湿球温度测温原理如图 13-3(b)所示。当湿球温度计置于温度为 t、湿度为 H 的大量不饱和流动空气中时，感温球表面的水就会汽化进入空气中，汽化带走热量导致感温球表面温度下降，感温球表面与空气之间产生温差，在温差作用下，空气以对流方式将显热传至感温球表面。这种热、质交换过程一直进行到空气传给润湿表面的显热等于水分汽化所需的汽化热时为止，此时湿球温度计上的温度达到稳定，这一稳定温度称为该湿空气的湿球温度，以 t_w 表示。

在湿球温度测量过程中，因空气流量(流率)很大，感温球表面少量水分的汽化不足以使空气的性质发生明显变化，因此，认为湿空气的温度与湿度一直恒定，即保持在初始温度 t 和湿度 H 的状态。当热、质交换过程达到稳定即达到湿球温度时，如果忽略热辐射和热传导的影响，空气与感温球之间单位面积上的对流传热速率为

$$q = \alpha(t - t_w) \tag{13-10}$$

式中，q 为空气对流传热量，W/m^2；α 为对流传热系数，$\text{W/(m}^2\cdot{}^\circ\text{C)}$；$t$ 为空气温度，℃；t_w 为空气的湿球温度，℃。

润湿表面与空气之间单位面积上的对流传质速率为

$$m = k_H(H_w - H) \tag{13-11}$$

式中，m 为润湿表面与空气之间单位面积上的对流传质速率(单位时间单位面积向空气汽化的水量)，$\text{kg/(m}^2\cdot\text{s)}$；$k_H$ 为以湿度差为推动力的对流传质系数，$\text{kg/(m}^2\cdot\text{s}\cdot\Delta H)$；$H_w$ 为湿球温度下空气的饱和湿度，kg/kg 绝干空气。

水分汽化带走的热量为

$$q' = mr_w$$

式中，q' 为单位时间单位面积上润湿表面水分汽化到空气中所需的相变热，W/m^2；r_w 为湿球温度下水的汽化潜热，kJ/kg。

当热、质交换达到稳定时，$q=q'$，结合式(13-10)和式(13-11)可导出湿球温度、干球温度和湿度之间的关系

$$t_{\mathrm{w}}=t-\frac{k_{\mathrm{H}}r_{\mathrm{w}}}{\alpha}(H_{\mathrm{w}}-H) \tag{13-12}$$

结合强制对流时传热和传质的准数方程得

$$\frac{\alpha}{k_{\mathrm{H}}}=c_p\left(\frac{Sc}{Pr}\right)^m$$

Bedingfeld 和 Drew 用空气与不同的液体(水、苯、三氯化碳、氯苯、乙酸、四氯化碳、甲苯、丙醇、甲醇、对二氯苯等)进行试验，在空气处于湍流流动条件下，得到如下关联式

$$\frac{\alpha}{k_{\mathrm{H}}}=1.35Sc^{0.56} \tag{13-13}$$

式中，$Sc=\dfrac{\mu}{\rho D}$为施密特数，其中，D为液体在空气中的扩散系数，$\mathrm{m^2/s}$；μ为空气的黏度，$\mathrm{Pa\cdot s}$；ρ为空气的密度，$\mathrm{kg/m^3}$。

对于空气-水体系，不同资料得到的 α/k_{H} 值略有差别，均约等于比热容 c_H，故式(13-12)可近似地写成

$$t_{\mathrm{w}}=t-\frac{r_{\mathrm{w}}}{c_H}(H_{\mathrm{w}}-H) \tag{13-14}$$

由式(13-14)可见，湿空气的温度一定，湿度越高湿球温度也越高，空气的湿球温度受湿空气温度和湿度的影响。当空气达到饱和时，湿球温度等于干球温度。

为了准确测量湿球温度，空气的流速应大于 5m/s，以减少热辐射和热传导的影响。

例 13-4 对于干球温度 30℃、湿球温度 25℃的空气，其湿度、相对湿度及水蒸气分压各为多少？如果将该空气升温到 140℃，其湿球温度是多少？

解 查饱和水蒸气压表得 30℃水的饱和蒸气压为 p_s=4242Pa；25℃时 r_w=2435kJ/kg，p_s=3168Pa。

饱和湿度为

$$H_{\mathrm{w}}=0.622\times\frac{3168}{101330-3168}=0.02(\text{kg水/kg绝干空气})$$

由式(13-14)得

$$t_{\mathrm{w}}=t-\frac{r_{\mathrm{w}}}{1.01+1.88H}(H_{\mathrm{w}}-H)=30-\frac{2435}{1.01+1.88H}(0.020-H)=25$$

解得

$$H=0.018(\text{kg水/kg绝干空气})$$

将已知数据代入式(13-6)得

$$0.018=0.622\times\frac{4.242\varphi}{101.3-4.242\varphi}$$

解得

$$\varphi=67.2\%$$

则湿空气的水蒸气分压为

$$p = \varphi p_s = 0.672 \times 4242 = 2850.6\,(\text{Pa})$$

当温度升高到 140℃时，湿球温度也随之升高。由式(13-14)求湿球温度要用试差法。试差过程如下：考虑到湿球温度应该介于干球温度和露点温度之间，不妨取干球温度和露点温度的平均值作为初值。由水蒸气分压 2850.6Pa 查饱和蒸气压表可得露点约为 t_d=23℃，取平均值为(23+140)/2=81.5℃，所以取湿球温度的初值 t_w=81℃，由此查得 r_w=2305kJ/kg，p_s=49.29kPa，于是湿球温度下的湿度为

$$H_w = 0.622 \times \frac{49.29}{101.3 - 49.29} = 0.589(\text{kg水 / kg绝干空气})$$

升温时，空气的湿度不变。将以上数值代入式(13-14)得

$$t_w = 140 - \frac{2305}{1.01 + 1.88 \times 0.018} \times (0.589 - 0.018) = -1121\,(℃)$$

该值明显不合理，原因显然是湿球温度的初值假设偏大，为此再取 23℃与 81℃的平均值试差，即 t_w=(23+81)/2=52℃，由此查得 r_w=2373kJ/kg，p_s=13.61kPa，则

$$H_w = 0.622 \times \frac{13.61}{101.3 - 13.61} = 0.0965(\text{kg水 / kg绝干空气})$$

$$t_w = 140 - \frac{2373}{1.01 + 1.88 \times 0.018} \times (0.0965 - 0.018) = -38.5\,(℃)$$

假设值还是偏大，再取 23℃与 52℃的平均值，约为 38℃，再进行试差，结果约为 t_w=81.2℃。与第一次的假设值接近，这表明 38℃这一假设值偏小了。再取 38℃与 52℃的平均值进行试差，如此反复，直至最后假设值与计算值基本相同为止，最后结果为

$$t_w = 43℃$$

可见，干球温度越高，湿球温度也越高，但是，湿球温度升值较小，故干球温度与湿球温度的差值越大，即传热推动力也越大。工业上常利用这种规律，通过提高空气温度来提高干燥速率。同时利用这一现象，在较高空气温度下干燥热敏性物料的表面水分时，也不会破坏该物料的特性。

3) 绝热饱和温度

如图 13-4 所示，在与外界绝热的容器中(称为绝热饱和器)，温度为 t_{as} 的水以雾化的方式与进入的空气接触，因为进入的是不饱和空气，所以雾滴不断地汽化进入空气中，使得空气的湿度增加。因为过程绝热，且水循环使用，故维持水汽化的热量只能来自空气，于是空气温度下降。若这种热、质交换进行无限长时间，则空气将达到饱和状态，此时气相和液相达到同一温度 t_{as}，称其为绝热饱和温度。在此过程中需要不断补充水分以抵消汽化过程中被空气带走的水分。

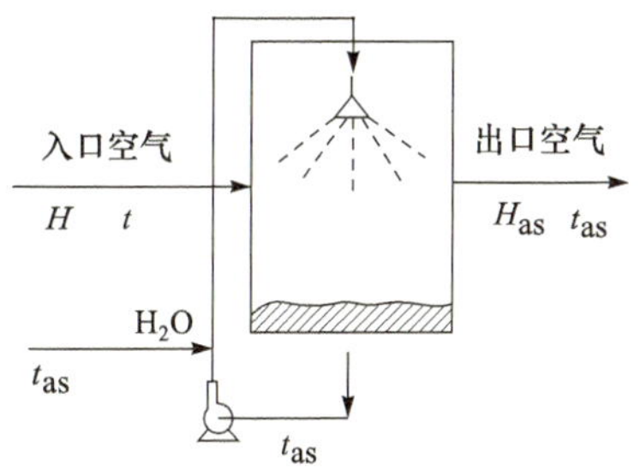

图 13-4 空气-水绝热饱和器

在上述绝热饱和过程中，水温不发生变化，空气与水进行热、质交换时，其水汽化所需的热来自空气温度下降时放出的显热，可见湿空气在绝热饱和过程中的焓值保持不变。因此，进入绝热系统的不饱和湿空气的焓 I 等于离开绝热器的饱和湿空气的焓 I_{as}，即

$$(c_a + Hc_v)t + Hr_0 = (c_a + H_{as}c_v)t_{as} + H_{as}r_{as} \tag{13-15}$$

一般，汽化潜热 r 变化很小；湿度很小，其变化对湿空气的比热容影响也很小，故可认为

$$c_a + Hc_v \approx c_a + H_{as}c_v = c_H$$

代入式(13-15)并整理得

$$t_{as} = t - \frac{r_{as}}{c_H}(H_{as} - H) \tag{13-16}$$

比较式(13-16)和式(13-14)发现，湿球温度方程和绝热饱和方程相类似。对于空气-水蒸气混合气，湿球温度近似等于绝热饱和温度，故可用绝热饱和方程求湿球温度。但对其他蒸气-气体混合气系统这一结论并不适合，其他系统的不饱和混合气的湿球温度通常高于相应的绝热饱和温度。

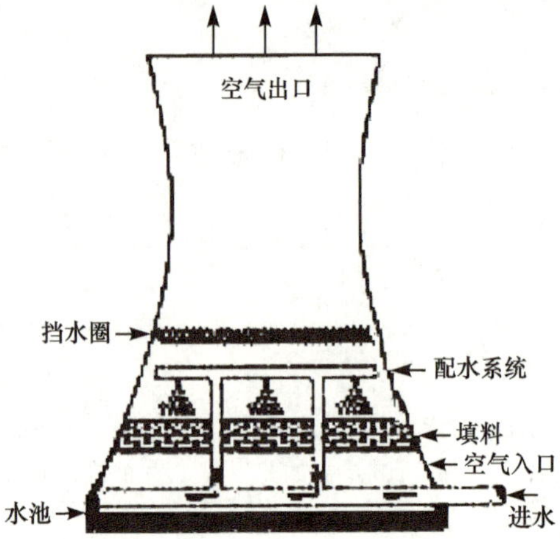

图 13-5 湿式冷却塔

图 13-5 所示为工业上广泛使用的湿式冷却塔，它用空气将冷凝器或其他设备中排出的热水冷却，以便再作冷却水循环使用。该塔与饱和器相同的是，水自上而下喷洒下来，与自下而上的空气接触，水蒸发到空气中，空气都经历了增湿过程；不同的是，在冷却塔中水不是循环的，空气并不经历等焓过程。随着部分水不断蒸发，并被空气带走，也带走了相应的蒸发潜热，从而使水温降低。与水接触的空气越干燥，蒸发过程就越容易进行，水温就越容易降低。

通常，热水通过冷却塔可降温 6～17℃，水的出口温度可高于空气的湿球温度 3～8℃。如果水的温度等于空气的湿球温度，则水的汽化热来自于空气，在这一状态下热水通过冷却塔时不会产生降温，这时的传热、传质过程与饱和器相似，热水没有冷却效果。空气的湿球温度是湿式冷却塔设计的重要参数。一般热水通过冷却塔的损失(蒸发量)在 2%以下。

例 13-5 40℃的热水以 2.72kg/(m^2 · s)的速率在冷却塔中自上喷淋而下，与干球温度 32℃、湿球温度 25℃的空气逆流接触，空气的出塔速率为 2.98kg/(m^2 · s)，热水通过冷却塔后冷却至 30℃。计算离开冷却塔的空气湿度。

解 25℃时水的饱和蒸气压为 3.169kPa，汽化潜热为 2435kJ/kg，此温度下空气的饱和湿度为

$$H_w = 0.622 \times \frac{3.169}{101.33 - 3.169} = 0.02(\text{kg水} / \text{kg绝干空气})$$

代入式(13-16)或式(13-14)中求解新鲜空气的湿度 H_0，即

$$25 = 32 - \frac{2435}{1.01 + 1.88H_0}(0.02 - H_0)$$

解得

$$H_0 = 0.017(\text{kg水} / \text{kg绝干空气})$$

设水的比热容 c_p 和汽化潜热 r 均不随温度而变。水的平均温度=(40+30)/2=35℃时，查得其比热容为 4.174kJ/(kg · K)，汽化潜热为 2412.4kJ/kg。

设热水速率为 m，水温为 T，由冷却塔的工作原理可知，水蒸发需要的热量取自热水，瞬时热量衡算式为

$$mc_pT - (m - \mathrm{d}m)c_p(T - \mathrm{d}T) = r\mathrm{d}m$$

展开上式，忽略高阶微分并整理得

$$\frac{\mathrm{d}m}{m} = -\frac{\mathrm{d}(r - c_pT)}{r - c_pT}$$

当 $T=T_0=40$℃时，$m=m_0=2.72$kg/(m^2 · s)；$T=T_1=30$℃时，$m=m_1$，积分上式得

$$\ln\frac{m_1}{m_0}=\ln\frac{r-c_pT_0}{r-c_pT_1}$$

即

$$\frac{m_1}{m_0}=\frac{r-c_pT_0}{r-c_pT_1}$$

将已知数值代入上式，解得

$$m_1=2.67[\text{kg}/(\text{m}^2\cdot\text{s})]$$

故通过冷却塔汽化的水量 W 为

$$m_0-m_1=W=0.05[\text{kg}/(\text{m}^2\cdot\text{s})]$$

蒸发的水蒸气全部进入空气中，使空气的湿度变为 H_1，由物料衡算得

$$W=0.05=\frac{2.98}{1+H_1}(H_1-0.017)$$

解得

$$H_1=0.034(\text{kg 水/kg 绝干空气})$$

13.2.2 湿空气的温-湿图及应用

湿空气的各个物理量之间的关系，除使用关联式表示外，还可以用图示法。图示法有两种：一种是焓-湿图(I-H 图)，此图的纵坐标是焓 I，横坐标是湿度 H；另一种是温-湿图(t-H 图)，此图的横坐标是温度 t，纵坐标是湿度 H。这些图用于干燥过程的计算非常方便。本节只介绍湿空气的温-湿图，如图 13-6 所示。

温-湿图是在总压为常压(101.3kPa)条件下，根据 13.2.1 节介绍的计算原理，选定两个物理量后计算并制得的。若系统的总压偏离常压较远，则此图不适用。

在温-湿图上包括如下图线：

(1) 等干球温度线。等干球温度线简称等 t 线，所有与纵坐标平行的直线都是等 t 线。

(2) 等湿度线。等湿度线简称等 H 线，所有与横坐标平行的直线都是等 H 线。

(3) 等相对湿度线。等相对湿度线简称等 φ 线。由式(13-6)标绘而成。当总压一定时，φ 每取一个固定值，按式(13-6)则可以算出若干组 t-H 关系(因为 p_s 仅是温度的函数)，标绘于图中，即为等 φ 线。

图 13-6 中 φ=100%的线称为饱和线，此线上各点代表饱和空气状态点，此线右下方为不饱和区域，此线左上方为过饱和区域。状态点在饱和线上的空气不能用作干燥介质。

(4) 绝热饱和(冷却)线、等湿球温度线。绝热饱和线又称为绝热冷却线，可由式(13-16)绘制。对于空气-水体系，r_{as}/c_H 几乎是一个常数，所以在不同的 t_{as} 下绘制出来的 t 与 H 关系曲线近似为一组相互平行的直线。绝热饱和线与φ=100%线的交点就是绝热饱和状态点，此点的横坐标为 t_{as}，纵坐标为 H_{as}。

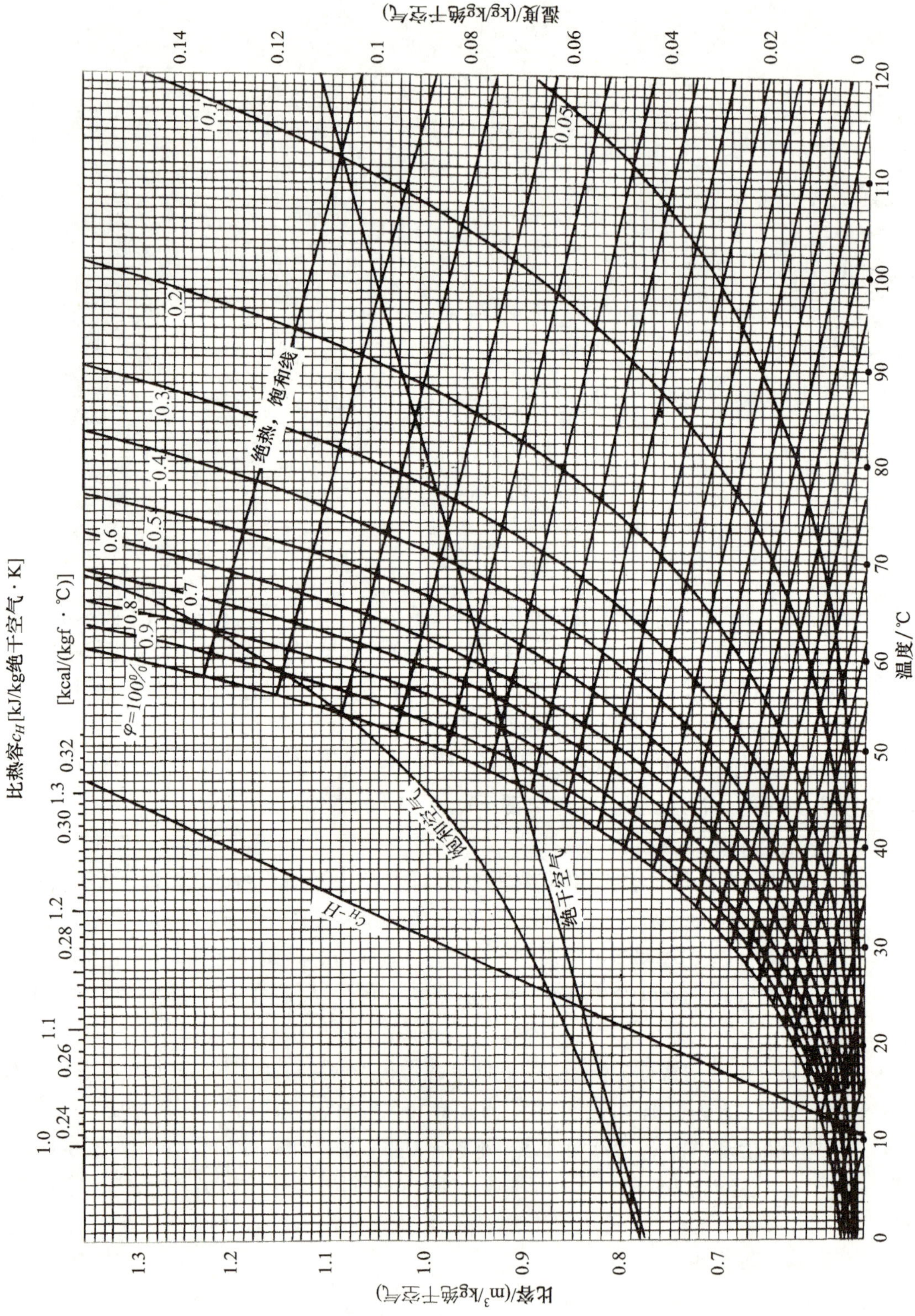

图13-6 常压下的温-湿图(*t*-*H*图)

另外，对于空气-水系统，有 $t_{as}\approx t_w$，因此，绝热饱和线可近似视为等湿球温度线(简称等 t_w 线)。此外还有等焓线，为了图面更简洁而未画出。

例 13-6 湿度 H=0.030kg 水/kg 绝干空气、温度 t=87.8℃的空气在绝热饱和器中与水接触，使空气冷却并增湿达到 90%的饱和度。问：(1) 增湿后的湿度和温度各为多少？(2) 当达到 100%的饱和度时，湿度和温度又是多少？

解 (1) 根据给定条件 H=0.030kg 水/kg 绝干空气，t=87.8℃，在图 13-6 上找到一点，由该点开始沿绝热饱和线直到 φ=90%，查图 13-6 得湿度为 0.050(kg 水/kg 绝干空气)，温度为 42.5℃。

(2) 沿同一等绝热饱和线到 φ=100%，查图 13-6 得湿度为 0.0505(kg 水/kg 绝干空气)，温度为 40.5℃。

例 13-7 空气通过循环系统的状态变化如图 13-7 所示。

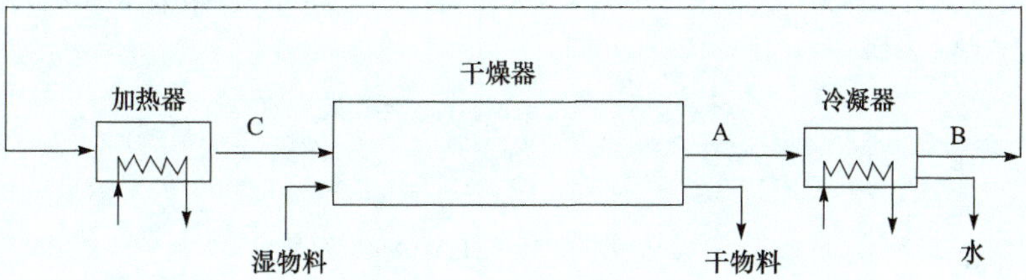

图 13-7 例 13-7 附图 1

状态 A：干球温度 t_A=30℃，露点 t_d=20℃，V=500m³/h(湿空气)；

状态 B：通过冷凝器后，空气中的水分被除去 2kg/h；

状态 C：通过加热器后，空气的温度 t_C=60℃(干球)；

干燥器处于常压、绝热条件。水在不同温度下的饱和蒸气压见表 13-1。

表 13-1 水在不同温度下的饱和蒸气压

温度/℃	10	15	20	30	40	50	60
蒸气压/kPa	1.226	1.707	2.335	4.248	7.377	12.341	19.924

试求：

(1) 离开冷凝器后空气的温度 t_B、湿度 H_B。

(2) 离开加热器后空气的相对湿度 φ。

(3) 在 t-H 图上画出空气状态变化示意图。

解 本题可以通过图 13-6 采用图解法求解，也可以用 13.2.1 节的相关公式计算，下面采用后者，至于前者图解法请读者自行练习。

(1) 根据状态 A 的露点温度 t_d=20℃可在表 13-1 中查到 p_d=2.335kPa，因此

$$H_A = 0.622\times\frac{2.335}{101.3-2.335} = 0.0147$$

空气的湿比容 υ_H 为

$$\upsilon_H = \left(\frac{1}{29}+\frac{H_A}{18}\right)\times 22.4\times\frac{273+30}{273}$$
$$= \left(\frac{1}{29}+\frac{0.0147}{18}\right)\times 22.4\times\frac{303}{273} = 0.878(\text{m}^3/\text{kg绝干空气})$$

故绝干空气的量为

$$L=V/\upsilon_H=500/0.878=569.5(\text{kg/h})$$

根据空气通过冷凝器前、后的水分物料衡算可知

$$2=L(H_A-H_B)$$

所以

$$H_B = H_A - \frac{2}{L} = 0.0147 - \frac{2}{569.5} = 0.0112$$

根据题意可知，状态 B 为饱和态，即

$$H_B = 0.622 \times \frac{p_s}{P - p_s} = 0.622 \times \frac{p_B}{101.3 - p_B} = 0.0112$$

解得

$$p_B = 1.792(\text{kPa})$$

查表 13-1 可得

$$t_B = 16(℃)$$

(2) 状态 B 的废气经过加热器后湿度不变，即 $H_B=H_C$。另外，由 t_C=60℃(干球)查表 13-1 可得水的饱和蒸气压 p_C=19.924kPa。因此

$$H_B = 0.622 \times \frac{p_B}{P - p_B} = 0.622 \times \frac{\varphi p_C}{P - \varphi p_C}$$

可见必有

$$\varphi = p_B/p_C = 1.792/19.924 = 0.0899 = 8.99\%$$

(3) 空气状态变化如图 13-8 所示。

首先由干球温度 t_A=30℃、露点 t_d=20℃可在湿度图上确定点 A；通过冷凝器的过程则可分为两步：先使湿空气冷却到饱和状态(沿等湿度线冷却，到与 φ=100%相交为止)，然后继续冷却，此时将不断有水从湿空气中冷凝出来且温度也在不断下降(沿着饱和线冷却)，直至 B 点；通过加热器的过程为等湿度线升温过程，即水平线 BC；空气进入干燥器的状态变化线则为 CA。

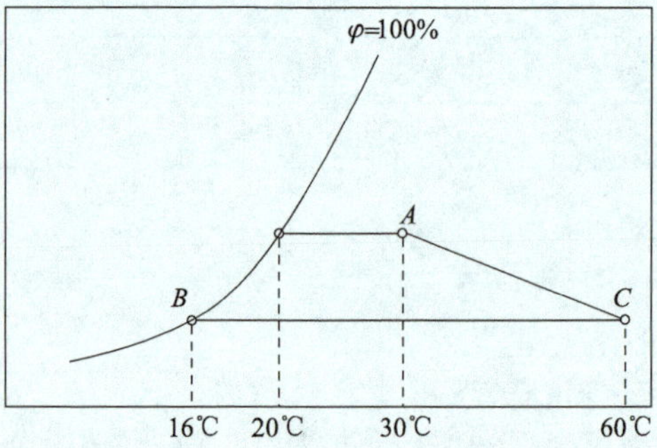

图 13-8 例 13-7 附图 2

13.3 湿物料的性质

与其他质量传递过程一样，物料的干燥过程是基于平衡和速率关系。引例中，钛白粉的干燥过程是使湿钛白粉铺展开并与远离饱和状态的湿空气直接接触，这样湿钛白粉中水分的汽化就有足够大的传热、传质面积和推动力，从而获得大的干燥速率，因此，其干燥速率的大小不仅与空气的性质有关，也与钛白粉的性质相关。对大多数干燥过程，湿物料均与不饱和湿空气接触而被干燥，空气的性质和物料的性质是影响干燥速率的两个重要因素。

待干燥湿物料的形状和性质复杂、多样，不同的湿物料具有不同的物理、化学、结构力学、生物化学等性质。虽然湿物料的所有参数都会对干燥过程产生影响，但最重要的因素是湿分的类型及其与物料的结合方式。

13.3.1 湿物料含水量的表示方法

物料中的含水量有多种表示方法，在干燥操作中，常用的两种表示方法是干基含水量和湿基含水量。

1. 干基含水量

在干燥过程中，绝干物料的质量不发生改变，因此为了干燥计算方便起见，常以绝干物料的质量为基准定义物料中的水分含量，称为干基含水量，用X表示

$$X=\frac{\text{湿物料中水分的质量}}{\text{湿物料中绝干物料的质量}}$$

式中，X为湿物料的干基含水量，kg水分/kg绝干物料。

本章的物料衡算和质量衡算均使用干基含水量进行计算。

2. 湿基含水量

以湿物料的质量为基准定义的物料水分含量，称为湿基含水量，用w表示

$$w=\frac{\text{湿物料中的水分质量}}{\text{湿物料的总质量}}\times 100\%$$

干基含水量和湿基含水量之间的换算关系为

$$X=\frac{w}{1-w} \tag{13-17}$$

或

$$w=\frac{X}{1+X} \tag{13-18}$$

13.3.2 湿物料的分类

被干燥的物料有成千上万种，干燥时通常按照物料的吸湿特征分类。物料微孔中湿分的蒸气压小于相同温度下自由液体的蒸气压，这种现象称为物料的吸湿性。

1. 非吸湿毛细孔物料

非吸湿毛细孔物料有砂子、碎矿石、非吸湿结晶体、聚合物颗粒和某些瓷料等。其特征为：①具有明显可辨的孔隙，当完全被液体饱和时，孔隙被液体充满，而当完全干燥时，孔隙中充满空气；②可以忽略物理结合湿分，即物料是不吸水的；③物料在干燥期间不收缩。

2. 吸湿多孔物料

吸湿多孔物料有黏土、分子筛、木材和织物等。其特征为：①具有明显可辨的孔隙；②含有大量物理结合水；③在初始干燥阶段经常出现收缩。这种物料可进一步分为：吸水毛细孔物料(半径大于10^{-7}m的大毛细孔和半径小于10^{-7}m的微毛细孔同时存在)，如木材、黏土和织物等；严格的吸水物料(仅有微孔)，如硅胶、氧化铝和沸石等。

3. 胶体(无孔)物料

胶体(无孔)物料有肥皂、胶、某些聚合物(如尼龙)和各种食品等。其特征为：①无孔隙，湿分只能在表面汽化；②所有液体均为物理结合。

上述分类法仅适用于均质物料，即水分可在其内连续传递的物料。

13.3.3 物料与水分的结合状态

物料与水分的结合状态只能用实验方法测定。在恒定温度下，对某一湿物料，使用不同相对湿度的空气分别与之接触并达到平衡时，记录系列状态下空气的相对湿度和物料的平衡含水量的对应值，并作图。图 13-9 示出了室温下三种典型材料的平衡含水量与空气相对湿度的关系，可见平衡含水量与物料的性质、空气的性质密切相关。

1. 平衡水分及自由水分

当一定湿度和温度的空气与物料长时间接触时，物料与空气之间的水分传递达到平衡，此时物料中的含水量称为平衡水分，又称平衡湿含量。为了计算方便，物料的平衡水分通常以干基含水量 X^*表示，单位为 kg 水/kg 绝干物料。

一定含水量的物料与特定温度和湿度的空气接触，如果物料的含水量大于平衡水分，则物料中的水分在湿度差推动力的作用下汽化到空气中，物料被干燥，如衣服的晾晒；反之，物料将从空气中吸收水分直到达平衡，这时物料被增湿，如在潮湿天气打开封装好的饼干，饼干返潮就是这个原因。空气的含水量为零时，物料的平衡水分也为零。平衡水分是湿物料在一定的空气状态下干燥的极限，因此湿物料只有与绝干空气相接触时才能获得绝干物料。

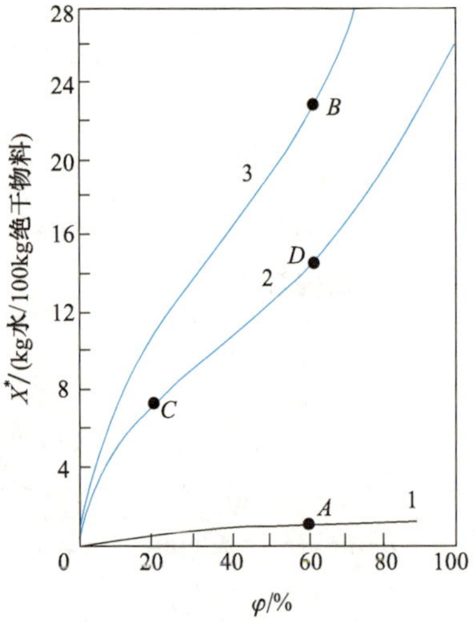

图 13-9 平衡含水量与空气相对湿度的关系

1.陶土；2.羊毛；3.烟叶

由图 13-9 可见，不同物料的平衡含水量相差很大。例如，在空气温度 t=25℃、相对湿度 φ=60%条件下，陶土的 X^*=1kg 水/100kg 绝干物料(图中曲线 1 上的 A 点)，而羊毛的 $X^*\approx$14.5kg 水/100kg 绝干物料(图中曲线 2 上的 D 点)，烟叶 $X^*\approx$23kg 水/100kg 绝干物料(图中曲线 3 上的 B 点)。

同一种物料与不同状态的空气接触达到平衡时，物料的平衡水分也不同。例如羊毛，当空气温度 t=25℃、相对湿度 φ=20%时，X^*=7.3kg 水/100kg 绝干物料(图 13-9 曲线 2 上的 C 点)，而当 φ=60%时，$X^*\approx$14.5kg 水/100kg 绝干物料(图 13-9 曲线 2 上的 D 点)。

物料中的含水量超过 X^*的那部分水分称为自由水分，这类水分可以用干燥方法除去。例如，用相对湿度为 60%的空气干燥初始含水量为 24kg 水/100kg 绝干物料的羊毛，能够除去的水分量为 24−14.5=9.5(kg 水/100kg 绝干物料)。

物料的平衡水分随空气温度变化略有改变。例如，棉花与相对湿度为 50%的空气相接触时，若空气温度由 37.8℃升高到 93.3℃，平衡水分 X^*由 0.073 降至 0.057，约减少 25%。若缺乏不同温度下平衡水分的实验数据，当温度变化范围不太大时，一般可近似地认为物料的平衡水分与空气的温度无关。

2. 结合水分与非结合水分

非结合水分是指游离在固体表面的水分，这种水分的蒸气压与同温度下普通水的蒸气压一样。结合水分是指蒸气压低于纯水蒸气压的水分。结合水分以不同的情形存在于物料中。例如，细胞内和纤维壁面的湿分，可能有固体溶解在其中，使饱和蒸气压降低；在毛细管内的液体水，由于受表面凹液面曲率的影响，饱和蒸气压下降；在天然有机物内的水，其结合形式可能是化学结合和化学-物理结合。含有结合水分的材料称为吸湿性材料。汽化非结合水分与汽化纯水相同，极易用干燥方法除去。而结合水与物料结合较紧，其蒸气压低于同温度下纯水的饱和蒸气压，故较非结合水难于除去。

计算非结合水分时，若缺乏实验数据，可将平衡水分曲线外延到与空气相对湿度为100%的线相交，如图13-10中的B点，该交点以下的水分称为结合水分，交点以上的部分水分称为非结合水分。

在恒定的温度下，物料的结合水与非结合水的划分只取决于物料本身的特性，而与空气状态无关。

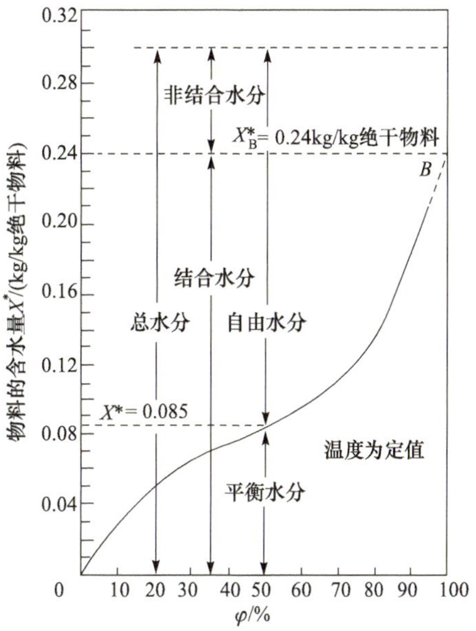

图 13-10 物料含水分的性质

13.4 干燥动力学及干燥时间

物料所含水分在干燥器内汽化的快慢受空气性质、物料性质和接触方式等因素的影响，用干燥速率表示其数值的大小，定义为物料在单位时间内单位干燥面积的水分汽化量，用符号U表示，即

$$U = \frac{\mathrm{d}W}{A\mathrm{d}\tau} \tag{13-19}$$

式中，U为干燥速率，又称干燥通量，$\mathrm{kg/(m^2 \cdot s)}$；$A$为干燥面积，$\mathrm{m^2}$；$W$为汽化的水分量，kg；$\tau$为干燥时间，s。

因为$\mathrm{d}W = -G_\mathrm{c}\mathrm{d}X$，代入式(13-19)得

$$U = -\frac{G_\mathrm{c}\mathrm{d}X}{A\mathrm{d}\tau} \tag{13-20}$$

式中，G_c为绝干物料的质量，kg；负号表示X随干燥时间的增加而减小。

干燥速率较为复杂，一般需由干燥动力学实验测定。此外，干燥速率对干燥器的设计至关重要，故在干燥器设计之前，也必须对未知干燥特性的物料进行干燥动力学实验。

做干燥动力学实验时需要注意以下事项：所用实验设备的类型必须与工业规模干燥器类型相同。同时，对于托盘或厢式干燥器，如果实验时物料层厚度和空气状态、空气流动条件与工业规模相同，小试结果就可以放大到工业规模；对于穿透式干燥器，只要物料的颗粒度

分布及床层深度相同，便可在相同热力条件下获得相近结果；对于气流干燥器的小试装置，管径不小于 7.5cm；对于回转圆筒干燥器，实验设备的圆筒直径应大于 30cm，对停留时间和翻料装置要另行实验；对于流化床干燥器，实验设备的多孔板面积不宜小于 $0.1m^2$。对于喷雾干燥器，难以用小试结果设计大型设备，小试设备的蒸发能力通常应达到 200～500kg/h，其数据才较为可靠。

13.4.1　干燥动力学实验

干燥动力学实验内容主要包括测定物料含水量、温度(通常是测定物料的表面温度)随时间而变的数据，然后根据式(13-20)可得到干燥速率与物料含水量的关系曲线。测定时一般采用恒定干燥条件，即干燥操作中维持干燥介质的状态(t、H 或 I 等)及其流动状态、干燥介质与物料的接触方式恒定不变。样品若为粒状或浆状物，通常将其平展于盘上并使其表面与处于恒定状态的空气接触，将盘悬挂于有空气通过的箱中或管道的测量装置(秤)上；若为块状物，则直接悬挂于测量装置上。然后连续地测得不同时间间隔物料湿分的减少量。图 13-11 为范辞冬等根据 80℃时钛白粉浆料的干燥实验数据整理并绘制成的物料含水量与干燥时间的关系曲线；图 13-12 为干燥速率与物料含水量的关系曲线。

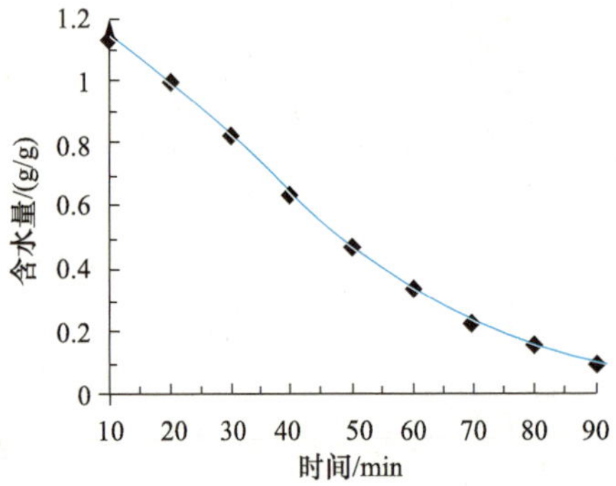

图 13-11　物料含水量与干燥时间的关系

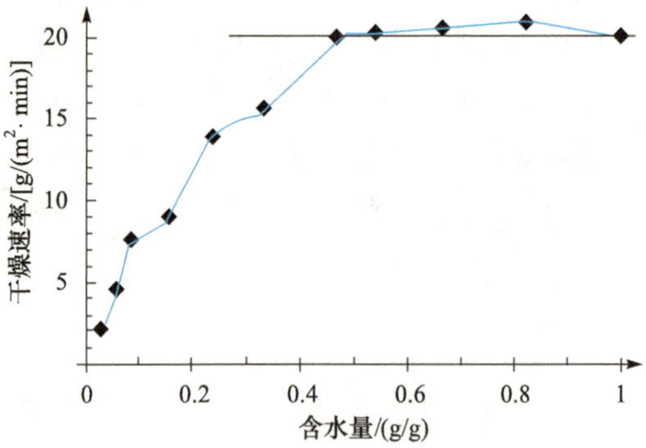

图 13-12　干燥速率与物料含水量的关系

干燥速率曲线的形状因物料种类不同而异，若物料中存在非结合水分和结合水分，其干燥过程的速率曲线主要可划分为两个阶段。下面以图 13-13 这一较为理想化的干燥速率曲线为例介绍。

1. 恒速干燥阶段

图 13-13 中 A 点表示物料初始含水量为 X_1。AB 称为物料的预热段，此段中物料从初始温度被预热升温到空气的湿球温度 t_w，含水量减少到 B 点。预热段一般很短，通常可忽略。

水平线段 BC 段称为恒速干燥阶段，此阶段中物料维持在湿球温度 t_w 下干燥，水分在物料表面的存在形式是连续水膜，空气传给物料的热量全部用于物料中水分的汽化，水的汽化过程与纯水汽化过程机理相同。在恒定干燥条件下，空气向物料传递热量速率和水分汽化速率均为常数，即干燥速率 U 为常数。

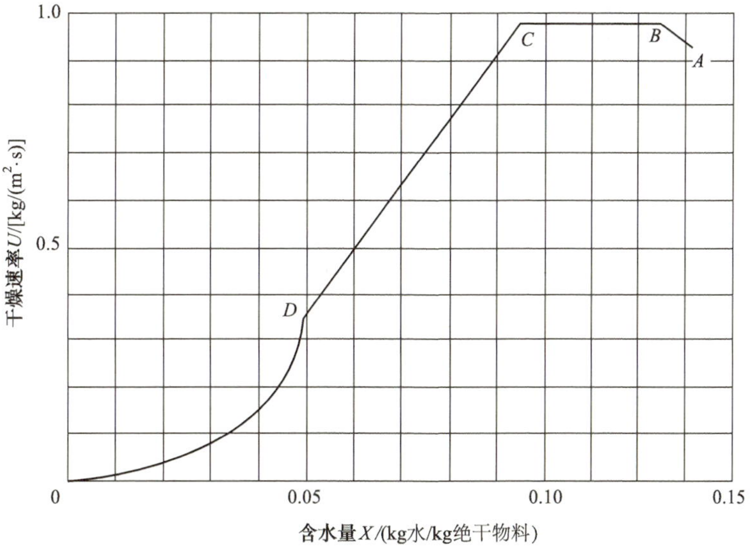

图 13-13 干燥速率曲线

2. 降速干燥阶段

C 点后干燥速率开始下降，该点的含水量称为临界含水量，以 X_c 表示，该点的干燥速率用 U_c 表示。当干燥过程进入 CD 段后，物料部分表面的水膜开始逐渐消失，物料表面不能维持全部润湿，水分汽化过程逐渐进入物料的内部，此时去除的是部分非结合水分和部分结合水分。由于热能需通过物料表面向内部传递，汽化的水蒸气则需从物料内部向表面迁移，因此传热、传质速率均下降，即干燥速率不断下降，故称为降速干燥阶段。在降速段，来自空气的热量一部分用于加热物料使其温度不断上升，一部分用于汽化水分。过 D 点后，物料表面全部变为干区，不再存有液体水分，干燥过程的热、质传递阻力主要在物料内部，传热和传质过程更困难，干燥速率更小，此时去除的水分全部是结合水分，降速段的干燥极限是物料达到平衡含水量 X^*，干燥速率降至零，干燥过程终止。在过 C 点后的降速段，传热、传质的快慢主要取决于物料的内部结构特性，而与干燥介质的状态参数关系不大。

3. 恒速阶段和降速阶段的干燥机理

1) 恒速阶段——外部条件控制的干燥过程

影响恒速阶段干燥速率的外部条件是指干燥介质的状态(t、H 或 I 等) 及其流动状态、干燥介质与物料的接触方式。

外部干燥条件对干燥过程的恒速阶段(去除的是非结合水分)特别重要，是恒速段干燥速率的控制因素，此时物料表面的水分与空气之间的传热和传质过程机理与湿球温度的测量机理相同，如果外部干燥条件恒定，则恒速段的干燥速率基本上不随物料的含水量而变。

在某些情况下，要对恒速阶段干燥速率加以控制，不能过快。例如，瓷器和原木类物料在非结合水分排除后，从内部到表面产生很大的湿度梯度，过快的表面蒸发将导致显著的收缩，使被干燥物表面形成硬壳，此时热量很难传入物料内部，内部汽化的水蒸气也很难向物料表面传递。这样会在物料内部造成很高的应力，致使物料龟裂或弯曲。为了避免物料出现质量缺陷，应采用相对湿度较高的空气，以便降低干燥速率。

此外，恒速阶段中干燥过快，也会导致临界含水量的提高而不利于干燥全过程速率的提高。

2) 降速阶段——内部条件控制的干燥过程

当物料干燥过程进入降速阶段时，由于表面没有充足的水分形成连续水膜，干燥开始向内部深入，物料升温并在其内部形成温度梯度，使热量从外部传入内部，水分则从物料内部向表面迁移，内部的传热和水分迁移速率成为干燥速率的控制因素。

物料内部的迁移机理因物料结构特征而异，主要有扩散机理、毛细管流机理或由于物料在干燥过程中收缩而产生的内部压力作用机理等。但需说明的是，降速阶段的传热和传质机理仍有待研究。鉴于物料内部结构的多样性，要研究清楚其中的传热和传质机理是非常困难的。

目前研究水在固体物料中的传递有两种理论：液体扩散理论和液体在多孔介质中的毛细移动理论。液体扩散理论认为，水分的扩散是因为固体内部与表面存在湿度差，在湿度差的推动下产生水分迁移；毛细移动理论认为，水分在多孔介质内的移动是因为毛细作用而不是由于扩散。

不管符合什么理论，降速阶段的干燥速率取决于物料本身的结构、形状和尺寸，故降速阶段又称物料内部迁移控制阶段。

4. 临界含水量

临界含水量 X_c 的大小随恒速阶段干燥速率、物料的性质和厚度的不同而异，其值只能由实验测定。一般规律如下：恒速段干燥越快，X_c 值越大；无孔吸水性物料的 X_c 值比多孔物料的大；在一定的干燥条件下，物料层越厚，X_c 值越大。

X_c 值越大，干燥过程越早转入降速干燥阶段，在相同的干燥负荷下所需的干燥时间就越长，无论从经济角度还是从产品质量来看，都是不利的。可通过改变如下因素降低 X_c 值：①降低物层的厚度；②对物料加强搅拌；③将物料分散，这样则既可增大干燥面积，又可减小 X_c 值，例如，流化干燥设备(如气流干燥器和沸腾干燥器)中物料的 X_c 值一般均较低。

13.4.2 恒定干燥条件下的干燥时间计算

最可靠的干燥时间计算来自于实验数据，在实验数据缺乏时，可以用经验关联进行计算。干燥操作中干燥介质的状态(t、H 或 I 等)及其流动状态可能是恒定的，也可能不恒定，这取决于采用什么样的干燥设备及干燥条件。干燥条件不同，干燥时间的计算也不同。下面讨论恒定干燥条件下的计算。

因为恒速干燥阶段与降速干燥阶段中的干燥机理及影响因素各不相同，需要分别进行讨论。

1. 恒速干燥阶段

在恒速干燥阶段物料表面非常湿润，物料中水分的汽化机理与普通纯水的汽化相同，假设湿物料受辐射传热的影响可忽略不计，物料中水分是在空气的湿球温度 t_w 下汽化。在恒定干燥条件下，t_w 为定值，空气湿度 H_w 也为定值，传质推动力(H_w–H)和传热推动力(t–t_w)

都不变。物料表面和空气间的传热和传质过程机理与湿球温度测量时的情况基本相同，故由式(13-10)、式(13-11)和式(13-19)得

$$U=\frac{\mathrm{d}W}{A\mathrm{d}\tau}=m=k_{\mathrm{H}}(H_{\mathrm{w}}-H) \tag{13-21}$$

$$q=\alpha(t-t_{\mathrm{w}})=Ur_{\mathrm{w}}$$

即

$$U=\frac{\mathrm{d}W}{A\mathrm{d}\tau}=\frac{q}{r_{\mathrm{w}}}=\frac{\alpha}{r_{\mathrm{w}}}(t-t_{\mathrm{w}}) \tag{13-22}$$

式中，α 为对流传热系数；t 为恒定干燥条件下空气的温度；t_{w} 为初始状态空气的湿球温度；r_{w} 为 t_{w} 温度下的汽化潜热。

从式(13-21)和式(13-22)可见，在恒定干燥条件下，空气性质和流动状态不变，故 t、H、α 和 k_{H} 值均保持恒定，干燥速率也恒定。

以上两个关联式均可用于恒定干燥条件下恒速干燥阶段的干燥速率的计算，但是用式(13-22)计算干燥速率更为准确，因为确定物料的表面温度 t_{w} 要比确定该温度下的饱和湿度 H_{w} 更为准确。

由干燥速率的定义式式(13-20)可得干燥时间为

$$\mathrm{d}\tau=-\frac{G_{\mathrm{c}}\mathrm{d}X}{UA} \tag{13-23}$$

恒速干燥阶段 U 为常数，假定干燥时干燥表面积 A 的改变可以忽略，则干燥时间 τ 与含水量 X 之间呈线性关系。因为干燥时预热段可以忽略，所以恒速干燥阶段是从物料进口含水量 X_1 开始，到物料的临界含水量 X_{c} 为止，恒速干燥阶段所需要的时间 τ_1 由式(13-23)积分得

$$\tau_1=\frac{G_{\mathrm{c}}}{U_{\mathrm{c}}A}(X_1-X_{\mathrm{c}}) \tag{13-24}$$

式中，U_{c} 为临界干燥速率，kg/(m^2 · s)。

当缺乏 U_{c} 的实验数据时，可由式(13-22)估算干燥速率

$$U_{\mathrm{c}}=\frac{\alpha}{r_{\mathrm{w}}}(t-t_{\mathrm{w}}) \tag{13-25}$$

对流传热系数 α 与空气的物性和流动状态有关，也随物料与干燥介质的接触方式的不同而不同，下面给出几种情况下的经验公式。

当空气平行流过物料层的表面时，气体与物料表面之间的对流传热系数可由下式计算

$$\alpha=0.0204(L')^{0.8} \tag{13-26}$$

式中，L'为湿空气的质量流速，kg/(m^2 · h)；α 为对流传热系数，W/(m^2 · ℃)。式(13-26)的适用条件为 L'=2450～29300kg/(m^2 · h)、空气的平均温度为 45～150℃。

当空气垂直流过物料层的表面时，气体与物料表面之间的对流传热系数可由下式计算

$$\alpha=1.17(L')^{0.37} \tag{13-27}$$

式中，L'和 α 意义同式(13-26)，其适用条件为 L'=3900～19500kg/(m^2 · h)。

当物料呈分散的颗粒状态时，气体与运动颗粒之间的对流传热系数可由下式计算

$$\alpha = \frac{\lambda}{d_p}\left[2 + 0.54\left(\frac{d_p u_t}{v}\right)^{0.6}\right] \tag{13-28}$$

式中，α 为对流传热系数，W/(m^2·℃)；d_p 为颗粒的平均直径，m；u_t 为颗粒的沉降速度，m/h；λ 为气体的导热系数，W/(m·℃)；v 为气体的运动黏度，m^2/s。

前面已叙述，影响恒速阶段干燥速率的外部条件有干燥介质的状态(t、H 或 I 等)及其流动状态、干燥介质与物料的接触方式，具体影响讨论如下：

(1) 干燥介质流动状态的影响。在恒速干燥阶段，如果忽略热辐射和热传导的影响，当空气从干燥表面平行流过时，由式(13-26)可知，干燥速率正比于空气流速的 0.8 次方。所以，干燥介质与固体表面的相对速度越大，干燥速率越快。

(2) 干燥介质温度的影响。干燥介质温度 t 降低，相应的湿球温度 t_W 也下降,但是下降幅度要比干球温度小，由式(13-22)可知传热推动力降低，干燥速率也随之减少。

(3) 干燥介质湿度的影响。空气温度一定，如果干燥介质湿度减小，从 t-H 图可知，湿球温度 t_W 减少，传热推动力增加，所以干燥速率增加。由式(13-21)也可得到相同的结论。

(4) 被干燥物料层厚度的影响。对于恒速干燥阶段，如果物料与空气之间只是对流传热过程，则干燥速率与物料的厚度无关。

2. 降速干燥阶段

对降速干燥阶段，只要确定干燥速率 U 与物料含水量 X 之间的数学关系即可将其代入式(13-23)，积分即可求解出降速段的干燥时间 τ_2，设绝干物料质量 G_c 和干燥面积 A 为常数，则

$$\tau_2 = -\frac{G_c}{A}\int\frac{dX}{U} \tag{13-29}$$

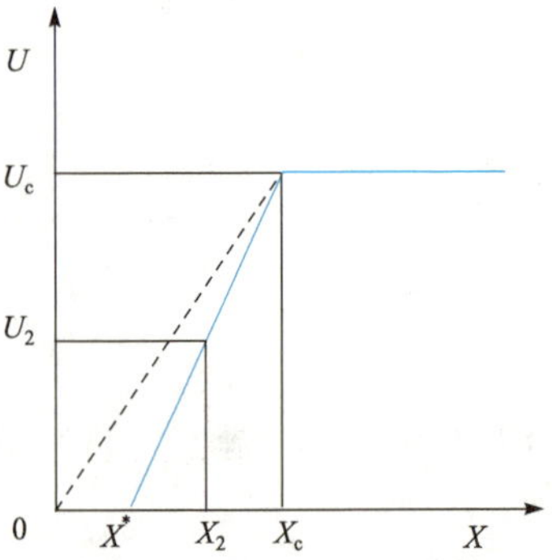

图 13-14 干燥速率曲线示意图

在降速干燥阶段，干燥速率 U 与物料含水量 X 之间的关系很难用数学表达式描述，如图 13-12 和图 13-13 所示，常常需要借助实验数据，用图解法计算。如果 U 与 X 之间的关系为线性关系(图 13-14)，于是

$$\frac{U-0}{X-X^*} = \frac{U_c-0}{X_c-X^*} = k_X$$

式中，k_X 为降速阶段曲线的斜率，kg 绝干物料/(m^2·s)。

整理上式得降速阶段干燥速率与物料含水量之间的函数关系为

$$U = \frac{U_c\left(X-X^*\right)}{X_c-X^*} \tag{13-30}$$

将式(13-30)代入式(13-29)，并考虑到降速阶段是从物料的临界含水量 X_c 开始，直到物料所要求的含水量 X_2 为止，即积分上下限分别为 X_c 和 X_2，得

$$\tau_2 = -\frac{G_c(X_c-X^*)}{AU_c}\int_{X_c}^{X_2}\frac{dX}{X-X^*}$$

积分上式并整理得

$$\tau_2 = \frac{G_c(X_c - X^*)}{AU_c}\ln\frac{X_c - X^*}{X_2 - X^*} \tag{13-31}$$

如果降速阶段干燥速率曲线是通过原点的直线，即平衡含水量为0(如图13-14的虚线所示)，式(13-31)可简化为

$$\tau_2 = \frac{G_c X_c}{AU_c}\ln\frac{X_c}{X_2} \tag{13-32}$$

例 13-8 来自过滤单元、湿基含水量为 50%的钛白粉浆料以一定速率进入挤压机挤压成条状后，以约4mm 的厚度均匀下落到带宽 2.0m、长 40m 的带式干燥器不锈钢网传动带上，钛白粉浆的孔隙率为 60%，孔隙中充满水。湿度为 0.018 的空气预热到 160℃后以 2.5m/s 的速度垂直穿过物料层，其干燥速率与干基含水量的关系曲线如图 13-12 所示，由图可知，钛白粉干基临界含水量为 0.47。如果近似认为图 13-12 中的降速阶段是过坐标原点的直线，试计算钛白粉干基含水量降至 0.01 时需要的干燥时间。(提示：绝干钛白粉的密度为 4200kg/m^3)

解 钛白粉干基含水量降至 0.01 时，已经进入降速段，故需分别求取恒速段和降速段的干燥时间。

先用试差法求湿球温度。假设湿球温度 t_w=46℃，查得 p_s=10086Pa，r_w=2391kJ/kg，则

$$H_w = 0.622\times\frac{10086}{101330-10086} = 0.0687$$

代入式(13-14)得

$$t_w = t - \frac{r_w}{c_H}(H_w - H) = 160 - \frac{2391}{1.01+1.88\times0.018}\times(0.0687-0.018) = 44\ (℃)$$

结果与假设值相差较大；再试，结果为 t_w=45.5℃，查得在该温度下的汽化热 r_w=2388.9kJ/kg。

空气垂直流向钛白粉层，对流传热系数可用式(13-27)计算。空气的湿比容

$$\upsilon_H = \left(\frac{1}{29}+\frac{H}{18}\right)\times22.4\times\frac{273+t}{273} = \left(\frac{1}{29}+\frac{0.018}{18}\right)\times22.4\times\frac{273+160}{273} = 1.261(\mathrm{m^3/kg})$$

空气的密度

$$\rho = \frac{1+H}{\upsilon_H} = \frac{1+0.018}{1.261} = 0.808\ (\mathrm{kg/m^3})$$

湿空气的质量流速

$$L' = u\rho = 2.5\times3600\times0.808 = 7272\ [\mathrm{kg/(m^2\cdot h)}]$$

代入式(13-27)得

$$\alpha = 1.17(L')^{0.37} = 1.17\times(7272)^{0.37} = 31.4\ [\mathrm{W/(m^2\cdot K)}]$$

平铺于带上的绝干钛白粉的质量为

$$G_c = 0.004\times2.0\times40\times0.4\times4200 = 537.6(\mathrm{kg})$$

由式(13-25)得

$$U_c = \frac{\alpha}{r_w}(t-t_w) = \frac{31.4}{2388.9\times1000}\times(160-45.5) = 1.505\times10^{-3}\ [\mathrm{kg/(m^2\cdot s)}]$$

$$X_1 = \frac{w_1}{1-w_1} = \frac{50\%}{1-50\%} = 1$$

将以上数据代入式(13-24)得恒速段干燥时间

$$\tau_1 = \frac{G_c(X_1 - X_c)}{U_c A} = \frac{537.6\times(1-0.47)}{1.505\times10^{-3}\times2\times40} = 2367\ (\mathrm{s}) = 39.5(\mathrm{min})$$

由式(13-32)得降速段干燥时间

$$\tau_2=\frac{G_cX_c}{U_cA}\ln\frac{X_c}{X_2}=\frac{537.6\times0.47}{1.505\times10^{-3}\times2\times40}\ln\frac{0.47}{0.01}=8080\text{ (s)}=134.7\text{(min)}$$

故钛白粉干基含水量降至 0.01 时需要的干燥时间为

$$\tau=\tau_1+\tau_2=39.5+134.7=174.2\text{(min)}$$

13.5 连续干燥过程的物料衡算和热量衡算

以空气作干燥介质的连续式干燥过程为例，干燥时先使新鲜空气经预热器加热，升高到指定温度后再通入干燥器，使热空气与湿物料接触，进行热、质交换，湿物料中水分汽化所需的热量由空气供给，而水蒸气则由湿物料扩散至空气中并由其带走。生产任务一定的干燥过程需要何种状态的干燥介质、配置多大的风机、提供多大传热面积的预热器、要求多大尺寸的干燥器以及其他辅助设备等，必须通过干燥器的物料和热量衡算确定。

物料衡算和热量衡算的原理与前面章节相似，为了计算方便，均以干基为基准进行计算。

13.5.1 物料衡算

前面定义的空气湿度、物料的含水量和其他参数均以 1kg 绝干物为基准，所以，进行物料衡算时，空气量是以绝干空气质量流量 L 表示，而物料量则以绝干物料质量流量 G_c 表示，用它们进行物料衡算更为方便。

如图 13-15 所示，设进、出连续式干燥器的湿物料的质量流量分别为 G_1 和 G_2，干燥前、后物料的湿基含水量分别为 w_1 和 w_2，进、出空气的湿度分别为 H_1 和 H_2。由于干燥前、后物料中绝干物料的质量不变，所以

$$G_c=G_1(1-w_1)=G_2(1-w_2) \tag{13-33}$$

图 13-15　通过连续式干燥器的物料和空气

式中，G_c 为湿物料中绝干物料质量流量，kg/s；G_1、G_2 分别为进、出干燥器的湿物料质量流量，kg/s。

若进出干燥器物料的干基含水量分别为 X_1 和 X_2，根据干燥过程中湿物料中水分的减少量等于空气中水分的增加量，得

$$G_c(X_1-X_2)=L(H_2-H_1) \tag{13-34}$$

式中，L 为绝干空气流量，kg/s。

干燥过程的水分蒸发流量 W 则为

$$W=G_c(X_1-X_2)=L(H_2-H_1) \tag{13-35}$$

蒸发流量为 W 的水分，所消耗的干空气流量为

$$L=\frac{W}{H_2-H_1} \tag{13-36}$$

计算空气流量的目的是确定风机的负荷和预热器的供热量以及计算干燥器的尺寸。风机的风量由湿空气的体积流量 V 确定。湿空气的体积流量由下式求得

$$V=L\upsilon_H \tag{13-37}$$

式中，υ_H 为湿空气的湿比容，m^3/kg 绝干空气。

13.5.2 热量衡算

如图 13-16 所示，初态为 t_0、H_0 的湿空气先经预热器加热，温度升至 t_1，预热过程中除空气的湿度不变外，其他各项参数都发生变化。预热后的空气进入干燥器与物料进行传热、传质，因为空气用量一般有限，空气温度下降而湿度增加，离开干燥器时空气的温度为 t_2、湿度为 H_2、相对湿度为 φ_2。空气与被干燥物料的接触方式可以是逆流、并流或错流。在干燥过程中物料的温度也会发生变化，假定其初始温度和出口温度分别为 θ_1 和 θ_2。

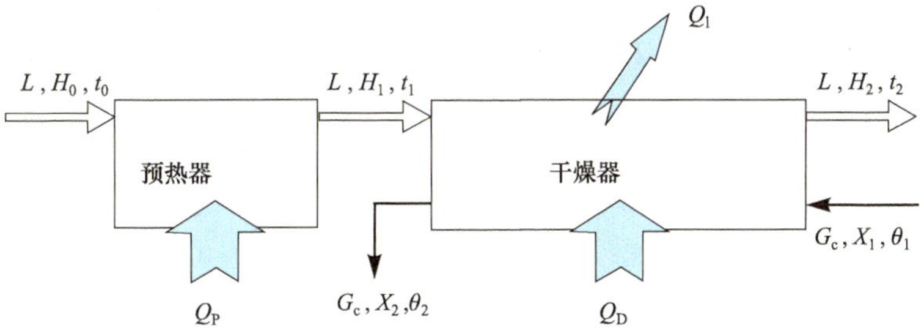

图 13-16 干燥系统的物料衡算和热量衡算

1. 预热器的热量衡算

设空气的预热过程为稳定过程，当忽略热损失时，根据热量守衡，有

$$LI_0 + Q_P = LI_1 \tag{13-38}$$

即

$$Q_P = L(I_1 - I_0) \tag{13-39}$$

式中，Q_P 为外界在单位时间内向预热器加入的热量，kW；L 为绝干空气流量，kg/s；I_0、I_1 分别表示空气进、出预热器的焓，kJ/kg 绝干空气。

若忽略温度变化对湿空气比热容的影响，将焓与温度、比热容的关系式式(13-9)代入式(13-39)得

$$Q_P = L(1.01 + 1.88H_0)(t_1 - t_0) \tag{13-40}$$

2. 干燥器的热量衡算

对于稳态过程，进入和离开干燥器的热量相等。

进入干燥器的热量包括：由干燥介质和湿物料带进的热量 LI_1 和 $G_c I_1'$；有时候外界还需给干燥器提供热量，记作 Q_D。所以进入干燥器的三项热量为 $LI_1 + G_c I_1' + Q_D$。

离开干燥器的热量也有三项：由干燥介质和湿物料带出的热量 LI_2 和 $G_c I_2'$ 以及干燥器因为保温不良损失到环境的热量 Q_l。所以离开干燥器的三项热量为 $LI_2 + G_c I_2' + Q_l$。

对干燥器进行热量衡算得

$$LI_1 + G_c I_1' + Q_D = LI_2 + G_c I_2' + Q_l \tag{13-41}$$

式中，Q_D 为单位时间内外界加入干燥器的热量，kW；Q_l 为单位时间内干燥过程损失的热量，

kW；I_1、I_2分别为空气进、出干燥器的焓，kJ/kg 绝干空气；I_1'、I_2'分别为物料进、出干燥器的焓，kJ/kg 绝干物料；G_c为绝干物料流量，kg/s；L 为绝干空气流量，kg/s。

将式(13-41)移项并整理得

$$Q_D = L(I_2 - I_1) + G_c(I_2' - I_1') + Q_l \tag{13-42}$$

3. 干燥系统的总热量衡算

将式(13-39)与式(13-42)相加并整理得干燥系统的总加热量

$$Q = Q_D + Q_P = L(I_2 - I_0) + G_c(I_2' - I_1') + Q_l \tag{13-43}$$

式中，Q 为干燥系统单位时间的总加热量，kW。

4. 干燥过程的近似计算

1) 等焓干燥

干燥器无外加热量，Q_D=0；假设干燥器保温良好，热损失可以忽略，Q_l=0；物料在干燥过程中的显热变化可以忽略，由式(13-42)得

$$L(I_2 - I_1) = 0 \tag{13-44}$$

所以

$$I_1=I_2$$

即干燥过程无外加热量、固体物料温度变化不大，而且保温良好的干燥器可以近似认为是等焓干燥器，此过程称为等焓干燥过程，又称绝热干燥过程。在此过程中，空气通过干燥器降温所放出的显热全部用于蒸发湿物料中的水分，汽化的水蒸气又将潜热带回空气中，故空气在干燥器中等焓。

实际干燥操作中很难实现这种等焓过程，故等焓干燥过程又称为理想干燥过程。

2) 干燥系统总加热量 Q 的近似计算

式(13-43)可以作如下近似处理：

(1) 空气状态变化 $L(I_2 - I_0)$ 项的近似处理。空气通过预热器和干燥器获得的热量为

$$\begin{aligned} L(I_2 - I_0) &= L\left[(c_{H_2}t_2 + 2490H_2) - (c_{H_0}t_0 + 2490H_0)\right] \\ &= L\left[c_{H_0}(t_2 - t_0) + (c_{H_2} - c_{H_0})t_2 + 2490(H_2 - H_0)\right] \end{aligned} \tag{13-45}$$

根据干燥介质比热容的定义，展开式(13-45)右边的第二项

$$(c_{H_2} - c_{H_0})t_2 = (c_{a2} + c_{v2}H_2 - c_{a0} - c_{v0}H_0)t_2$$

若忽略温度对干空气比热容 c_a 和水蒸气比热容 c_v 的影响，上式可近似改写为

$$(c_{H_2} - c_{H_0})t_2 = c_{v0}(H_2 - H_0)t_2 \tag{13-46}$$

结合式(13-35)、式(13-45)和式(13-46)得

$$L(I_2 - I_0) = Lc_{H_0}(t_2 - t_0) + W(c_{v0}t_2 + 2490) \tag{13-47}$$

(2) 物料状态变化 $G_c(I_2' - I_1')$ 项的近似处理。与湿空气的比热容、焓的定义相似，湿物料比热容、焓的定义也以 1kg 绝干物料为基准，即湿物料的比热容、焓分别为

$$c_m=c_s+c_wX$$

$$I'=c_m\theta=(c_s+c_wX)\theta$$

式中，c_m 为以 1kg 绝干物料为基准的湿物料的比热容，kJ/(kg 绝干物料 · ℃)；c_s 为绝干物料比热容，kJ/(kg · ℃)；c_w 为水的比热容，kJ/(kg · ℃)；θ 为物料温度，℃。

于是，物料通过干燥器获得的热 $G_c(I_2'-I_1')$ 可表示为

$$G_c(I_2'-I_1')=G_c\left[(c_{s2}+c_{w2}X_2)\theta_2-(c_{s1}+c_{w1}X_1)\theta_1\right]$$

将物料衡算 $W=G_c(X_1-X_2)$代入上式得

$$G_c(I_2'-I_1')=G_c\left[(c_{s2}+c_{w2}X_2)\theta_2-(c_{s1}+c_{w1}X_2)\theta_1-\frac{W}{G_c}c_{w1}\theta_1\right]$$

若忽略干物料的比热容 c_s 和水的比热容 c_w 随温度的变化，则上式可近似为

$$G_c(I_2'-I_1')=G_cc_{m2}(\theta_2-\theta_1)-Wc_{w1}\theta_1 \tag{13-48}$$

(3) 干燥系统总加热量 Q 的近似计算。将式(13-47)和式(13-48)代入式(13-43)，并取水的比热容 c_w=4.187kJ/(kg · ℃)，则系统总加热量 Q 可写为

$$Q=Lc_{H_0}(t_2-t_0)+W(1.88t_2+2490-4.187\theta_1)+G_cc_{m2}(\theta_2-\theta_1)+Q_l \tag{13-49}$$

由式(13-49)可知，向干燥系统输入的总热量 Q 消耗于以下几个方面：①加热空气，其值为 $Lc_{H_0}(t_2-t_0)$；②蒸发水分，其值为 $W(1.88t_2+2490-4.187\theta_1)$；③加热物料，其值为 $G_cc_{m2}(\theta_2-\theta_1)$；④热损失，其值为 Q_l。

例 13-9 在带式干燥器中将 242.8kg/h 钛白浆料从含水量 50.0%干燥到 0.5%(均为湿基)，干钛白粉的比热容为 0.71kJ/kg，空气进预热器前温度 t_0=25℃，相对湿度 φ_0=55%，经过预热器加热到 t_1=140℃后再进入干燥器，离开干燥器时 t_2=80℃。物料进入干燥器时温度 θ_1=25℃，离开干燥器时 θ_2=60℃。干燥器的热损失为 18000kJ/h，计算绝干空气流量(kg 绝干空气/h)和预热器中的传热量(kW)。(提示：25℃时水的饱和蒸气压为 3.168kPa)

解 先作物料衡算。物料的干基含水量

$$X_1=\frac{50}{50}=1\ (\text{kg 水/kg 绝干物料}),\quad X_2=\frac{0.005}{1-0.005}=0.0050\ (\text{kg 水/kg 绝干物料})$$

$$G_c=G_1(1-w_1)=242.8\times(1-0.5)=121.4(\text{kg 绝干物料/h})$$

$$W=G_c(X_1-X_2)=121.4\times(1-0.0050)=120.8(\text{kg 水/h})$$

$$p=\varphi p_s=0.55\times3.168=1.742\ (\text{kPa})$$

$$H_0=H_1=0.622\frac{p}{P-p}=0.622\times\frac{1.742}{101.33-1.742}=0.0109(\text{kg 水/kg 绝干空气})$$

所以

$$L(H_2-H_1)=L(H_2-0.0109)=120.8(\text{kg/h}) \tag{i}$$

空气各状态点的焓

$$I_0=(1.01+1.88\times0.0109)\times25+2490\times0.0109=52.9(\text{kJ/kg绝干空气})$$

$$I_1=(1.01+1.88\times0.0109)\times140+2490\times0.0109=171.4\ (\text{kJ/kg绝干空气})$$

$$I_2=(1.01+1.88H_2)\times80+2490H_2=80.8+2640.4H_2$$

湿物料的焓

$$I_1'=(0.71+4.187\times1.0)\times25=122.4(\text{kJ/kg绝干物料})$$

$$I_2'=(0.71+4.187\times0.0050)\times60=43.9(\text{kJ/kg绝干物料})$$

对干燥器作热量衡算

$$L(I_1-I_2)=G_c(I_2'-I_1')+Q_l$$

代入数据得

$$L(171.4-80.8-2640.4H_2)=121.4\times(43.9-122.4)+18000$$

$$L(90.6-2640.4H_2)=8470.1(\text{kJ/h}) \quad (\text{ii})$$

联立式(i)及式(ii)，解得

$$H_2=0.0337(\text{kg 水/kg 绝干空气}),\ L=5298.2(\text{kg 绝干空气/h}),\ I_2=169.8(\text{kJ/kg 绝干空气})$$

对预热器作热量衡算

$$Q_P=L(I_1-I_0)=5298.2\times(171.4-52.9)=627836.7(\text{kJ/h})\text{或 }174.4(\text{kW})$$

13.5.3 空气在干燥过程中的状态变化

空气在干燥过程中的状态变化如图 13-17 中折线 *ABC* 或 *ABC'*所示，新鲜空气(*A* 点)经预热器等湿升温至 *B* 点，再进入干燥器，空气在干燥器中经过增湿和降温达到 *C* 或 *C'*点。在干燥器中湿空气的状态如何变化，即沿 *BC* 变化(等焓过程)还是 *BC'*变化(非等焓过程)，需要通过物料衡算和热量衡算才能确定。

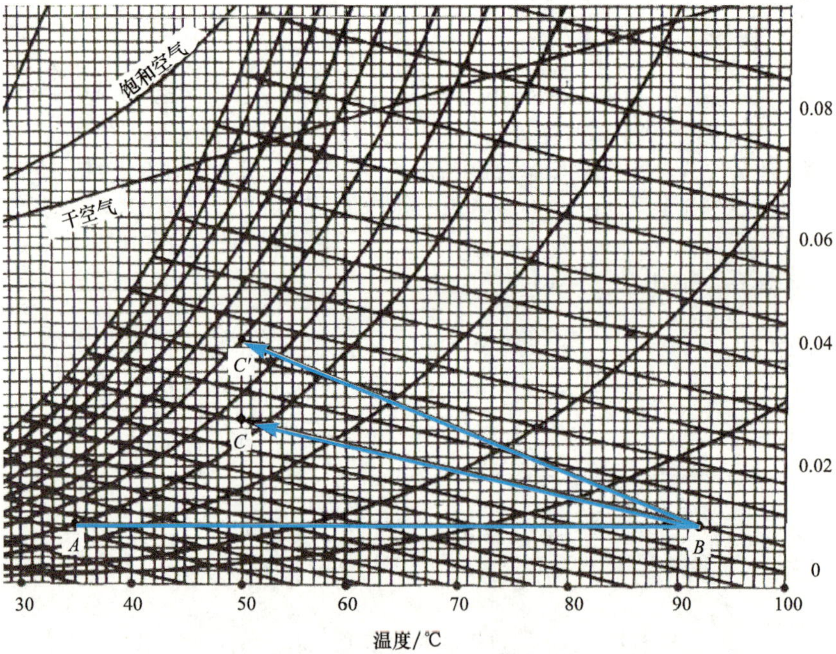

图 13-17 干燥过程中空气状态变化

空气的初始状态通常已知，如例 13-9。在计算时须先确定空气离开干燥器的状态参数 t_2、H_2 中的一个值，然后再根据物料衡算和热量衡算求解另外一个。注意，不能同时确定两个参数。空气离开干燥器的温度 t_2 的确定一般依据以下原则：须比空气进入干燥器时的绝热饱和温度高 20～50℃，这样才能保证空气在干燥器后续相关设备中不致析出水滴，否则，将会使产品返潮，且易造成管道堵塞和设备材料的腐蚀。

确定空气在干燥器中的状态变化颇为繁琐，下面分为等焓过程、非等焓过程以及空气的混合或循环过程讨论。

1. 等焓干燥过程中空气的状态变化

等焓干燥过程中，空气的焓不变，如果已知空气离开干燥器的温度为 t_2，空气通过干燥器的状态变化如下：从图 13-17 中 B 点开始沿绝热饱和线变化，直到与等 t 线相交于温度 t_2，交点 C 表示离开干燥器的空气状态。由点 C 即可查得离开干燥器空气的其他参数。

2. 非等焓干燥过程中空气的状态变化

与等焓干燥过程不同，当干燥过程为非等焓时，即使已知空气离开干燥器的温度 t_2，尚无法确定离开干燥器的空气状态点 C，还需通过干燥过程的物料衡算和热量衡算才能确定。空气通过干燥器的状态变化可能为焓增也可能是焓减，焓增过程如图 13-17 中 BC'所示。在例 13-9 的计算中，I_2略小于 I_1 为焓减过程，图中未画出。

3. 在混合或循环过程中空气的状态变化

不像机械力除水，用空气作为介质除去湿物料的水分，空气必须将热传给物料，物料中的水分吸收了热并汽化后再被空气带走，所以干燥是能耗较大的单元操作过程。若采用废气部分循环可以节省能量，还能改善块状物料干燥时的结皮和变形问题。

废气部分循环是指将排出干燥器的废气部分回送到预热器的入口，并与新鲜空气混合后再送至预热器升温，其流程及空气状态变化如图 13-18 所示。

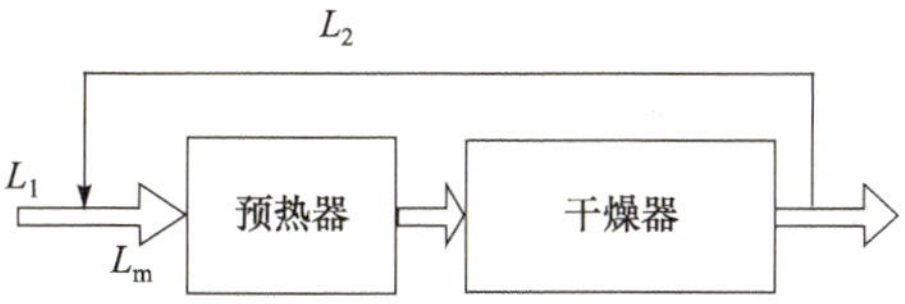

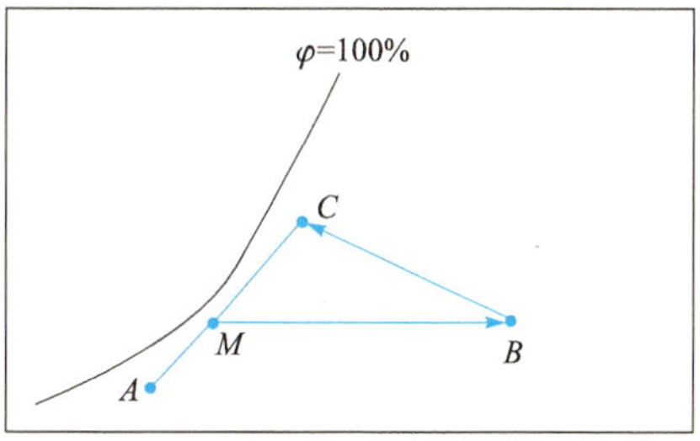

图 13-18 废气循环及空气状态变化

进口空气(A 点，流量 L_1)与部分废气(C 点，流量 L_2)混合，混合过程遵循物料衡算和热量衡算，也可以在 t-H 图上用杠杆规则确定：混合后的状态点 M 落在 A 点和 C 点的连线上，并满足 L_1/L_2 等于线段 $\overline{MC}/\overline{AM}$ (证明从略)。

混合过程中绝干空气流量满足物料衡算

$$L_m=L_1+L_2 \tag{13-50}$$

式中，L_1、L_2分别为两股湿空气中绝干空气流量，kg/s；L_m为混合后空气的总绝干空气流量，kg/s。

再对空气中的水蒸气作物料衡算得

$$L_mH_m=L_1H_1+L_2H_2 \tag{13-51}$$

式中，H_1、H_2 分别为两股空气的湿度，kg/kg 绝干空气；H_m为混合后的空气湿度，kg/kg 绝干空气。

由式(13-50)及式(13-51)导出混合空气湿度

$$H_m=\frac{L_1}{L_1+L_2}H_1+\frac{L_2}{L_1+L_2}H_2 \tag{13-52}$$

对混合过程作热量衡算

$$L_mI_m=L_1I_1+L_2I_2 \tag{13-53}$$

由式(13-50)及式(13-53)可得混合后的空气焓

$$I_m = \frac{L_1}{L_1 + L_2} I_1 + \frac{L_2}{L_1 + L_2} I_2 \tag{13-54}$$

例 13-10 在常压连续逆流干燥器中将某物料自湿基含水量 50%干燥至 6%，采用废气循环操作，即将干燥器出口废气中的一部分和新鲜空气相混合，混合气经预热器加热到必要的温度后再送入干燥器，如图 13-19 所示。循环比(废气中绝干空气质量和混合气中绝干空气质量之比)为 0.8。设空气在干燥器中经历等焓过程。已知新鲜空气的状态为 t_0=25℃、H_0=0.005kg 水/kg 绝干空气，废气的状态为 t_2=38℃、H_2=0.034kg 水/kg 绝干空气。试求每小时干燥 1000kg 湿物料所需的新鲜空气流量及预热器的传热量。设预热器的热损失可忽略。

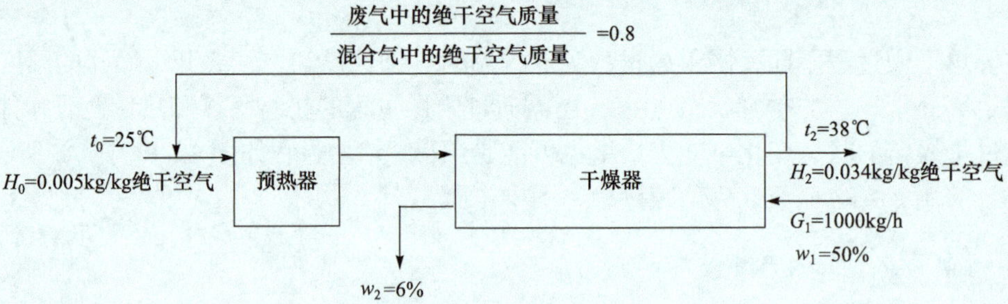

图 13-19 例 13-10 附图 1

解 $G_c=G_1(1-w_1)=1000\times(1-0.5)=500$(kg 绝干物料/h)

物料的干基含水量为

$$X_1=50/50=1 \qquad X_2=6/94$$

干燥器的除水流量

$$W=G_c(X_1-X_2)=500\times(1-6/94)=468.1\text{(kg/h)}$$

新鲜空气中绝干空气流量 L 可由对整个干燥系统的物料衡算求得，即

$$L(H_2-H_0)=W$$

故

$$L=\frac{W}{H_2-H_0}=\frac{468.1}{0.034-0.005}=16141.4\text{（kg绝干空气/h）}$$

故新鲜空气用量为

$$L_0=L(1+H_0)=16141.4\times(1+0.005)=16222.1\text{(kg/h)}$$

混合后的绝干空气流量

$$L_m=\frac{L}{0.2}=\frac{16141.4}{0.2}=80707.0\text{ (kg 绝干空气/h)}$$

$$I_0=(1.01+1.88H_0)\times t_0+2490\times H_0=(1.01+1.88\times0.005)\times25+2490\times0.005=37.94\text{(kJ/kg)}$$

$$I_2=(1.01+1.88H_2)\times t_2+2490\times H_2=(1.01+1.88\times0.034)\times38+2490\times0.034=125.50\text{(kJ/kg)}$$

因为干燥过程为等焓过程，所以

$$I_1=I_2=125.50\text{(kJ/kg)}$$

由式(13-54)得

$$I_m=\frac{L_1}{L_1+L_2}I_0+\frac{L_2}{L_1+L_2}I_2=0.2I_0+0.8I_2$$

$$=0.2\times37.94+0.8\times125.5=108.0\text{(kJ/kg绝干空气)}$$

对预热器作热量衡算得

$$Q_P=L_m(I_1-I_m)=80707.0\times(125.5-108.0)=1.412\times10^6\text{(kJ/h)}$$

本例也可以用杠杆规则图解法确定混合气的 I_m。由 t_0=25℃、H_0=0.005kg/kg 绝干空气确定新鲜空气的状态点 A，由 t_2=38℃、H_2=0.034kg/kg 绝干空气确定废气状态点 N。连接点 A 及点 N，根据杠杆规则在 AN 线上确定混合点 M 如下：

$$\frac{\overline{MN}}{\overline{MA}}=\frac{\text{新鲜空气中绝干空气的质量}}{\text{废气中绝干空气的质量}}=\frac{0.2}{0.8}=\frac{1}{4}$$

根据上述比例值在 t-H 图中确定混合点 M(见示意图 13-20)，并读取混合气的参数为 t_m=36℃、H_m=0.028kg/kg 绝干空气。于是

$$I_m=(1.01+1.88H_m)\times t_m+2490\times H_m$$
$$=(1.01+1.88\times 0.028)\times 36+2490\times 0.028$$
$$=108.0(\text{kJ/kg})$$

过点 M 的等 H 线(H=0.028)与过点 N 的绝热饱和线相交于点 B，由 B 点读取空气经预热器预热后的参数为 t_1=54℃、H_1=H_m=0.028kg/kg 绝干空气，于是

$$I_1=(1.01+1.88H_1)\times t_1+2490\times H_1$$
$$=(1.01+1.88\times 0.028)\times 54+2490\times 0.028$$
$$=127.1(\text{kJ/kg})$$

其余计算同上。

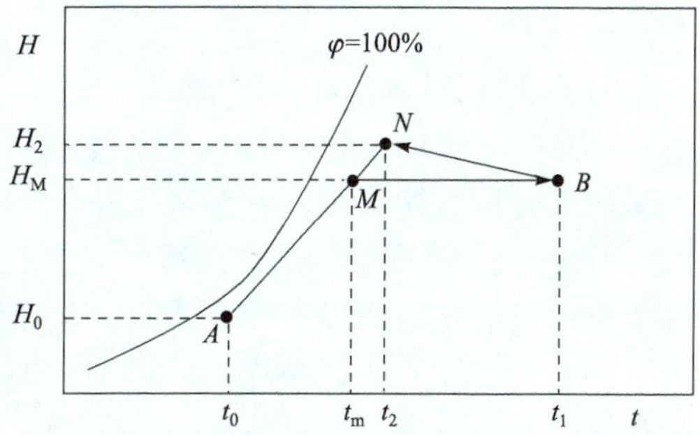

图 13-20 例 13-10 附图 2

13.5.4 干燥系统的热效率和节能

干燥是耗能较大的单元操作，弄清楚影响各种能耗的因素，特别是蒸发水分所耗能量的比例，对提高干燥过程的能量利用率有重要意义。

1. 干燥系统的热效率

前面已提及，对流干燥过程的热能主要消耗在新鲜空气和物料的加热、水分蒸发和热损失等四个方面。大量工业统计数据表明，供给干燥器热量的 20%～60%用于水分蒸发，5%～25%用于加热物料，15%～40%随废气排空损失掉，3%～10%为保温不良造成的热损失，5%～20%为其他损失。

干燥系统的热效率 η 是指干燥过程中用于水分蒸发的热量与外界提供的总加热量之比，即

$$\eta=\frac{\text{水分蒸发需要的热量}}{\text{外界提供的总加热量}}\times 100\% \tag{13-55}$$

由式(13-49)可知，水分蒸发需要的热量为

$$Q_w=W(2490+1.88t_2-4.187\theta_1) \tag{13-56}$$

故干燥系统的热效率

$$\eta=\frac{W(1.88t_2+2490-4.187\theta_1)}{Q_P+Q_D}\times 100\% \tag{13-57}$$

对于等焓干燥过程(又称理想干燥过程)，因空气通过干燥器降温所放出的显热全部用于蒸发湿物料中的水分，且 $Q_D=0$，故等焓干燥过程(理想干燥过程)的热效率为

$$\eta_{\text{理想}}=\frac{\text{空气通过干燥器放出的显热}}{Q_P}\times 100\% \tag{13-58}$$

空气通过干燥器时，温度由 t_1 降至 t_2 所放出的显热为

$$Q_d = L(1.01+1.88H_0)(t_1-t_2) \tag{13-59}$$

将式(13-59)及 Q_P 表达式式(13-40)代入式(13-58)得

$$\eta_{理想} = \frac{L(1.01+1.88H_0)(t_1-t_2)}{L(1.01+1.88H_0)(t_1-t_0)}\times 100\% = \frac{t_1-t_2}{t_1-t_0}\times 100\% \tag{13-60}$$

干燥器的热效率表示干燥器操作的性能，效率越高表示热能的利用程度越好。

2. 典型干燥设备的热效率数据

1) 热风式对流干燥器的热效率

用热空气作为干燥介质的干燥器热效率 η=30%～60%，η 随进气温度 t_1 的提高而上升。当采用部分废气循环时，η=50%～75%。

2) 过热蒸汽干燥器的热效率

采用过热蒸汽作为干燥介质时，从干燥器中排出的已降温的过热蒸汽并不全部向环境排放，而是只排出在干燥过程中所增加的那一部分蒸汽，其余的过热蒸汽再经预热器加热提高过热度后作为干燥介质重新进入干燥器。因此，理论上过热蒸汽干燥器的热效率可达 100%，但实际一般为 70%～80%。

3) 传导式干燥器的热效率

在传导式干燥器中，有时为了移走干燥过程中蒸发的湿分，会通入少量空气(或其他惰性气体)，这样可及时移走水蒸气，可将干燥速率提高 20%左右，少量空气的排放会损失少量热量，使干燥过程的热效率稍有降低。若不通入少量介质带走水蒸气，热效率会提高，但干燥速率下降，这意味着需要较大的干燥器容积。这种干燥器的热效率一般为 70%～80%。

4) 辐射干燥器的热效率

这种形式的干燥器，由于需要大量的热量去加热湿物料周围的空气，故热效率较低，一般只有 30%左右。

在理想情况下(干燥在绝热条件下进行，固体物料和水蒸气不被加热，也不存在其他热量交换)蒸发 1kg 水分所需的能量为 2200～2700kJ/kg，而实际干燥过程的单位能耗比理论值要高得多。

3. 干燥系统的节能措施

(1) 选择热效率高的干燥设备。

(2) 降低干燥器的蒸发负荷。在物料进入干燥器前，通过机械法尽可能多地除去水分是干燥器节能的最有效方法之一。例如，将固体含量为 30%的料液增浓到 32%，其产量和热量利用率提高约 9%。

(3) 提高干燥系统的热效率。前面已叙述，向干燥系统输入的总热量 Q 主要消耗于加热新鲜空气、蒸发水分、加热物料和热损失。为提高干燥系统的热效率，具体可以采取以下措施：

(ⅰ) 减少干燥过程的各项热损失。一般说来，干燥器的热损失不会超过 10%。若保温适宜，热损失约为 5%。应当用一个最佳保温层厚度以减少热损失。

调整好送风机和副风机串联的操作参数使系统处于零表压状态操作，这样可以避免对流干燥器因干燥介质的漏入或漏出造成干燥器热效率的下降。

(ⅱ) 提高干燥器进口空气温度、降低出口废气温度或提高出口废气湿度。提高干燥器

进口空气温度、降低出口废气温度，有利于提高干燥器热效率。但是，对流式干燥器的能耗主要由蒸发水分和废气带走两部分组成，前者占 15%～40%。降低出口废气温度比提高进口空气温度更经济，既可以提高干燥器热效率又可增加生产能力。但废气出口温度受两个因素限制：一是产品含水量；二是返潮问题，要保证其温度高于进口空气绝热饱和温度 20～50℃。

由式(13-36)可见，当干燥器的除水量一定时，空气出口湿度提高，则可节省空气的消耗量，降低输送空气的能量消耗。

(iii) 部分废气循环。部分废气循环后热效率有所提高，但是热空气的湿度也增加，干燥推动力减小，干燥时间增加，干燥装置费用也增加。

13.6 干燥介质状态变化时的干燥时间计算

只有使用大量的干燥介质干燥少量的湿物料，才可以近似认为干燥条件恒定，即干燥介质的状态(t、H 或 I 等)及其流动状态恒定不变。通常在干燥过程中难以保持恒定干燥条件，尤其是除湿量较大的干燥过程中，介质的温度下降，湿度升高，这时干燥时间不能按恒定干燥条件计算。

与恒定干燥条件下的干燥过程相比，此时干燥介质的状态参数变化规律不再相同，但物料经历的温度变化规律和水分汽化规律仍然与恒定干燥条件时的特征相似(图 13-21)。干燥第一阶段仍为表面汽化过程，主要是汽化非结合水分；干燥第二阶段是水分内部迁移汽化过程，主要是汽化部分非结合水分和部分结合水分。

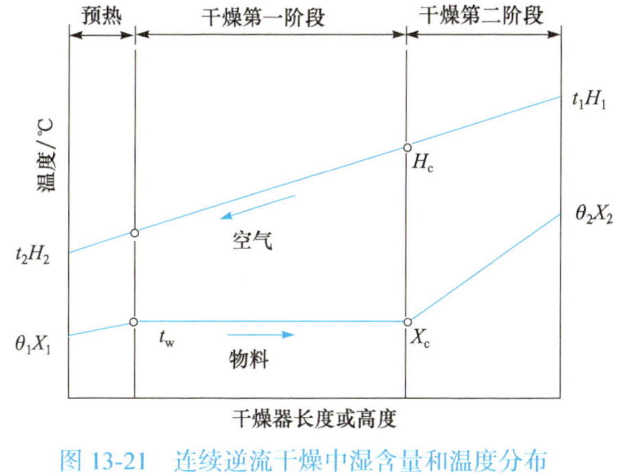

图 13-21 连续逆流干燥中湿含量和温度分布

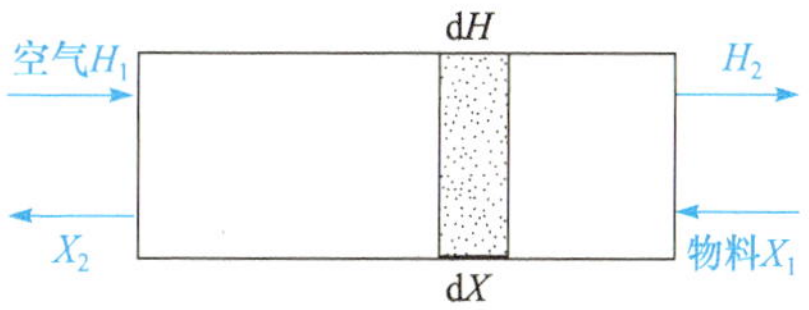

图 13-22 连续逆流干燥过程

1. 干燥第一阶段的干燥时间计算

前面已提及，表面汽化阶段的干燥速率由干燥介质的状态控制。当干燥介质发生变化时，干燥速率也随之变化。将式(13-21)代入式(13-23)中并积分得干燥第一阶段的干燥时间为

$$\tau_1 = -\frac{G_c}{A}\int\frac{dX}{k_H(H_w - H)} \tag{13-61}$$

对第一干燥阶段，物料表面温度即是空气的湿球温度 t_w，其变化很小可近似认为恒定，故 H_w 为定值。

设空气与物料为逆流操作，对图 13-22 中微小长度或高度作水分物料衡算

$$LdH = G_c dX \tag{13-62}$$

将式(13-62)代入积分式式(13-61)，并取积分范围为(H_c，H_2)，得

$$\tau_1 = -\frac{L}{A}\int_{H_c}^{H_2} \frac{dH}{k_H(H_w - H)} \tag{13-63}$$

积分式(13-63)可得

$$\tau_1 = \frac{L}{Ak_H}\ln\frac{H_w - H_c}{H_w - H_2} \tag{13-64}$$

也可以将式(13-22)代入式(13-23)中并积分得干燥第一阶段的干燥时间的另一表达式，即

$$\tau_1 = -\frac{1}{A}\int_{X_1}^{X_c} \frac{r_w G_c dX}{\alpha(t - t_w)} \tag{13-65}$$

将式(13-14)改写为微分式，有

$$-\frac{r_w}{c_H} dH = dt \tag{13-66}$$

结合式(13-62)和式(13-66)得

$$-\frac{r_w}{c_H} LdH = -\frac{r_w G_c}{c_H} dX = Ldt \tag{13-67}$$

将式(13-67)代入积分式式(13-65)，并整理得

$$\tau_1 = \frac{Lc_H}{\alpha A}\int_{t_2}^{t_c} \frac{dt}{t - t_w} \tag{13-68}$$

积分式(13-68)可得到用温度推动力计算干燥时间的关联式

$$\tau_1 = \frac{Lc_H}{A\alpha}\ln\frac{t_c - t_w}{t_2 - t_w} \tag{13-69}$$

式中，c_H可取进、出口处的算术平均值；临界点处的空气温度 t_c 可通过式(13-14)及干燥器的总物料衡算式求取，即通过以下两式求取：

$$t_c = t_w + \frac{r_w}{c_H}(H_w - H_c) \tag{13-70}$$

$$L(H_c - H_1) = G_c(X_c - X_2) \tag{13-71}$$

式(13-69)与式(13-64)相比计算误差更小。

2. 干燥第二阶段的干燥时间计算

与恒定干燥条件下的干燥过程类似，干燥介质状态变化时，降速干燥阶段的干燥机理仍属于物料内部湿分迁移控制过程，干燥速率仍取决于物料本身结构、形状和尺寸，与干燥介质的状态参数关系不大，因此，降速段干燥时间的计算与恒定干燥条件下的降速段干燥时间的计算是一致的。如果干燥速率 U 与物料含水量 X 呈线性关系，则降速段的干燥时间仍可用式(13-31)计算，即

$$\tau_2 = \frac{G_c(X_c - X^*)}{AU_c}\ln\frac{X_c - X^*}{X_2 - X^*}$$

式中，U_c为临界干燥速率，kg/(m^2 · s)，仍可用式(13-21)或式(13-22)计算。

例 13-11　带式干燥器每天生产含水量 1%(干基)的钛白粉 5.0t，进入干燥器空气的状态、物料条件与例 13-8 的相同，不同的是空气以 3.0m/s 的速度平行地逆流通过钛白层表面，空气与物料的接触时间长，故干燥过程中空气状态发生了变化，湿度升高，温度下降，空气离开干燥器的温度为 80℃；钛白浆的进口湿基含水量为 50%，温度为 20℃，出口温度为 60℃，钛白粉的比热容为 0.71kJ/kg。干燥器热损失为 18000kJ/h。分别计算第一阶段和第二阶段的干燥时间。

解　根据例 13-8 可知，钛白粉干基临界含水量为 0.47，空气进入干燥器的温度为 160℃，湿度 H_0=0.018，湿球温度计算值为 t_w=45.5℃，在该温度下的汽化热 r_w=2388.9kJ/kg。查图 13-6 得 H_w=0.066。

钛白浆的干基含水量，X_1=1.0，X_2=0.01，绝干钛白粉量为

$$G_c = \frac{G_2}{24}\frac{1}{1+X_2} = \frac{5000}{24} \times \frac{1}{1+0.01} = 206.25\ \text{(kg/h)}$$

经过干燥器后除水量为

$$W = G_c(X_2 - X_1) = 206.25 \times (1-0.01) = 204.19\ \text{(kg/h)}$$

整个干燥系统的物料衡算

$$L(H_2 - H_0) = W$$

$$L(H_2 - 0.018) = 204.19\ \text{(kg/h)} \tag{i}$$

进、出干燥器的空气焓

$$I_1 = (1.01 + 1.88 \times 0.018) \times 160 + 2490 \times 0.018 = 211.8 (\text{kJ / kg绝干空气})$$

$$I_2 = (1.01 + 1.88 \times H_2) \times 80 + 2490 \times H_2 = 80.8 + 2640.4 H_2$$

进、出干燥器的湿物料的焓

$$I_1' = (c_s + c_w X)\theta = (0.71 + 4.187 \times 1.0) \times 20 = 97.94 (\text{kJ / kg绝干物料})$$

$$I_2' = (0.71 + 4.187 \times 0.01) \times 60 = 45.11\ (\text{kJ / kg绝干物料})$$

对干燥器作能量衡算得

$$L(I_1 - I_2) = G_c(I_2' - I_1') + Q_l$$

即

$$L(211.8-80.8-2640.4H_2)=206.25 \times (45.11-97.94)+18000$$

化简得

$$L(131-2640.4H_2)=7103.81(\text{kJ/h}) \tag{ii}$$

联立式(i)及式(ii)解得

L=6544.0(kg 绝干空气/h)　　　H_2=0.0492(kg 水/kg 绝干空气)

根据例 13-8 给出的临界含水量，将已知数值代入式(13-71)得

$$6544.0(H_c - 0.018) = 206.25 \times (0.47 - 0.01)$$

解得

$$H_c = 0.0325 (\text{kg 水/kg 绝干空气})$$

将已知量 t_w=45.5℃、r_w=2388.9kJ/kg、H_w=0.066 和 H_0=0.018 代入式(13-70)得

$$t_c = 45.5 + \frac{2388.9}{1.01 + 1.88 \times 0.018} \times (0.066 - 0.0325) = 122.2\ (℃)$$

因为例 13-8 已计算 υ_H=1.261m^3/kg，空气的密度为 0.808kg/m^3，所以湿空气的质量流量为

$$L' = u\rho = 3.0 \times 3600 \times 0.808 = 8726.4\ [\text{kg/(m}^2 \cdot \text{h)}]$$

空气平行流过物料表面，故代入式(13-26)得

$$\alpha = 0.0204(L')^{0.8} = 0.0204 \times 8726.4^{0.8} = 28.99\ [\text{W/(m}^2 \cdot ℃)]$$

$$c_{H_0} = 1.01+1.88 \times 0.018 = 1.044 [\text{kJ/(kg 绝干空气} \cdot ℃)]$$

$$c_{H_2} = 1.01+1.88 \times 0.0492 = 1.102 [\text{kJ/(kg 绝干空气} \cdot ℃)]$$

干燥器进、出口处的 c_H 算术平均值为

$$c_H=(1.044+1.102)/2=1.073[\text{kJ/(kg 绝干空气} \cdot ℃)]$$

代入式(13-69)得干燥第一阶段干燥时间为

$$\tau_1=\frac{Lc_H}{A\alpha}\ln\frac{t_c-t_w}{t_2-t_w}=\frac{6544.0\times1.073\times1000}{2\times40\times28.99}\ln\frac{122.2-45.5}{80-45.5}=2418.9(\text{s}) \text{ 或 } 40.3(\text{min})$$

也可以以湿度差作为传质推动力，用式(13-64)计算第一干燥阶段的干燥时间。

临界干燥速率

$$U_c=\frac{\alpha}{r_w}(t_c-t_w)=\frac{28.99}{2388.9\times1000}\times(122.2-45.5)=9.31\times10^{-4}[\text{kg/(m}^2\cdot\text{s)}]$$

由例 13-8 可知，降速阶段是过坐标原点的直线，故干燥第二阶段的干燥时间仍可使用式(13-32)，即

$$\tau_2=\frac{G_cX_c}{AU_c}\ln\frac{X_c}{X_2}=\frac{206.25\times0.47}{2\times40\times9.31\times10^{-4}}\ln\frac{0.47}{0.01}=5011(\text{s}) \text{ 或 } 83.5(\text{min})$$

13.7 干燥器简介

13.7.1 干燥器的分类和选择

1. 干燥器的分类

可根据不同准则对干燥器进行分类。

第一种是以传热方法为基础分类，即传导加热、对流加热、辐射加热以及微波和介电加热。转鼓干燥器采用热传导式干燥，而冷冻干燥器可认为是传导加热的一种特殊情况；厢式干燥器、转筒干燥器、带式干燥器和流化床干燥器等众多干燥器都属于对流加热干燥，工业上这类干燥方式的用途最为广泛。

第二种是根据干燥器的类型分类，如托盘、转鼓、流化床、气流或喷雾干燥器。

另外，按照产品在干燥器中的停留时间分类，停留很短时间(<1min)的有气流、喷雾、转鼓干燥器，停留很长时间(>1h)的有隧道、小推车或带式干燥器。在大多数干燥器中的停留时间居于两者之间。另外，也可按原料的物理形状来分类。

案例 微纳米含能材料干燥技术

2. 干燥器的选择

工业上需要处理的物料种类繁多，选择干燥器时要考虑很多因素。通常干燥器的选择主要依据被处理物料的性质、形状和尺寸等因素。

许多无机颜料和有机染料是热敏性物料，常需在低温和无空气条件下进行干燥，最为广泛采用的干燥器是再循环型小推车和托盘厢式干燥器。

极度热敏性物料(如抗生素、血浆原生质)要求特殊的干燥处理，要采用冷冻干燥或高真空托盘干燥。

一些材料(如含能材料)在干燥过程中对防静电、防摩擦、防碰撞等方面有特殊的安全要求，可以采用间歇式或带式高真空干燥器。

产量大的天然矿砂、无机化合物及重化工产品的干燥处理通常使用连续转筒干燥器、带

式干燥器和流化床干燥器等。

所处理的物料从溶液到膏状黏稠物，如明胶、糊精、酵母和淀粉等食品类，聚丙烯酰胺和合成树脂等化工类，通常选用转鼓式干燥器。

一些食品的干燥特别是干燥后需保留其香味、美味时，广泛采用喷雾干燥器和冷冻干燥器。

13.7.2 常用的干燥器

1. 隧道干燥器和厢式干燥器

隧道干燥器和厢式干燥器(图 13-23)是有悠久历史的干燥设备，适用于有爆炸性和易碎的物料，胶黏性、可塑性物料，粒状物料，膏浆状物料，陶瓷制品，棉纱纤维及其他纺织物等。

厢式干燥器外形像箱子，如图 13-23 所示。厢式干燥器中一般用盘架盛放物料。其优点是容易装卸、物料损失小、易清洗。因此对于需要经常更换的产品、价高的成品或小批量物料，厢式干燥器有明显优势。随着新型干燥设备的不断出现，目前厢式和隧道干燥器在干燥工业生产中仍占有一席之地。

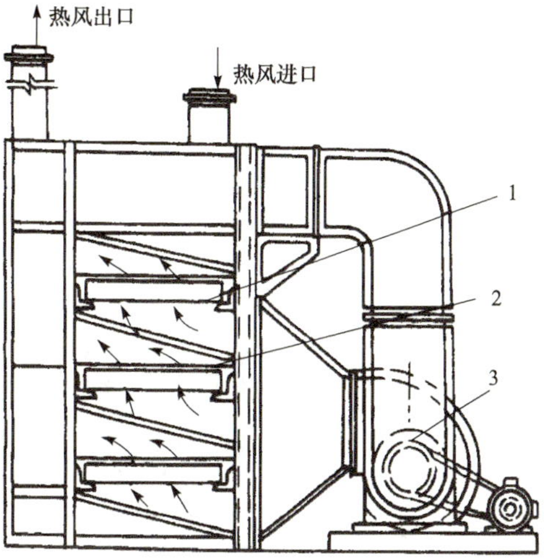

图 13-23 穿流气流厢式干燥器

1.料盘；2.盖网；3.风机

厢式干燥器的主要缺点如下：物料得不到分散，干燥时间长；若物料量大，所需的设备容积也大；劳动强度大，定时装卸或翻动物料时，粉尘飞扬，环境污染严重；热效率低，一般在 40%左右。每干燥 1kg 水分需消耗加热蒸汽 2.5kg 以上。此外，产品质量不够稳定。因此随着干燥技术的发展将逐渐被新型干燥器取代。

厢式干燥器是间歇性干燥器，物料处理量很少。隧道干燥器是连续式干燥器，将被干燥物料放置在小车内、运输带上或架子上，物料沿着干燥室中的通道向前移动，并一次通过通道，如图 13-24 所示。隧道干燥器主要用于需要较长干燥时间的物料及大件物料，如木材、陶瓷制品和各种散粒状物料。

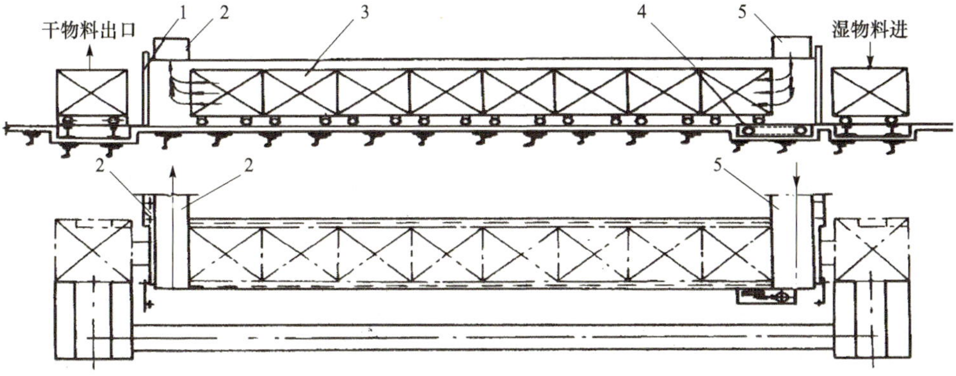

图 13-24 旁堆式隧道干燥器

1.拉开式门；2.废气出口；3.小车；4.移动小车的机构；5.干燥介质进口

隧道干燥器通常由隧道和小车两部分组成。干燥器的器壁用砖或带有绝热层的金属材料构成。隧道的宽度一般不超过 3.5m。干燥器长度由物料干燥时间、干燥介质流速和允许阻力确定，长度通常不超过 50m。截面流速一般不大于 2～3m/s。

隧道干燥器的热源可用废气、蒸汽、加热空气、烟道气等。

在隧道干燥器内可以采用逆流、并流操作流程。对于很多的物料，如果只采取逆流操作，可能引起局部冷凝现象，影响产品质量。如果只采用并流操作，干燥过程一开始进行得较顺利，但在干燥过程后段时间，干燥速率降低。

2. 转筒干燥器

1) 转筒干燥器的工作原理

转筒干燥器的主体是略带倾斜并能回转的圆筒体。这种装置的工作原理简图如图 13-25 所示。湿物料从左端上部加入，经过圆筒内部时，与通过筒内的热风或加热壁面进行有效接触而被干燥，干燥后的产品从右端下部收集。在干燥过程中，物料借助于圆筒的缓慢转动，在重力的作用下从较高一端向较低一端移动。筒体内壁装有顺向抄板，它不断地把物料抄起又洒下，增大物料的接触表面，以提高干燥速率并促使物料向前移动。转筒干燥器广泛用于冶金、建材、化工等领域。

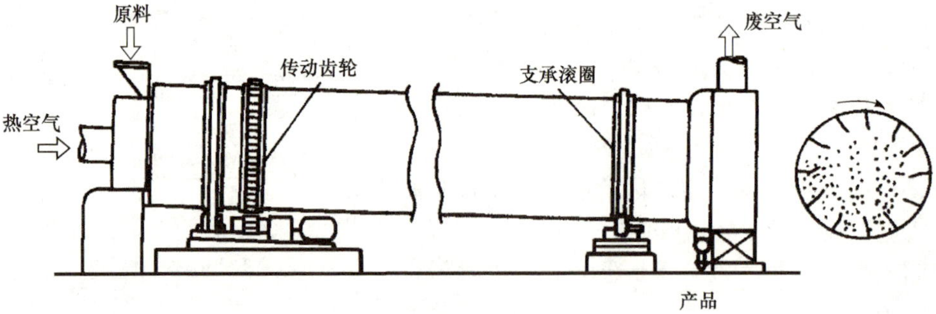

图 13-25 转筒干燥器工作原理简图

2) 转筒干燥器的特点

转筒干燥器有如下优点：①生产能力大，可连续操作；②结构简单，操作方便；③故障少，维修费用低；④适用范围广，可用于干燥附着性大的物料；⑤操作弹性大；⑥清扫容易。缺点是：①设备庞大，一次性投资多；②安装、拆卸困难；③热效率低；④物料在干燥器内停留时间长，且物料颗粒之间的停留时间差异较大，因此不适于对温度有严格要求的物料。

3) 转筒干燥器的分类和适用范围

按照物料和热载体的接触方式，转筒干燥器主要包括直接加热转筒干燥器和间接加热转筒干燥器。

(1) 直接加热转筒干燥器。对于直接加热转筒干燥器，被干燥的物料与热风直接接触，以对流传热的方式进行干燥。按照热风与物料之间的流动方向，又分为并流式和逆流式干燥。

热风与物料移动方向相同称为并流式干燥，随着物料和加热介质向前移动，物料含水量减少而温度上升，介质则反之。入口段介质温度高，但是此段汽化的主要是表面水分，所以物料表面温度为湿球温度；出口段介质温度降低，物料温度也不会升高多少。对于热敏性物料的干燥，如肥料行业中铵盐的干燥是适宜的。但铵盐干燥温度应低于 90℃，以免发生燃烧。另外，对于附着性较大的物料，选用并流干燥也十分有利。并流式干燥中，介质温度一般应高于物料出口温度 10～20℃。

在逆流式干燥中，热风流动方向和物料移动方向相反。对于耐高温的物料，采用逆流干燥热利用率高。

(2) 间接加热转筒干燥器。对此类干燥器，载热体不与被干燥物接触。干燥器的整个干燥筒砌在炉内，用烟道气加热外壳。此外，在干燥筒内设置一个同心圆筒。热风和物料走向如示意图 13-26 所示。流程分两种：①烟道气进入外壳和炉壁之间的环状空间后，再进入筒内的中心管；②烟道气首先进入中心管，然后折返到外壳和炉壁的环状空间。被干燥物料在外壳和中心管之间的环状空间通过。

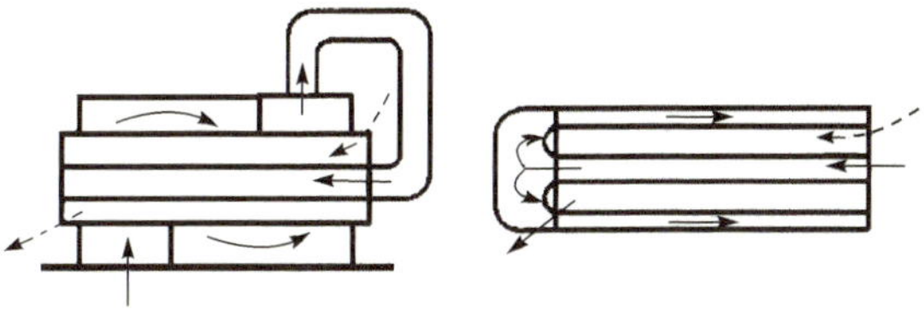

图 13-26 热风和物料走向示意图

- - - -→物料 ——→热风

这种干燥器特别适用于干燥降速干燥阶段较长的物料。物料借转筒的回转作用，防止结块。这种干燥器还适用于干燥热敏性物料，但不适用于黏性大、特别易结块的物料。

3. 转鼓干燥器

转鼓干燥器是一种内加热传导型转动干燥设备。湿物料在转鼓外壁上获得热量，以脱除水分，达到所要求的含水量。在干燥过程中，热量由鼓内壁传到鼓外壁，再穿过料膜，该类干燥器热效率高，可连续操作，广泛用于液态物料或带状物料的干燥。液态物料在转鼓的一个转动周期中完成布膜、脱水、刮料以及得到干燥制品的全过程。因此，在转鼓干燥操作中，可通过调整进料浓度、料膜厚度、转鼓转速、加热介质温度等参数获得达预期含水量和相应产量的产品。由于转鼓干燥器结构和操作上的特点，对膏状和黏稠物料更适用。

1) 转鼓干燥器的结构形式

转鼓干燥器分为三种形式：单鼓干燥器、双鼓干燥器和多鼓干燥器。转鼓干燥器可根据其操作压力分为常压和减压两种类型。图 13-27 为双鼓干燥器结构示意图。

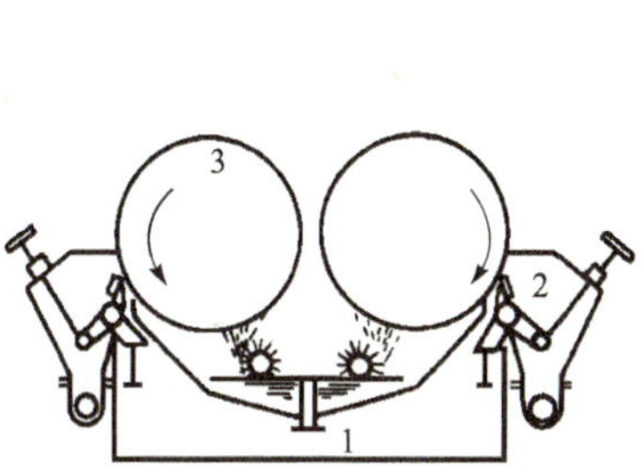

图 13-27 双鼓干燥器

1.飞溅进料；2.刮；3.转鼓

转鼓转速大都在 4～6r/min 的范围内。被干燥物料由布膜到干燥、卸料，一般均在 10～15s 的时间内完成，加热介质多采用 2×10^5～6×10^5Pa 的蒸汽，其温度为 120～150℃。

2) 转鼓干燥器的特点

(1) 操作弹性大、适应性广。转鼓干燥器适应多种物料和不同产量的要求，所处理的物料可从溶液到膏状黏稠物。广泛用于化学工业和食品工业的干燥操作中，如淀粉、聚丙烯酸酯、乙酸盐和丙酸盐等的干燥。

(2) 转鼓干燥器的热效率高。热效率为 80%～90%，散热和热辐射损失少。

(3) 干燥时间短。转鼓干燥器能严格控制被干燥物料的干燥温度，适用于干燥某些水合化合物。特别适用于热敏性物料、膏状物和能吸水的片状或速溶粉剂的食品类物料的干燥，如酵母、苹果酱、香蕉脆片以及谷物熟食干制品和干燥的汤料混合物等。

影响转鼓干燥的主要因素有加热介质温度、物料性质、料膜厚度、转鼓转速等。

4. 喷雾干燥器

喷雾干燥是采用雾化器将原料液分散为雾滴，并用热气体干燥雾滴而获得产品的一种干燥方法。原料液可以是溶液、乳浊液、悬浮液，也可以是熔融液或膏糊液。干燥产品根据需要可制成粉状、颗粒状、空心球或团粒状。

1) 液体的雾化

将料液分散为雾滴的雾化器是喷雾干燥器的关键部件，目前常用的雾化器有以下 3 种：

(1) 气流式雾化器。采用压缩空气或蒸汽以很高的速度(≥300m/s)从喷嘴喷出，靠气、液两相间的速度差所产生的摩擦力使料液分裂为雾滴。

(2) 压力式雾化器。用高压泵使液体获得高压，高压液体通过喷嘴时，将压力能转变为动能而高速喷出时分散为雾滴。

(3) 旋转式雾化器。料液在高速转盘(圆周速度为 90～160m/s)中受离心力作用从盘边缘甩出而雾化。

2) 喷雾干燥流程

喷雾干燥的典型流程如图 13-28 所示，包括空气加热系统、原料液供给系统、干燥系统、气-固分离系统以及控制系统。

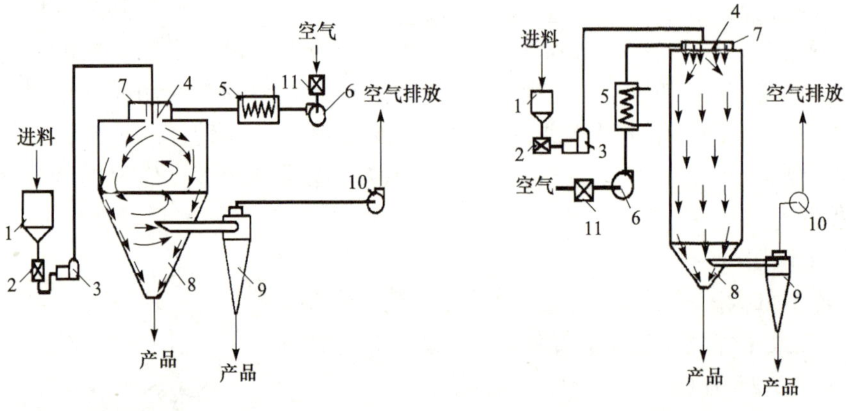

(a)旋转式(或称轮式)雾化器 (b)喷嘴式雾化器

图 13-28 喷雾干燥的典型流程

1.料罐；2.过滤器；3.泵；4.雾化器；5.空气加热器；6.鼓风机；7.空气分布器；8.干燥室；9.旋风分离器；10.排风机；11.过滤器

3) 喷雾干燥的优缺点

喷雾干燥具有下述优点：

(1) 雾滴表面积很大，物料所需的干燥时间很短(以秒计)。

(2) 在高温气流中，表面润湿的物料温度不超过干燥介质的湿球温度，由于迅速干燥，最终的产品温度也不高。因此，喷雾干燥特别适用于热敏性物料。

(3) 简化工艺流程。在干燥塔内可直接将溶液制成粉末产品。此外，喷雾干燥容易实现自动化，减轻粉尘飞扬，改善劳动环境。

喷雾干燥也存在以下缺点：

(1) 当空气温度低于 150℃时，容积传热系数较低[23～116W/(m^3 · ℃)]，所用设备容积大。

(2) 对气、固混合物的分离要求较高，一般需两级除尘。

(3) 热效率不高，一般并流塔型为 30%～50%，逆流塔型为 50%～75%。

5. 流化床干燥器

图 13-29 是一台大型的流化床干燥装置。湿物料由推进器送至料仓并进入流化床 8，热空气由流化床底部上升使颗粒处于流化状态，空气的动力来自抽风机 1 和鼓风机 10。含颗粒空气进入旋风分离器 5，进行气、固分离。

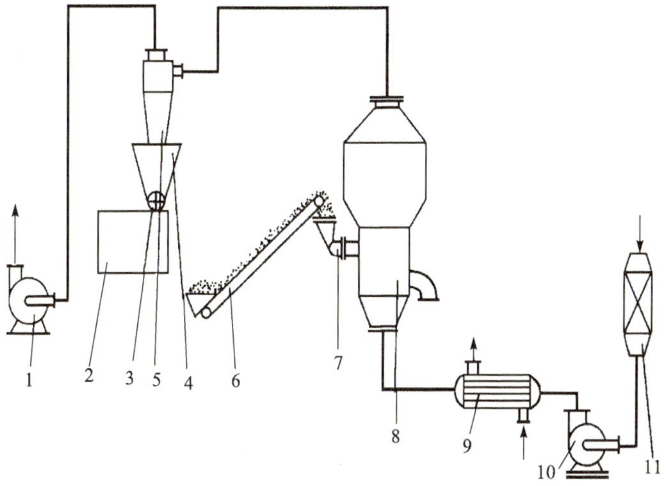

图 13-29 流化床干燥器流程图

1.抽风机；2.料仓；3.星形卸料器；4.集灰斗；5.旋风分离器；6.皮带输送器；7.抛料机；8.流化床；9.换热器；10.鼓风机；11.空气过滤器

在流化床中，由于干燥过程中固体颗粒悬浮于干燥介质中，因而介质与固体接触面较大，容积传热系数可达 2200～6900W/(m^3 · ℃)(按干燥器总体积计算)，热效率较高，可达 60%～80%(去除结合水时为 30%～40%)。

流化床干燥装置密封性能好，传动机械又不接触物料，因此不会有杂质混入，这对要求纯度高的制药工业是十分重要的。

目前，国内流化床干燥装置，从其类型看主要分为单层、多层(2～5 层)、卧式和喷雾流化床、喷动流化床等。物料被干燥为成品时，形态为粉状(如氨基匹林、乌洛托品等)、颗粒状(如各种片剂、谷物等)或晶状(如氯化铵、涤纶、硫酸铵等)。被干燥物料的含水量一般为 10%～30%。

单层流化床可分为连续、间歇两种操作方法。多应用于比较容易干燥的产品，或干燥程度要求不很严格的产品。

多层流化床干燥装置与单层相比，在相同条件下设备体积较小，产品干燥程度较为均匀，产品质量也较好控制。多层流化床因气体分布板数增多，床层阻力也相应增加。多层床热效率较高，所以它适用于有降速阶段的物料干燥。

卧式流化床干燥装置的停留时间可任意调节，压力损失小，并可得到干燥均匀的产品。它的主要缺点是热效率低于多层床，尤其是热风采用较高温度时。但如果能够调节各室的进风温度和风量，并逐室降低；或采用热风串联通过各室的办法，热效率也可以提高。目前大多数卧式流化床采用负压操作。

流化床气体分布板的型式有筛板、筛网及烧结密孔板等。国内各厂多采用筛板式气体分布板，有时在分布板上再铺一层绢丝或 300 目以上的不锈钢网，以保证物料颗粒不漏。筛孔板开孔率一般为 1.5%～30%。

6. 气流干燥器

气流干燥基本流程如图 13-30 所示。气流干燥也称“瞬间干燥”，是固体流态化中稀相输送在干燥方面的应用。气流干燥器与流化床干燥器类似，是使热介质和待干燥固体颗粒直接接触，并使颗粒悬浮于流体中，因而两相接触面积大，强化了传热、传质过程。它广泛应用于散状物料的干燥。

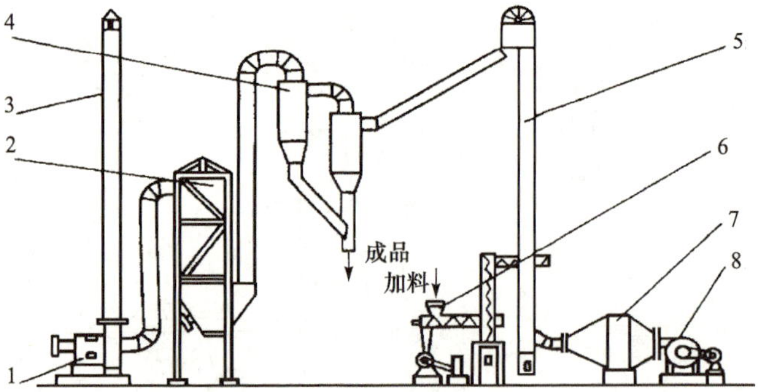

图 13-30 气流干燥基本流程图

1.抽风机；2.袋式除尘器；3.排气管；4.旋风除尘器；5.干燥管；6.螺旋加料器；7.加热器；8.鼓风机

1) 气流干燥器的特点

(1) 气、固两相间传热、传质的表面积大。与流化床干燥器类似，颗粒分散于气流中使气、固两相之间的传热、传质表面积大大增加。由于采用较高气速(20～40m/s)，两相间的相对速度也较高，容积传热系数相当高。普通直管式气流干燥器的容积传热系数为 2300～7000W/(m^3 · ℃)。

由于颗粒在气流中高度分散，物料的临界湿含量大大下降。例如，合成树脂在进行气流干燥时，其临界湿含量仅为 1%～2%；某些结晶盐颗粒的临界湿含量更低(0.3%～0.5%)。

(2) 干燥时间短、热效率高、处理量大。气流干燥器的管长一般为 10～20m，湿物料的干燥时间仅为 0.5～2s。与流化床干燥器类似，由于干燥时间很短，而且采用气、固两相并流操作，气流干燥器可以使用高温干燥介质，这样就大大提高了相间的传热、传质速率，同时提高了干燥器的热效率。并且物料的湿含量越大，干燥介质的温度可以越高。例如，干燥某些滤饼时，入口气温可达 700℃以上；干燥煤时，入口气温达 650℃；干燥氧化硅胶体粉末时，入口气温达384℃；干燥黏土时，入口气温达525℃；干燥含水石膏时，入口气温可达400℃。

(3) 气流干燥器结构简单、紧凑、体积小，生产能力大；操作方便，易于自动控制。

(4) 气流干燥器的缺点是流动阻力降较大，一般为 3000～4000Pa，必须选用高压或中压通风机，动力消耗较大。气流干燥器所使用的气速高，流量大，经常需要选用尺寸大的旋风分离器和袋式除尘器。

2) 气流干燥器的适用范围

(1) 物料状态：要求以粉末或颗粒状物料为主，其粒径一般在 0.5～0.7mm，最多不超过1mm。气流干燥易使物料破碎，故不适用于需要保持完整的结晶形状和良好结晶光泽的物料。易粘物料如钛白粉、粗制葡萄糖等和粒度过小或有毒物料也不宜采用气流干燥器。

(2) 湿分和物料的结合状态：气流干燥器仅适用于物料湿分进行表面蒸发的恒速干燥过程。待干物料中所含湿分以润湿水、孔隙水或较粗管径的毛细管水为主时，可获得含水量低达0.3%～0.5%的干物料。对于吸附性或细胞质物料，一般只能达到2%～3%的含水量。

7. 带式干燥器

带式干燥器的结构如图 13-31 所示，热空气穿过输送带的网孔与带上物料错流接触，并将物料汽化的水分带走，使物料得以干燥。整个干燥器分为几个部分，每个部分都有独立的循环风机和换热器，以加强换热和对流效果。

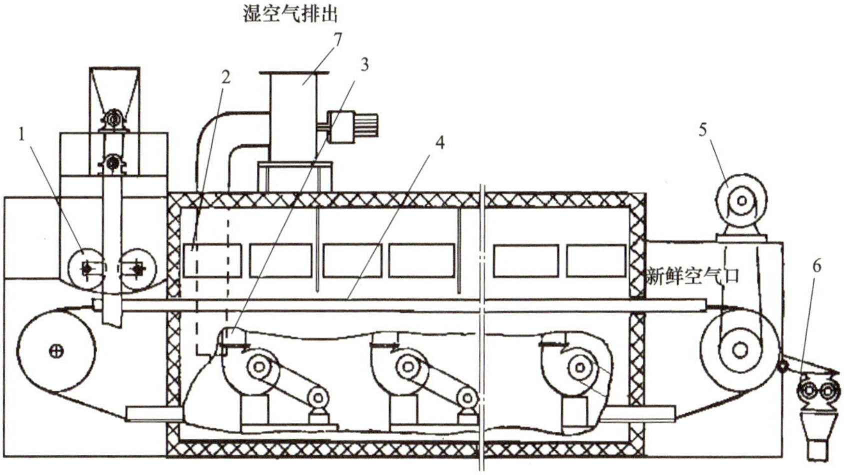

图 13-31 带式干燥器

1.双筒布料装置；2.空气加热器；3.循环风机；4.输送网带；5.网带驱动装置；6.破碎机；7.引风机

引例中钛白粉的干燥使用的就是带式干燥器。水洗后的钛白粉悬浮液经过机械脱水，使钛白浆料含水量达到50%，然后送入料斗内，经过挤压机挤压成条状，以约20mm的厚度均匀下落到宽约2.5m、长45m的不锈钢网传动带上，传动带以约0.4m/min的速度运行。鼓风机将空气送至加热器并升温到140℃以上再进入干燥器内，空气以约1.5m/s的速度垂直穿过输送带上的物料层，带走从物料中蒸发出的水分，最后由排风机排出。物料含水量降为0.5%后从另一端落入收料斗。

带式干燥机的优点：热风和物料接触面积较大，换热能力也较大；干燥时操作稳定，生产能力大。缺点：设备动力消耗较大，热量散失多，热效率较低，且装置占地面积较大，环境质量差。

8. 冷冻干燥器

冷冻干燥器的结构如图 13-32 所示。冷冻干燥是在高真空状态下，利用升华原理，使预先冻结的物料中的水分，不经过冰的融化，直接以冰态升华为水蒸气被除去，从而达到冷冻干燥的目的。

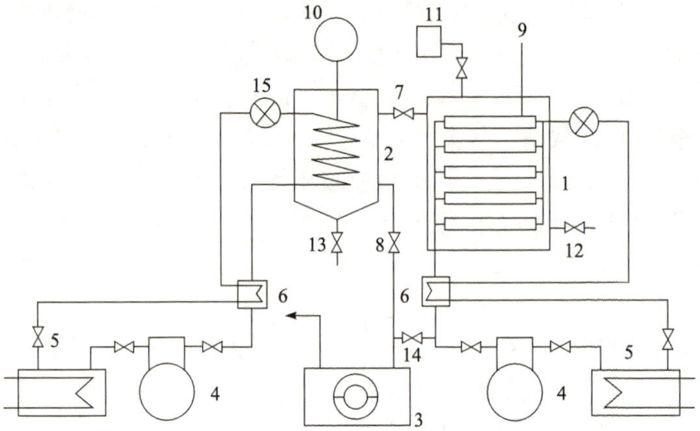

图 13-32 冷冻干燥器

1.冻干箱；2.冷凝器；3.真空泵；4.制冷压缩机；5.水冷却器；6.热交换器；7.冷凝器阀门；8.真空泵阀门；9.板温指示；10.冷凝温度指示；11.真空表；12.放气阀门；13.冷凝器放出口；14.真空泵放气口；15.膨胀阀

冷冻干燥的优点：保证热敏性的物质不会发生变性或失活；在低温下干燥时，物质中的一些挥发性成分损失很小；在冻干过程中，微生物的生长和酶的作用无法进行，因此能保持原来的性状；由于干燥在真空下进行，氧气极少，因此一些易氧化的物质得到了保护。缺点：设备和运转成本高，处理液相样品需预处理，操作复杂，干燥时间耗时长。

本章主要符号说明

符号	意义	单位
A	干燥面积	m^2
c_a	干空气比热容	kJ/(kg · ℃)
c_H	湿空气比热容	kJ/(kg · ℃)
c_w	液态水比热容	kJ/(kg · ℃)
c_m	湿物料比热容	kJ/(kg · ℃)
c_v	水蒸气比热容	kJ/(kg · ℃)
c_s	绝干物料比热容	kJ/(kg · ℃)
G_1	进干燥室的物料流量	kg/s

G_2	出干燥室的物料流量	kg/s
G_c	绝干物料流量	kg/s
H	空气湿度	kg/kg
H_{as}	空气在 t_{as} 下的饱和湿度	kg/kg
H_w	空气在 t_w 下的饱和湿度	kg/kg
I	湿空气的焓	kJ/kg 绝干空气
I'	湿物料的焓	kJ/kg 绝干物料
k_H	以湿度差为推动力的气相传质系数	$kg/(m^2 \cdot s)$
L	干空气流量	kg/s
M_a	干空气的摩尔质量	kg/kmol
M_v	水气的摩尔质量	kg/kmol
U	干燥速率	$kg/(m^2 \cdot s)$
P	总压	N/m^2
p_s	水的饱和蒸气压	N/m^2
Q_d	干燥室的加热量	kW
Q_l	热损失	kW
Q_P	预热器的加热量	kW
r_0	水在 0℃下的汽化潜热	kJ/kg
r_{as}	水在 t_{as} 下的汽化潜热	kJ/kg
r_w	水在 t_w 下的汽化潜热	kJ/kg
T	空气的干球温度	℃或 K
t_{as}	空气的绝热饱和温度	℃或 K
t_d	空气的露点温度	℃或 K
t_w	空气的湿球温度	℃或 K
θ	物料的温度	℃或 K
υ_H	空气的湿比容	m^3/kg 绝干空气
W	水分蒸发流量	kg/s 或 kg
w	物料的湿基含水量	kg 水/kg 湿物料

X	物料的干基含水量	kg 水/kg 绝干物料
X_c	物料的临界含水量	kg 水/kg 绝干物料
X^*	物料的平衡水分	kg 水/kg 绝干物料
α	对流传热系数	J/(m^2·s·℃)
η	热效率	
φ	相对湿度	
τ	时间	s

参 考 文 献

范辞东，叶世超，朱学军，等. 2008. 钛白粉浆液干燥特性实验研究. 化学工程与装备，(11)：13-15

冯霄，何潮洪. 2007. 化工原理(下册). 2 版. 北京：科学出版社

钟理，伍钦，等. 2008 化工原理(下册). 北京：化学工业出版社

McCabe W L, Smith J C, Harriott P. 2005. Unit Operations of Chemical Engineering. 7th ed. New York：McGraw-Hill

习 题

习题答案

1. 氮-氢混合气(N_2:H_2=1:3，摩尔比)与水蒸气形成湿气，总压为 101.3kN/m^2(绝对压强)，温度为 54℃，相对湿度 φ=50%，计算气体的湿度及饱和湿度(kg/kg 绝干气)。已知 54℃下水的饱和蒸气压为 15kN/m^2。

2. 1.0133×10^{5}Pa 下温度为 50℃的空气，如果湿度为 0.014，用表达式计算相对湿度、空气中水蒸气分压、湿比容和焓。

3. 1.0133×10^{5}Pa 下湿球温度为 24℃的空气，相对湿度为 20%，求湿度、干球温度、露点温度和焓。

4. 常压下体积流量为 5m^3/s 的空气，其干球温度为 60℃，湿度为 0.04，欲在冷却器中冷却到 24℃以除去空气中部分水分，每秒能除去多少千克水分？

5. 已知一个干燥系统的操作示意图如下：

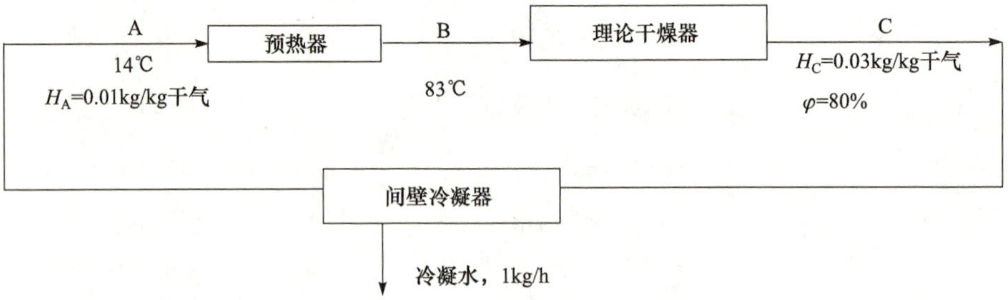

习题 5 附图

求循环空气流量 L，并在 t-H 图上画出过程中空气状态变化的示意图。

6. 湿度为 0.018 的新鲜空气预热到 120℃后，以 2m/s 的速度垂直地穿过宽 2m、长 45m 的带式干燥器干燥带上的钛白粉层表面，以使其干燥。计算：

(1) 钛白粉恒速干燥时每米带长的水分汽化量；

(2) 其他条件不变，只将空气速度加倍，水分汽化量又为多少？

(3) 其他条件不变，只将空气预热温度提高到160℃，水分汽化量又为多少？

7. 在常压绝热干燥器内干燥某湿物料，湿物料的流量为600kg/h，从含水量20%干燥至2%(均为湿基含水量)。温度为20℃，湿度为0.013kg水/kg绝干空气的新鲜空气经预热器升温至100℃后进入干燥器，空气出干燥器的温度为60℃。计算：

(1) 完成上述任务需要的绝干空气流量？

(2) 空气经预热器获得了多少热量？

(3) 在恒定干燥条件下测得的干燥速率曲线如附图所示，已知恒速干燥段所用时间为1h，求降速阶段所用的时间。

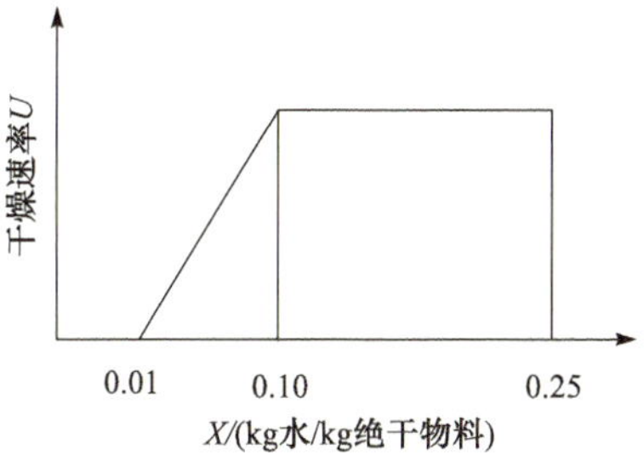

习题7附图

8. 干基含水量为0.35kgH_2O/kg绝干物料的颗粒在0.61m×0.61m的托盘中干燥，厚度为25.4m。除表面外物料周边不发生传热、传质。干球温度为60℃，湿球温度为29.4℃的空气以3.05m/s的速度平行流过物料的表面，物料恒速干燥到含水量为0.22kg水/kg绝干物料。绝干物料量为11.34kg。计算：

(1) 干燥速率[kg/(m^2 · h)]和干燥时间(h)；

(2) 物料厚增加到44.5mm时的干燥时间。

9. 在恒定条件下将含水量为0.28kg/kg绝干物料干燥到0.08kg/绝干物料用时6.0h。物料的临界含水量为0.14kg/kg绝干物料。假设从临界含水量到坐标原点的降速干燥阶段，干燥速率与含水量的关系为直线关系，计算干基含水量从0.33kg/kg绝干物料干燥到0.04kg/kg绝干物料时需要的干燥时间。

10. 恒定干燥条件下每天干燥1t(绝干)固体，空气以1m/s的速度平行流过55m^{2}干燥表面，临界含水量为0.05kg/kg绝干物料(下同)。试求：

(1) 将物料从含水量为0.15kg/kg绝干物料干燥到0.025kg/kg绝干物料需要多长时间？已知恒速阶段干燥速率为0.3g/(m^2 · s)，降速干燥的速率是通过原点的直线；

(2) 若将空气速度提高到2.0m/s，物料的进、出含水量不改变，干燥时间又为多少？

11. 在恒定干燥条件下，湿物料经过7h的干燥，含水量由28.6%降至7.4%。若在同样操作条件下，由28.6%干燥至4.8%需要多少时间?(以上均为湿基)。已知物料的临界含水量X_c=0.15(干基)，平衡含水量(平衡水分)X^*=0.04(干基)，设降速阶段中的干燥速率为$U=k_X(X-X^*)$，该段干燥速率曲线为直线。

12. 在一连续干燥器中干燥盐类结晶，每小时处理湿物料为1000kg，经干燥后物料的含水量由40%减至5%(均为湿基)，以热空气为干燥介质，初始湿度H_1为0.009kg水/kg绝干空气，离开干燥器时湿度H_2为0.039kg水/kg绝干空气。假定干燥过程中无物料损失，试求：

(1) 除去水分量W(kg/h)；

(2) 需要绝干空气流量L(kg绝干空气/h)和新鲜湿空气消耗量L'(kg湿空气/h)；

(3) 干燥产品量G_2(kg/h)。

13. 某厂利用气流干燥器将含水20%的物料干燥到含水5%(均为湿基)，已知每小时处理的原料量为1000kg，于40℃进入干燥器，假设忽略物料在干燥器中的温度变化，新鲜空气的干球温度为20℃，湿球温度为16.5℃，该空气经预热器预热后进入干燥器，出干燥器的空气干球温度为60℃，湿球温度为40℃，干燥器的热损失很小可略去不计。试求：

(1) 需要的湿空气流量为多少？(以进预热器的状态计)

(2) 空气进干燥器的温度。

14. 利用生产能力为1000kg/h(以干燥产品计)的连续干燥器将物料含水量由12%降为3%(均为湿基)，物料的进、出口温度分别为15℃和28℃，绝干物料的比热容为1.3kJ/(kg绝干物料 · ℃)，空气的初温为25℃，湿度为0.01kg/kg绝干空气，经预热器后升温至70℃，干燥器出口废气温度为45℃，干燥系统热损失可忽略不计。试求：

(1) 空气体积流量(m^3/h) (初始状态下);

(2) 预热器加热量(kJ/h);

(3) 为保持干燥器进、出口空气的焓值不变，是否需要另外向干燥器补充或移走热量？其值为多少？

15. 在连续逆流干燥器中每小时将 472kg 湿基含水量为 3.85%的湿物料干燥到含水量为 0.2%。颗粒固体进入干燥器的温度为 26℃，离开时温度为 62℃。绝干固体颗粒的比热容为 1.47kJ/(kg · K)，进入干燥器空气温度为 100℃，湿度为 0.010kgH_2O/kg 绝干空气，废气温度为 38℃。假设干燥过程无热损失，计算空气的出口湿度和进入干燥器空气的体积流量。

16. 采用常压操作的干燥装置干燥某种湿物料，已知操作条件如下：空气的状况：进预热器前 t_0=20℃，H_0=0.01kg 水/kg 绝干空气；进干燥器前 t_1=120℃；出干燥器时 t_2=70℃，H_2=0.05kg 水/kg 绝干空气。物料的状况：进干燥器前 θ_1=30℃，w_1=20%(湿基)；出干燥器时 θ_2=50℃，w_2=5%(湿基)。绝干物料比热容 c_s=1.5kJ/(kg · ℃)。干燥器的生产能力为 53.5kg/h(按干燥产品计)。试求：

(1) 绝干空气流量 L(kg 绝干空气/h);

(2) 预热器的传热量 Q_P(kJ/h);

(3) 干燥器中补充的热量 Q_D(kJ/h)。假设干燥装置热损失可以忽略不计。

17. 湿度为 0.018、温度为 25℃的新鲜空气升温到 160℃后进入干燥器，离开干燥器的空气湿度为 0.042，温度为 80℃。为了调节进干燥器空气的湿度，将部分废气与新鲜空气混合，再升温到 160℃。新鲜空气与废气绝干量的比为 1:1。求混合后空气的湿度和温度。

18. 在逆流干燥器中将湿基含水量 3.5%的湿物料干燥到含水 0.2%，湿物料进、出干燥器的温度分别为 24℃和 40℃，干燥产品的产量为 1000kg/h，干物料的比热容为 1.51kJ/(kg · ℃)。25℃时湿度为 0.01kg/kg 绝干空气的新鲜空气预热到 90℃后送入干燥器，废气温度为 35℃。忽略热损失时，求绝干空气流量、预热量和干燥器的热效率。干燥器无外加能量。

19. 在绝热逆流操作干燥器内，某物料的干基含水量从 X_1 为 1.80kg/kg 绝干物料降至 X_2 为 0.09kg/kg 绝干物料。空气进干燥器的温度为 134℃、湿度为 0.01kg/kg 绝干空气；离开干燥气的温度为 60℃。忽略物料温度变化，根据以下实验数据计算该物料含水量达到要求时的干燥时间。

习题 19 附表

实验次数	空气温度 t/℃	空气湿度 H/(kg/kg 绝干空气)	含水量 X_1/(kg/kg 绝干物料)	临界含水量 X_c/(kg/kg 绝干物料)	干燥时间 τ_1/s	平衡含水量 X^*/(kg/kg 绝干物料)
1	110	0.0073	1.80	1.10	2840	0
2	66	0.006	1.80	1.10	5070	0

20. 在恒定干燥条件下进行干燥动力学实验(空气流量：0.06kg/s，绝干物料：12.28g，干燥面积：43.7cm^2)，物料质量随时间变化由质量传感器测量，得到实验数据如下表所示。求恒速段干燥速率和 1200s 时的干燥速率。

习题 20 附表

时间/s	质量传感器读数/g	时间/s	质量传感器读数/g	时间/s	质量传感器读数/g
0	15.499	360	14.700	720	13.922
60	15.363	420	14.573	780	13.781
120	15.232	480	14.443	840	13.650
180	15.107	540	14.306	900	13.518
240	14.971	600	14.184	960	13.403
300	14.841	660	14.037	1020	13.298

续表

时间/s	质量传感器读数/g	时间/s	质量传感器读数/g	时间/s	质量传感器读数/g
1080	13.221	1200	13.127	1320	13.110
1140	13.164	1260	13.110	1380	13.110

自测练习题

第 14 章　吸附与膜分离

14.1　吸　　附

引　例

重金属废水常见于电镀、电子和冶金工业，其不合格排放会对人类及其生存环境造成极大危害，因此含重金属废水进行处理十分必要！常见重金属废水处理方法有沉淀法、浮选法、离子交换法、吸附法等，其中，吸附法因简单高效而备受关注。

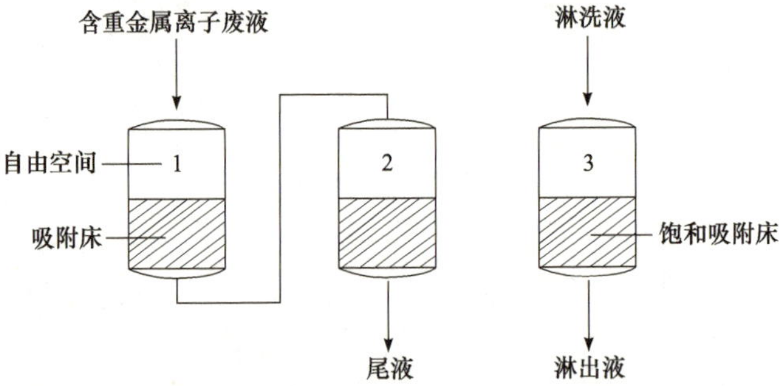

图 14-1　重金属废水的处理过程

典型固定床吸附重金属流程一般采用如图 14-1 所示两塔吸附一塔淋洗的三塔循环流程。由该流程可以看出，整个吸附过程是三塔作业，其中一塔淋洗，另两塔串联进行吸附。两塔串联吸附时，合理的操作是：当前一塔刚达到饱和时，末塔应恰好穿透，随后把饱和了的前塔“切断”，后一塔变前塔，原来淋洗的塔在淋洗完后接入吸附系统作末塔，被“切断”的饱和塔则进行淋洗，如此周而复始地循环操作。与该流程对应的实际工业生产装置如图 14-2 所示，图中圆柱形设备为吸附柱。显然，掌握吸附基本原理、吸附平衡、吸附饱和容量、吸附模型、穿透点、影响吸附各因素的调节和控制以及相关设备等知识是从事吸附生产必备的基本知识。本节将详细介绍这些知识点。

图 14-2　重金属废水处理装置

14.1.1　概述

吸附过程是一种表面现象，吸附质在吸附剂上浓集，吸附剂表面能下降。一般认为吸附剂性质、吸附质性质及吸附操作条件是影响吸附过程的三个主要因素。

按照吸附作用力性质的不同，吸附可以分为物理吸附、化学吸附和离子交换吸附，此外，还有人提出生化吸附。物理吸附是由于物质分子间范德华作用力产生的吸附现象，其特点是被吸附的分子不是附着在吸附剂表面的特定位置上，而是稍微能够在介质表面上做自由移动，常常为多层吸附；化学吸附是由吸附剂与吸附质的原子与分子间的电子转移而形成，它依靠化学键力进行吸附，需要在较高温度下进行，选择性较强，为单分子层吸附；离子交换吸附是在吸附过程中，吸附剂每吸附一个吸附质的离子，同时释放一个等当量的离子，离子带电荷越多，它在吸附剂表面的吸附力越强。此外，按照吸附条件是否发生变化，又可把吸附分为变温吸附、变压吸附及变浓度吸附。对于同一体系，在低温时常常属于物理吸附，在高温时却是化学吸附，以致两种吸附同时发生。吸附分离操作主要是利用物理吸附。

吸附现象很早就被人们发现并应用。在生产实际中，我国劳动人民很早就知道新烧好的木炭有吸湿、吸臭的性能，曾将它放入建筑物中，作为最早的环境保护措施。在湖南长沙马王堆一号汉墓的发掘中发现，在棺椁的外面有一层木炭作为防腐层，这说明我国劳动人民在距今两千多年前对吸附的应用就已经达到相当的水平。近几十年来，吸附的应用范围越来越广，涉及化工、食品、医药等行业，大致包括：①重金属废水的处理；②食品、药品和有机石油产品的脱色、除臭；③有机烷烃和芳烃的分离和精制；④气体的分离和精制；⑤废水或废气中有害物质的去除。

14.1.2　吸附平衡

吸附平衡是指在一定温度和压力下，气、固或液、固两相充分接触，最后吸附质在两相中达到的动态吸附平衡；也可以是含有一定量的吸附质的惰性流体通过吸附剂固定床层，吸附质在流动相和固定相中反复分配，最后在动态下达到的稳定动态平衡。达到吸附平衡时的吸附量常用 q_e(单位为 kg 吸附质/kg 吸附剂)表示。

1. 单组分气体在固体上的吸附平衡

当流体为气体时，对于一个给定的物系(一定的吸附剂和一定的吸附质)，达到吸附平衡时，吸附量与温度及压力有关，可表示为

$$q_e = f(T, p) \tag{14-1}$$

当 T 为常数时，$q_e=f(p)$，它表明了平衡吸附量只与压力有关，反映这一关系的曲线称为吸附等温线。吸附过程为放热过程，降低温度和升高压力有利于增加气体组分的吸附量。在生产和科研中最常用的就是吸附等温线。

吸附等温线归纳为如图 14-3 所示的五种类型。图中纵坐标为平衡吸附量 q_e，横坐标为蒸气组分分压 p 和该温度下饱和蒸气压 p° 的比值 p/p°。

(1) Ⅰ类吸附出现饱和值。这种吸附相当于在吸附剂表面上形成单分子层吸附，接近朗缪尔(Langmuir)型吸附等温线。此类情况一般吸附剂毛细孔的孔径比吸附质分子尺寸略大(属同一数量级时发生微孔填充效应)，如氧在−183℃活性炭上的吸附。

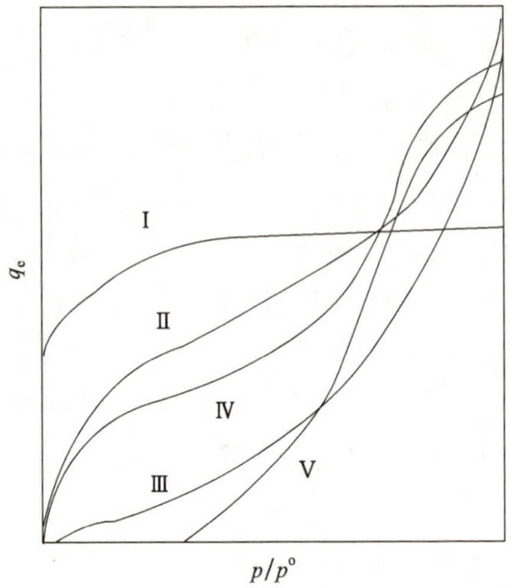

图 14-3 五类吸附等温线

(2) Ⅱ类其特点是不出现饱和值，随对比压力增加，平衡吸附量急剧上升，曲线上凸。吸附质的极限值对应于物质的溶解度，属于多分子层物理吸附，如−195℃氮在催化剂上的吸附。

(3) Ⅲ类曲线下凹，吸附气体量随组分分压增加而上升。曲线下凹是因为单分子层内分子间互相作用，使第一层的吸附热比冷凝热小，以致吸附质较难吸附。此情况较少见，如溴在硅胶(79℃)上的吸附。

(4) Ⅳ类能形成有限的多层吸附。曲线由几段构成，两端线段上凸，中间段向下凹。开始吸附量随着气体中组分分压的增加迅速增大，曲线凸起，吸附剂表面形成易于移动的单分子层吸附；而后一段凸起的曲线表示吸附剂表面建立了类似液膜层的多层分子吸附；两线段间的突变，说明有毛细孔的凝结现象，如50℃下苯在氧化铁上的吸附。

(5) Ⅴ类曲线一开始就下凹，吸附质较难吸附，吸附量随气体中组分浓度增加而缓慢上升，当接近饱和压力时，曲线趋于饱和，形成多层吸附，有滞后效应，如水蒸气在100℃木炭中的吸附。

Ⅳ类与Ⅴ类有滞后效应，这主要是由于出现毛细管冷凝现象和孔容的限制。DeVault 提出：沿吸附量坐标方向向上凸的吸附等温线为“优惠”吸附等温线，可以保证痕量物质脱除；而向下凹的等温线为“非优惠”的吸附等温线，如Ⅲ类。五种类型吸附等温线反映了吸附剂的表面性质、孔的分布以及和吸附质分子间的作用力。

2. 液相中固体的吸附平衡

液相吸附的机理比气相吸附要复杂，除温度和吸附质浓度外，溶剂本身的吸附、吸附质的性质、吸附剂种类以及离子之间的相互作用等都对吸附产生不同程度的影响。对大量有机化合物吸附性能的研究表明：①同族序列的有机化合物相对分子质量越大，q_e 越高；②溶解度小，疏水程度高，则易吸附；③一般芳香族化合物比脂肪族化合物更易吸附；④直链化合物比侧链化合物更易吸附。

3. 吸附等温方程

用来描述等温吸附平衡关系的数学式称为吸附等温方程，常用的有朗缪尔等温式和弗兰德里希(Freundlich)等温式。

1) 朗缪尔等温式

朗缪尔在研究低压下气体在金属上的吸附时，根据实验数据，结合动力学的观点，提出了朗缪尔单分子层吸附等温式

$$q_e = \alpha q_m p_e / (1 + \alpha p_e) \tag{14-2}$$

式中，α为吸附系数；p_e 为吸附质的平衡分压，Pa；q_m 为表面上吸满单分子层吸附质的吸附量，kg 吸附质/kg 吸附剂。

后来发现朗缪尔公式也常适用于液相吸附，故又写成下述形式

$$q_e = \alpha' q_m y_e / (1 + \alpha' p_e) \tag{14-3}$$

式中，α'为吸附系数；y_e为吸附质在液相中的平衡浓度，摩尔分数。

由式(14-2)和式(14-3)可以看出，当 p_e(或 y_e)很小时，则 $q_e=\alpha q_m p_e$(或 $q_e=\alpha' q_m y_e$)，呈亨利定律形式，即平衡吸附量与流体的平衡分压(或平衡浓度)成正比；当 $p\to\infty$ 时，则 $q_e=q_m$，表明在吸附质分压很大时，平衡吸附量与流体的浓度无关，此时吸附剂表面都被占满，形成单分子层。

朗缪尔关系式描述了一种理想的吸附行为，即吸附剂表面位点均匀且被吸附分子间没有相互作用情况下，单分子层吸附达到平衡时的规律。

2) 弗兰德里希等温式

对于在等温情况下，吸附热随着覆盖率(吸附量)的增加呈对数下降的吸附平衡，弗兰德里希提出下列公式

$$q_e = kp_e^{1/n} \tag{14-4}$$

或

$$q_e = k'y_e^{1/n} \tag{14-5}$$

式中，k、k'均为弗兰德里希吸附系数；n 为和温度有关的常数，一般认为 n=2～10 时为易吸附过程，n<0.5 时为难吸附过程。

弗兰德里希等温式是经验公式，适用于低浓气体或低浓度溶液未知组成物的吸附。植物油或有机质溶液的脱色也常用此式描述。值得指出的是，该式尤其适用于活性炭吸附处理各种废水时的情形，此时吸附量和废水的出水浓度均能较好地满足式(14-5)。

14.1.3 吸附设备及计算

为适应不同的过程特点与分离要求，吸附分离由不同的操作方式和设备来实现，如接触式吸附操作、固定床吸附操作、流化床吸附操作、移动床吸附操作等。本节只讨论较常用的接触式吸附操作与固定床吸附操作。

1. 接触式吸附

常见的接触式吸附装置为接触式过滤吸附器，如图 14-4 所示。吸附剂和液体加入混合罐后在搅拌的徐徐转动下充分接触和均匀混合，使吸附剂逐渐将液体中的溶质吸附在表面上，形成以吸附剂为核心的粗大结实的固体颗粒。在一定温度下，当吸附剂和溶液在混合罐中进行一定时间的混合吸附后，用料泵将其送入过滤设备(压滤机或真空过滤机)中。在过滤设备中，泵入的悬浮液在压力差的作用下进行固-液分离，即从悬浮液中分离出固体吸附剂及其所吸附的色素和杂质等。过滤后清澈透明、达到工艺指标的滤液直接排入贮罐，浑浊和未达工艺指标的滤液则返回重新过滤。混合罐多为圆筒形的开口或密闭容器，带有加热夹套或蛇管，并有由电动机及减速装置带动的搅拌器。该设备主要用于处理液体混合物，特别适合吸附质含量少且无须回收、吸附剂用量少的混合液的处理，如糖液等配料液的脱色、除臭处理中。接触过滤法的吸附设备多为间歇式操作，可分为一次接触吸附和多次接触吸附。图 14-4 为一次接触吸附装置简图。多次接触吸附是将若干机组(2~3 组)组合起来使用，让溶液依次与新鲜吸附剂多次接触，而吸附剂则平行地只与溶液接触一次。按照原料、吸附性质的不同，操作方式可分为单级吸附和多级吸附，多级吸附又分为多级错流和多级逆流吸附。

1) 单级吸附

单级吸附操作流程如图 14-5 所示，对吸附质进行物料衡算；

$$W(Y_0 - Y_1) = L(X_1 - X_0) \tag{14-6}$$

式中，W 为溶液中溶剂的质量，kg；L 为吸附剂的质量，kg；Y_0、Y_1 分别为吸附质在吸附槽进、出口溶液中的质量比，kg 吸附质/kg 溶剂；X_0、X_1 分别为吸附质在吸附槽进、出口吸附剂中的质量比；kg 吸附质/kg 吸附剂。

式(14-6)为单级吸附操作线方程，是端点为 $A(X_0,Y_0)$和 $B(X_1,Y_1)$、斜率为$-L/W$ 的一条直线。如果该级为平衡级，即离开该级的固、液相满足相平衡关系，则点 $B(X_1,Y_1)$落在平衡线上，所以点 $B(X_1,Y_1)$为操作线和平衡线的交点，该点坐标表示槽内溶液和吸附剂经搅拌接触达到吸附平衡后的状态。

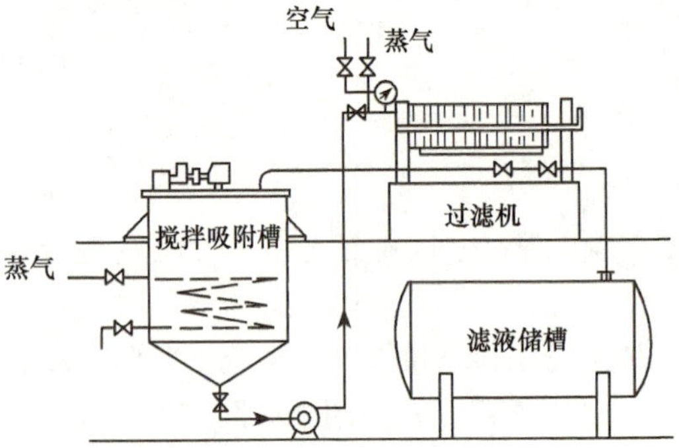

图 14-4 接触式过滤吸附器

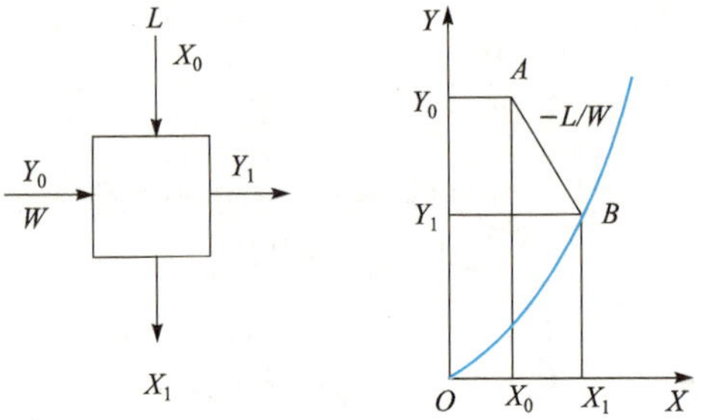

图 14-5 单级吸附操作流程

若吸附等温线满足弗兰德里希等温式，对低浓度的溶液，吸附平衡关系可写成 $X = KY^{1/n}$，且 $X_0 \approx 0$，代入式(14-6)，得

$$\frac{L}{W} = \frac{Y_0 - Y_1}{KY_1^{1/n}} \tag{14-7}$$

式中，$\dfrac{L}{W}$ 常称为固液比。

2) 多级错流吸附

多级错流吸附的特点是溶液经过多级搅拌槽，而且各槽都补充新鲜吸附剂。综合考虑吸附剂用量及设备的操作费用，通常两级以上的流程未必经济，所以这里仅讨论二级错流吸附，且每一级为平衡级，如图 14-6 所示。

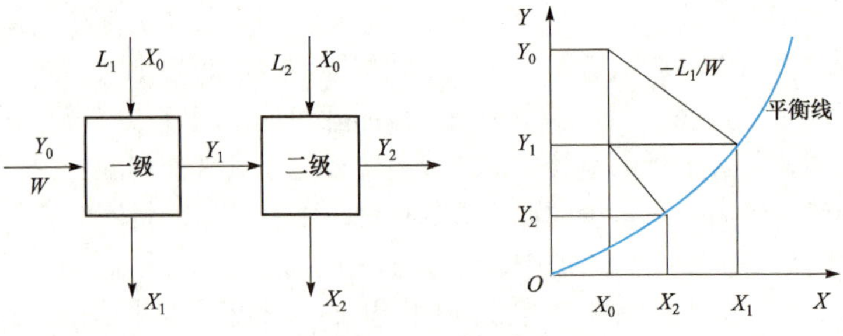

图 14-6 二级错流吸附

对吸附质进行物料衡算

第一级 $$W(Y_0 - Y_1) = L_1(X_1 - X_0) \tag{14-8}$$

第二级 $$W(Y_1 - Y_2) = L_2(X_2 - X_0) \tag{14-9}$$

若平衡关系满足弗兰德里希等温式，$X_i = KY_i^{1/n}$，且 $X_0=0$，则

$$\frac{L_1+L_2}{W}=\frac{1}{K}\left(\frac{Y_0-Y_1}{Y_1^{1/n}}+\frac{Y_1-Y_2}{Y_2^{1/n}}\right) \tag{14-10}$$

欲使吸附剂用量最小，必须使

$$\frac{\mathrm{d}[(L_1+L_2)/W]}{\mathrm{d}Y_1}=0 \tag{14-11}$$

对于一定的体系和分离要求，K、n、Y_0 和 Y_2 均为常数，结合式(14-10)、式(14-11)得

$$\left(\frac{Y_1}{Y_2}\right)^{\frac{1}{n}}-\frac{Y_0/Y_1}{n}=1-\frac{1}{n} \tag{14-12}$$

即当 Y_1 满足式(14-12)时，总吸附剂用量为最小。因此可由式(14-12)求出 Y_1，再根据式(14-8)～式(14-10)求出吸附剂用量。

3) 多级逆流吸附

多级错流吸附所需的吸附剂量较大，为节约吸附剂，可采用多级逆流吸附，如图 14-7 所示。

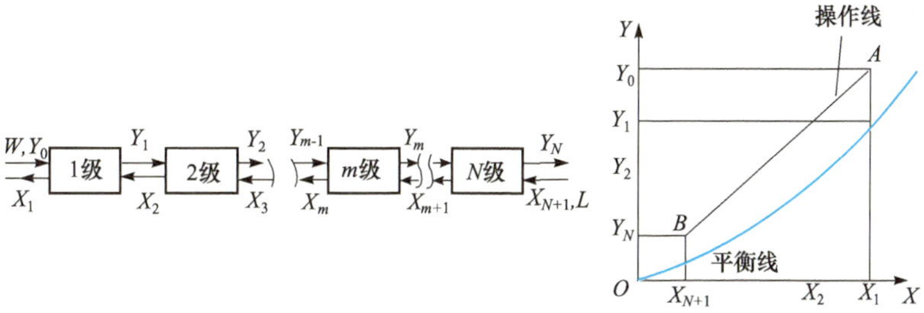

图 14-7　多级逆流吸附

对吸附质进行物料衡算(设共有 N 级)：

第 m 级　　$W(Y_{m-1}-Y_m) = L(X_m-X_{m+1})$　　(14-13)

全范围　　$W(Y_0-Y_N) = L(X_1-X_{N+1})$　　(14-14)

连接两点 $A(X_1,Y_0)$和 $B(X_{N+1},Y_N)$得操作线，再结合平衡曲线，可用图解法在平衡线与操作线间作阶梯，其阶梯数为平衡级数，如图 14-7 所示。

若平衡关系满足弗兰德里希方程：$X_i = KY_i^{1/n}$，则对二级逆流吸附情形，若 $X_3=0$，有

第一、二级　　$L(X_1-X_3)=W(Y_0-Y_2)$，$\dfrac{L}{W}=\dfrac{Y_0-Y_2}{KY_1^{1/n}}$　　(14-15)

第二级　　$L(X_2-X_3)=W(Y_1-Y_2)$，$\dfrac{L}{W}=\dfrac{Y_1-Y_2}{KY_2^{1/n}}$　　(14-16)

消去 L/W，得

$$\frac{Y_0}{Y_2}-1=\left(\frac{Y_1}{Y_2}\right)^{\frac{1}{n}}\left(\frac{Y_1}{Y_2}-1\right) \tag{14-17}$$

在式(14-17)中求取 Y_1 后，代入式(14-15)或式(14-16)，即可求出吸附剂的需用量。

例 14-1　某重金属废液含铅离子浓度为 30mg/L，拟将其与吸附剂接触至铅离子浓度降为原铅离子浓度的 2%，此溶液与吸附剂接触后平衡溶液铅浓度与吸附量间的关系符合弗兰德里希模型，方程为

$X=590Y^{1/2.689}$(其中 X 的单位为 mg/kg，Y 的单位为 mg/L)。试求下列各种操作中处理 1500L 原液所需吸附剂的量：

(1) 单级操作；

(2) 二级错流所需要最小吸附剂用量；

(3) 二级逆流。

解 (1) 单级操作时 L 量。

已知吸附槽进口溶液中铅离子浓度为 Y_0=30mg/L，吸附槽出口溶液中铅离子浓度为原来的2%，即 Y_1=30mg/L×2%=0.6mg/L，根据弗兰德里希方程 $X=590Y^{1/2.689}$，可求出 $X_1=590\times0.6^{1/2.689}$=487mg/kg。假设废液密度为 ρ(单位为 kg/L)，将数据转换成式(14-6)中单位代入得

$$1500\times\rho\times(30\times10^{-6}/\rho-0.6\times10^{-6}/\rho)=L\times(487\times10^{-6}-0) \qquad L=90.6\text{kg}$$

(2) 二级错流时最小 L 量。

已知 Y_2=0.6mg/L，Y_0=30mg/L，n=2.689，K=590，将数据转换成式(14-12)中单位代入得

$$\left(\frac{Y_1}{0.6}\right)^{1/2.689}-\frac{30/Y_1}{2.689}=1-\frac{1}{2.689}$$

用试差法计算得 Y_1=6.3mg/L，代入式(14-8)和式(14-9)得

第一级

$$\frac{L_1}{W}=\frac{Y_0-Y_1}{KY_1^{1/n}}=\frac{30-6.3}{590\times6.3^{1/2.689}}=0.02$$

$$L_1=W\times0.02=1500\times0.02=30(\text{kg})$$

第二级

$$\frac{L_2}{W}-\frac{Y_1-Y_2}{KY_2^{1/n}}=\frac{6.3-0.6}{590\times0.6^{1/2.689}}=0.01$$

$$L_2=15(\text{kg})$$

$$L=L_1+L_2=45(\text{kg})$$

(3) 二级逆流 L 量。

Y_0=30mg/L，Y_2=0.6mg/L，将数据转换成式(14-17)中单位代入得

$$\frac{30}{0.6}-1=\left(\frac{Y_1}{0.6}\right)^{1/2.689}\left(\frac{Y_1}{0.6}-1\right)$$

解得 Y_1=9.3mg/L，再代入式(14-15)得

$$\frac{L}{W}=\frac{Y_0-Y_2}{KY_1^{1/n}}=\frac{30-0.6}{590\times9.3^{1/2.689}}=0.02$$

$$L=1000\times0.02=30(\text{kg})$$

例 14-1 的计算结果表明，达到同样处理效果时所用的吸附剂量如下：

二级逆流<二级错流<单级操作

即达到同样的处理效果，逆流吸附比错流吸附所用吸附剂量更少。

2. 固定床吸附

工业上应用最多的是固定床吸附器大多为圆柱形立式筒体结构，在筒体内部支撑的格板或多孔板上放置吸附颗粒，成为固定吸附床层，当流体通过固定吸附床层时，吸附质被

吸附在固定吸附剂上，其余流体则由出口流出。典型的活性炭固定床吸附设备如图 14-8 所示。

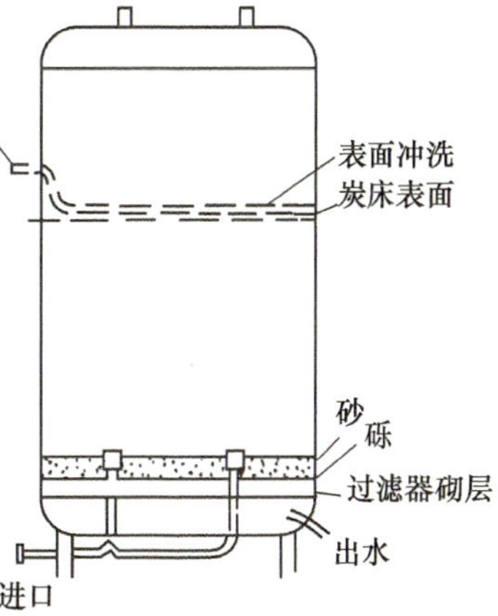

图 14-8　固定床吸附设备结构示意图

固定床是最常用的吸附分离设备，属间歇操作。工业上一般采用两台吸附设备轮流进行吸附与再生操作，须进行周期性切换。固定床吸附设备结构简单、造价低、吸附剂磨损少、操作易掌握、适用范围大，可用于气相、液相吸附，分离效果好，所以固定床吸附设备在工业生产中得到广泛应用。当然，固定床吸附设备也有缺点，如，为保证吸附区高度有一定的富余，需要放置比实际需要更多的吸附剂，导致吸附剂用量较大；吸附剂床层传热性能差，再生时要将吸附剂床层加热升温；吸附时产生的吸附热导致床层局部过热。

固定床吸附分离的机理较有代表性，在此简要介绍其吸附分离原理及计算方法。

1) 吸附负荷曲线与穿透曲线

在固定床吸附过程中，吸附质在吸附剂固相和流体移动相中的分布与吸附剂、流体性质、两相接触温度、流体在床层中的流动状态都密切相关，而流体在床层中的流动又直接与床层结构、吸附剂颗粒大小、形状、床层填充方式有关，可见吸附过程的影响因素较多。因此为直观地了解固定床吸附情况，常用吸附负荷曲线与穿透曲线表示。

(1) 吸附负荷曲线。当浓度为 Y_0(kg 吸附质/kg 惰性流体)的流体注入吸附塔内，并以恒速通过床层时，沿床层不同的位置吸附剂所吸附的吸附质的量不同。通常将吸附质沿床层长度的浓度变化曲线称为吸附负荷曲线。

当床层的吸附剂完全没有传质阻力时，吸附速度无限大，吸附负荷曲线为直角形，曲线内的面积为吸附剂的吸附负荷量，即吸附饱和量，如图 14-9(a)所示。而在实际传质吸附中，由于存在阻力，且受流体流速、流体分布、吸附平衡等方面影响，吸附速度不可能无限大，吸附负荷曲线也不可能是垂直的直线。受吸附等温线斜率的影响，床层内各点吸附剂的吸附量随流体浓度而变化。当将浓度为 Y_0 的流体以等速通入装有新鲜吸附剂的床层时，经过时间 t_1 在床层入口形成如图 14-9(b)所示的负荷曲线，此 S 形的曲线称为传质前沿或吸附波。继续通入流体，传质前沿继续向前移动，当达 t_3 时，传质前沿的前端到达床层出口，此时应停止进料，以防吸附质溢出床层外而达不到预期分离效果。此时 S 形传质前沿所占据的床层长度为吸附床层长度，并称为吸附的传质区(MTZ)。从图 14-9(b)可知，传质区前一段平坦直线(平台)所包含的区域为流体浓度保持为 Y_0 的饱和区，在此区内吸附剂不再吸附吸附质，达吸附动态平衡。显然吸附质的物质传递是在传质区内进行，传质阻力越小，床层利用率越大。

在实际生产中，为操作安全，传质前沿未到达床层出口端的一定距离内，就要停止继续送入原料流体，并将原有吸附剂加以再生互换。由于床层反复再生，吸附剂中存在着残余浓度为 Y_k 的吸附质，此时传质前沿的形成和移动如图 14-9(c)～(e)所示，在传质前沿末端离开床层时，床层已全部饱和不再吸附，吸附质的浓度与进口端相同，如图 14-9(f)所示。

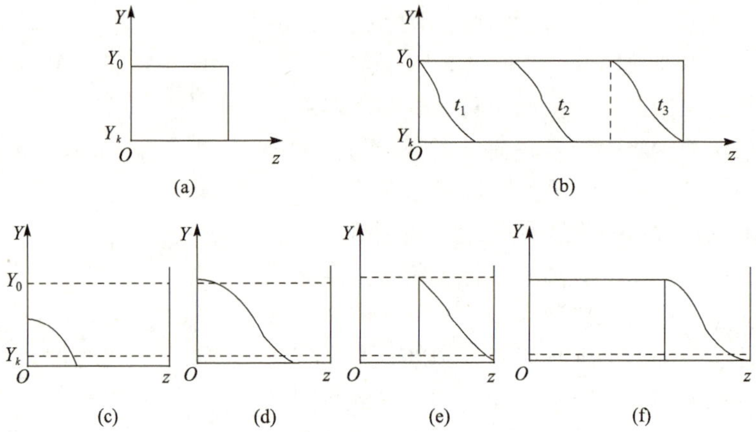

图 14-9 传质前沿的形成和移动

z 为床层长度

综上所述，在固定吸附剂床层内实际上可分为三个区，如图 14-10 所示：左边为饱和区，在此区内吸附达到动态平衡，床层浓度均匀不变；中间为传质区域，称为吸附区，床层浓度从接近饱和到接近零；右边为未用区，在此区内吸附剂浓度为前面的残余浓度。

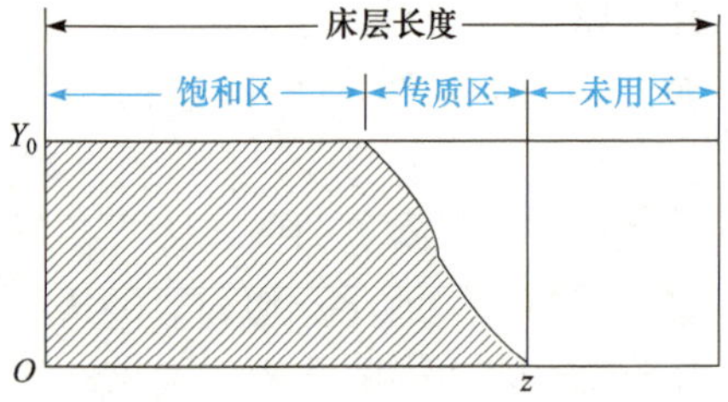

图 14-10 固定床操作的三个区

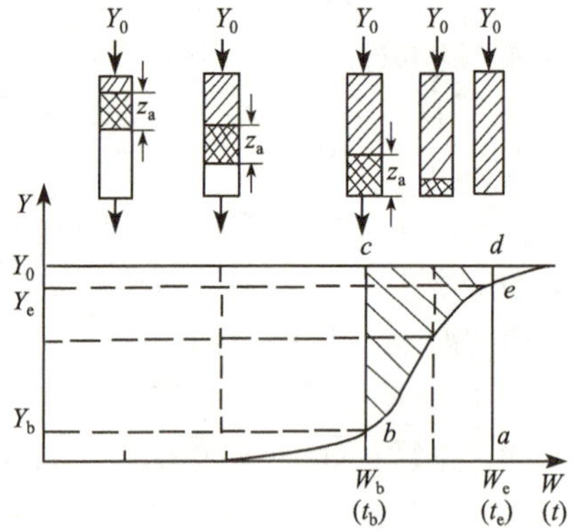

图 14-11 穿透曲线

(2) 穿透曲线。负荷曲线直观地反映出床层内吸附剂中的吸附量随时间或沿床层的分布，显示了吸附操作情况。但由于直接从床层取样分析比较困难，且取样过程会干扰床层的装填密度，影响床层中流体的流速分布和浓度分布，所以一般通过床层穿透曲线来了解吸附操作和吸附剂的一些特性。

当流体连续通过吸附剂床层时，运行初期由于床层最上层吸附剂对吸附质进行有效的吸附，床层出口的流体中吸附质浓度几乎为零。随着时间的推移，上层吸附剂达到饱和，床层中起吸附作用的区域向下移动。吸附区前面的床层因为尚未起作用，出口流体中吸附质浓度仍然很低。但当吸附区前沿下移至吸附剂层底端时，出口流体浓度开始超过规定值，此时称为床层穿透。以后出口流体浓度迅速增加，当吸附区后端下移至床层底端时，整个床层接近饱和，出口流体浓度接近进口流体浓度，此时称为床层耗竭，该点为流干点。将床层出口流体浓度随流出量 W 的变化(或时间变化)作图，得到的曲线称为穿透曲线，如图 14-11 所示。图 14-11 中，Y_b 为穿透点浓度，一般取进料浓度的 5%；Y_e 为流干点浓度；t_b 为穿透时间；t_e 为流干点时间；W_b、W_e 分别为 t_b、t_e 时相应的惰性流体流出总量。

影响穿透曲线的因素很多，包括吸附剂性质、流体性质、速度、吸附平衡、吸附机理等，从穿透曲线可鉴定吸附剂的性能及床层操作的优劣。

(3) 吸附负荷曲线与穿透曲线的关系。吸附负荷曲线反映吸附负荷量沿固定床高度变化的情况，而穿透曲线反映流体经过固定床层，流出液浓度随流出量(或时间)的变化情况。若假设吸附波形成后，波形固定不变，并以恒速沿固定床移动，则对比吸附负荷曲线和穿透曲线可看出，两者均为 S 形曲线，互相对应，成镜面对称，如图 14-12 所示。在图 14-12 中，*abcd* 面积代表传质区总的吸附量；传质区面积为 *bcd*，是床层具有传质吸附能力的区域。因此传质区内吸附剂未饱和吸附率 *f* 为

$$f=S_{bcd}/S_{abcd}$$

式中，*S* 代表面积。在传质区内吸附饱和率(床层已吸附的容量)为

$$1-f=S_{abd}/S_{abcd}$$

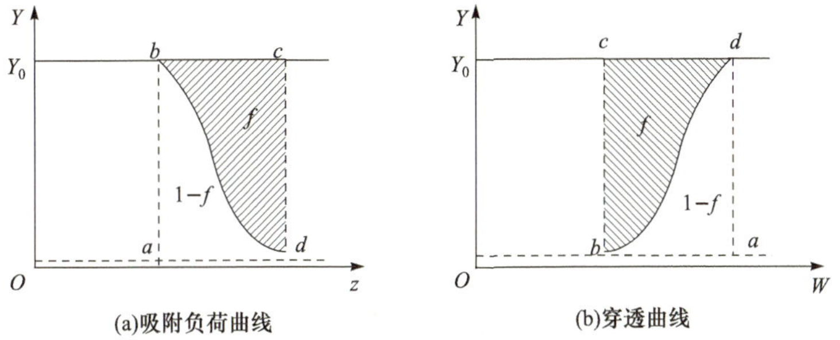

图 14-12　吸附负荷曲线和穿透曲线

总之，穿透曲线与吸附负荷曲线都可反映吸附性能及床层操作情况，但穿透曲线的实验测定更容易。所以了解吸附操作和吸附剂性能时，一般采用穿透曲线。不同的吸附条件和操作状况下可以得到不同的穿透曲线，反过来通过穿透曲线又可以鉴定吸附剂性能及床层操作的优劣。

2) 固定床吸附分离计算

固定床吸附分离计算主要从吸附平衡和吸附速率两方面考虑，吸附速率主要体现在传质区的大小、穿透曲线形状、到达穿透点时间以及在传质区内吸附剂所达到的饱和吸附程度。这是设计吸附床及主要吸附周期(两次再生间进行吸附的时间)时首先需知道的。由于固定床在操作时床层有饱和区、传质区及未用区三个区，在传质区内吸附剂所吸附的吸附质的量随时间而变化，而且传质区沿床层不断移动，致使三个区的位置不断改变，所以固定床吸附过程是较复杂的非稳态传质过程。为简化计算，一般进行如下假设，这些简化假设条件对目前工业上使用的吸附设备一般是符合的：①处理的是含低浓度吸附质的流体；②吸附为等温过程；③吸附等温线为线性；④传质波前沿形成后，波形固定不变，并以恒速向前移动；⑤传质区高度较吸附器床层小得多。

(1) 传质区高度 z_a 与未饱和吸附容量 *f* 的确定。

假设穿透曲线如图 14-12(b)所示：纵坐标为流出物浓度 *Y*(单位为 kg 吸附质/kg 惰性流体)，横坐标为惰性流体流出总量 *W*(单位为 kg/m^2)，穿透点浓度为 Y_b，达穿透点时间为 t_b，相应流出物总量为 W_b；流干点浓度为 Y_e，相应操作时间为 t_e，流出物总量为 W_e，则传质区累积流出物量为 $W_a=W_e-W_b$，G_s 为惰性流体的质量流速[单位为 kg/(m²·h)]。设传质前沿向下移动一段等于其本身传质区高度所需的时间为 t_a，则

$$t_a=\frac{W_a}{G_s} \tag{14-18}$$

$$t_e = \frac{W_e}{G_s} \tag{14-19}$$

若吸附剂床层高度为 z，传质波形成所需时间为 t_f，传质区高度为 z_a，则传质区移出床层所需时间为 (t_e-t_f)，且

$$\frac{z_a}{z} = \frac{t_a}{t_e - t_f} \tag{14-20}$$

从穿透曲线可看出，吸附传质区未饱和吸附容量(面积 S_{cbd})为

$$V = \int_{W_b}^{W_e} (Y_0 - Y)\mathrm{d}W \tag{14-21}$$

式中，V 的单位为 kg 吸附质/m² 床层截面积。由于传质区能吸附的吸附质为 $S_{abcd}=W_aY_0$，故

$$f = \frac{V}{Y_0 W_a} = \frac{\int_{W_b}^{W_e} (Y_0 - Y)\mathrm{d}W}{Y_0 W_a} \tag{14-22}$$

根据 t_a 与 t_f 的含义可知，吸附波形成后，在传质区尚有 f 这部分面积未吸附，因此 t_f 要比 t_a 短。未吸附这部分所需时间，即

$$t_f = (1-f)t_a \tag{14-23}$$

若 $f=0$，则 $t_f=t_a$，说明吸附波形成后传质区已完全饱和，那么床层顶部传质区的形成时间 t_f 应基本上与传质区移动一段等于本身高度的距离所需时间 t_a 相等；若 $f=1$，即传质区基本上不含吸附质，则吸附波形成时间很短，基本上等于 0。所以 f 越大，吸附饱和程度越低，最初形成传质区所需时间越短。

由式(14-18)～式(14-20)和式(14-23)可得

$$z_a = z\frac{t_a}{t_e - (1-f)t_a} = z\frac{W_a}{W_e - (1-f)W_a} \tag{14-24}$$

从而传质区移动速度 μ_a(单位为 m/s)为

$$\mu_a = \frac{z_a}{t_a} = \frac{z_a}{W_a/G_s} = \frac{z_a G_s}{W_e - W_b} \tag{14-25}$$

设与该流体达平衡的吸附剂浓度为 X^*(单位为 kg 吸附质/kg 吸附剂)，床层的横截面积为 A，床层中吸附剂密度为 ρ_s(单位为 kg/m³)，传质区在床层底部，则整个床层吸附量包括两部分，一部分为传质区吸附量 $Az_a\rho_s(1-f)X^*$，另一部分则属于吸附饱和区，其所吸附的吸附质的量为 $(z-z_a)A\rho_sX^*$，故穿透点出现时整个床层的饱和度为

$$\frac{z_a A\rho_s(1-f)X^* + (z-z_a)A\rho_s X^*}{zA\rho_s X^*} = \frac{z - fz_a}{z} \tag{14-26}$$

根据穿透曲线可以了解整个床层的吸附状况。

(2) 传质区内传质单元数的确定。

记流体中吸附质的质量比为 Y(单位为 kg 吸附质/kg 惰性流体)，吸附剂中吸附质的质量比为 X(单位为 kg 吸附质/kg 吸附剂)。设想在固定床吸附器中，固体吸附剂以与吸附传质区相同的移动速度与流体逆向运动，则吸附区在床层某一位置上维持不变，固定床吸附变成一稳态吸附过程，从而可使问题简化而进行如下计算，如图 14-13 所示。

设床层无限高，床层底部吸附剂与流体互成平衡，则 $X_0=0$，$Y_T=0$。对整个床层进行物料衡算

$$G_s(Y_0 - 0) = L_s(X_T - 0)$$

$$Y_0 = \frac{L_s}{G_s}X_T \tag{14-27}$$

式中，L_s 为纯吸附剂的质量流速，kg/(m² · h)。

在床层任一截面上，流体浓度 Y 与吸附量 X 的关系为

$$G_sY = L_sX \tag{14-28}$$

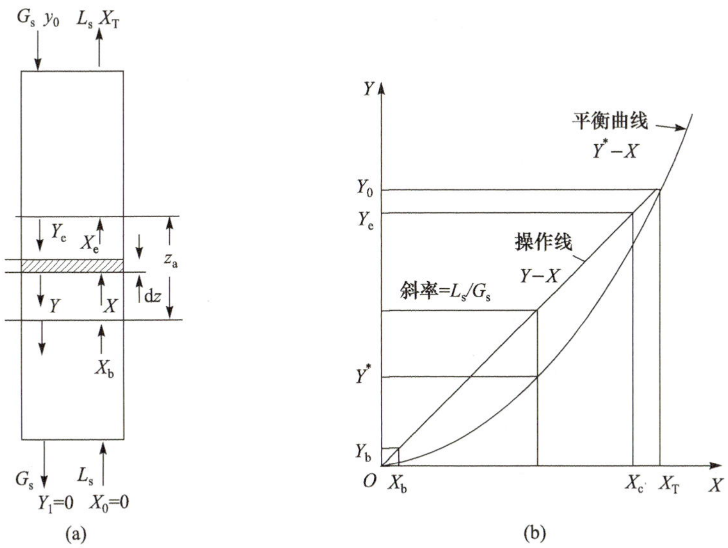

图 14-13　传质区分析

式(14-28)即为吸附操作线方程，它为一条通过点 $B(X_T,Y_0)$、斜率为 L_s/G_s 的直线。

通过微元段高度 dz，吸附速率为

$$G_s\mathrm{d}Y = K_y a_p (Y - Y^*)\mathrm{d}z \tag{14-29}$$

式中，K_y 为流体相总传质系数，kg 吸附质/($m^2 \cdot h \cdot \Delta y$)；$a_p$ 为单位容积的吸附床层内所有吸附剂固体颗粒的外表面积，m^2/m^3；Y^*为与 X 成平衡的流体中吸附质的质量比，kg 吸附质/kg 惰性流体。

床层吸附区流体相总传质单元数为 N_{OG}，有

$$N_{OG} = \int_{Y_b}^{Y_e} \frac{\mathrm{d}Y}{Y - Y^*} \tag{14-30}$$

结合式(14-29)，得

$$N_{OG} = \int_{z_1}^{z_2} \frac{\mathrm{d}z}{G_s/(K_y a_p)} = \frac{z_a}{G_s/(K_y a_p)}$$

设 $H_{OG}=\dfrac{G_s}{K_y a_p}$，则 $z_a=N_{OG}H_{OG}$，H_{OG} 称为流体相总传质单元高度(单位为 m)。

如果在传质区内，H_{OG} 不随高度而变化，对于任何小于 z_a 的 z 值(对应于浓度 Y)，有

$$\frac{z}{z_a} = \frac{W - W_b}{W_a} = \frac{\displaystyle\int_{Y_b}^{Y} \frac{\mathrm{d}Y}{Y - Y^*}}{\displaystyle\int_{Y_b}^{Y_e} \frac{\mathrm{d}Y}{Y - Y^*}} \tag{14-31}$$

式(14-31)可根据图解法求解，也可按此式绘出穿透曲线。

14.2　膜　分　离

引　例

治理废水，保护生态环境，是实现经济可持续性发展的重要保障。传统的废水处理方法有化学沉淀、吸附、萃取、蒸馏等，但是都不同程度地存在着分离效率较低、能耗大、成本

高等缺点。相对而言，膜分离具有分离效率高、能耗低、占地面积小、过程简单、操作方便、不污染环境等优点。图 14-14 所示为可用于重金属离子分离的反渗透装置。

事实上，膜分离不仅可用于废水处理，而且在海水淡化、饮料降浊除菌、药物浓缩与提纯以及气体分离纯化等多方面应用广泛，因此，膜分离技术近年来得到迅猛发展。

图 14-14 工业用反渗透装置

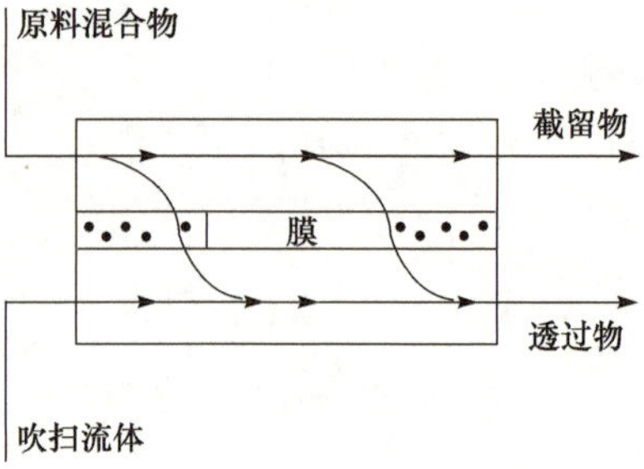

图 14-15 膜分离过程示意图

膜分离过程是利用流体混合物中组分在特定的膜中迁移速度的不同，经膜的分离作用，改变混合物的组成，达到组分间分离的目的。常见的膜分离过程如图 14-15 所示。原料混合物被分成截留物(浓缩物)和透过物两部分。通常原料混合物、截留物及透过物可为液态或气态。膜材质有聚合物、陶瓷或金属等。有时在膜的透过物一侧加入吹扫流体以帮助移除透过物并提高分离效率。一些重要的工业膜分离操作见表 14-1。

表 14-1 膜分离过程的工业应用

膜分离过程	英文缩写	工业应用
微滤	MF	半导体工业中超纯水的制备；药物灭菌；抗生素纯化；油水乳液分离、胶乳脱水等
超滤	UF	饮用水净化；果汁的澄清；发酵液中疫苗回收；牛奶的浓缩、干酪制备、乳清蛋白回收；土豆淀粉和蛋白的回收；染料的回收；电泳漆回收等
反渗透	RO	海水或苦咸水脱盐；地表或地下水处理；食品工业(果汁、糖、咖啡的浓缩)、电镀工业(废液浓缩)和奶品工业(生产干酪前牛奶的浓缩)等
纳滤	NF	海水淡化、硬水软化；废水中高价重金属离子的脱除、染料截留等
渗析	D	血液透析
电渗析	ED	电化学工厂的废水处理；海水制盐等
渗透气化	PV	恒沸物及近沸物系的分离；有机溶剂脱水；从水中除去有机化合物等
气体分离	GP	气体的分离，如天然气中脱除酸性气体 CO_2、H_2S；从空气中或天然气中除水；从天然气中富集回收 He 等
液膜分离	LM	废水处理

本节将简要介绍一些膜分离技术的分类、分离原理、应用以及膜组件的污染与治理。

14.2.1　微滤与超滤

1. 概述

微滤、超滤及后续的反渗透、纳滤等分离过程均属于压力驱动的膜过程，此类过程的特点是溶剂为连续相而溶质浓度相对较低。溶质颗粒或分子的大小及化学性质决定了选用膜的孔径及孔径分布，其中微滤膜的孔径范围为 0.05～10μm，主要用于悬浮液及乳浊液的分离，如细胞的捕获，果汁、葡萄酒和啤酒的净化，油水乳液分离、胶乳脱水等；超滤膜的孔径范围为 0.05μm～1nm，主要用于从溶液中分离大分子物质和胶体，分离物质的下限为几千道尔顿(1Da=1.66054×10^{-27}kg)。

2. 微滤与超滤分离原理

微滤与超滤分离原理类似，主要基于孔径筛分效应实现对不同大小物质的分离。一般，微滤和超滤所使用的膜材料为不对称结构，存在较致密的皮层及多孔支撑层，两者的区别主要在于超滤膜皮层更致密，表面孔隙率低，因此流体阻力更大，相同操作压力下通量更小。上述膜过程对溶质的截留包括以下 4 种机制：①直接机械截留(筛分)，即尺寸大于孔径的物质被直接截留；②架桥截留，指一些小于孔径的固体颗粒或大分子物质在膜的微孔入口因架桥作用而被截留；③膜内部截留(也称为网络截留)，即通过膜表面的较小物质被膜内部的网络孔截留，发生在膜的内部，是因膜孔的曲折引起，往往会对膜孔形成阻塞作用，不利于膜的应用；④吸附截留，指尺寸小于膜孔径的物质通过物理或化学作用吸附而截留，该截留也会对膜通量产生一定的影响。

溶液通量及物质截留率是评价膜性能的基本指标。对微滤而言，通过微滤膜的体积通量可由达西(Darcy)定律描述，即膜通量 J 正比于所施加压力：

$$J=A\Delta p \tag{14-32}$$

其中，渗透常数 A 与孔隙率、孔径(孔径分布)等结构因素及渗透液黏度相关。通过液通量可用 Hagen-Poiseuille 或 Kozeny-Carman 方程进一步描述。若膜由直毛细管构成，则常用 Hagen-Poiseuille 关系式，$A\simeq\varepsilon r^2$，结果为

$$J=\frac{\varepsilon r^2}{8\eta\tau}\frac{\Delta p}{\Delta x} \tag{14-33}$$

式中，ε 为孔隙率；r 为膜孔半径；Δx 为膜厚；η 为动力黏度；τ 为弯曲因子，对于圆柱形孔 $\tau=1$。

若膜孔由球形颗粒的聚集体构成，则可采用 Kozeny-Carman 公式，结果为

$$J=\frac{\varepsilon^3}{K\eta S^2}\frac{\Delta p}{\Delta x} \tag{14-34}$$

式中，K 为与孔几何形状有关的无量纲常数；S 为单位体积中球形颗粒的表面积。对球形颗粒且假设 K=5，上式可写成

$$J=\frac{\varepsilon^3 d^2}{180\eta(1-\varepsilon)^2}\frac{\Delta p}{\Delta x} \tag{14-35}$$

上述公式将膜通量与孔隙率 ε、孔半径 r 等与膜相关的结构参数联系起来，但未涉及与溶质性质有关的参数。

超滤膜通量表达式与微滤膜类似，只是渗透常数 A 的数值远小于微滤膜。

3. 微滤与超滤过程

微滤与超滤过程有死端过滤与错流过滤两种(图 14-16)。

死端过滤是指原料液置于膜的上游，在压力差推动下，溶剂和小于膜孔的物质透过膜，而大于膜孔的物质则被截留，压力差可通过加压泵对原料液加压或通过真空泵在透过液侧抽真空完成。该过程随着时间的延长，被截留物质将在膜表面积聚，形成污染层，随着运行过程的持续，污染层不断增厚和压实，使过滤阻力增加，如果操作压力保持恒定，膜渗透速率将下降。因此这种过滤操作宜采用间歇式过滤，在运行过程中，浓度不宜过高，必须定期清洗，不过该方式简单易行，适宜小规模生产和膜性能检测。

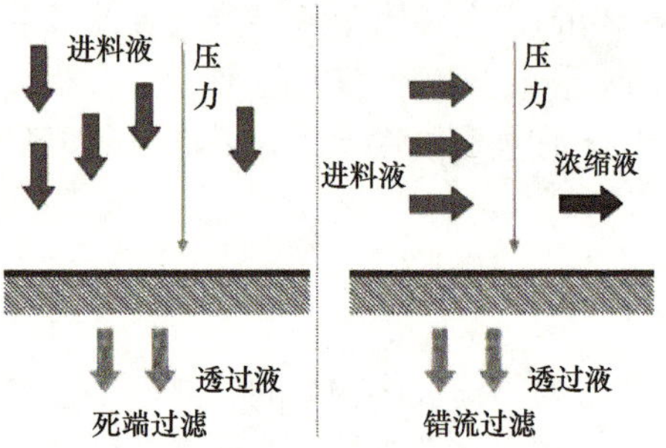

图 14-16 死端过滤与错流过滤

错流过滤是工业上常用的一种操作方式，其特点是原料液以切线方向流过膜表面，大于膜孔的物质被截留，小于膜孔的物质和溶剂在压力作用下透过膜表面。在错流运行中，由于过滤导致的物质沉积也不可避免，但与死端过滤不同，料液流经膜表面时会产生高剪切力，所以一般不会使污染层持续增厚，在相当长时间内能使污染层保持在一个较薄的水平并维持平衡，因此膜通量得以保持在一个稳定水平。污染层的厚度与运行参数如压力、流量等有关。所以，选择合适的运行参数可以降低膜的污染程度，获得较好的过滤效率。

对于超滤膜，由于分离对象常为尺寸较小的大分子物质，运行过程更为复杂，影响分离效率的因素相对较多，主要包括以下几种：①溶质分子的形状和大小；②膜材质与膜形态结构；③多种溶质相互影响；④运行参数。其中较为重要和常见的是浓度差极化现象。浓差极化是指分离过程中，料液中的溶剂在压力驱动下透过膜，溶质(如离子或不同相对分子质量溶质)被截留，在膜与本体溶液界面或临近膜界面区域浓度越来越高；在浓度梯度作用下，溶质又会由膜表面向本体溶液扩散，形成边界层，使流体阻力与局部渗透压增加，从而导致溶剂透过通量下降的现象。

14.2.2 反渗透与纳滤

1. 概述

反渗透的概念始于渗透现象。把允许水透过的半透膜作为介质(图 14-17)，两侧分别是盐水室和纯水室，由于右侧纯水的化学势高于左侧盐水溶液中水的化学势，因此纯水将向左侧扩散通过，这种现象称为渗透。渗透达到平衡时左侧盐水室的液面明显高于右侧，两侧之间的压差称为渗透压。如果此时在左侧施加大于渗透压的机械外压，盐水中的纯水将逆向通过半透膜进入右侧纯水室，这种通过施加机械外压克服浓度差导致的逆向迁移称为反渗透，所使用的膜为反渗透膜。该膜常为不对称膜，孔径小于 0.5nm，操作压力大于 1MPa，常用于海水淡化、纯水及超纯水的制备及废水处理等。

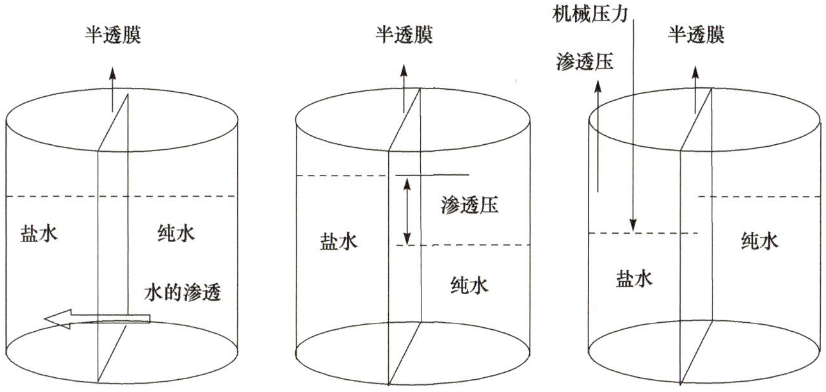

图 14-17　渗透-反渗透现象

纳滤膜是 20 世纪 80 年代在反渗透膜的基础上开发出来的，是超低压反渗透技术的延续和发展。在 20 世纪 70 年代，Israsel 公司曾用“混合过滤”来表示这种介于超滤与反渗透之间的膜过程，最初也有人将其称为“疏松型反渗透膜”“致密型超滤膜”“反渗透-超滤混合膜”等，最后美国 FilmTec 公司根据膜的分离特点及考虑到产品的广告效应将其命名为“纳滤”。典型纳滤具有以下特征：①对单价盐(如 NaCl)具有较低的截留率，通常低于 70%，对二价盐或多价盐的截留率较高，通常在 90%以上；②对可溶性有机物质的截留可能受到物质分子大小和形状的影响，通常相对分子质量截留范围为 100～1000；③操作压力较反渗透低，通常在 0.5～2.0MPa。需要指出，市售纳滤膜产品多具备上述特征，但是，有一类致密型纳滤膜对单价盐的脱除率可高于 70%。纳滤分离体系主要有中性溶质、电解质、混合溶质、两性溶质等，根据静电排斥及孔径筛分效应对不同组成物质进行选择性分离，但确切的传质机理目前还不明确。

2. 反渗透与纳滤分离原理

虽然反渗透与纳滤两者存在差异，但分离机理比较接近。通常，根据膜的透过机理，模型可以分为以下三类：

(1) 有孔模型，包括优先吸附-毛细孔流理论、微孔扩散理论及表面张力-孔流动理论等。

(2) 非孔或均相态膜模型，包括溶解-扩散理论、不完全的扩散理论及扩散的溶解-扩散理论等。

(3) 以不可逆热力学现象为基础的膜模型。

大部分反渗透理论假设膜的透过形式为扩散或孔流动，而对荷电膜(如多数纳滤膜)而言，则必须考虑静电效应，这一类型的模型主要包括唐南排斥理论和能斯特-普朗克理论等。由于篇幅所限，此处仅简要介绍非平衡热力学模型。

该模型把膜当作一个“黑匣子”，膜两侧存在或施加的势能差是溶质和溶剂组分通过膜的驱动力。这种方法不提供也无需提供有关膜结构的任何信息，对于分子或颗粒通过膜的渗透机制，该方法不能从物理和化学的角度给予分析，但是可以清楚地显示和描述推动力与通量之间的耦合关系。运用非平衡热力学模型，可以推导出相应的体积通量、溶质通量与盐截留效果。

图 14-18 给出了用反渗透膜从盐水中分离纯水的示意图，膜可以让水通过而不让溶质通过。为使水通过膜，操作压力必须大于渗透压。从图 14-18 可以看出，若施加的压力小于渗

透压，水会从稀溶液流向浓溶液。当压力高于渗透压时，水则从浓溶液流向稀溶液。假设没有溶质通过，则有效水通量可用下式表示：

$$J_w = A(\Delta p - \Delta\pi) \tag{14-36}$$

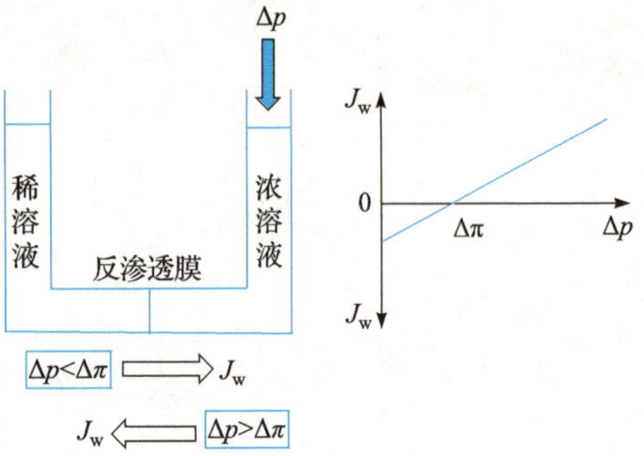

图 14-18　水通量与操作压力的关系示意图

实际上，膜可使少量低相对分子质量溶质通过，因此膜两侧真实渗透压差不是$\Delta\pi$，而是$\sigma\Delta\pi$，其中σ是膜对特定溶质的截留系数。当截留率 R<100%时，σ<1，上式变成$J_w = A(\Delta p - \sigma\Delta\pi)$。

对于给定的膜，水渗透系数 A 为常数，常可表示为

$$A = \frac{D_w c_w V_w}{RT\Delta x} \tag{14-37}$$

A 是分配系数(溶解度)和扩散系数的函数，对反渗透而言，其值为 3×10^{-3}～3×10^{-6} $m^3/(m^2\cdot m\cdot bar)$，1bar=$10^5$Pa；对纳滤而言，其值为 3×10^{-3}～3×10^{-2} $m^3/(m^2\cdot m\cdot bar)$。式中，$D_w$ 为水的扩散系数；c_w 为膜中水的浓度；V_w 为水的摩尔体积；Δx 为膜厚。

溶质通量 J_s 可以表示为

$$J_s = B\Delta c_s \tag{14-38}$$

式中，B 为溶质渗透系数；Δc_s 为膜两侧溶质浓度差($\Delta c_s = c_f - c_p$；c_f 为进料液浓度，c_p 为渗透液浓度)。对以 NaCl 作溶质的反渗透过程，B 值的范围是 5×10^{-3}～5×10^{-4}m/h，截留性能好的膜 B 值较低。对于纳滤膜，不同盐的截留率有很大差别，如对 NaCl 的截留率可在 5%～95%变化。溶质渗透系数 B 是溶质扩散系数 D_s 和分配系数 K_s 的函数：

$$B = \frac{D_s K_s}{\Delta x} \tag{14-39}$$

从式(14-36)可以看出，随着压力升高，水通量线性增加，而由式(14-38)知溶质通量几乎不受压差的影响，只取决于膜两侧浓度差。

对给定溶质，膜的选择性由截留率 R 表示：

$$R = \frac{c_f - c_p}{c_f} = 1 - \frac{c_p}{c_f} \tag{14-40}$$

因此，压力增大时，渗透物中溶质浓度下降，选择性提高。当Δp趋于无穷时，R 达到最大值 R_{max}。$c_p = J_s/J_w$，并结合式(14-36)～式(14-38)，截留系数可写成：

$$R = \frac{A(\Delta p - \Delta\pi)}{A(\Delta p - \Delta\pi) + B} \tag{14-41}$$

通常可假设 A 和 B 与压力无关，则式(14-41)中只有Δp一个变量，能直观地看到截留率与操作压力等因素之间的关系。反渗透中所使用的压力为 2～10MPa，纳滤为 0.5～2MPa，比超滤高很多。一般地，为实现高效分离，常数 A 应尽可能大，而 B 尽可能小。换而言之，膜材料必须对溶剂的亲和力高，而对溶质的亲和力低。这意味着材料的选择十分重要，因为它决定了膜的本质性质，这与微滤和超滤有明显差异。对于微滤和超滤，膜孔尺寸决定分离性能，而材料的选择主要考虑其化学稳定性。

需要指出，近年来研究表明，纳滤的分离结果中出现了随操作压力的增大膜的截留率减小的现象，这与上述模型得出的结论不一致，因此，关于纳滤的分离机制还有待于进一步完善。

案例　节能减排，循环用水——纳滤

14.2.3　渗透气化

1. 概述

渗透气化是指液体混合物在膜两侧组分的蒸气分压差的推动下，透过膜并部分蒸发，从而达到分离目的的一种膜分离方法。与传统的精馏、吸附、萃取等分离工艺相比，渗透气化具有分离效率高、设备简单、操作方便、能耗低等优点，可用于传统分离手段较难处理的恒沸物及近沸物系的分离，对于混合体系中某些微量组分的脱除，渗透气化也具有较高的分离效率。

2. 渗透气化基本原理

按照溶解扩散机理，在渗透气化过程中，待分离组分在膜两侧蒸气压差的推动下被膜选择性吸附溶解，以不同速度在膜内扩散，在膜下游气化、解吸，实现混合物的分离。其过程如图 14-19 所示。待分离混合组分于膜的一侧流过，膜的另一侧抽真空(或让快速流动的惰性气体通过)，混合物中易渗透的组分优先吸附在膜表面，然后扩散通过膜，在膜的另一侧气化。蒸气通过冷阱被冷凝收集，达到分离纯化的目的。根据造成两侧蒸气压差的方法，渗透气化主要分为真空渗透气化、热渗透气化(或称温度梯度渗透气化)和载气吹扫渗透气化。由于惰性气体吹扫方式涉及大量气体的循环利用，且不利于渗透产物的冷凝收集，所以一般采用真空渗透气化的方式，组分在膜内的传递动力是两侧的分压差。

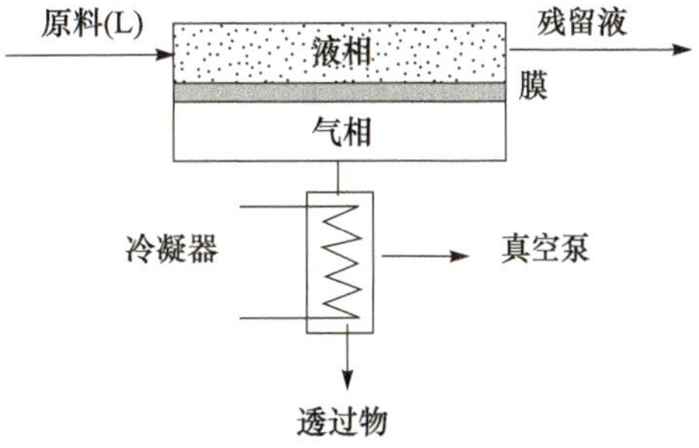

图 14-19　渗透气化基本原理

3. 渗透气化传递机理

渗透气化过程的传递机理涉及渗透液、膜结构和性质、渗透液与膜之间复杂的相互作用，目前已提出的机理模型以溶解-扩散模型和孔流模型为主。

1) 溶解-扩散模型

溶解-扩散模型认为，料液侧组分通过膜的传递可分成三步：①料液侧组分被吸附于膜表面；②由于浓度差，组分选择性扩散透过膜；③组分从下游侧表面解吸进入气相。

应用过程中，下游透过侧压力往往较低，解吸过程较快，一般不考虑解吸过程对传质的影响。因此，膜的选择性和渗透速率主要受组分在膜中溶解度和扩散速率控制。前者由体系热力学决定，后者与动力学相关。但是若下游侧压力接近透过组分的蒸气分压，渗透速率将明显下降。

区别于气体分离，渗透气化存在一种耦合作用(一种组分通过膜的传递还受到料液中其他组分的影响)。耦合影响也分热力学影响和动力学影响两部分。热力学影响是一种组分在膜内的溶解度受另一组分的影响，这种影响来自膜内组分间的相互影响及每种组分与膜的相互影响。动力学耦合作用是由于渗透组分在膜中的扩散系数受浓度的影响。例如，假设膜是聚合物，如果低相对分子质量组分能够溶解在聚合物中，它将促进聚合物链段运动，有利于组分在膜中传递。

对聚合物膜而言，通常高溶解度会导致高扩散速率，原因源于三个方面：①高溶解度使聚合物溶胀，促进高分子链运动，有利于组分扩散；②高溶解度增加了聚合物中的自由体积，有利于组分扩散；③高溶解度使组分的扩散更像在液体中的扩散，通常高于在纯固体高分子中的扩散。

2) 孔流模型

孔流模型假定膜中存在大量贯穿圆柱孔，依靠三个过程完成传质：①液体组分通过孔道传输到膜内某处的气、液相界面；②液体组分在气、液相界面处蒸发；③蒸发气体通过表面流动从界面处沿孔道传输出去。在膜内存在气、液相界面是孔流模型的典型特征，渗透气化过程既包含了液体传递，也存在气体传递，是两者的串联耦合。根据孔流模型的特点，渗透气化运行过程中可能存在浓差极化。孔流模型和溶解-扩散模型有本质上的不同，孔流模型定义的“孔道”是固定的，而溶解-扩散模型定义的“孔道”是无形的，它与高分子链段的热运动有关。实际上孔流模型中的孔也是聚合物网络结构中分子链间的空隙，其位置和大小一定程度上随高分子链段的运动而随机变化，大概为分子尺寸，因而“固定孔道”是孔流模型的不足之处。

14.2.4 气体分离

1. 概述

膜法分离气体主要是利用不同气体透过分离膜的速度差异，在透过侧富集透过速率快的组分，透过速率慢的气体组分则残留在进料侧，也得到富集。利用一级或多级膜分离可实现混合气体的富集或分离。

2. 分离机理

气体分离的机理来源于气体中各组分在膜内渗透速率的不同。对于致密膜是依据各组分气体的渗透速率(包含溶解与扩散)不同进行分离，但对于多孔膜则是依据气体通过的速率差进行分离。气体分离膜有多孔膜和无孔膜两种，它们具有不同的分离机理。

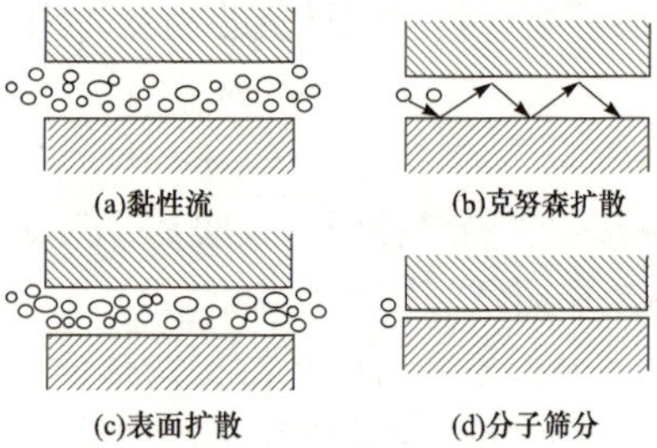

图 14-20 黏性流、克努森扩散、表面扩散和分子筛分

(1) 对于多孔膜，气体主要以黏性流、分子流、介于二者的过渡流和分子筛分等方式透过膜孔。分离机理可分为黏性流、分子流、表面扩散、分子筛分机理、毛细管凝聚机理等，如图 14-20 所示。

气体在膜孔内的流动状态决定了分离机理，可根据克努森(Knudsen)数的大小进行区分。克努森数(Kn)定义为气体平均自由程 λ 与膜孔径 r 之比：

$$Kn = \lambda / r \tag{14-42}$$

根据 Kn 的大小，可判别气体在膜孔内的流动为黏性流、分子流或介于二者之间的过渡流。

(2) 对于无孔膜，通常用溶解-扩散模型解释，主要分为三步：①在高压侧，气体混合物中的渗透组分吸附在膜表面；②渗透组分通过分子扩散传递到低压侧；③在低压侧组分解吸，实现气体分离。

无孔膜中气体扩散最简单的关系是菲克(Fick)定律

$$J = -D\frac{\mathrm{d}c}{\mathrm{d}x} \tag{14-43}$$

式中，J 为通过膜的通量；D 为扩散系数；推动力 $\mathrm{d}c/\mathrm{d}x$ 为膜两侧的浓度梯度。稳态下可将该式积分，有

$$J = \frac{D_i(c_{0,i} - c_{l,i})}{l} \tag{14-44}$$

式中，$c_{0,i}$ 和 $c_{l,i}$ 分别为膜上游侧和下游侧的组浓度；l 为膜厚。

浓度和分压的关系可用亨利(Henry)定律描述，即认为膜内浓度与膜外气体压力之间为线性关系

$$c_i = S_i p_i \tag{14-45}$$

式中，S_i 为组分 i 在膜中的溶解系数[$\mathrm{cm^3(STP)/(cm^3 \cdot bar)}$]。Henry 定律主要适用于无定形弹性体聚合物

$$J_i = \frac{S_i D_i(p_{0,i} - p_{l,i})}{l} \tag{14-46}$$

式(14-46)常用来描述气体通过膜的渗透。扩散系数 D 与溶解度系数 S 的乘积称为渗透系数 P，即

$$P = DS \tag{14-47}$$

所以式(14-46)可以写成

$$J_i = \frac{P_i(p_{0,i} - p_{l,i})}{l} = \frac{p_i}{l}\Delta p_i \tag{14-48}$$

式(14-48)表明通过膜的通量正比于分压差，反比于膜厚。理想选择性为渗透系数之比

$$\alpha_{i/t\text{理想}} = \frac{P_i}{P_t} \tag{14-49}$$

对于许多气体混合物，真实分离因子并不等于理想气体分离因子，因为当渗透气体与聚合物间化学亲和力较强时，在较高的分压下会产生增塑作用，这种作用会使渗透性上升而选择性下降。

14.2.5　电渗析

电渗析，是在通电状态下，利用离子交换膜从水溶液中将离子除去的方法。常用于废水处理、海水淡化等领域。通常，是在电渗析装置的阳极、阴极之间交替放置一系列的阴、阳离子交换膜，然后往膜室内泵送待处理的盐溶液(如 NaCl)。施加直流电后，带正电的 Na^+ 向阴极迁移，带负电的 Cl^- 向阳极迁移。但是，Na^+ 不能通过阴离子交换膜，同理，Cl^- 不能通过阳离子交换膜。因此，每隔一个腔室，离子浓度会提高，而相邻的腔室会降低，形成交替排列的稀室和浓室。同时，电极处阳极生成 Cl_2 和 O_2，阴极生成 H_2 和 OH^-。图 14-21 所示为电渗析原理示意图。

需要指出，最近有研究人员使用一系列相同荷电性质的离子交换膜并列排布，采用电渗析法卤水提锂，锂产品纯度最高可达 99.9%。

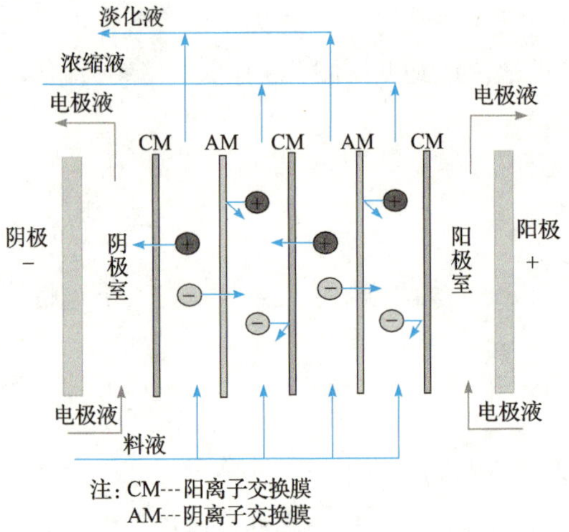

图 14-21 电渗析原理

14.2.6 膜组件特性及膜污染防治

1. 特点

多数膜分离体系为水体系，应用的膜材质主要有高分子材料和无机材料两大类，常用高分子材料有醋酸纤维(CA)、聚苯乙烯(PS)、聚酰胺(又称尼龙，PA)、聚丙烯腈(PAN)、氯乙烯-丙烯腈共聚物、聚偏二氟乙烯(PVDF)、聚碳酸酯(PC)、聚醚砜(PSU 或 PSF)等；常用无机材料主要有TiO_2, Al_2O_3等非金属材料以及各种金属材料等。可制成均质膜或含有支撑层的复合膜。有平板膜、管式膜、中空纤维膜等多种形态，其中中空纤维膜的应用前景最好。一般，优质膜材料应具备以下特点：

1) 高的渗透流量

高的渗透流量(流率)指单位面积单位时间内膜表面传递水(溶剂)的容量高。

2) 明显的截留率

膜应具有截留大于某相对分子质量溶质的能力，且截留率越高越好。粒子通过膜的截留率分布情况如图 14-22 所示，图中曲线显示了高敏截留和低敏截留两种特性，这是考察超滤、微滤使用的重要特性指标之一，显然，最理想的是高敏截留。反渗透膜应仅允许溶剂通过。

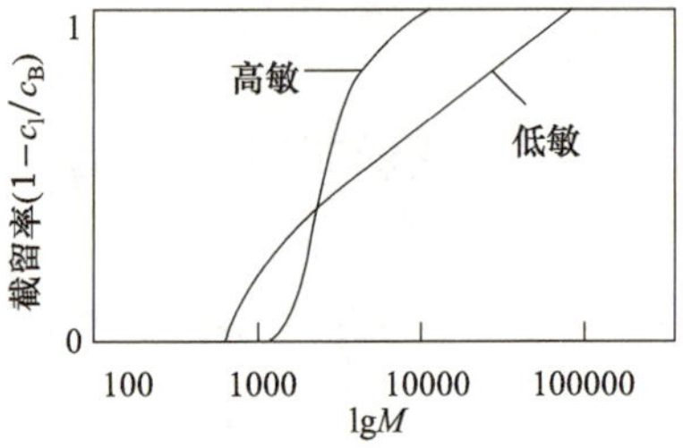

图 14-22 截留率分布

c_B为溶液主体浓度；c_l为滤液浓度

3) 膜的化学和热稳定性、耐用性

化学稳定性是指应具有良好的抗氧化性，在氧化剂如Cl^-存在时，高分子不断链，性能不发生变化；具有抗酸碱性，膜不会水解。热稳定性指在 50～60℃的温度下膜不会水解。耐用性常常和膜的抗压性能相联系，膜在长期运转时，表面膜被压实而水通量衰减的指标称压实斜率 m，可用下式计算

$$m = \frac{\lg F_1 - \lg F_t}{\lg t} \tag{14-50}$$

式中，F_1和F_t分别为膜运行 1h 后和 t 后的水通量，mL/(cm^2 · h)；t 为运行时间，h。当 $m \leqslant 0.02$ 时，认为膜抗压性能良好；当 $m \geqslant 0.1$ 时，则性能不好。m 通常要求为运行时间 t 达到 6000h 的值，实验室内则为运行 10h 时的水通量外推到 6000h 的值。

2. 膜组件的污染及防治

在工业应用中常常发现膜的性能随时间有很大的变化，一种典型的行为就是通量随时间的延长而减小，造成这种现象的主要原因是浓差极化及膜污染。

膜污染是指被截留的颗粒、胶体、大分子和盐(如金属氢氧化物及钙盐等)在膜表面或膜内的(不)可逆沉积，这种沉积包括吸附、堵孔、沉淀及形成滤饼等。膜污染在微滤和超滤中较严重，这些过程所使用的膜对污染有固有的敏感性，致密的渗透气化膜及气体分离膜一般不发

生污染。对一给定溶液，膜污染主要取决于浓度、温度、pH、离子强度和具体的相互作用力(氢键、偶极-偶极作用力)等物理化学参数。

由于污染现象复杂，对于减少污染应具体问题具体处理。常用的方法有以下几种：

1) 原料的预处理

预处理方法包括热处理、调 pH、加络合剂(如 EDTA 等)、氯化、活性炭吸附、化学净化、预微滤和预超滤等。

2) 改善膜材料的性质

一般地，多孔膜的污染比致密膜严重，膜孔径分布窄有助于减少污染，采用亲水性而不是疏水性膜进行水处理时有利于降低膜污染。此外，蛋白质在疏水性膜上的吸附比在亲水性膜表面更强且不易除去。所以可根据应用目的及环境改善膜材料的性质以减少膜污染。

3) 改善膜器及系统的条件

污染现象随浓差减小而减小。通过提高传质系数(高流速)和使用较低通量的膜可以减少浓差极化，此外，在小规模实验中采用不同形式的湍流强化器也有利于减少膜污染。

4) 及时清洗

清洗方法有水力学清洗、机械清洗、化学清洗和电清洗。具体方法的选择主要依据膜的构型、膜种类、耐化学试剂能力以及污染物的种类而定。

案例　吸附在核能健康可持续发展中的应用

本章主要符号说明

符　号	意　义	单　位
A	床层的横截面积	m^2
a_p	单位容积的吸附床层内所有吸附剂固体颗粒的外表面积	m^2/m^3
D	扩散系数	m^2/s
G_s	惰性流体的质量流速	$kg/(m^2 \cdot h)$
H_{OG}	流体相总传质单元高度	m
J	通量	$L/(m^2 \cdot h)$
K_y	流体相总传质系数	kg 吸附质/$(m^2 \cdot h \cdot \Delta y)$
Kn	克努森数	
k、k'	弗兰德里希吸附系数	
L_s	纯吸附剂的质量流速	$kg/(m^2 \cdot h)$
L	吸附剂的质量	kg
l	膜厚	m
p	压力	Pa
p°	饱和蒸气压	Pa

p_e	吸附质的平衡分压	Pa
q_e	平衡吸附量	mg/g
q_m	表面上吸满单分子层吸附质的吸附量	kg 吸附质/kg 吸附剂
R	截留系数	
r	膜孔半径	m
S_i	组分 i 在膜中的溶解系数	cm^3(STP)/(cm^3 · bar)
S	溶解度系数	cm^3(STP)/(cm^3 · bar)
t_b	穿透时间	h
t_e	流干点时间	h
T	温度	K
W	溶液中溶剂的质量	kg
W_b	t_b 时相应的惰性流体流出总量	kg/m^2
W_e	t_e 时相应的惰性流体流出总量	kg/m^2
Y_0	吸附质在吸附槽进口溶液中的质量比	kg 吸附质/kg 溶剂
Y_1	吸附质在吸附槽出口溶液中的质量比	kg 吸附质/kg 溶剂
Y^*	与 X 成平衡的流体中吸附质的质量比	kg 吸附质/kg 惰性流体
X^*	流体达平衡的吸附剂浓度	kg 吸附质/kg 吸附剂
Δx	膜厚差	m
x	吸附质在液相中的平衡浓度	摩尔分数
X_0	吸附质在吸附槽进口吸附剂中的质量比	kg 吸附质/kg 溶剂
X_1	吸附质在吸附槽出口吸附剂中的质量比	kg 吸附质/kg 溶剂
Y_b	穿透点浓度	g/L
Y_e	流干点浓度	g/L
ρ_s	床层中吸附剂密度	kg/m^3
η	动力黏度	Pa · s
$\Delta\pi$	真实渗透压差	Pa
λ	气体平均自由程	m
α、α'	吸附系数	

参 考 文 献

冯霄，何潮洪. 2007. 化工原理(下册). 2 版. 北京：科学出版社
王晓琳，丁宁. 2005. 反渗透和纳滤技术及应用. 北京：化学工业出版社
徐又一，徐志康，等. 2005. 高分子膜材料. 北京：化学工业出版社

Mulder M. 1999. 膜技术基本原理. 2 版. 李琳，译. 北京：清华大学出版社

习　题

习题答案

1. 某种产品的水溶液含有少量色素，在产品结晶前需用活性炭将色素吸附除去，活性炭几乎不吸附产品。为了取得活性炭吸附该色素的平衡数据，进行了吸附平衡实验。实验方法是在溶液中加入一定量的活性炭，搅拌足够长的时间，澄清后测定溶液的平衡色度。实验结果如下：

习题 1 附表

吸附剂用量/(kg 活性炭/kg 溶液)	0	0.01	0.04	0.08	0.12	0.14
平衡时溶液的色度	9.6	8.6	6.3	4.3	1.7	0.7

试计算下列各种操作中每处理 1000kg 溶液，将其色素的含量降至原始含量(色度 9.6)的 10%时所需的活性炭量(所用活性炭不含色素)；

(1) 单级操作；

(2) 二级错流；

(3) 二级逆流。

2. 某一处理有机废水的活性炭吸附器，床层总高为 10m，床层堆积密度 ρ_s=300kg/m³；废水的原始浓度 c_0=3000gTOC/m³，实际失效浓度取 2800gTOC/m³；出水允许最高浓度为 100gTOC/m³。已知在空塔速度为 U_a=3m/h 的条件下，液相总体积传质系数 $K_y a_p$=420h⁻¹，吸附的平衡关系如附表所示。该床层的透过时间为多少？

习题 2 附表　吸附平衡关系

c/(g/m³)	100	500	1000	1500	2000	2500	3000
X^*/(g/kg)	55.6	192.3	227.8	326.1	357.1	378.8	394.7

3. 无机氧化铝陶瓷膜的耐酸碱性良好，广泛应用于工业废水、地表水等的处理。已知 γ-Al_2O_3 的等电点(IEP)为 9(注：等电点是物质表面电荷为零时对应的 pH)，现某地表水的 pH 为 6，含有大量带负电胶粒。请问使用 γ-Al_2O_3 微滤膜分离该地表水中带电胶粒是否合适？

(1) 用反渗透过程处理溶质浓度为 3%(质量分数)的溶液，使渗透液中的溶质浓度降低到 150mg/L；

(2) 用气体渗透法分离空气中的氮气和氧气，空气中氮气和氧气的浓度分别为 79%和 21%，渗透物中的氧气浓度为 75%。试计算以上两种过程的截留率 R 及分离因子α，并比较两种处理过程，说明以哪一种特性(R 或α)来表示各自过程的选择性更为简便明了。

注：截留率 $R=\dfrac{c_\mathrm{f}-c_\mathrm{p}}{c_\mathrm{f}}$，$\alpha_{\mathrm{A/B}}=\dfrac{y_\mathrm{A}/y_\mathrm{B}}{x_\mathrm{A}/x_\mathrm{B}}$，$c_\mathrm{f}$ 和 c_p 分别为进料液浓度、渗透液浓度，y_A 和 y_B 分别为组分 A 和 B 在渗透液中的浓度，x_A、x_B 分别为组分 A 和 B 在原液中的浓度。

自测练习题

索　引